Operationalisierung von digitalen Schatten im Werkzeugbau

Operationalisation of Digital Shadows in the Toolmaking Industry

Von der Fakultät für Maschinenwesen
der Rheinisch-Westfälischen Technischen Hochschule Aachen
zur Erlangung des akademischen Grades eines
Doktors der Ingenieurwissenschaften
genehmigte Dissertation

vorgelegt von

Tim Graberg

Berichter/in:

Univ.-Prof. Dr.-Ing. Dipl.-Wirt. Ing Günther Schuh
apl. Prof. Dr.-Ing. Wolfgang Boos

Tag der mündlichen Prüfung: 20. Dezember 2022

Diese Dissertation ist auf den Internetseiten der Universitätsbibliothek online verfügbar.

ERGEBNISSE AUS DER PRODUKTIONSTECHNIK

Tim Graberg

Operationalisierung von digitalen Schatten im Werkzeugbau

Herausgeber:
Prof. Dr.-Ing. T. Bergs
Prof. Dr.-Ing. Dipl.-Wirt. Ing. G. Schuh
Prof. Dr.-Ing. C. Brecher
Prof. Dr.-Ing. R. H. Schmitt

Band 2/2023

WZL | RWTH AACHEN UNIVERSITY

Fraunhofer IPT

Bibliografische Information der Deutschen Nationalbibliothek
Die Deutsche Nationalbibliothek verzeichnet diese Publikation in der Deutschen Nationalbibliografie; detaillierte bibliografische Daten sind im Internet über https://portal.dnb.de abrufbar.

Tim Graberg:

Operationalisierung von digitalen Schatten im Werkzeugbau

1. Auflage, 2023

Gedruckt auf holz- und säurefreiem Papier, 100% chlorfrei gebleicht.

Apprimus Verlag, Aachen, 2023
Wissenschaftsverlag des Instituts für Industriekommunikation und Fachmedien an der RWTH Aachen
Steinbachstr. 25, 52074 Aachen
Internet: www.apprimus-verlag.de, E-Mail: info@apprimus-verlag.de

Druck: CPI Druckdienstleistungen GmbH, Ferdinand-Jühlke-Straße 7 I 99095 Erfurt

ISBN 978-3-98555-141-5

D 82 (Diss. RWTH Aachen University, 2022)

Vorwort

Die vorliegende Dissertation entstand während meiner Zeit als wissenschaftlicher Mitarbeiter am Lehrstuhl für Produktionssystematik des Werkzeugmaschinenlabors WZL der Rheinisch-Westfälischen Technischen Hochschule Aachen. Mein besonderer Dank gilt meinem Doktorvater Professor Günther Schuh, Inhaber des Lehrstuhls für Produktionssystematik am WZL. Das durch ihn geschaffene einzigartige Umfeld praxisnaher, visionärer sowie herausfordernder Forschung hat wesentlich zum Gelingen dieser Dissertation beigetragen. Für die Übernahme des Korreferats möchte ich Professor Wolfgang Boos danken. Professor Manfred Christian Wirsum danke ich für die Übernahme des Prüfungsvorsitzes und Professor Johannes Henrich Schleifenbaum für die Übernahme des Prüfungsbeisitzes.

Die Grundlage dieser Arbeit bilden die zahlreichen Industrie- und Konsortialprojekte in der Branche Werkzeugbau, die ich gemeinsam mit meinen Kollegen von der WBA Aachener Werkzeugbau Akademie GmbH bearbeiten durfte. Für die mir übertragene Verantwortung und die ausgewiesene Vorbildfunktion, die sie eingenommen haben, möchte ich ganz herzlich Professor Wolfgang Boos und Dr. Tobias Hensen danken. Die durch sie wesentlich vorangetriebene praxisnahe Gestaltung und innovative Entwicklung des Demonstrationswerkzeugbaus hat mir die Validierung meiner Dissertation ermöglicht.

Darüber hinaus danke ich meinen Kollegen am WZL, insbesondere der Abteilung Unternehmensentwicklung. Meinen Oberingenieuren, Dr. Michael Salmen und Dr. Christoph Kelzenberg, danke ich für die wertvollen Diskussion meiner Ideen während der Erstellungsphase. Gerret Lukas danke ich für die zielführende Unterstützung während des Abschlusses meiner Arbeit. Dr. Max Busch, Esben Schukat und Christoph Ebbecke danke ich für die vielen fruchtbaren Diskussionen, die gegenseitige Motivation und die gemeinsamen Aktivitäten, die die Zeit am WZL auch in intensiven Arbeitsphasen einzigartig gemacht haben. Dr. Felix Stracke und Dr. Thilo Schultes danke ich insbesondere für ihr immerwährendes Engagement für meine inhaltliche und persönliche Weiterentwicklung. Außerdem möchte ich Jan Wiese danken, der mir während meiner gesamten Arbeit am WZL zur Seite stand und meine Entwicklung wesentlich geprägt hat. Dr. Julian Boshof, Niklas Kessler, Tim Ochel, Felix Rittstieg, Dr. Jens Helbig, Dr. Johan de Lange, Dr. David Goertz, Julian Schweins und Christoph Frey danke ich für zahlreiche spannende Diskussionen und Dienstreisen sowie die gemeinsamen Erlebnisse während der Promotion. Für ihren enormen Einsatz möchte ich mich außerdem bei meinem ehemaligen Team studentischer Mitarbeiter bedanken, welches besonders durch Alexander Vorndran, Maria Shirov-Michna und Jonas Kenfenheuer geprägt wurde.

Mein allergrößter Dank gilt meinen Eltern und meinem Bruder. Ihr habt mir immer Rückhalt gegeben und mit eurer Unterstützung erst diesen Weg ermöglicht. Mein ebenso großer Dank gilt meiner Partnerin Laura, die während meiner Promotion zahlreiche Entbehrungen hinnehmen musste und mir dennoch jeden Tag mit ihrer Rücksichtnahme und Liebe zur Seite stand. Ohne eure Unterstützung wäre die Erstellung dieser Arbeit nicht möglich gewesen.

Aachen, im Dezember 2022 Tim Graberg

Kurzzusammenfassung

Die deutsche produzierende Industrie trägt einen signifikanten Teil zur Bruttowertschöpfung des Landes bei. Einen der wesentlichen Befähiger für diese Wirtschaftsleistung stellt die Branche Werkzeugbau dar, die mit ihren hochqualitativen und termintreuen Werkzeugen eine effiziente Serienproduktion ermöglicht. Während für deutsche Werkzeugbaubetriebe eine Kostenführerschaft, mit Blick auf den durch die Globalisierung erzeugten, internationalen Wettbewerb, schon lange nicht mehr möglich war, wird durch die kontinuierliche Weiterentwicklung der Werkzeugbaubranchen in Niedriglohnländern auch eine Differenzierung über die Qualität und Durchlaufzeit der Werkzeuge immer herausfordernder.

Industrie 4.0 bietet den deutschen Werkzeugbaubetrieben seit einigen Jahren neue Potenziale, um diesen Herausforderungen zu begegnen und eine langfristige Sicherung der Wettbewerbsposition zu ermöglichen. Durch die Umsetzung von Industrie 4.0 Anwendungsfällen sind signifikante Optimierungspotenziale für die Zielgrößen eines Produktionssystems, Zeit, Kosten und Qualität, prognostiziert. Gleichzeitig sind solche Industrie 4.0 Anwendungsfälle in der Praxis vielfältig und konkret bekannt. Bisher kann jedoch keine branchenweite Verbesserung der Leistungsfähigkeit deutscher Werkzeugbaubetriebe festgestellt werden, die den prognostizierten Potenzialen entsprechen würde. Da sowohl die Anwendungsfälle als auch deren Potenziale bekannt sind, kann postuliert werden, dass die für die Realisierung der Industrie 4.0 Anwendungsfälle erforderliche Datenbasis fehlt. Ohne einen digitalen Schatten, der eine solche Datenbasis darstellt, ist die Realisierung der prognostizierten Potenziale nicht möglich.

Es wurde daher eine Methodik entwickelt, die die Unternehmen der Branche Werkzeugbau dabei anleitet für bekannte Anwendungsfälle einen anforderungsgerechten digitalen Schatten erfolgreich zu operationalisieren. Diese Methodik gliedert sich in die übergeordneten Phasen der Erstellung eines anwendungsfallspezifischen Datenmodells, der Konzeptionierung einer multimodalen Datenaufnahme sowie der Umsetzung der multimodalen Datenfusion. In der ersten Phase erfolgt die systematische Ableitung und Gewichtung des Informationsbedarfs des durch den digitalen Schatten zu bedienenden Anwendungsfalls. Anschließend erfolgen in der zweiten Phase die Formulierung des Datenerhebungsbedarfs sowie die Auslegung der Datenerfassung. Hierbei wird insbesondere das Potenzial der multimodalen Datenaufnahme umgesetzt. In der abschließenden, dritten Phase erfolgt die Fusion der multimodal erhobenen Daten zu einem digitalen Schatten, indem die Datenattribute auf Korrektheit geprüft und zusammengeführt werden sowie die erforderliche IT-Infrastruktur definiert wird.

Die Validierung der entwickelten Methodik erfolgte am Fallbeispielen der WBA Aachener Werkzeugbau Akademie GmbH sowie am anonymisierte Fallbeispiel eines Spritzgießwerkzeugbaus. Der wissenschaftliche Beitrag der Arbeit besteht in der Entwicklung eines repräsentativen Vorgehens zur Erzeugung einer anforderungsgerechten Datenbasis für die Umsetzung von Industrie 4.0 Anwendungsfällen in Form eines digitalen Schattens. Die Unternehmen der Branche Werkzeugbau sind gefordert, diesen Beitrag zu verwenden, um unter Berücksichtigung der unternehmensindividuellen Anforderungen und Rahmenbedingungen digitale Schatten zu operationalisieren.

Abstract

The German manufacturing industry contributes significantly to the country's gross value added. One of the main enablers of this economic performance is the toolmaking industry, which enables efficient series production with its high-quality and punctual tools. While it has been impossible for German toolmaking companies to achieve cost leadership in view of the international competition generated by globalisation for a long time already, the continuous further development of the toolmaking industries in low-wage countries is also making differentiation through the quality and lead time of the tools more and more challenging.

For some years now, Industry 4.0 has offered German toolmaking companies new potential to meet these challenges and to secure their competitive position in the long term. Significant optimisation potentials for the target variables of a production system, time, costs, and quality, are predicted through the implementation of Industry 4.0 use cases. At the same time, such Industry 4.0 use cases are diverse and concretely known in practice. So far, however, no industry-wide improvement in the performance of German toolmaking companies can be identified that would correspond to the predicted potentials. Since both the use cases and their potentials are known, it can be postulated that the data basis required for the realisation of Industry 4.0 use cases is missing. Without a digital shadow that represents such a database, the realisation of the predicted potentials will not be possible.

A methodology was thus developed that guides companies in the toolmaking industry in successfully operationalising a digital shadow that meets the requirements for known use cases. This methodology is divided into the superordinate phases of the creation of a use case-specific data model, the conceptual design of a multimodal data acquisition and the implementation of the multimodal data fusion. In the first phase, the information needs of the use case to be served by the digital shadow are systematically derived and weighted. This is followed in the second phase by the formulation of the data collection needs and the design of the data collection. Here, in particular, the potential of multimodal data acquisition is realised. In the final, third phase, the multimodally collected data is merged into a digital shadow by checking the data attributes for correctness and merging them and defining the required IT infrastructure.

The validation of the developed methodology was carried out on the case study of the WBA Aachener Werkzeugbau Akademie GmbH as well as on the anonymised case study of an injection mould making company. The scientific contribution of the work consists in the development of a representative procedure for the generation of a requirement-oriented database for the implementation of Industry 4.0 use cases in the form of a digital shadow. Companies in the toolmaking industry are called upon to use this contribution to operationalise digital shadows, considering the individual company requirements and framework conditions.

I Inhaltsübersicht

II Inhaltsverzeichnis

III Formelzeichen und Abkürzungen

Abkürzung	Beschreibung
g_n	Gewichtungsfaktor der Kenngröße n
n	Anzahl der verschiedenen Kenngrößen einer Tätigkeit
P_n	Wert der Kenngröße n für die Tätigkeit i
R_i	Gesamtrelevanz der Tätigkeit i
X_i	Normierter Wert der Kenngröße i
x_i	Wert der Kenngröße i
x_{max}	Maximaler Betrag der Kenngröße für alle Tätigkeiten
ΔP_{alt}	Differenz der Leistungsfähigkeit zwischen zwei traditionellen Technologien
ΔP_{neu}	Differenz der Leistungsfähigkeit zwischen einer traditionellen und einer digitalen Technologie
Δt_{alt}	Zeitdifferenz zwischen zwei Unternehmen beim Wechsel zwischen zwei traditionellen Technologien
Δt_{alt}	Zeitdifferenz zwischen zwei Unternehmen beim Wechsel von einer traditionellen auf eine digitale Technologie

Abkürzung	**Beschreibung**
°C	Grad Celsius
1D	Eindimensional
2D	Zweidimensional
3D	Dreidimensional
A/D-Wandler	Analog/Digital-Wandler

Abkürzung	Beschreibung
ACID	Atomicity, consistency, isolation, durability
AV	Arbeitsvorbereitung
B2B	Business to Business
B2C	Business to Customer
BASE	Basically available, soft state, eventual consistency
Bd.	Band
BDE	Betriebsdatenerfassung
BI	Business Intelligence
BLE	Bluetooth Low Energy
BMWi	Bundesministerium für Wirtschaft und Energie
BOM	Bill of Material
CAD	Computer Aided Design
CAM	Computer Aided Manufacturing
CAx	Computer Aided x
CNC	Computerized Numerical Control
CPS	Cyber-physisches System
CPPS	Cyber-physisches Produktionssystem
CRM	Costumer Relationship Management
d	Day (Tag)
DA	Datenattribut
DB	Datenbedarf
DIN	Deutsches Institut für Normung

Abkürzung	Beschreibung
DSFA	Datenschutzfolgeabschätzung
DSGVO	Datenschutzgrundverordnung
e. V.	Eingetragener Verein
EiPaas	Enterprise Integration Platform as a Service
EN	Europäische Norm
ERM	Entity-Relationship-Model
ERP	Enterprise Ressource Planning
et al.	Et alii
EuK	Einzel- und Kleinserie
f.	Folgende
ff.	Fortfolgende
FTE	Full Time Equivilant
GmbH	Gesellschaft mit beschränkter Haftung
GSM	Global System for Mobile Communications
HMI	Human-Machine-Interface
HTTPS	HyperText Transfer Protocol Secure
Hrsg.	Herausgeber
Hz	Hertz
i. A. a.	In Anlehnung an
IfM	Institut für Mittelstandsforschung Bonn
IHK	Industrie- und Handelskammer
IIF	Institut für Industriekommunikation und Fachmedien

Abkürzung	Beschreibung
IKT	Information- und Kommunikationstechnologie
IoT	Internet of Things
IP	Internet Protocol
IPT	Fraunhofer-Institut für Produktionstechnologie
ISO	International Organization for Standardization
IT	Informationstechnologie
Jg.	Jahrgang
JSON	JavaScript Object Notation
kHz	Kilohertz
KI	Künstliche Intelligenz
KMU	Kleine und mittlere Unternehmen
Lf.-Nr.	Laufende Nummer
MA	Mitarbeitende
MDE	Maschinendatenerfassung
MES	Manufacturing Execution System
min	Minimum
Mio.	Millionen
ML	Machine Learning
MQTT	Message Queuing Telemetry Transport
MTO	Mensch-Technik-Organisation
NFC	Near Field Communication
NC	Numerical Control

Abkürzung	Beschreibung
o. V.	Ohne Verfasser
OPC UA	Open Platform Communication Unified Architecture
PLM	Product Lifecycle Management
PPS	Produktionsplanung und -steuerung
QR-Code	Quick Response Code
RAMI4.0	Referenzarchitekturmodell Industrie 4.0
REFA	Verband für Arbeitsgestaltung, Betriebsorganisation und Unternehmensentwicklung
RFID	Radio-frequency identification
RTLS	Real Time Locating System
RWTH Aachen	Rheinisch-Westfälische Technische Hochschule Aachen
S.	Seite
SCADA	Supervisory Control and Data Acquisition
SPS	Speicherprogrammierbare Steuerung
SQL	Structured Query Language
TCP/IP	Transmission Control Protocol/Internet Protocol
UML	Unified Modeling Language
USA	United States of America
VDI	Verein Deutscher Ingenieure
VDE	Verband der Elektrotechnik, Elektronik und Informationstechnik
Vgl.	Vergleiche
WBA	WBA Aachener Werkzeugbau Akademie GmbH

Abkürzung	Beschreibung
WGP	Wissenschaftliche Gesellschaft für Produktionstechnik
WLAN	Wireless Local Area Network
WWW	World wide web
WZ	Werkzeug
WZL	Werkzeugmaschinenlabor WZL der RWTH Aachen
XML	Extensible Markup Language

IV Abbildungsverzeichnis

1 Einleitung

1.1 Ausgangssituation

Die produzierende Industrie stellt mit 23 % der Bruttowertschöpfung den bedeutendsten Wirtschaftszweig in Deutschland dar[1]. Vor allem im Bereich der Premium- und Hochtechnologieprodukte konnten deutsche Unternehmen sich und die Marke „Made in Germany" in der Vergangenheit erfolgreich im internationalen Wettbewerb positionieren[2]. Als Resultat werden heute 36 % der deutschen Wirtschaftsleistung exportiert[3]. Die produzierenden Unternehmen in den Exportmärkten sind jedoch in den vergangenen Jahren verstärkt zu direkten Wettbewerbern geworden. Kontinuierliche und signifikante Investitionen in Forschung und Entwicklung haben diese dazu befähigt, heute in Bezug auf die Produkte und den Produktionsprozess teilweise ähnlich hochwertige Leistungen anbieten zu können.[4] Dabei sehen sich diese Schwellenländer zwar ebenfalls mit steigenden Lohnkosten konfrontiert, diese liegen jedoch immer noch deutlich unter vergleichbaren Werten in Hochlohnländern, wie Deutschland.[5] In der Folge liegt Deutschland heute weltweit unter den 64 größten Volkswirtschaften nur auf Platz 15 der Wettbewerbsfähigkeit[6].

Zur langfristigen Sicherung der Wettbewerbsfähigkeit in dieser internationalen Marktumgebung stehen produzierende Unternehmen in Deutschland vor der Herausforderung innovative Produkte kosteneffizient zu produzieren. Eine Branche, die auf der einen Seite für die Beherrschung dieser Herausforderungen in der produzierenden Industrie eine besondere Position einnimmt und auf der anderen Seite selbst auf diese Herausforderungen reagieren muss, ist die Branche Werkzeugbau. Aufgrund ihrer Stellung an der Schnittstelle zwischen der Produktentwicklung und der Serienproduktion, nimmt die Branche Werkzeugbau wesentlichen Einfluss auf die Time-to-market, die Serienproduktionskosten sowie die Produktionsqualität der Serienproduktion.[7] Gleichzeitig sieht sich die Branche einem intensiven internationalen Wettbewerb gegenüber. Dieser war zunächst wesentlich durch einen Kostendruck charakterisiert. Durch die Weiterentwicklung der Wettbewerber aus Niedriglohnländern ist erfolgt der Wettbewerb heute zusätzlich auch in den Bereichen Werkzeugqualität und Durchlaufzeiten.[8]

In den vergangenen Jahren konnten deutsche Werkzeugbaubetriebe durch eine kontinuierliche Industrialisierung die eigene Wettbewerbsfähigkeit trotz dieser Herausforderungen sicher-

[1] Vgl. Statistisches Bundesamt (Ergebnisse zur Wirtschaftsleistung), 2021.

[2] Vgl. Federowski; Pflanz (Hochtechnologie und Handwerkskunst), 2017, S. 11-12.

[3] Vgl. Statistisches Bundesamt (Kennzahlen zur Außenwirtschaft), 2021.

[4] Vgl. Lisowski (Das asiatische Jahrhundert), 2019, S. 35-45.

[5] Vgl. International Labour Organization (Global Wage Report 2020-21), 2020, S. 31-50.

[6] Vgl. IMD (World Competitiveness Ranking), 2021.

[7] Vgl. Schuh et al. (Fokus Automobilindustrie), 2013, S. 1-5.

[8] Vgl. Boos et al. (World of Tooling), 2018, S. 5.

stellen. Eine konsequente Produkt- und Prozessstandardisierung, effektive Planung und Steuerung sowie umfangreiche Fertigungsautomatisierung haben zu einer deutlichen Steigerung der Effektivität und Effizienz beigetragen.[9] Aufgrund der inzwischen größtenteils vollständig umgesetzten Industrialisierung benötigt der Werkzeugbau nun jedoch neue Handlungsfelder, um auch zukünftig seine Effizienz weiter steigern und neue Differenzierungsmerkmale bilden zu können[10]. BOOS hat dazu in Abhängigkeit verschiedener Einflussfaktoren vier Szenarien zur zukünftigen Gestaltung der Branche Werkzeugbau in Deutschland entwickelt, die in Abbildung 1.1 dargestellt sind. [11].

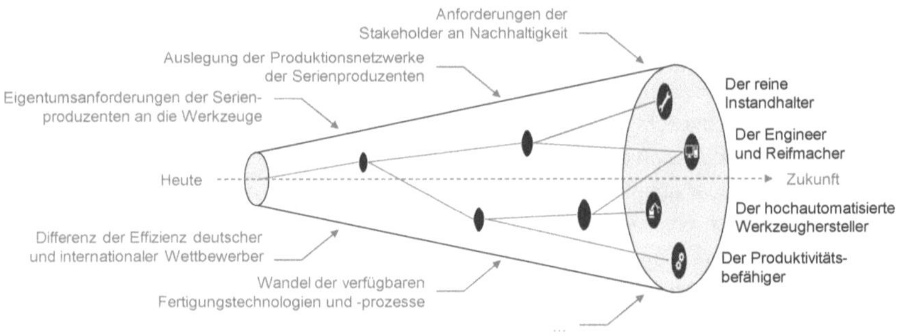

Abbildung 1.1: Szenarien zur Gestaltung der deutschen Branche Werkzeugbau im Jahr 2030[12]

Die vier Szenarien beschreiben unterschiedliche Gestaltungsoptionen der deutschen Branche Werkzeugbau in Zukunft. In Abhängigkeit verschiedener Einflussparameter und deren Entwicklung, postuliert BOOS diese Szenarien in Rein- oder Mischform als Stereotyp eines deutschen Werkzeugbaubetriebs im Jahre 2030. Der *reine Instandhalter* beschreibt die vollständige Fokussierung auf die Wartung und Reparatur von Serienwerkzeugen. Die Erstellung von Neuwerkzeugen erfolgt in diesem Szenario aufgrund des Kostenvorteils und vergleichbarer Qualität vollständig in Osteuropa und Asien. Der *Engineer und Reifmacher* hat sich auf die Know-how-intensiven Prozessschritte der Werkzeugherstellung fokussiert. Die eigentliche Werkzeugfertigung erfolgt durch Partner in Niedriglohnländern. Der *hochautomatisierte Werkzeughersteller* bietet seinen Kunden weiterhin die gesamte Wertschöpfungskette der Werkzeugherstellung an. Durch umfassende Automatisierung in allen Prozessschritten, erfolgt dies jedoch mit einer signifikant gesteigerten Effizienz. Im vierten Szenario, dem *Produktivitätsbe-*

[9] Vgl. Boos (Werkzeugbau 2030), 2021, S. 50.

[10] Vgl. Boos et al. (Wettbewerbsfähig durch Industrie 4.0), 2020, S. 40-41.

[11] Vgl. Boos et al. (Der Werkzeugbau der Zukunft), 2021, S. 38.

[12] I. A. a. Boos (Werkzeugbau 2030), 2021, S. 51.

fähiger, haben die deutschen Werkzeugbaubetriebe ihr Geschäftsmodell vollständig umgestellt. Anstelle des Werkzeugs als physischer Leistung wird dem Kunden die mit dem Werkzeug erbrachte Produktionsleistung verkauft.[13]

Wesentliche Gemeinsamkeit aller Szenarien ist die digitale Vernetzung als zentraler Befähiger[14]. Diese bildet die Grundlage, um in den vier Szenarien Potenziale von Industrie 4.0 realisieren und die internationale Wettbewerbsfähigkeit des jeweiligen Szenarios sicherstellen zu können. Grundsätzlich wird der Industrie 4.0 das Potenzial zugerechnet, Wertschöpfungsprozesse grundsätzlich zu verändern und vollständig neue Geschäftsmodelle zu befähigen. Wertschöpfungsseitig kann es sich dabei bspw. um die dynamische Gestaltung von Geschäfts- und Engineering-Prozessen handeln und angebotsseitig um die rentable Abbildung kundenindividueller Produktwünsche.[15] Auf die Unternehmen der Branche Werkzeugbau bezogen, bedeutet dies, dass 92 % der Unternehmen eine Verkürzung der Durchlaufzeit erwarten und 83 % eine Produktivitätssteigerung[16].

1.2 Problemstellung

Die Realisierung dieser Potenziale durch die Implementierung von Industrie 4.0 Lösungen ist in den letzten Jahren immer mehr in den Fokus der Werkzeugbaubetriebe in Deutschland gerückt. So geben 77 % der deutschen Werkzeugbaubetriebe an, bereits einzelne Anwendungen zur Digitalisierung zu verwenden[17]. Eine solche Aussage ermöglicht jedoch noch keine Bewertung, ob die prognostizierten Potenziale von Industrie 4.0 bereits realisiert werden konnten. Darüber hinaus fehlt solchen alleinstehenden Digitalisierungslösungen das Potenzial der Vernetzung. Für eine tendenzielle Bewertung der branchenweit bereits erfolgreich realisierten Potenziale soll die Entwicklung der Leistungsfähigkeit der Branche Werkzeugbau in den etablierten Zielgrößen eines Projekts, Zeit, Kosten und Qualität, in den letzten Jahren betrachtet werden[18]. Basierend auf diesen drei Zielgrößen wurde aus dem etablierten Aachener Werkzeug- und Formenbau-Management-Modell (AWFM-Modell) jeweils eine korrespondierende Kennzahl zur Quantifizierung des Status quo abgeleitet. KOZIELSKI folgend ermöglicht die Struktur des AWFM-Modells einen Wettbewerbsvergleich und ist folglich geeignet, um die Leistungsfähigkeit der Branche zu quantifizieren[19]. Abbildung 1.2 zeigt für die drei Zielgrößen jeweils eine exemplarische Kennzahl mit ihrem Verlauf für die deutsche Branche von 2015 bis 2020. Die *normierte Durchlaufzeit in Tagen pro 1.000 € Auftragsvolumen* beschreibt die Geschwindigkeit der internen Wertschöpfung, indem das um die Material- und Fremdleistungskosten bereinigte Auftragsvolumen der Werkzeuge durch die jeweilige Durchlaufzeit dividiert wird.

---

[13] Vgl. Boos (Werkzeugbau 2030), 2021, S. 51.

[14] Vgl. Boos et al. (Der Werkzeugbau der Zukunft), 2021, S. 38.

[15] Vgl. Kagermann et al. (Zukunftsprojekt Industrie 4.0), 2013, S. 5.

[16] Vgl. Boos et al. (Auftragsabwicklung 4.0), 2020, S. 32.

[17] Vgl. Seul; Diehr (Digitalisierung im Werkzeug- und Formenbau), 2022, S. 32.

[18] Vgl. Jakoby (Projektmanagement für Ingenieure), 2019, S. 85.

[19] Vgl. Kozielski (Kennzahlensystem für den Werkzeugbau), 2013, S. 146.

Folglich dient diese Kennzahl als Indikator für die Zielgröße Zeit. Die Kennzahl Eigenkosten pro Mitarbeitendem als Indikator für die Zielgröße Kosten teilt die gesamten Eigenkosten eines Werkzeugbaubetriebs in einer Bilanzperiode durch die Anzahl an FTEs, die durchschnittlich während dieser Periode bestanden. Die Kenngröße Fehleridentifikation entlang der Prozesskette dient als Indikator für die Qualität. Dabei wird angenommen, dass ein verbessertes Qualitätsmanagement eine frühere Fehleridentifizierung und folglich eine Reduzierung der Fehlerkosten ermöglicht.

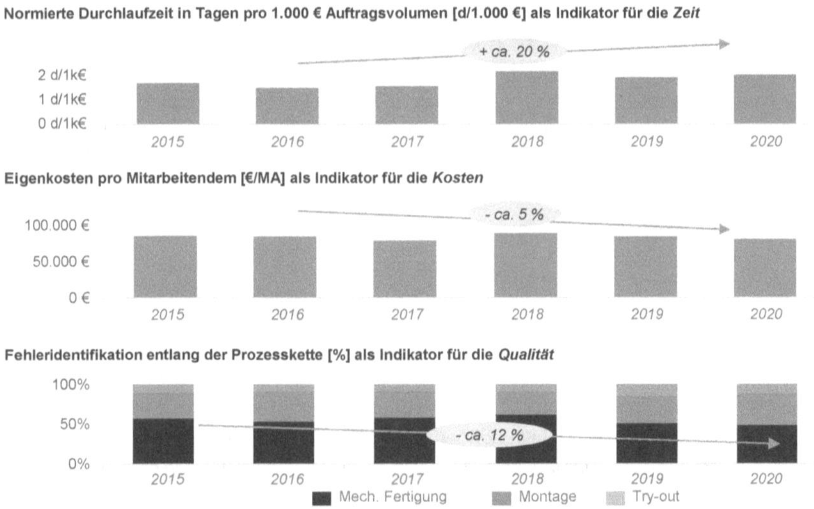

Abbildung 1.2: Entwicklung der Leistungsfähigkeit der deutschen Branche Werkzeugbau in den Dimensionen Zeit, Kosten und Qualität[20]

Für die Entwicklung der Leistungsfähigkeit in der Dimension Zeit ist empirisch zu beobachten, dass anstelle einer Reduzierung der normierten Durchlaufzeit, was einer Optimierung anspräche, in der Praxis eine Erhöhung um ca. 20 % feststellbar ist. Ceteris paribus, kann folglich angenommen werden, dass eine signifikante und branchenweite Realisierung von Industrie 4.0 Potenzialen zur Adressierung der Zielgröße Zeit im Werkzeugbau bisher nicht stattgefunden hat.

Die Eigenkosten pro Mitarbeitendem konnten zwar seit 2015 um ca. 5 % gesenkt werden, haben sich damit jedoch nicht signifikant reduziert. Daraus folgt, dass für die Zieldimension Kosten festgestellt werden kann, dass die Realisierung der Potenziale von Industrie 4.0 mindestens größtenteils noch nicht umgesetzt werden konnte.

Die Bewertung der Dimension Qualität erfolgt anhand der Verteilung der Fehleridentifikation entlang der Prozesskette. Es lässt sich feststellen, dass der Anteil der Fehler, der im ersten Schritt der Werkzeugherstellung, der mechanischen Fertigung, identifiziert wird, seit 2015 um

[20] Vgl. WZL/IPT (Benchmarkingdatenbank), 2020.

12 % gesunken ist. Theoretisch könnte diese Verschiebung auch durch eine als positiv zu bewertende Reduktion der absoluten Fehlermenge in der mechanischen Fertigung erklärt werden. Die kosten- und zeitrelevanten Fehler, die es in der mechanischen Fertigung, der Montage sowie dem Try-out zu identifizieren gilt, werden jedoch in der Werkzeugkonstruktion verursacht. Je später diese Fehler identifiziert werden, desto aufwändiger gestaltet sich deren Behebung. Im Hinblick darauf ist folglich allein ein nach vorne verschieben der Fehleridentifikation in der Prozesskette als positiv zu bewerten. Entsprechend kann auch für die Zielgröße Qualität angenommen werden, dass keine signifikante Optimierung stattgefunden hat und folglich keine Potenziale von Industrie 4.0 realisiert werden konnten.

Für die Identifizierung der zugrundeliegenden Ursachen der fehlenden Realisierung der Potenziale sei das generische Vorgehen zur Umsetzung einer datenbasierten Performancesteigerung definierter Zielgrößen betrachtet, wie es in Abbildung 1.3 in Anlehnung an WASER & STUECKA dargestellt ist.

Abbildung 1.3: Vorgehen zur Realisierung einer datenbasierten Performancesteigerung[21]

Demzufolge basiert die Optimierung definierter Zielgrößen auf anwendungsfallspezifischen Industrie 4.0-Lösungen. Diese können nach SCHUH ET AL. in die vier Reifegradstufen Visualisierung, Transparenz, Vorhersage und Adaptabilität differenziert werden. Diese Anwendungsfelder erfordern eine Datenbasis, die den realen Produktionsprozess anforderungsgerecht abbildet. Betrachtet man diese Elemente hinsichtlich des in Kapitel 1.1 beschriebenen Status quo in der Praxis, zeigt sich, dass die Potenziale zur Optimierung der für den Werkzeugbau relevanten Zielgrößen durch verschiedene Prognosen hinlänglich bekannt sind. Mögliche Anwendungsfelder zur Realisierung dieser Potenziale sind ebenfalls detailliert verfügbar. Exemplarisch seien an dieser Stelle die Arbeiten von SCHULTES, STRACKE, SALMEN sowie BEGOVIC genannt[22]. Diese beschreiben mit konkreter methodischer Unterstützung für den Anwender die Entwicklung unternehmensindividueller Industrie 4.0-Lösungen in den Bereichen Lieferantenvernetzung, Serienanlauf, digitaler vernetzter Shopfloor sowie Wissensmanagement und Smart Services. Durch Nutzung des Ausschlussprinzips kann folglich eine fehlende anforderungsgerechte Datenbasis als Ursache für die bisher ausbleibende Realisierung der Potenziale von Industrie 4.0 in der deutschen Branche Werkzeugbau postuliert werden.

[21] I. A. a. Waser; Stuecka (Mit Big Data zu neuen Einsichten), 2016, S. 50-51.

[22] Vgl. Schultes (Digitale Lieferantenvernetzung im Werkzeugbau), 2020; Stracke (Vernetzter und synchronisierter Serienanlauf), 2021; Salmen (Digital vernetzter Shopfloor), 2016; Begovic (Datenbasiertes Wissensmanagement), 2018.

Nach BAUERNHANSL ET AL. bestehen für die Realisierung eines digitalen Schattens, vier relevante Handlungsfelder. Diese umfassen die Entwicklung einer Datenstruktur bzw. eines Datenmodells, die Realisierung der Potenziale multimodaler Datenaufnahme und -fusion sowie die Plausibilitäts- und Konsistenzprüfung[23]. Das erste dieser Felder, die Darstellung einer Datenstruktur, bzw. eines Datenmodells, ist bereits allgemeingültig für den Auftragsabwicklungsprozess von Werkzeugbaubetrieben entwickelt worden[24].

Folglich kann als konkrete Problemstellung festgehalten werden, dass Werkzeugbaubetriebe bisher nicht befähigt sind, …

- … das generische Datenmodell des Auftragsabwicklungsprozesses auf ihren individuellen Anwendungsfall anzupassen.
- … die Anforderungen an die Aufnahme der im Datenmodell abgebildeten Daten anwendungsfallspezifisch zu formulieren.
- … die Aufnahme der Datenattribute entsprechend den formulierten Anforderungen umzusetzen.

Diese Problemstellungen können als fehlende Befähigung der Werkzeugbaubetriebe zur Operationalisierung eines digitalen Schattens zusammengefasst werden. In Theorie und Praxis bestehen verschiedene Ansätze, die einzelne Aspekte der beschriebenen Problemstellung adressieren. Diese werden in Kapitel 3 detailliert beschrieben. Insbesondere vor dem Hintergrund der konkreten, praxisnahen Unterstützung der Unternehmen bei der Operationalisierung eines digitalen Schattens gehen diese Ansätze jedoch nicht weit genug. Ein Ansatz, der für die beschriebene Problemstellung eine vollständige Lösung für die Unternehmen der Branche Werkzeugbau bietet, soll mit dieser Arbeit entwickelt werden.

1.3 Zielsetzung der Arbeit

Diese Arbeit soll einen Lösungsansatz entwickeln, der Werkzeugbaubetrieben die Operationalisierung eines digitalen Schattens ermöglicht. Dies soll unabhängig von einem konkreten Anwendungsfall gestaltet sein. Ein digitaler Schatten ist obligatorisch für die erfolgreiche und vollständige Realisierung der Potenziale von Industrie 4.0. Folglich gilt es insbesondere für Werkzeugbaubetriebe in Hochlohnländern die Potenziale eines digitalen Schattens zu erschließen, um langfristig eine international wettbewerbsfähige Leistungserstellung vorweisen zu können.

Obwohl die Potenziale von Industrie 4.0 sowie die konkreten Anwendungsfälle für die Branche Werkzeugbau in der Theorie bereits hinreichend beschrieben sind, lässt sich eine signifikante Leistungssteigerung bisher in der Branche nicht feststellen. Der Grund dafür ist, dass bisher keine Lösungsansätze bestehen, die unter Berücksichtigung der werkzeugbauspezifischen Charakteristika der Einzel- und Kleinserienfertigung, die Erzeugung eines digitalen Schattens beschreiben.

[23] Vgl. Bauernhansl et al. (WGP-Standpunkt Industrie 4.0), 2016, S. 26-29.

[24] Vgl. Kelzenberg (Datenstrukturmodell), 2020.

Die konkrete Zielsetzung dieser Dissertation ist die Entwicklung eines Vorgehens zur Operationalisierung eines digitalen Schattens in der Branche Werkzeugbau. Dieses Ziel soll vor dem Hintergrund der in der Praxis bestehenden Rahmenbedingungen des deutschen Werkzeugbaus verfolgt werden, um eine Umsetzung der Forschungsergebnisse in der industriellen Praxis zu gewährleisten. KUBICEK folgend ist für die effektive und effiziente Verfolgung der Zielsetzung eine grundlegende Forschungsfrage zu formulieren, die den Betrachtungsbereich dieser Arbeit eingrenzt[25]. Die handlungsleitende Forschungsfrage dieser Dissertation lautet:

Wie muss ein repräsentatives Vorgehen zur Operationalisierung eines branchenspezifischen Datenstrukturmodells zu einem anwendungsindividuellen digitalen Schatten gestaltet sein?

In Kapitel 3.4 wird diese handlungsleitende Forschungsfrage durch weitere Teilforschungsfragen detailliert.

1.4 Forschungsansatz der Arbeit

Die Entwicklung und Darstellung des Forschungsansatzes dieser Arbeit ist an die am Lehrstuhl für Produktionssystematik des Werkzeugmaschinenlabors WZL der RWTH Aachen genutzte Vorgehensweise angelehnt. Diese basiert auf unterschiedlichen vorangegangenen Arbeiten, darunter die Dissertationen von KELZENBERG, SCHULTES, STRACKE und RITTSTIEG[26].

In Anlehnung an BINDER & KANTOWSKY stellt wissenschaftliche Forschung einen Prozess dar, der für den Forschenden selbst, aber auch für die Wissenschaftsgemeinde eine neue Wirklichkeit erschließt[27]. Dabei ist zu berücksichtigen, dass der mit einem solchen Forschungsprozess verbundene Erkenntnisgewinn aufgrund eines nicht näher begründbaren Wertesystems des Forschenden einen subjektiven Charakter aufweist[28]. BINDER & KANTOWSKY fordern daher für eine intersubjektive (Be-)Greifbarkeit des Forschungsvorhabens eine Darstellung der grundsätzlichen Erkenntnisperspektive sowie der methodologischen Vorgehensweise[29].

Eine Beschreibung der grundsätzlichen Erkenntnisperspektive erfolgt auf Basis einer Einordnung dieser Arbeit in das Spektrum der Wissenschaften. Diese Arbeit folgt dabei dem Verständnis von ULRICH & HILL, welche die Wissenschaft, wie in Abbildung 1.4 dargestellt, in Formal- und Realwissenschaften unterteilen[30].

[25] Vgl. Kubicek (Heuristische Bezugsrahmen), 1977, S. 24-26.

[26] Vgl. Kelzenberg (Datenstrukturmodell), 2020; Schultes (Digitale Lieferantenvernetzung im Werkzeugbau), 2020; Stracke (Vernetzter und synchronisierter Serienanlauf), 2021; Rittstieg (Ambidextre Organisation im Werkzeugbau), 2020.

[27] Vgl. Binder; Kantowsky (Technologiepotentiale), 1996, S. 3.

[28] Vgl. Deutskens (Wertschöpfungskonfiguration), 2014, S. 7.

[29] Vgl. Binder; Kantowsky (Technologiepotentiale), 1996, S. 3-4.

[30] Vgl. Ulrich; Hill (Wissenschaftstheoretische Grundlagen), 1976, S. 305.

Ziel der *Formalwissenschaften* ist die Konstruktion von Zeichensystemen, wie sie bspw. in der Philosophie, Logik und Mathematik erfolgt[31]. Wesentliches Charakteristikum des Forschungsvorgehens von Formalwissenschaften ist daher die Überprüfung von logischen und theoretischen Zusammenhängen, zur Validierung aufgestellter Hypothesen und erzielter Forschungsergebnisse[32].

Abbildung 1.4: Wissenschaftssystematik[33]

Im Gegensatz zu den Formalwissenschaften ist das Ziel der *Realwissenschaften* die Erklärung empirischer Wirklichkeitsausschnitte[34]. Entsprechend basiert das Forschungsvorgehen auf einer synthetischen Orientierung, deren Ergebnis durch zusätzliche Faktenanalyse validiert werden kann[35]. Innerhalb der Realwissenschaften differenzieren ULRICH & HILL zwischen reinen Grundlagenwissenschaften sowie angewandten Handlungswissenschaften. Reine Grundlagenwissenschaften, wie bspw. die Naturwissenschaften, formulieren theoretische Modelle zur Beschreibung der Wirklichkeit. Dahingegen analysieren Handlungswissenschaften, wie bspw. die Sozialwissenschaften, menschliche Handlungsalternativen, mit dem Ziel soziale und technische Systeme zu gestalten.[36]

Die Ingenieurswissenschaften sind Teil der Realwissenschaften, können jedoch nicht grundsätzlich trennungsscharf den Grundlagen- oder Handlungswissenschaften zugeordnet werden[37]. BINDER & KANTOWSKY zitieren ULRICH in seiner Differenzierung zwischen reinen Grundlagenwissenschaften und angewandten Handlungswissenschaften dahingehend, dass Erstere bestehende Wirklichkeiten beobachten und mit Theorien beschreiben, wohingegen Zweitere neue Wirklichkeiten entwerfen und den Nutzen dieser Entwürfe für die Praxis in den Fokus stellen[38]. Folglich kann diese Arbeit aufgrund ihres hohen Bezugs zur unternehmerischen Praxis sowie der methodischen Unterstützung des Anwenders in seinem Handeln eindeutig den Handlungswissenschaften zugeordnet werden.

[31] Vgl. Ulrich; Hill (Wissenschaftstheoretische Grundlagen), 1976, S. 305.

[32] Vgl. Schanz (Führungsforschung), 1987, S. 2039.

[33] I. A. a. Ulrich; Hill (Wissenschaftstheoretische Grundlagen), 1976, S. 305.

[34] Vgl. Ulrich; Hill (Wissenschaftstheoretische Grundlagen), 1976, S. 305.

[35] Vgl. Schanz (Führungsforschung), 1987, S. 2039.

[36] Vgl. Ulrich; Hill (Wissenschaftstheoretische Grundlagen), 1976, S. 305.

[37] Vgl. Kelzenberg (Datenstrukturmodell), 2020, S. 7.

[38] Vgl. Binder; Kantowsky (Technologiepotentiale), 1996, S. 9.

Die abschließende Definition der grundlegenden Erkenntnisperspektive bedarf der Darstellung der Überzeugungen des Forschers als Teil des Vorverständnisses dieser Arbeit[39]. Diese setzen sich aus den vorwissenschaftlichen sowie den wertgebundenen Annahmen des Forschers zusammen und sind nicht zu beweisen oder empirisch zu untersuchen. Die Darstellung ist erforderlich, um das Subjektivitätskriterium wissenschaftlicher Arbeiten überwinden zu können.[40] In der Wissenschaftstheorie kann eine solche Darstellung nach dem faktorentheoretischen Ansatz nach GUTENBERG, dem systemtheoretischen Ansatz nach ULRICH sowie nach dem entscheidungstheoretischen Ansatz nach HEINEN erfolgen[41]. Die interdisziplinäre Betrachtung der Unternehmen als „produktive soziale Systeme" sowie die gleichzeitig vorliegende hohe Praxisrelevanz, resultieren in einer Auswahl des systemtheoretischen Ansatzes nach ULRICH als grundlegende Wissenschaftstheorie für diese Arbeit[42].

Ferner bedarf es neben der Betrachtung der grundsätzlichen Ergebnisperspektive der Definition der *Forschungsmethodologie* dieser Arbeit. Die Forschungsmethodologie beschreibt die Art und Weise der Erkenntnisgewinnung während des Forschungsprozesses. Dabei wird ein solcher stets von einem Problem initiiert, anstatt durch die Beobachtung von Daten oder Tatsachen[43]. Solche Probleme werden, der dargelegten Differenzierung von Grundlagen- und Handlungswissenschaften folgend, durch die anwendungsorientierten Handlungswissenschaften adressiert. Abgeleitet aus der bereits erfolgten Einordnung dieser Arbeit in die angewandten Handlungswissenschaften sowie der Wahl des systemtheoretischen Ansatzes nach ULRICH, wird für diese Arbeit die explorative Forschung als forschungsmethodischer Ansatz gewählt. Das damit verbundene Vorgehen ist Abbildung 1.5 dargestellt.

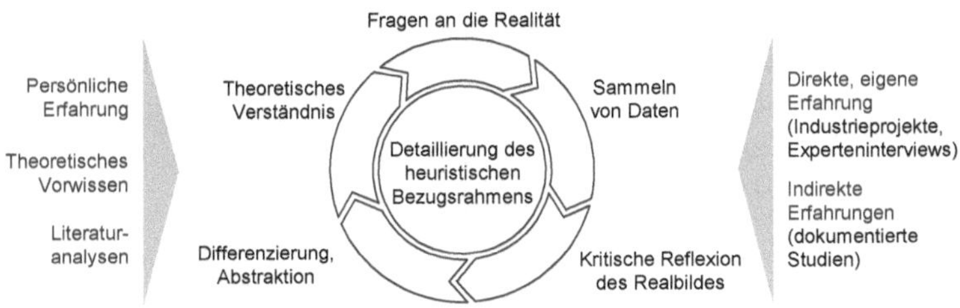

Abbildung 1.5: Forschungsmethodisches Vorgehen[44]

Nach KUBICEK ist das Vorgehen explorativer Forschung durch einen iterativen Prozess zu beschreiben, der auf systematischem Erfahrungswissen aufbaut. Dabei werden gewonnene Erkenntnisse verarbeitet und in die Fragestellung zurückgeführt, sodass neue Erkenntnisse der

[39] Vgl. Kelzenberg (Datenstrukturmodell), 2020, S. 7.

[40] Vgl. Ulrich; Hill (Wissenschaftstheoretische Grundlagen), 1976, S. 306.

[41] Vgl. Ulrich; Hill (Wissenschaftstheoretische Grundlagen), 1976, S. 307-309.

[42] Vgl. Ulrich; Hill (Wissenschaftstheoretische Grundlagen), 1976, S. 308-309.

[43] Vgl. Popper (Logik der Sozialwissenschaften), 1962, S. 234.

[44] Vgl. Kubicek (Heuristische Bezugsrahmen), 1977, S. 14; Tomczak (Forschungsmethoden), 1992, S. 84; Komorek (Kollaborative Wertschöpfung), 2014, S. 6.

Realität und neue Fraggestellungen generiert werden. Folglich entsteht ein Regelkreis, der Abfrage und Überprüfung von Theorie und Erfahrungswissen ermöglicht.[45]

Den Mittelpunkt des forschungsmethodischen Vorgehens bildet der heuristische Bezugsrahmen als leitende Funktion innerhalb des Forschungsprozesses. Dabei bildet der Bezugsrahmen das Vorverständnis des Autors hinsichtlich der relevanten Analyseelemente sowie deren Beziehung ab.[46] Folglich beschreibt der heuristische Bezugsrahmen nach TOMCZAK ein „Problem bzw. ein generelles Phänomen, das nicht genügend verstanden bzw. unzureichend beherrscht wird"[47]. Aufbauend auf der in Kapitel 1.2 beschriebenen Problemstellung, beschreibt Abbildung 1.6 den heuristischen Bezugsrahmen dieser Arbeit.

Der Leistungserstellungsprozess von Werkzeugbaubetrieben stellt den Betrachtungsbereich dieser Arbeit dar. Aufgrund des kompetitiver gewordenen Wettbewerbs durch eine gesteigerte Leistungsfähigkeit internationaler Wettbewerber müssen Unternehmen aus Hochlohnländer zukünftig ihre eigene Effizienz und Effektivität weiter steigern. Da die Potenziale der Industrialisierung und des klassischen Lean Managements in einer Vielzahl der Betriebe realisiert worden sind, müssen zukünftig verstärkt die Potenziale von Industrie 4.0 operationalisiert werden. Hierzu bedarf es eines digitalen Schattens, der die Datengrundlage für die anwendungsfallspezifische Realisierung von Industrie 4.0-Potenzialen darstellt. Bei der Aufnahme, der im digitalen Schatten abgebildeten Daten, gilt es, die anwendungsfallspezifischen Datenanforderungen vor dem Hintergrund der Charakteristika des Leistungserstellungsprozesses der Branche Werkzeugbau zu berücksichtigen. Dies führt zu einer Methodik, die ein Vorgehen zur Operationalisierung digitaler Schatten im Werkzeugbau beschreibt.

Abbildung 1.6: Heuristischer Bezugsrahmen[48]

Zusätzlich zum theoretischen Verständnis basieren die Ergebnisse dieser Arbeit auf dem umfangreichen praktischen Erfahrungswissen des Autors im Themengebiet des digitalen Schattens im Werkzeugbau. Dieses Wissen wurde wesentlich im Rahmen der Tätigkeit als wissen-

[45] Vgl. Kubicek (Heuristische Bezugsrahmen), 1977, S. 13-14.

[46] Vgl. Tomczak (Forschungsmethoden), 1992, S. 84.

[47] Vgl. Tomczak (Forschungsmethoden), 1992, S. 84.

[48] Eigene Darstellung; i.A.a. die Beschreibung von Merkmalen heuristischer Bezugsrahmen nach KUBICEK. Vgl. Kubicek (Heuristische Bezugsrahmen), 1977, S. 17-20.

schaftlicher Mitarbeiter am Werkzeugmaschinenlabor WZL der RWTH Aachen durch die Leitung zahlreicher Industrie- und Forschungsprojekte sowie Lehr- und Weiterbildungsveranstaltungen erworben. Darüber hinaus wurde in einem Konsortialprojekt der WBA Aachener Werkzeugbauakademie GmbH mit fünf teilnehmenden Unternehmen intensiv über die Herausforderungen für Unternehmen der Branche Werkzeugbau bei der Nutzung von Daten zur Steigerung der Leistungsfähigkeit diskutiert und die Praxisrelevanz der eingeführten Problemstellung bestätigt[49].

1.5 Aufbau der Arbeit

Die vorgelegte Arbeit basiert auf dem Ergebnis explorativer Forschung. Entsprechend richtet sich der Aufbau dieser Arbeit am Forschungsprozess für angewandte Forschung nach ULRICH aus[50]. Der Forschungsprozess fordert für in der Praxis identifizierte Probleme, die analytische Ableitung entsprechender Modelle und Regeln zur Beschreibung eines allgemeingültigen Lösungsansatzes. Ein solcher Ansatz ist abschließend im Anwendungskontext zu validieren.[51] Abbildung 1.7 zeigt den daraus abgeleiteten Aufbau der Arbeit. Auf eine Erläuterung der bereits erfolgten Einleitung in Kapitel 1 wird nachfolgend verzichtet.

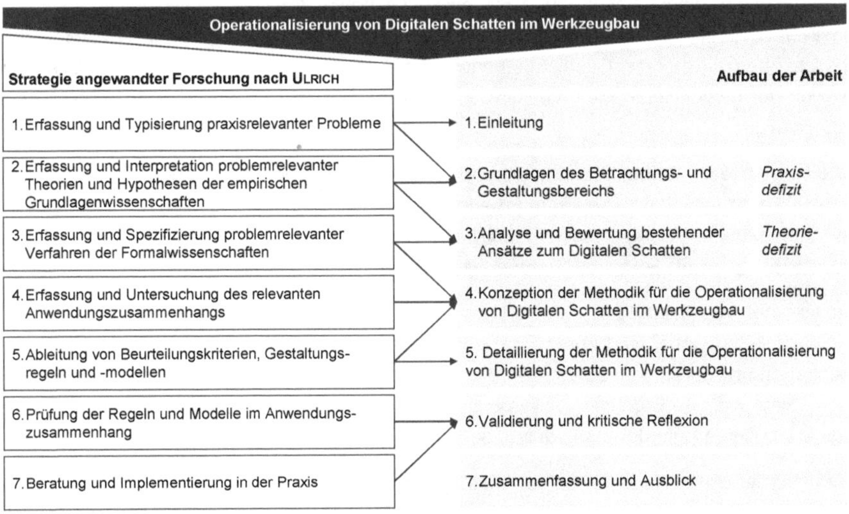

Abbildung 1.7: Aufbau der Arbeit im Kontext der Phasen angewandter Forschung nach ULRICH[52]

[49] Vgl. WBA (Datenbasierte Performancesteigerung), 2020.

[50] Vgl. Ulrich; Hill (Wissenschaftstheoretische Grundlagen), 1976, S. 305-308.

[51] Vgl. Ulrich (Management), 1984, S. 193.

[52] I. A. a. Ulrich (Management), 1984, S. 193.

In *Kapitel 2* werden die relevanten Grundlagen des Betrachtungs- und Gestaltungsbereichs präsentiert. Dazu wird zunächst das Datenmanagement mit seinen verschiedenen relevanten Teilaspekten eingeführt. Darauf aufbauend erfolgt die Schaffung eines einheitlichen Begriffsverständnisses von Industrie 4.0 sowie eine Erläuterung der damit verbundenen technologischen Befähiger. Zur Charakterisierung des Betrachtungsbereichs dieser Arbeit wird die Branche Werkzeugbau mit ihren Charakteristika und Herausforderungen beschrieben. Aus einer Gegenüberstellung der theoretischen Grundlagen des Gestaltungsbereichs dieser Arbeit mit dem praktischen Implementierungsgrad im Betrachtungsbereich kann abschließend der Handlungsbedarf aus der Praxis abgeleitet werden.

Aufbauend auf dem identifizierten Praxisdefizit werden in *Kapitel 3* in der Literatur bestehende Ansätze analysiert und bewertet. Hierfür werden zunächst ein Bewertungssystem sowie Anforderungen an einen Ansatz zur Beantwortung der übergeordneten Forschungsfrage entwickelt. Anschließend werden bestehende Ansätze erläutert und das Bewertungssystem mit seinen Anforderungen wird auf diese angewendet. Dies führt zur Darstellung eines aktuell bestehenden Theoriedefizits und zur Formulierung detaillierterer Teilforschungsfragen dieser Arbeit.

In *Kapitel 4* wird auf Basis des Praxis- und Theoriedefizits ein Ordnungsrahmen präsentiert, aus dem die einzelnen Schritte der Methodik zur Operationalisierung eines digitalen Schattens im Werkzeugbau hergeleitet werden. Diese Schritte werden mit ihren jeweiligen Zielsetzungen beschrieben und zu einer Gesamtmethodik aggregiert. Abschließend erfolgt eine kritische Reflexion der hergeleiteten Methodik hinsichtlich der formulierten Anforderungen an einen Lösungsansatz.

Die hergeleiteten Methodikschritte werden in *Kapitel 5* detailliert. Hierzu bedarf es einer konkreten Beschreibung der jeweiligen Ergebnisse der Methodikschritte. Außerdem sind dem Anwender zur Generierung dieser Ergebnisse anforderungsgerechte Modelle und Methoden bereitzustellen und die jeweiligen Rahmenbedingungen und Voraussetzungen zu beschreiben.

Im Rahmen von *Kapitel 6* erfolgt die Validierung der erarbeiteten Methodik anhand von zwei Fallbeispielen. Dabei wird zunächst die jeweilige Ausgangssituation der Unternehmen beschrieben und darauf aufbauend die Anwendung von (Teil-)Schritten der Methodik sowie der damit verbundenen Ergebnisse. Dies ermöglicht eine kritische Reflexion, indem die Erfüllung der erarbeiteten Anforderungen durch die Methodik geprüft wird.

Im abschließenden *Kapitel 7* werden die Ergebnisse dieser Arbeit zusammengefasst und die formulierte Forschungsfrage abschließend beantwortet. Darüber hinaus wird das erzielte Forschungsergebnis kritisch reflektiert und auf dieser Basis werden weitergehende Forschungsansätze abgeleitet.

2 Grundlagen des Betrachtungs- und Gestaltungsbereichs

Die effektive und effiziente Auseinandersetzung mit der in Kapitel 1.3 formulierten übergeordneten Forschungsfrage erfordert die einleitende Darlegung relevanter Grundlagen des Betrachtungs- und Gestaltungsbereichs. Nach einer initialen Einführung der Grundlagen des Datenmanagements wird detailliert auf das Thema Industrie 4.0 eingegangen, wobei neben den entsprechenden Grundlagen die verbundenen Potenziale und erforderlichen Befähiger eingeführt werden. Darüber hinaus wird mit den Charakteristika des Werkzeugbaus der Betrachtungsbereich der Arbeit eingeführt. Abschließend wird auf Basis der dargelegten Grundlagen ein Handlungsbedarf aus der Praxis abgeleitet, der sich aus den Herausforderungen des Betrachtungsbereichs in Kombination mit den Potenzialen des Gestaltungsbereichs ergibt.

2.1 Datenmanagement

Datenmanagement beschreibt die Maßnahmen und Verfahren zur Behandlung der Ressource „Daten“ mit dem Ziel, sie mit ihrem maximalen Nutzungspotenzial in die Geschäftsprozesse eines Unternehmens einzubringen[53]. Da Daten heute zunehmend als Produktionsfaktor zu betrachten sind, sind diese im Kontext des Gestaltungsbereichs dieser Arbeit zu erläutern[54]. Hierbei sind insbesondere die Begriffe Daten und Informationen, Sensorik sowie Datenspeicherung relevant, weswegen die Begriffe nachfolgend definiert und abgegrenzt werden sollen.

2.1.1 Daten und Informationen

Für ein detailliertes Verständnis der Charakteristika und Anforderungen des Datenmanagements sind zunächst die Grundlagen von Daten und Informationen einzuführen. Hierfür werden die relevanten Begrifflichkeiten definiert und abgegrenzt, bevor vor diesem Hintergrund die Daten- und Informationsqualität diskutiert wird.

2.1.1.1 Begriffsdefinition und Abgrenzung

In der Literatur findet sich keine einheitliche Definition für die Begriffe Daten und Informationen, was aus den vielfältigen Einsatzbereichen resultiert[55]. Allgemein lassen sich Daten als durch „Beobachtungen etc. gewonnene (Zahlen-)Werte oder formulierbare Befunde“[56] definieren. In der Praxis werden Daten und Informationen häufig synonym verwendet[57]. Um eine eindeutige Abgrenzung zwischen den Begriffen zu erreichen, hat sich in der Literatur die *DIKW hierarchy* (dt: Wissenspyramide) etabliert, deren zugrundeliegendes Verständnis auch für diese Arbeit

[53] Vgl. Meier; Kaufmann (Datenmanagement), 2016, S. 23.

[54] Vgl. Meier; Kaufmann (Datenmanagement), 2016, S. 2.

[55] Vgl. Witt (Datenschutz), 2010, S. 4.

[56] o. V. ("Daten" auf Duden online), o. J.

[57] Vgl. Blum (Digitaler Schatten in der Einzel- und Kleinserie), 2019, S. 28.

Gültigkeit besitzen soll.[58] Die in Abbildung 2.1 dargestellte Wissenspyramide nutzt die Grundlagen der Semiotik mit ihren Ebenen Syntax, Semantik und Pragmatik, um die Begriffe Zeichen, Daten, Informationen und Wissen voneinander abzugrenzen[59].

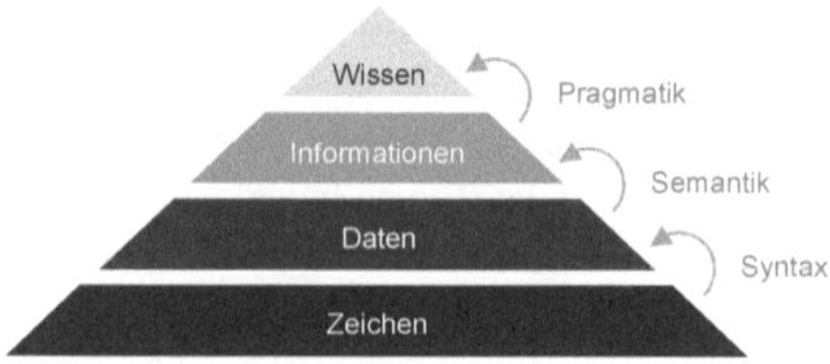

Abbildung 2.1: Wissenspyramide nach BODENDORF[60]

Die *Syntax* beschreibt die Beziehung, die zwischen Zeichen eines definierten Zeichenvorrats bestehen und aus diesen Daten generieren[61]. Für die Klassifizierung der in der Praxis auftretenden Daten existieren in der Literatur verschiedene Ansätze[62]. Aus produktionstechnischer Sicht ist insbesondere die Unterteilung in Stamm- und Bewegungsdaten relevant[63]. Stammdaten bilden die auftragsneutrale Struktur ab und behalten folglich über einen langen Zeitraum Gültigkeit[64]. Sie ermöglichen die Identifizierung, Klassifizierung und Charakterisierung von betrieblichen Objekten und Sachverhalten[65]. Typische Stammdaten sind bspw. Material- und Ressourcendaten oder Kunden- und Lieferantendaten[66]. Teilweise wird in der Literatur die dritte Kategorie der Bestandsdaten verwendet. Diese können aufgrund des fehlenden direkten Zeitbezugs nicht eindeutig den Stamm- oder Bewegungsdaten zugeordnet werden. SCHEER, dessen Verständnis auch für diese Arbeit gelten soll, ordnet diese den Stammdaten zu[67]. Im Gegensatz zur Kategorisierung in Stamm- und Bewegungsdaten differenzieren SCHUH ET AL. im Kontext einer shopfloor-orientierten Betrachtung zwischen Auftragsdaten, Maschinendaten, Bestandsdaten sowie soziotechnischen Faktoren[68]. Aus informationstechnischer Sicht findet häufig eine Klassifizierung anhand des Strukturierungsgrads der Daten statt[69]. Strukturierte Daten weisen eine bestimmte Länge und ein definiertes Format auf, das die enthaltenen Zahlen und Buchstaben in einer festgelegten Reihenfolge enthält[70]. Diese Art von Daten entspricht

[58] Vgl. Rowley (DIKW hierarchy), 2007, S. 163-164.

[59] Vgl. Picot et al. (Informations- und Kommunikationsverhalten), 2001, S. 89.

[60] I. A. a. Bodendorf (Daten- und Wissensmanagement), 2006, S. 1.

[61] Vgl. Bodendorf (Daten- und Wissensmanagement), 2006, S. 1.

[62] Vgl. Kelzenberg (Datenstrukturmodell), 2020, S. 31.

[63] Vgl. Schuh et al. (Grundlagen der Produktionsplanung und -steuerung), 2012, S. 72.

[64] Vgl. Blum (Digitaler Schatten in der Einzel- und Kleinserie), 2019, S. 30.

[65] Vgl. Otto et al. (Stammdatenmanagement), 2011, S. 8.

[66] Vgl. Schuh et al. (Grundlagen der Produktionsplanung und -steuerung), 2012, S. 73.

[67] Vgl. Scheer (Informationssysteme im Industriebetrieb), 1990, S. 538.

[68] Vgl. Schuh et al. (Der Digitale Schatten in der Auftragsabwicklung), 2016, S. 49.

[69] Vgl. Heuberger-Götsch (Der Wert von Daten), 2016, S. 86-87.

[70] Vgl. Heuberger-Götsch (Der Wert von Daten), 2016, S. 87.

dem traditionellen Verständnis des Datenbegriffs[71]. Semi-strukturierte Daten weisen ebenfalls eine definierte Struktur auf, jedoch ist diese kontinuierlichen Änderungen unterworfen. Außerdem kann sich ein solches Datenobjekt aus verschiedenen weiteren Datenobjekten zusammensetzen und erst diese manifestieren einen vorgegebenen Datentypen.[72] Solche semi-strukturierten Daten werden auch als multi-strukturiert bezeichnet[73]. Unterliegen Datenobjekte keiner definierten Struktur, wie z. B. Fließtext, Musikaufnahmen oder Bilder, werden sie als unstrukturierte Daten bezeichnet[74]. In dieser Arbeit soll der Fokus nicht auf einer einzelnen Klassifizierung der auftretenden Datentypen liegen. Vielmehr wird sich die Verwendung der Datenkategorien nach dem konkreten Kontext der Verwendung des Datenbegriffes richten.

Die Bedeutung der Zeichen ist jedoch nicht Teil der Syntax[75]. Die *Semantik* fügt den Zeichen eine Bedeutung hinzu und grenzt somit den Datenbegriff vom Informationsbegriff ab. Informationen werden folglich vom Betrachter in Bezug auf einen konkreten Sachverhalt wahrgenommen und berücksichtigen den Kontext, in dem die betrachteten Daten auftreten[76]. MEIER & KAUFMANN charakterisieren Informationen, auch in Abgrenzung zu Daten, anhand von sieben Eigenschaften[77]:

- *Darstellung:* Informationen werden durch die Darstellung verschiedener Daten spezifiziert.
- *Verarbeitung:* Informationen werden durch Algorithmen und Datenstrukturen übermittelt, gespeichert, klassifiziert, identifiziert und in andere Darstellungsformen transformiert.
- *Kombination:* Informationen können beliebig kombiniert werden. Durch die nicht mögliche Nachweisung der Herkunft von Informationen ist eine Manipulation der Informationen möglich.
- *Alter:* Informationen unterliegen keinem physikalischen Alterungsprozess.
- *Original:* Informationen sind beliebig kopierbar und kennen keine Originale.
- *Vagheit:* Informationen sind unscharf, d. h. die Aussagekraft hängt stark von der Qualität der enthaltenen Daten ab.
- *Träger:* Informationen benötigt keinen fixierten Träger und sind somit ortsunabhängig.

Erst durch die *Pragmatik*, also eine zweckgerichtete Vernetzung verschiedener Informationen, wird aus diesen nutzbares Wissen[78]. PROBST ET AL. konkretisieren den Wissensbegriff als die

[71] Vgl. Heuberger-Götsch (Der Wert von Daten), 2016, S. 87.
[72] Vgl. Meier; Kaufmann (Systemarchitektur), 2016, S. 158.
[73] Vgl. Heuberger-Götsch (Der Wert von Daten), 2016, S. 87.
[74] Vgl. Meier; Kaufmann (Systemarchitektur), 2016, S. 159.
[75] Vgl. Hermans (Ontologiebasierte Information), 2008, S. 10-11.
[76] Vgl. Bodendorf (Daten- und Wissensmanagement), 2006, S. 1.
[77] Vgl. Meier; Kaufmann (Datenmanagement), 2016, S. 1.
[78] Vgl. Bodendorf (Daten- und Wissensmanagement), 2006, S. 2.

„Gesamtheit der Kenntnisse und Fähigkeiten, die Individuen zur Lösung von Problemen einsetzen“[79].

Da folglich die Wissensgenerierung als Teil einer Problemlösung zu betrachten ist, die durch eine Bereitstellung von Daten und Informationen befähigt wird, liegt nachfolgend der Fokus des Gestaltungsbereichs dieser Arbeit auf der Daten- und Informationsebene.

2.1.1.2 Daten- und Informationsqualität

Eine hohe Qualität der Daten und Informationen stellt die wesentliche Anforderung für die spätere Nutzbarmachung dar[80]. Eine einheitliche Definition und Abgrenzung der Begriffe Datenqualität und Informationsqualität kann in der Literatur jedoch nicht gefunden werden[81]. Allgemein bezeichnet der Qualitätsbegriff die Güte eines betrachteten Objekts in Form einer messbaren Beschreibung der Beschaffenheit oder eines Vergleichs mit definierten Anspruchsklassen[82]. Wesentliches Unterscheidungsmerkmal für die Daten- und Informationsqualität im Sinne dieser Arbeit stellt die Konkretisierung der allgemeinen Definition durch HARTZ ET AL. dar. Die Autoren weisen den Qualitätskriterien, die zur Messung von Qualität verwendet werden, einen Interessenbezug zu. Demnach werden identische Qualitätskriterien durch unterschiedliche Interessensgruppen unterschiedlich gemessen.[83] Auf den Kontext dieser Arbeit übertragen bedeutet dies, dass sich Datenqualitätskriterien auf technisch messbare Attribute beziehen, während Informationsqualitätskriterien in einem Anwendungskontext beschrieben werden[84]. Folglich kann die Formulierung von Kriterien zur Beschreibung der Daten- und Informationsqualität an dieser Stelle äquivalent erfolgen, während die Ausgestaltung der Kriterien im weiteren Verlauf der Methodik dieser Arbeit differenziert stattzufinden hat. Daher werden in diesem Kapitel die Daten- und Informationsqualität aus Gründen der Verständlichkeit zusammenfassend als Datenqualität bezeichnet.

Eine allgemeine, in der Wissenschaft etablierte Definition der Datenqualität bieten WANG & STRONG mit ihrem Konzept „fitness of use“. Dieses verweist auf die Fähigkeit der Daten zur Nutzung im Sinne eines definierten Anwendungsfalls und soll auch für diese Arbeit Gültigkeit besitzen[85]. Für die Bewertung der Datenqualität anhand definierter Kriterien existieren in der Literatur eine Vielzahl verschiedener Ansätze. CICHY & RASS haben in einer Meta-Studie 13 in der Literatur etablierte Frameworks hinsichtlich der verwendeten Kriterien zur Quantifizierung

[79] o. V. (Wissen managen), 2010, S. 23.

[80] Vgl. O'Reilly (Impact of Quality of Information), 1982, S. 756.

[81] Vgl. Blum (Digitaler Schatten in der Einzel- und Kleinserie), 2019, S. 32.

[82] Vgl. Muskat (Total Quality Management), 2007, S. 43.

[83] Vgl. Hartz; Meisel (Qualitätsmanagement), 2011, S. 16.

[84] Vgl. Schuh et al. (Data quality for digital shadows), 2019, S. 46.

[85] Vgl. Wang; Strong (Data Quality), 1996, S. 6; Blum (Digitaler Schatten in der Einzel- und Kleinserie), 2019, S. 32.

der Datenqualität untersucht[86]. Die Häufigkeiten der insgesamt 20 verschiedenen Kriterien in den untersuchten Frameworks sind in Abbildung 2.2 dargestellt.

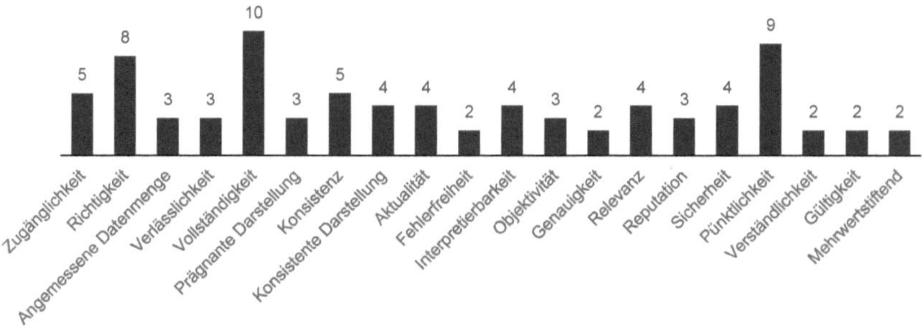

Abbildung 2.2: Häufigkeit der verwendeten Datenqualitätskriterien in der Literatur[87]

Eine genaue Evaluation der durch CICHY & RASS vorgenommenen Kategorisierung zeigt, dass teilweise sinnähnliche oder -gleiche Begriffe verwendet wurden, die eine weitere Eingrenzung der Qualitätskriterien ermöglichen. Die folgenden sechs Kriterien können zum Kriterium der *Nützlichkeit* aggregiert werden: angemessene Datenmenge, prägnante Darstellung, Aktualität, Relevanz, Pünktlichkeit und mehrwertstiftend. Auf dieses übergeordnete Kriterium entfallen folglich 25 Nennungen. Außerdem lassen sich die Kriterien Richtigkeit, Verlässlichkeit, Vollständigkeit, Konsistenz, konsistente Darstellung, Fehlerfreiheit, Genauigkeit, Reputation und Gültigkeit zum Oberbegriff *Verlässlichkeit* mit insgesamt 39 Verwendungen in der Literatur summieren. Dem Kriterium *Interpretierbarkeit* können zusätzlich die Kriterien der Objektivität und Verständlichkeit zugeordnet werden, sodass diese zusammen auf neun Nennungen kommen. Die beiden übrigen Kriterien Zugänglichkeit und Sicherheit können der Überkategorie *Verfügbarkeit* mit ebenfalls neun Nennungen zugeordnet werden. Eine solche Betrachtung der Kriterien zur Quantifizierung der Datenqualität in den vier Kategorien *Nützlichkeit*, *Verlässlichkeit, Interpretierbarkeit* und *Zugänglichkeit* wird gleichfalls durch den Ansatz von WANG ET AL. unterstützt und soll für den weiteren Fortschritt dieser Arbeit Gültigkeit besitzen[88].

Für die Realisierung einer hohen Datenqualität in der Praxis existieren verschiedene Einflüsse. MCGILVRAY erarbeitet den sogenannten POSMAD-Ansatz, um einen Rahmen für die Sicherstellung hoher Datenqualität zu bieten. Demnach erfolgt die Sicherstellung einer ausreichenden Datenqualität entlang des gesamten Lebenszyklus der Daten in den Schritten Planung, Beschaffung, Speicherung und gemeinsamen Nutzung, Pflege, Anwendung und Entsorgung der Daten.[89] VAN ALSTYNE ET AL. definieren darüber hinaus den Datenbesitz als wesentlichen

[86] Vgl. Cichy; Rass (Data Quality Frameworks), 2019, S. 24636.

[87] I. A. a. Cichy; Rass (Data Quality Frameworks), 2019, S. 24638.

[88] Vgl. Wang et al. (Toward quality data), 1995, S. 350.

[89] Vgl. McGilvray (Data quality projects), 2008, S. 19.

Einflussfaktor auf die Qualität der erhobenen Daten[90]. Im Kontext des Betrachtungsbereichs dieser Arbeit ist außerdem die manuelle Datenaufnahme und -verarbeitung als signifikanter Einflussfaktor auf eine geringe Datenqualität zu betrachten[91]. Wesentliche Maßnahme zur Adressierung dieses Einflussfaktors ist die Verwendung von Verfahren zur automatisierten Datenaufnahme, die im nachfolgenden Kapitel in Form von Sensorik detailliert betrachtet werden.

2.1.2 Sensorik

Die im vorangegangenen Kapitel beschriebenen Daten müssen für eine effektive und effiziente Nutzbarmachung digital erhoben werden. Dies erfolgt durch die Digitalisierung von Funktionsgrößen technischer Objekte. Als technische Objekte können Produkte, Strukturen, Systeme und Prozesse bezeichnet werden.[92] Funktionsgrößen beschreiben die Ein- und Ausgangsgrößen der speziellen Funktionsstruktur, also der festgelegten physikalischen Wirkungsweise dieser technischen Objekte[93]. Synonym für die Funktionsgröße ist in der Messtechnik der Begriff der Messgröße etabliert[94]. Diese ist nach DIN 1319 als physikalische Größe definiert, die durch eine Messung zu erfassen ist. Dabei muss eine Messgröße nicht unmittelbar Gegenstand der Messung sein, sondern kann ebenfalls durch definierte mathematische Beziehungen zwischen den Größen der unmittelbaren Messung bestimmt werden.[95] Im Folgenden soll für die Benennung der zu erfassenden Größe der Begriff der Funktionsgröße Anwendung finden. Für die Kategorisierung der Funktionsgrößen in der Praxis existieren in der Literatur verschiedene Ansätze. FLEISCHER ET AL. bspw. definieren die acht Dimensionen Temperatur/Wärmestrahlung, Durchfluss, Kraft, Beschleunigung, Hör-/Körperschall, Position/Abstand/Winkel und ihre Änderung, Füllstand sowie Identifikation von Objekten[96]. CZICHOS bezieht sich hingegen auf die fünf übergeordneten Dimensionen der geometrischen, kinematischen, kinetischen, dynamischen und thermischen Größen[97]. Abbildung 2.3 zeigt die Methodik zur Digitalisierung von Funktionsgrößen technischer Objekte.

Die bei der Digitalisierung der Funktionsgrößen verwendeten Aufnehmer werden als Sensoren bezeichnet[98]. Sensoren nutzen bekannte und reproduzierbare Zusammenhänge zwischen der Funktionsgröße und einer beeinflussten elektrischen Eigenschaft des Sensors zur Erfassung des Werts der Funktionsgröße[99].

---

[90] Vgl. van Alstyne et al. (Principles for data ownership), 1995, S. 268.

[91] Vgl. Barchard; Pace (Impact of data entry methods), 2011, S. 1837.

[92] Vgl. Czichos (Cyber-physische Systeme), 2019, S. 337-339.

[93] Vgl. Eversheim (Konstruktionsprozesse), 1998, S. 69-70.

[94] Vgl. Schröter (Allgemeine Meßtechnik), 1997, S. 5.

[95] Vgl. DIN Deutsches Institut für Normung e. V. (DIN 1319), 1995, S. 2.

[96] Vgl. Fleischer et al. (Leitfaden Sensorik für Industrie 4.0), 2018, S. 11.

[97] Vgl. Czichos (Cyber-physische Systeme), 2019, S. 337.

[98] Vgl. Parthier (Messtechnik), 2016, S. 173.

[99] Vgl. Parthier (Messtechnik), 2016, S. 159.

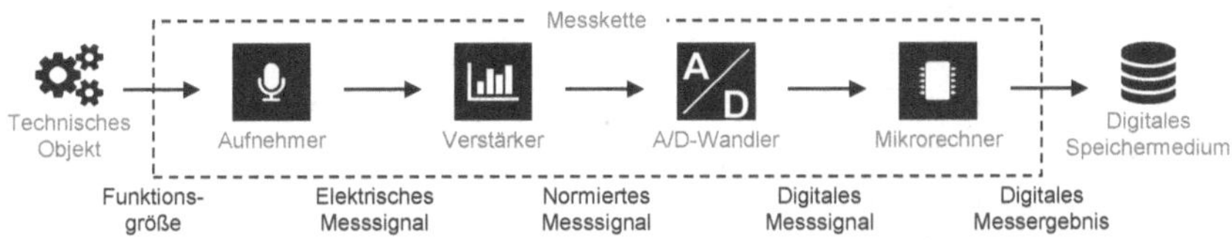

Abbildung 2.3: Methodik zur Digitalisierung von Funktionsgrößen technischer Objekte[100]

Unabhängig von der Kategorisierung der Funktionsgrößen werden Sensoren weiter entsprechend des ihnen zugrundeliegenden Messprinzips differenziert[101]. Basierend auf den schwerpunktmäßig betrachteten Funktionsgrößen und Sensortypen existieren in der Literatur hierfür verschiedene Unterteilungen. HERING bspw. nennt die zwölf Messprinzipien mechanisch, optisch, chemisch, akustisch, kapazitiv, induktiv, magneto-statisch, thermo-elektrisch, piezoelektrisch, fotoelektrisch sowie basierend auf ohmschen Widerständen und Dehnmessstreifen[102]. Über diese Messprinzipien wird die zu messende Größe in ein Ausgangssignal des Sensors in Form eines Frequenz-, Strom- oder Spannungssignals umgeformt[103]. Dieses muss verstärkt werden, bevor es für die weitere Verarbeitung digitalisiert werden kann[104]. Die Nutzung solcher Sensorik zur Senkung der Erzeugniskosten in der produzierenden Industrie erfolgt bereits seit den Bestrebungen zunehmender Automatisierung[105].

2.1.3 Multimodale Datenaufnahme und -fusion

Die Nutzung einzelner Sensorik oder Datenquellen, wie sie in den vorherigen Kapiteln beschrieben wurden, hat den Nachteil, dass die erzielbare Datenqualität vollständig von den Charakteristika und der Arbeitsweise dieses Objekts determiniert wird. Insbesondere eine Validierung der Korrektheit der erhobenen Daten ist nur schwierig möglich.[106] Das Konzept der multimodalen Datenaufnahme und -fusion versucht diese Herausforderung zu adressieren, indem im Sinne der biologischen Transformation[107] die Charakteristika der menschlichen Wahrnehmung verwendet werden. Diese basiert auf der Nutzung verschiedener Sinne, die

[100] Vgl. Czichos (Cyber-physische Systeme), 2019, S. 339; DIN Deutsches Institut für Normung e. V. (DIN 1319), 1995, S. 31.

[101] Vgl. Adam et al. (Sensoren für die Produktionstechnik), 1997, S. 14.

[102] Vgl. Hering (Sensoren), 2017, S. 383.

[103] Vgl. Parthier (Messtechnik), 2016, S. 175.

[104] Vgl. Parthier (Messtechnik), 2016, S. 162.

[105] Vgl. Adam et al. (Sensoren für die Produktionstechnik), 1997, S. 1.

[106] Vgl. Bauernhansl et al. (WGP-Standpunkt Industrie 4.0), 2016, S. 26-27.

[107] Die biologische Transformation beschreibt die Übertragung biologischer Materialien, Strukturen und Prinzipien auf technische Herausforderungen, zur Steigerung der Nachhaltigkeit der Wertschöpfung. Vgl. Dieckhoff, Patrick, Möhlmann, Roman, van Ackeren, Janine (Biologische Transformation und Bioökonomie), 2018, S. 7.

jeweils unterschiedliche, nur teilweise redundante Informationen aufnehmen können. Das Gehirn verarbeitet diese Eindrücke anschließend zu einer umfassenden Bewertung unserer Umgebung.[108] Entsprechend beschreibt die multimodale Datenaufnahme nach LUO & YIH die synergetische Nutzung von Informationen, die durch verschiedene Erfassungsmethoden bereitgestellt werden, um die Aufgabe eines betrachteten Systems anforderungsgerecht erfüllen zu können. Darauf aufbauend umfasst die multimodale Datenfusion alle Methoden, die eine Verarbeitung der multimodal erhobenen Daten befähigen.[109]

Mit der Nutzung multimodaler Datenaufnahme und -fusion kann der Anwender nach DARMS vier verschiedene Ziele verfolgen: *Redundanz*, *Komplementarität*, *zeitliche Aspekte* sowie *Kosten*[110]. Eine redundante Datenaufnahme erfasst dieselbe Eigenschaft eines Objekts auf unterschiedliche Weisen. Dadurch kann die Fehlertoleranz, mit der die Objekteigenschaft angegeben wird, gesenkt werden.[111] Hierzu bedarf es Algorithmen, die den Einfluss der Redundanz auf die Fehlertoleranz approximieren[112]. Im Gegensatz dazu erfolgt durch eine komplementäre Multimodalität die Erfassung unterschiedlicher Eigenschaften eines Objekts. Diese können anschließend dazu genutzt werden, um den Informationsgehalt zu erhöhen. Die zeitlichen Aspekte zielen auf eine Steigerung der Datenakquisitionsgeschwindigkeit des Erfassungssystems, indem mehrere Sensoren mit unterschiedlichen oder zueinander phasenverschobenen Erhebungsfrequenzen verwendet werden, deren Messwerte parallel verarbeitet werden können. Das letzte Ziel der Multimodalität, die Reduzierung von Kosten, wird durch die Verwendung mehrerer kostengünstiger Sensoren erreicht, die im Vergleich zu weniger, aber dafür hochwertigeren Sensoren, ein vergleichbares Erhebungsergebnis liefern.[113]

Wesentliche Herausforderung bei der Realisierung der beschriebenen Potenziale ist der hohe Implementierungsaufwand, der durch fehlende Auslegungsmethoden zur Identifizierung der technischen und prozessbedingten Beziehungen innerhalb der zu untersuchenden Systeme entsteht. Dadurch wird die optimale Gestaltung und Nutzung von Sensornetzwerken erschwert.[114] Entsprechend findet die multimodale Datenerhebung und -fusion bisher lediglich in einigen wenigen Industriezweigen Anwendung, wie bspw. bei der Umsetzung von Assistenzsystemen für das autonome Fahren, dem Bereich Robotik oder militärischen Anwendungen.[115]

---

[108] Vgl. Lahat et al. (Multimodal Data Fusion), 2015, S. 1450-1451.

[109] Vgl. Luo et al. (Multisensor fusion and integration), 2002, S. 109-110.

[110] Vgl. Darms (Fusion umfelderfassender Sensoren), 2015, S. 441-442.

[111] Vgl. Hall; Llinas (Introduction to multisensor data fusion), 1997, S. 6.

[112] Vgl. Daum (Multitarget-Multisensor Tracking), 1996, S. 41.

[113] Vgl. Darms (Fusion umfelderfassender Sensoren), 2015, S. 441-442.

[114] Vgl. Bauernhansl et al. (WGP-Standpunkt Industrie 4.0), 2016, S. 27.

[115] Vgl. Berger; Rumpe (Autonomes Fahren), 2008, S. 259; Hall; Llinas (Introduction to multisensor data fusion), 1997, S. 9-10.

2.1.4 Datenspeicherung

Für die Verwendung von Daten im industriellen Kontext müssen diese in Datenbanksystemen gespeichert werden. Ein Datenbanksystem ist nach MEIER & KAUFMANN ein System, das Daten applikationsunabhängig beschreibt, speichert und abfragt[116]. CONNOLLY & BEGG fügen dieser Definition hinzu, dass ein Datenbanksystem zur Befriedigung des Informationsbedürfnisses einer definierten Zielgruppe gestaltet wird[117]. Ein solches System besteht in jedem Fall aus einer Speicherungskomponente, die alle Daten und deren Beschreibung abspeichert, sowie einer Verwaltungskomponente, deren Abfrage- und Manipulationssprache das Auswerten und Abfragen der gespeicherten Daten ermöglicht[118].

Die Art des zu verwendenden Speichersystems resultiert wesentlich aus den zu speichernden Daten sowie den Anforderungen an die Nutzung der Daten[119]. Grundsätzlich kann dabei zwischen relationalen und nicht-relationalen Datenbanksystemen unterschieden werden[120]. Relationale Datenbanksysteme stellen heute die am weitesten verbreitete Form dar[121]. Ein dort abgebildetes Relationenmodell verwendet Tabellen, um die Beziehung zwischen den gespeicherten Daten zu beschreiben[122]. Dabei muss eine solche Tabelle nach MEIER & KAUFMANN fünf zentrale Anforderungen erfüllen[123]:

- Der Tabelle ist ein eindeutiger Tabellenname zugeordnet.
- Jede Spalte ist durch einen eindeutigen Merkmalsnamen charakterisiert.
- Sowohl Anzahl als auch Position der einzelnen Spalten sind nicht definiert, sodass keine Spaltenordnung festgelegt ist.
- Auch die einzelnen Zeilen der Tabelle unterliegen keiner festen Ordnung.
- Ein Merkmal oder eine Kombination der Merkmale fungiert als eindeutiger Identifikationsschlüssel für die jeweilige Zeile der Tabelle.

Folglich lassen sich in einer solchen relationalen Datenbank lediglich die in Kapitel 2.1.1.1 definierten strukturierten Daten effizient speichern[124]. Für die Speicherung teilstrukturierter und unstrukturierter Daten haben sich sogenannte NoSQL-Systeme als nicht-relationale Datenbanksysteme etabliert[125]. In Abgrenzung zu relationalen Datenbanken definieren MEIER &

[116] Vgl. Meier; Kaufmann (Datenmanagement), 2016, S. 2-3.
[117] Vgl. Connolly; Begg (Database systems), 2015, S. 63.
[118] Vgl. Bauknecht; Zehnder (Datenbanken), 1989, S. 195.
[119] Vgl. Härder; Rahm (Datenbanksysteme), 2001, S. 3-4.
[120] Vgl. Rahm et al. (Verteiltes und paralleles Datenmanagement), 2015, S. 23.
[121] Vgl. Connolly; Begg (Database systems), 2015, S. 149.
[122] Vgl. Connolly; Begg (Database systems), 2015, S. 152.
[123] Vgl. Meier; Kaufmann (Datenmanagement), 2016, S. 6.
[124] Vgl. Rahm et al. (Verteiltes und paralleles Datenmanagement), 2015, S. 34.
[125] Vgl. Rahm et al. (Verteiltes und paralleles Datenmanagement), 2015, S. 34-35.

KAUFMANN sechs Bedingungen, die durch nicht-relationale Datenbanksysteme erfüllt werden müssen[126]:

- Das in der Datenbank abgebildete Datenmodell ist nicht relational.
- Die Datenbank kann umfangreiche Datenbestände, flexible Datenstrukturen und Echtzeitanforderungen verarbeiten.
- Die Datenbank ist nicht auf ein fixes Datenbankschema festgelegt.
- Die Architektur der Datenbank ermöglicht verteilte Webanwendungen und horizontale Skalierung.
- Die Datenbank unterstützt Möglichkeiten zur Datenreplikation.
- Die Konsistenz der Datenbank ist im Falle hoher Verfügbarkeit und Ausfalltoleranz nur verzögert gewährleistet.

Darüber hinaus in der Literatur zu findende Datenbanksysteme, wie bspw. New-SQL, werden nachfolgend nicht eingehender betrachtet, da diese versuchen die Vorteile relationaler und nicht-relationaler Datenbanksysteme zu vereinen und folglich auf die zugehörigen, bereits vorgestellten Charakteristika zurückgreifen[127].

Die zunehmende Digitalisierung hat dazu geführt, dass auch in der produzierenden Industrie die Anforderungen hinsichtlich Speicherkapazitäten deutlich gestiegen sind. Als Reaktion, auf die daraus resultierenden organisatorischen und finanziellen Herausforderungen haben neben den klassischen Datenbanksystemen Cloud-Systeme immer mehr an Bedeutung gewonnen.[128] Der Begriff geht auf CHELLAPPA zurück, der diesen 1997 geprägt hat[129]. Eine einheitliche Definition für den Begriff des Cloud-Computing existiert in der Literatur jedoch nicht. BAUN ET AL. definieren als grundlegenden, in der Wissenschaft akzeptierten Bestandteil der Definition von Cloud-Computing die Nutzung von Virtualisierung zur dynamischen Bereitstellung verschiedener Ressourcen in Form elektronisch verfügbarer Dienste[130]. Cloud-Systeme werden darüber hinaus in Public Clouds, Private Clouds und Hybrid-Clouds unterteilt[131]. Wesentliches Charakteristikum einer Public Cloud ist die Trennung zwischen Anbieter und potenziellen Nutzern, die nicht derselben organisatorischen Einheit zugeordnet sind[132]. Daraus folgt, dass sich Anwender mehrerer Organisationseinheiten dieselbe Infrastruktur teilen[133]. Eine Private Cloud adressiert die daraus resultierenden Herausforderungen hinsichtlich des Datenschutzes. Bei dieser verbleibt die Kontrolle der abgelegten Daten innerhalb der Organisation des Nutzers, da die Cloud-Dienste auf organisationseigenen Ressourcen betrieben werden.[134]

[126] Vgl. Rahm et al. (Verteiltes und paralleles Datenmanagement), 2015, S. 20.
[127] Vgl. Grolinger et al. (NoSQL and NewSQL data stores), 2013, S. 4.
[128] Vgl. Hentschel; Leyh (Cloud Computing), 2018, S. 15.
[129] Vgl. Chellappa (Intermediaries in Cloud-Computing), 1997.
[130] Vgl. Baun et al. (Cloud Computing), 2011, S. 4.
[131] Vgl. Baun et al. (Cloud Computing), 2011, S. 28.
[132] Vgl. Baun et al. (Cloud Computing), 2011, S. 27.
[133] Vgl. Hentschel; Leyh (Cloud Computing), 2018, S. 7.
[134] Vgl. Baun et al. (Cloud Computing), 2011, S. 28.

Eine Mischform aus den beiden vorgestellten Cloudtypen stellt die Hybrid-Cloud dar. Diese kombiniert eine Private Cloud mit einer zusätzlichen Public Cloud, um auftretende Lastspitzen durch das angebotene Dienstangebot des Cloudsystems abzudecken.[135] Da im Falle der Auslagerung jedoch wiederum die Schwachstellen der Public Cloud hinsichtlich des Datenschutzes zu berücksichtigen sind, finden auch Hybrid-Clouds häufig nur für unkritische Geschäftsapplikationen Anwendung[136]. Vor dem Hintergrund des Gestaltungsbereichs dieser Arbeit kann die vorgestellte Definition und Klassifizierung eines Cloudsystems noch weiter eingegrenzt werden, insoweit, dass lediglich die Bereitstellung von Speichermöglichkeiten als Dienst durch die Cloud Relevanz besitzt.

2.2 Industrie 4.0

Industrie 4.0 stellt mit seinen Teilaspekten den Gestaltungsbereich dieser Arbeit dar. Einführend soll die Entwicklung der industriellen Produktion hin zu Industrie 4.0 beschrieben werden. Ausgehend davon werden die relevanten Begrifflichkeiten definiert und abgegrenzt, bevor die für den Gestaltungsbereich dieser Arbeit relevanten technologischen Befähiger detailliert erläutert werden.

2.2.1 Entwicklung der industriellen Produktion

Die industrielle Produktion hat sich in der Vergangenheit in ihren Charakteristika deutlich gewandelt, mit signifikanten Auswirkungen auf die Gestaltung der Wertschöpfung. Abbildung 2.4 zeigt die dafür relevanten vier Phasen der Industrialisierung mit ihren jeweiligen Kernerrungenschaften.

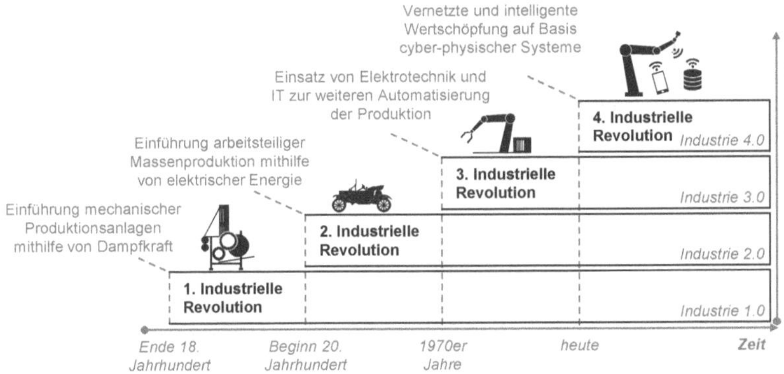

Abbildung 2.4: Industrielle Revolutionen[137]

[135] Vgl. Lissen et al. (IT-Services in der Cloud), 2014, S. 20.

[136] Vgl. Hentschel; Leyh (Cloud Computing), 2018, S. 8.

[137] I. A. a. Wahlster (Industrie 4.0), 2015, S. 8.

Die *erste industrielle Revolution* wurde Ende des 18. Jahrhunderts durch die Entwicklung dampfbetriebener Produktionsmaschinen katalysiert[138]. Durch diese neuen Energiequellen konnten deutliche Produktivitätssteigerungen und eine dezentrale Fertigung realisiert werden[139]. Die Leistungserstellung wurde so zunehmend gewerblich geprägt und industrielle Fabriken entstanden. Im Gegensatz zur reinen Handarbeit in Manufakturen konnten so Produkte mit deutlich gesteigerter Quantität und Qualität hergestellt werden.[140]

Mit verschiedenen technologischen und organisatorischen Umbrüchen zu Beginn des 20. Jahrhunderts begann die *zweite industrielle Revolution*. Durch die Nutzbarmachung elektrischer Energie konnten u. a. elektrische Einzelantriebe oder die Kommunikation mittels Telefons realisiert werden[141]. Die technologischen Veränderungen wurden durch einen grundlegenden Wandel der Organisationskonzepte unterstützt[142]. Insbesondere die durch Taylor eingeführte Arbeitsteilung stellte die Grundlage für die Entwicklung einer kosteneffizienten Massenproduktion dar[143]. Dies inkludierte die Untergliederung von Arbeiten in einzelne voneinander abgrenzbare Vorgänge, die Trennung von Hand- und Kopfarbeit sowie die räumliche Segmentierung aller planenden und kontrollierenden Aufgaben aus dem Bereich der Fertigung[144]. Eine derartige Entwicklung ermöglichte die Anordnung von Tätigkeiten in einer festen Reihenfolge und eine Verrichtung dieser an einem festen Ort, während das zu produzierende Objekt sich entlang der einzelnen Stationen bewegte[145]. Die Nutzung dieser Potenziale führte zu der Errichtung der ersten Fließfertigungen und zu der Realisierung von signifikanten Kostenpotenzialen der Massenproduktion[146].

Infolge zunehmender Fortschritte im Bereich der Informations- und Kommunikationstechnologien (IKT) konnten Mitte des 20. Jahrhunderts im Rahmen der *dritten industriellen Revolution* zunehmend Produktionsprozesse automatisiert werden. Unter dem Begriff der IKT werden alle Technologien summiert, die das Speichern, Verarbeiten und Kommunizieren von Daten ermöglichen.[147] In einer ersten Stufe konnte durch die Einführung von computergesteuerten Fertigungsmaschinen (CNC-Maschinen) die Genauigkeit und Zuverlässigkeit der maschinellen Bauteilfertigung im Vergleich zur manuellen Bearbeitung signifikant gesteigert werden[148]. Im zweiten Schritt ermöglichten die IKT außerdem eine Unterstützung der Wertschöpfung durch

[138] Vgl. Headrick (Technology), 2009, S. 91-93.

[139] Vgl. Meyer; Popplow (Technik, Arbeit und Umwelt), 2006, S. 43.

[140] Vgl. Helbing et al. (Fabrikprojektierung), 2018, S. 9.

[141] Vgl. Reinhart (Handbuch Industrie 4.0), 2017, S. XXXI.

[142] Vgl. Warnecke; Hüser (Fraktale Fabrik), 1996, S. 31.

[143] Vgl. Warnecke; Hüser (Fraktale Fabrik), 1996, S. 58-59.

[144] Vgl. Picot et al. (Grenzenlose Unternehmung), 2001, S. 239-240.

[145] Vgl. Redlich; Wulfsberg (Wertschöpfung), 2011, S. 28-29.

[146] Vgl. Warnecke; Hüser (Fraktale Fabrik), 1996, S. 31.

[147] Vgl. Krcmar (Informationsmanagement), 2015, S. 24.

[148] Vgl. Reinhart (Handbuch Industrie 4.0), 2017, S. XXXII.

die umfangreiche und ortsunabhängige Bereitstellung sowie den Austausch von Informationen[149].

Während die ersten drei industriellen Revolutionen im historischen Rückblick abgeleitet sind, handelt es sich bei der *vierten industriellen Revolution* um eine aktiv proklamierte Revolution[150]. Kern der vierten industriellen Revolution ist die Vernetzung der in der dritten Revolution noch lokal eingesetzten IKTs, um einen vernetzten Informationsaustausch entlang der gesamten Wertschöpfungskette zu ermöglichen[151]. Aus der digitalen Vernetzung der Wertschöpfungskette ergeben sich zahlreiche Anwendungsmöglichkeiten zur Verbindung von Ressourcen, Informationen, Objekten und Mitarbeitenden in der industriellen Produktion, wodurch eine deutliche Produktivitätssteigerung in der Zukunft zu erwarten ist[152].

2.2.2 Begriffsdefinition und -abgrenzung

Für die Sicherstellung eines einheitlichen Verständnisses des Gestaltungsbereichs sind zunächst die relevanten Begrifflichkeiten zu definieren und voneinander abzugrenzen. Dies soll anhand der in Abbildung 2.5 dargestellten Strukturierung erfolgen.

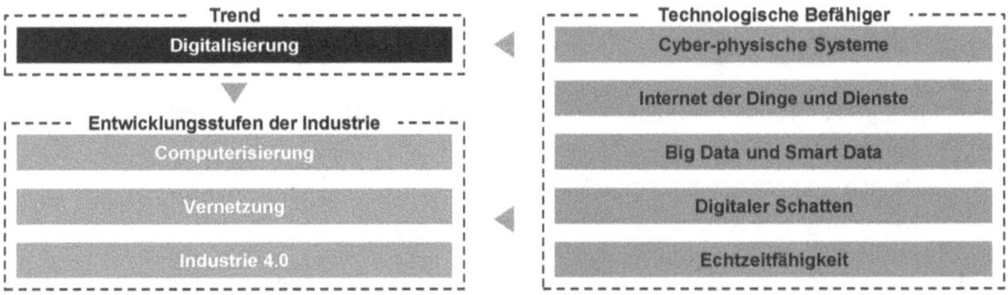

Abbildung 2.5: Übersicht zur Abgrenzung relevanter Begrifflichkeiten[153]

Initial soll die Digitalisierung als relevanter Megatrend eingeführt werden. Anschließend werden die Auswirkungen der Digitalisierung auf die Produktion übertragen, indem mit der Computerisierung, Vernetzung sowie Industrie 4.0, die relevanten Entwicklungsstufen der Industrie erläutert werden. Nachdem diese Begriffe definiert und voneinander abgegrenzt wurden, werden die relevanten technologischen Befähiger detailliert erläutert.

2.2.2.1 Digitalisierung

Die Digitalisierung stellt den übergeordneten Megatrend dar, aus dem die Entwicklung der nachfolgend zu definierenden Begrifflichkeiten resultiert[154]. Dabei bezeichnet der Begriff der

[149] Vgl. Komorek (Kollaborative Wertschöpfung), 2014, S. 34.

[150] Vgl. Paul (Industrie 4.0), 2016, S. 3.

[151] Vgl. Reinhart (Handbuch Industrie 4.0), 2017, S. XXXIV.

[152] Vgl. Kagermann et al. (Zukunftsprojekt Industrie 4.0), 2013, S. 17.

[153] Eigene Darstellung.

[154] Vgl. Schuh et al. (Geschäftsmodell-Innovation), 2017, S. 25.

Digitalisierung zunächst lediglich die Überführung von analogen Informationen oder Vorgängen in digitale Medien[155]. Im Kontext der Digitalisierung als Megatrend beschreibt der Begriff jedoch deutlich weitergehend die Übertragung der Lebens- und Arbeitswelt des Menschen auf eine digitale Ebene[156]. Die Digitalisierung hat somit sowohl Auswirkungen auf Unternehmen als auch auf die Gesellschaft mit ihren Individuen, die Wissenschaft sowie die Politik[157]. Die Abgrenzung der Definition der Digitalisierung vom Begriff der digitalen Transformation unterstreicht darüberhinausgehend noch einmal die Positionierung der Digitalisierung als Megatrend. Zwar werden die beiden Begriffe in der öffentlichen Diskussion häufig synonym verwendet, tatsächlich beschreiben sie jedoch zwei unterschiedliche Sachverhalte.[158] HARWARDT definiert die digitale Transformation, basierend auf einer Meta-Studie von acht Veröffentlichungen, als einen Prozess, der digitale Technologien nutzt, um bewusste Veränderungen zur Erreichung definierter Ziele zu realisieren[159]. Solche Ziele können bspw. die Erhöhung der Produktivität in einem Bereich sein oder die Einführung einer neuen Kommunikationsinfrastruktur[160]. Bei der digitalen Transformation handelte es sich somit um einen durch Menschen getriebenen Prozess, während die Digitalisierung einen technologisch getriebenen Prozess darstellt[161].

Die wesentlichen Vorteile der Digitalisierung liegen nach KRÖHLING in den folgenden drei Punkten[162]:

- Geringe Reproduktionskosten bei gleichzeitig beinahe nicht limitierten Reproduktionsmöglichkeiten
- Schnelle und ortsunabhängige Verteilung
- Maschinelle Auswertung und Weiterverarbeitung

Damit wird klar, dass die Digitalisierung als Megatrend nicht allein mit der Entstehung des Internets zusammenhängt, sondern bspw. schon auf die Einführung der Binärzahlen, die Entwicklung des Telegrafen oder die Vorstellung des ersten Großrechners bezogen werden kann[163]. Dennoch stellen das Internet und die dahinterstehenden Prinzipien und Funktionsweisen den wesentlichen Treiber für die heute relevanten Auswirkungen der Digitalisierung, die in der Literatur teilweise auch *neue Digitalisierung* genannt wird, dar[164].

---

[155] Vgl. Fricke (Digitaltechnik), 2014, S. 2.

[156] Vgl. Hamidian; Kraijo (Digitalisierung), 2013, S. 5.

[157] Vgl. Bär (Digitale Transformation), 2018, S. 1-2.; Vgl. Rürup; Jung (Digitalisierung), 2017, S. 4-5.

[158] Vgl. Biesel; Hame (Digitale Welt), 2018, S. 2.

[159] Vgl. Harwardt (Digitale Transformation), 2019, S. 10-11.

[160] Vgl. Ebert; Duarte (Digital Transformation), 2018, S. 16.

[161] Vgl. Biesel; Hame (Digitale Welt), 2018, S. 2.

[162] Vgl. Kröhling (Digitalisierung), 2017, S. 24.

[163] Vgl. Vogelsang (Digitalization), 2010, S. 7.; Vgl. Anderie (Digitalisierung), 2018, S. 16.

[164] Vgl. Hamidian; Kraijo (Digitalisierung), 2013, S. 5-6.

Neben dem Verständnis als Megatrend findet der Begriff der Digitalisierung auch spezifisch auf den Produktionskontext bezogen Anwendung. Dabei sind in der Literatur die zwei folgenden wesentlich unterschiedlichen Ausprägungen zu differenzieren:

- Verständnis der Digitalisierung als Synonym für die Computerisierung und Vernetzung[165]
- Verständnis der Digitalisierung als Synonym für die vierte industrielle Revolution[166]

Die Verwendung des Digitalisierungsbegriffs als Synonym für die Computerisierung und Vernetzung stellt eine Teilüberdeckung mit den beschriebenen Charakteristika der dritten industriellen Revolution dar. Darüber hinaus findet der Digitalisierungsbegriff in der Literatur auch Anwendung als Synonym für die vierte industrielle Revolution. Aufgrund des thematischen Fokus dieser Arbeit und zur Abgrenzung der Anforderungen und Potenziale der vierten industriellen Revolution ist der Begriff der Digitalisierung nachfolgend synonym mit der Computerisierung und Vernetzung in produzierenden Unternehmen zu verstehen. Nachfolgend werden die Begriffe der Computerisierung und Vernetzung detailliert beschrieben und u. a. von der vierten industriellen Revolution definitorisch abgegrenzt.

2.2.2.2 Computerisierung

Der Begriff der Computerisierung beschreibt die isolierte Verwendung von IKT in produzierenden Unternehmen, wodurch sich sowohl die Art der Arbeitsmittel für die Mitarbeitenden als auch die Arbeitsorganisation verändern[167]. Ziel der Computerisierung ist die Realisierung von Produktivitätssteigerungen durch die Automatisierung repetitiver Tätigkeiten[168]. Ihren Anfang hatte die Computerisierung dabei in den 1980er Jahren mit der Einführung von CAx-Programmen und computergesteuerten numerischen Fertigungsmaschinen[169]. Trotz der inzwischen in den meisten Unternehmen weit vorangeschrittenen Computerisierung existieren dennoch in vielen produzierenden Unternehmen heute noch nicht-computerisierte Maschinen, an denen zur Auftragsverfolgung externe Computerterminals zum Einsatz kommen, die keine direkte Schnittstelle zur Produktionsmaschine aufweisen[170].

2.2.2.3 Vernetzung

Der Begriff der Vernetzung bezeichnet allgemein die Herstellung oder Erweiterung von Wirkbeziehungen zwischen einzelnen Elementen eines Systems[171]. Auf den Betrachtungsbereich

[165] Vgl. Thomsen (Computerisierung und Digitalisierung), 2018, S. 2.

[166] Vgl. Stopper et al. (Digitalisierung in der Produktion), 2017, S. 27; Bittner; Garrel (Digitalisierte Produktion), 2019, S. 1; Schlicher et al. (Digitale Arbeitswelten), 2017, S. 2.

[167] Vgl. Schuh et al. (Industrie 4.0 Maturity Index), 2016, S. 4; Müller (Computerisierung), 2012, S. 251.

[168] Vgl. Frey; Osborne (Future of Employment), 2013, S. 3.

[169] Vgl. Schlicher et al. (Digitale Arbeitswelten), 2017, S. 7.

[170] Vgl. Schuh et al. (Industrie 4.0 Maturity Index), 2016, S. 4.

[171] Vgl. Springer Gabler Verlag (Gabler Wirtschaftslexikon - Stichwort: Vernetzung), 2021.

dieser Arbeit übertragen bedeutet dies eine Verknüpfung der ihm Rahmen der Computerisierung entstandenen isolierten IKT-Systeme, um die Kerngeschäftsprozesse eines Unternehmens widerzuspiegeln[172]. Dabei kann zwischen *vertikaler* und *horizontaler Vernetzung* differenziert werden[173]:

- *Vertikale Vernetzung* ist als die Integration verschiedener IT-Systeme auf den unterschiedlichen Hierarchieebenen definiert[174]. Gleichzeitig bildet die vertikale Vernetzung die Basis für eine effektive horizontale Vernetzung[175].
- *Horizontale Vernetzung* beschreibt die Vernetzung verschiedener Prozessschritte, zwischen denen Material-, Energie- oder Informationsflüsse bestehen. Die zu vernetzenden Prozessschritte können dabei sowohl innerhalb eines Unternehmens lokalisiert sein als auch über mehrere Unternehmen hinweg.[176]

Abbildung 2.6 stellt die beschriebenen Vernetzungsarten grafisch dar.

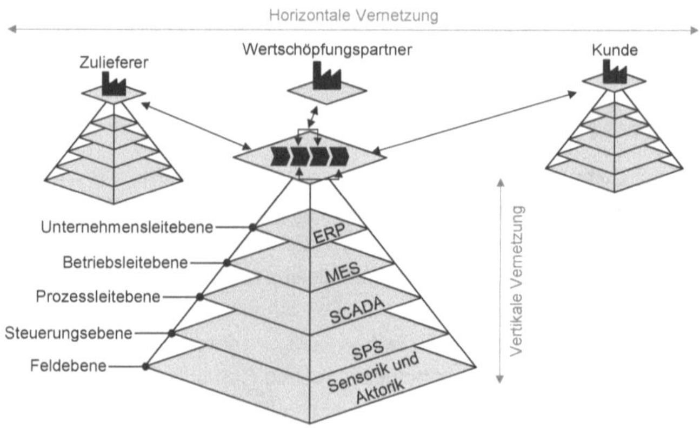

Abbildung 2.6: Vertikale und horizontale Vernetzung[177]

Zur Darstellung der Hierarchieebenen, die durch die vertikale Vernetzung verknüpft werden, kann die Automatisierungspyramide herangezogen werden. Für die Pyramide bestehen in der Literatur eine Reihe verschiedener Definitionen, die jeweils unterschiedliche Ebenen darstellen, weglassen oder hinzufügen[178]. SCHUH ET AL. greifen das Verständnis des VDI/VDE auf, dem zufolge die Automatisierungspyramide aus fünf Ebenen besteht[179]. Die *Feldebene* beschreibt die Aktivitäten auf dem Shopfloor. Sensorik und Aktorik bilden dort die Schnittstelle

[172] Vgl. Schuh et al. (Industrie 4.0 Maturity Index), 2016, S. 16.

[173] Vgl. Schuh et al. (Geschäftsmodell-Innovation), 2017, S. 18.

[174] Vgl. Kagermann et al. (Zukunftsprojekt Industrie 4.0), 2013, S. 24.

[175] Vgl. Schuh et al. (Geschäftsmodell-Innovation), 2017, S. 18.

[176] Vgl. Kagermann et al. (Zukunftsprojekt Industrie 4.0), 2013, S. 24.

[177] I. A. a. Schuh et al. (Geschäftsmodell-Innovation), 2017, S. 18-19.

[178] Vgl. Meudt et al. (Die Automatisierungspyramide), 2017, S. 2.

[179] Vgl. VDI/VDE (Cyber-Physical Systems), 2013, S. 4.

der Softwaresysteme zu den technischen Produktionsprozessen[180]. Die darüber liegende *Steuerungsebene* wertet über speicherprogrammierbare Steuerungen (SPS) die Daten der Feldebene aus und gibt Ausgangssignale zur dezentralen Steuerung der Produktion zurück an die Feldebene. Die dritte Ebene ist die *Prozessleitebene*, in der die Automatisierung von Anlagen sowie die Visualisierung produktionsrelevanter Vorgänge verortet ist[181]. Dort kommen insbesondere Prozessleitsysteme, Human Machine Interfaces (HMI) und Supervisory Control and Data Acquisition (SCADA) Systeme zum Einsatz[182]. Die nächsthöhere Ebene, die *Betriebsleitebene*, bildet die Schnittstelle zwischen den Aktivitäten auf dem Shopfloor sowie der Unternehmensleitebene. Dort erfolgen die für die Steuerung, Lenkung und Kontrolle der Produktion relevanten Tätigkeiten, welche durch Manufacturing Execution Systems (MES) unterstützt werden.[183] In der abschließenden, obersten Ebene der Automatisierungspyramide, der *Unternehmensleitebene*, erfolgen, unterstützt durch Enterprise Ressource Planning (ERP) Systeme, alle für die Existenz eines Unternehmens relevanten Tätigkeiten[184]. Die vertikale Vernetzung resultiert in der Anforderung, die starre Struktur der Automatisierungspyramide durch flexiblere Strukturen zu ersetzen[185]. In der klassischen Automatisierungspyramide nimmt die Übertragungsgeschwindigkeit mit zunehmender Höhe der Ebene ab[186]. Infolge der durch die Computerisierung und Vernetzung gestiegenen Menge verfügbarer Daten, stellt dies eine der wesentlichen Herausforderungen für die Datenverarbeitung auf höheren Ebenen der Automatisierungspyramide dar[187].

Aufbauend auf einer effektiven vertikalen Vernetzung, stellt die Abbildung außerdem die horizontale Vernetzung als zweite Ausprägung der Vernetzung dar. Diese beschreibt die Vernetzung eines Unternehmens sowie seiner Geschäftsprozesse mit seiner Produktionsumgebung[188]. Teil dieser Produktionsumgebung können dabei neben den eigenen Wertschöpfungsschritten auch Zulieferer, Kunden oder Wertschöpfungspartner sein[189]. Gemeinsam mit der Computerisierung, beschreibt die Vernetzung die Digitalisierung der Produktion.

2.2.2.4 Industrie 4.0

Der Begriff Industrie 4.0 wurde 2011 im Rahmen der Hannover Messe wesentlich durch KAGERMANN ET AL. geprägt[190]. Industrie 4.0 ist definiert als die „echtzeitfähige, intelligente, horizontale und vertikale Vernetzung von Menschen, Maschinen, Objekten und IKT-Systemen zur

[180] Vgl. Schuh et al. (Geschäftsmodell-Innovation), 2017, S. 19.

[181] Vgl. Siepmann; Graef (Industrie 4.0), 2016, S. 50.

[182] Vgl. Schuh et al. (Geschäftsmodell-Innovation), 2017, S. 19.

[183] Vgl. Siepmann; Graef (Industrie 4.0), 2016, S. 50.

[184] Vgl. Schuh et al. (Geschäftsmodell-Innovation), 2017, S. 19.

[185] Vgl. Kleinemeier (Automatisierungspyramide), 2017, S. 219.

[186] Vgl. Oertwig et al. (Werkzeuge der intelligenten und vernetzten Fabrik), 2017, S. 138-139.

[187] Vgl. Siepmann; Graef (Industrie 4.0), 2016, S. 51.

[188] Vgl. Kempermann; Lichtblau (Industrie 4.0), 2014, S. 9.

[189] Vgl. Schuh et al. (Geschäftsmodell-Innovation), 2017, S. 20.

[190] Vgl. Kagermann et al. (Industrie 4.0), 2011.

dynamischen Beherrschung komplexer Systeme"[191]. BAUERNHANSL ET AL. heben auch die Differenzierung zur reinen Digitalisierung hervor. Demnach beschreibt Industrie 4.0 nicht alleine die Computerisierung und Vernetzung der produzierenden Industrie im Sinne der Kapitel 2.2.2.2 und 2.2.2.3, sondern die Vernetzung technischer Systeme in Echtzeit sowie die Echtzeit-Optimierung der vernetzten Wertschöpfungssysteme auf Basis der vorhandenen Daten.[192] Industrie 4.0 baut somit auf den Bestandteilen der dritten industriellen Revolution auf, indem die umgesetzte Digitalisierung und Automatisierung durch eine vernetzte Logik intelligent wird[193]. Diese Abgrenzung legt dar, dass Industrie 4.0 ebenfalls über den häufig synonym verwendeten Begriff der digitalen Vernetzung inhaltlich deutlich hinaus geht. Die Vernetzung, wie sie in Kapitel 2.2.2.3 definiert wurde, steigert zunächst lediglich die Menge verfügbarer Daten in vertikaler und horizontaler Richtung. Erst die Nutzbarmachung dieser Daten zur Echtzeit-Optimierung erfüllt alle Anforderungen der Definition von Industrie 4.0. Im Verständnis dieser Arbeit ist daher die reine Vernetzung von IKT oder zwischen Wertschöpfungspartnern, wie es der Begriff der digitalen Vernetzung suggeriert, der in Kapitel 2.2.2.3 definierten Vernetzung und folglich der dritten industriellen Revolution zuzuordnen.

Für die verschiedenen Ausprägungen von Industrie 4.0 haben SCHUH ET AL. vier Reifegradstufen definiert, die in Abbildung 2.7 dargestellt sind[194].

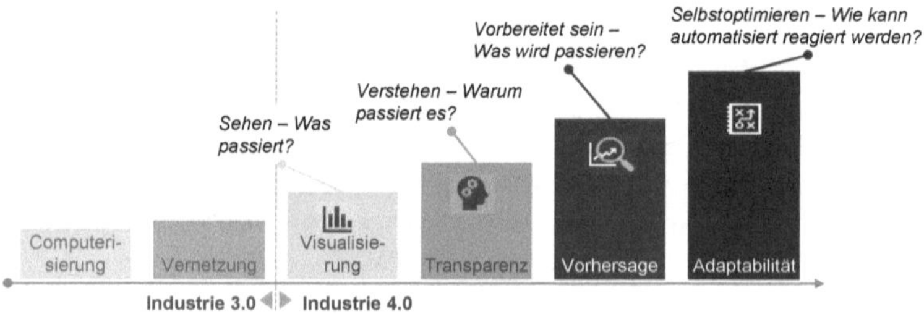

Abbildung 2.7: Stufen des Industrie 4.0 Entwicklungspfads[195]

Für diese vier Reifegradstufen stellen die zwei bereits beschriebenen Elemente der Computerisierung und Vernetzung die elementare Voraussetzung dar. Die darauf aufbauenden vier

[191] o. V. (Industrie 4.0: Implement it!), 2018, S. 6.

[192] Vgl. Bauernhansl et al. (WGP-Standpunkt Industrie 4.0), 2016, S. 6.

[193] Vgl. Jasperneite (Internet und Automation), 2012.

[194] Vgl. Schuh et al. (Industrie 4.0 Maturity Index), 2016, S. 16.

[195] I. A. a. Schuh et al. (Industrie 4.0 Maturity Index), 2016, S. 16. – SCHUH ET AL. verwenden an Stelle der Vernetzung originär den Begriff Konnektivität. U.a. BOOS ET AL. und SCHUH ET AL. haben diesen vor dem Hintergrund der in der Literatur etablierten Bedeutung der Vernetzung für die Industrie 4.0 später bedeutungsgleich angepasst; Vgl. Boos et al. (Digitale Transformation), 2019, S. 19., Vgl. Schuh et al. (Industrie 4.0: Implement it!), 2018, S. 34.

Reifegradstufen der Industrie 4.0 sind nicht als Entwicklungspfad zu verstehen, am Ende dessen jede Industrie 4.0-Anwendung obligatorisch der Stufe der Adaptabilität zuzurechnen sein muss. Vielmehr resultiert die zu realisierende Entwicklungsstufe aus den strategischen Unternehmenszielen sowie den Einzelcharakteristika jedes Anwendungsfalls.[196] Mit der ersten Stufe, der *Visualisierung*, werden die durch die zunehmende Verbreitung und Vernetzung von Sensorik und sonstigen Datenquellen entstehenden Daten genutzt, um Zustände und Abläufe des Betrachtungsbereichs einer Industrie 4.0 Anwendung visuell darstellen zu können[197]. Auf diese Weise wird ein redundanzfreies und aktuelles Abbild geschaffen, das die Basis für die nachfolgenden Reifegradstufen bildet[198].

Der Reifegrad der *Transparenz* nutzt diese Daten, um unter Verwendung von Datenanalysen und Ingenieurswissen Wirkzusammenhänge innerhalb der Daten zu identifizieren und somit neues Wissen zur Entscheidungsunterstützung zu erzeugen[199]. Die auf diese Weise über den Betrachtungsbereich geschaffene Transparenz ermöglicht in der dritten Reifegradstufe eine *Vorhersage* zukünftiger Zustände und die Bewertung deren Eintrittswahrscheinlichkeiten[200]. In der letzten Reifegradstufe von Industrie 4.0 wird die in der Definition formulierte Selbstoptimierung realisiert. Diese ermöglicht basierend auf einer Prognosefähigkeit eine automatische *Adaptabilität* von (Teil-) Prozessen auf sich ändernde Rahmenbedingungen.[201]

Die durch die Realisierung von Anwendungsfällen in den vier Reifegradstufen entstehenden Potenziale lassen sich in markt- und wertschöpfungsseitige Potenziale differenzieren[202]. Marktseitige Potenziale beschreiben die Möglichkeiten zur Realisierung zusätzlicher Umsatzerlöse durch einen gesteigerten Kundennutzen mit Industrie 4.0. Hierbei stehen insbesondere Innovationen hinsichtlich digitaler Leistungen und des Geschäftsmodells im Fokus. Wertschöpfungsseitige Potenziale hingegen umfassen die internen Potenziale, die eine Steigerung der eigenen Produktivität ermöglichen.[203] Entsprechend ändert sich mit der vierten industriellen Revolution nicht das Zielsystem der industriellen Wertschöpfung, sondern Unternehmen werden bei der Adressierung der gesteigerten Anforderungen in den Dimensionen Geschwindigkeit, Wirtschaftlichkeit, Flexibilität, Wandlungsfähigkeit und Nachhaltigkeit ihrer Wertschöpfungssysteme unterstützt[204]. Insbesondere für die Realisierung einer tatsächlich und vollständig nachhaltigen Produktion stellen die Grundlagen der Industrie 4.0 die wesentlichen Befähiger dar[205].

[196] Vgl. Schuh et al. (Industrie 4.0: Implement it!), 2018, S. 37.
[197] Vgl. Schuh et al. (Industrie 4.0: Implement it!), 2018, S. 34.
[198] Vgl. Schuh et al. (Industrie 4.0 Maturity Index), 2016, S. 17.
[199] Vgl. Boos et al. (Smart Tooling), 2016, S. 10.
[200] Vgl. Schuh et al. (Industrie 4.0: Implement it!), 2018, S. 34.
[201] Vgl. Schuh et al. (Industrie 4.0 Maturity Index), 2016, S. 18.
[202] Vgl. Boos et al. (Auftragsabwicklung 4.0), 2020, S. 33.
[203] Vgl. Salmen (Digital vernetzter Shopfloor), 2016, S. 75-76.
[204] Vgl. Bauernhansl et al. (WGP-Standpunkt Industrie 4.0), 2016, S. 8.
[205] Vgl. Boos (Die Produktionswende), 2021, S. 11.

Aus der erfolgreichen Nutzung von Industrie 4.0 folgen jedoch nicht nur Potenziale, gleichzeitig resultiert aus den Charakteristika auch ein Dilemma ausbleibender Digitalisierung[206]. Den Herausforderungen eines klassischen Technologiewechsels sahen produzierende Unternehmen sich schon immer konfrontiert[207]. Daraus leitet FOSTER die sogenannte Dilemma Zone im S-Kurvenmodell her, innerhalb der die Transition auf eine neue Substitutionstechnologie mit einer Reduzierung der Leistungsfähigkeit der verwendeten Technologie einher geht[208]. Verglichen mit der Entwicklung traditioneller Technologien, verläuft die Steigerung der Leistungsfähigkeit digitaler Technologien nach MOOR jedoch exponentiell[209]. Abbildung 2.8 zeigt das daraus resultierende Dilemma ausbleibender Digitalisierung.

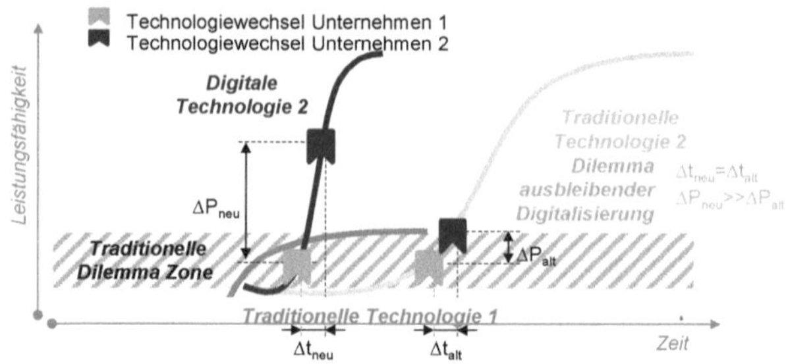

Abbildung 2.8: Dilemma ausbleibender Digitalisierung[210]

Während in der Vergangenheit ein verspäteter Technologiewechsel durch einen erhöhten Forschungs- und Entwicklungsaufwand kompensiert werden konnte, ist infolge der exponentiellen Technologieentwicklung heute ein Aufschließen zu First-Movern oder der Early-Majority kaum möglich und es entsteht folglich ein signifikanter Wettbewerbsnachteil. Gleichzeitig sehen sich produzierende Unternehmen jedoch durch ihre bestehenden Produktionsassets in ihrer möglichen Wandlungsgeschwindigkeit limitiert. Daraus resultiert ein neuer Zielkonflikt für produzierende Unternehmen aus Stabilität auf der einen und Veränderung auf der anderen Seite.[211]

2.2.3 Technologische Befähiger

Die in Kapitel 2.2.1 aufgezeigte Entwicklung hin zur vierten industriellen Revolution wird durch verschiedene technologische Befähiger katalysiert. Diese Befähiger besitzen keinen Anspruch

[206] Vgl. Schuh et al. (Value Capture), 2020, S. 38-39.

[207] Vgl. Schuh et al. (Value Capture), 2020, S. 38.

[208] Vgl. Foster (Innovation), 1986, S. 110-113.

[209] Vgl. Moore (Integrated circuits), 1965, S. 115; Broy (Cyber-Physical Systems), 2010, S. 19-20.

[210] I. A. a. Schuh et al. (Value Capture), 2020, S. 38-39.; Die klassische Definition des S-Kurven Modells nach Foster bezeichnet die Abszisse als „kumulierten F&E-Aufwand“ – zur Verdeutlichung der zeitlichen Dimension wurde die Abszisse in dieser Abbildung angepasst; Vgl. Foster (Innovation), 1986, S. 111.

[211] Vgl. Schuh et al. (Value Capture), 2020, S. 38-39.

auf Vollständigkeit, sondern fokussieren die für die formulierte übergeordnete Forschungsfrage dieser Arbeit relevanten Aspekte. Darüber hinaus gehende Befähiger sind bspw. in KLEEMANN & GLAS nachzulesen[212]. Im Folgenden werden die technischen Befähiger cyber-physische Systeme, Internet der Dinge und Dienste, Big Data und Smart Data, digitaler Schatten sowie Echtzeitfähigkeit eingeführt.

2.2.3.1 Cyber-physische Systeme

Cyber-physische Systeme (CPS) sind als Weiterentwicklung mechatronischer Systeme zu verstehen und bilden einen der wesentlichen Kernbestandteile von Industrie 4.0[213]. Während mechatronische Systeme sich aus Elementen der Disziplinen Mechanik, Elektronik und Information zusammensetzen, bieten CPS durch die Nutzung eingebetteter Systeme die Vernetzung zwischen Software- und physikalischen Systemen[214]. Eingebettete Systeme sind Computersysteme aus Hard- und Software, die in ein umgebendes technisches System integriert sind. Dabei erfolgt sowohl die Entwicklung als auch der Einsatz solcher Systeme im Kontext eines spezifischen Anwendungsfalls.[215] Abbildung 2.9 zeigt die Elemente eines CPS.

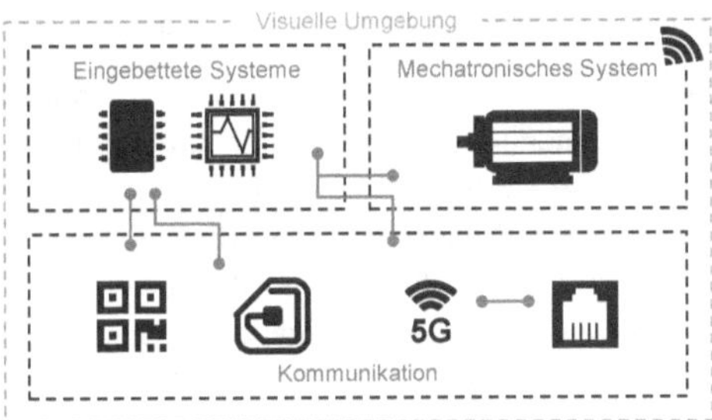

Abbildung 2.9: Elemente eines cyber-physischen Systems[216]

ACATECH folgend werden CPS durch fünf wesentliche Merkmale charakterisiert[217]:

- CPS können durch ihre Sensorik ihre Umwelt erfassen und durch Aktorik auf diese einwirken.
- Aufgenommene Daten können gespeichert und ausgewertet werden.

[212] Vgl. Kleemann; Glas (Elemente des Einkaufs 4.0), 2017, S. 14.

[213] Vgl. Bauernhansl et al. (WGP-Standpunkt Industrie 4.0), 2016, S. 10.

[214] Vgl. Bauernhansl et al. (WGP-Standpunkt Industrie 4.0), 2016, S. 10; Schuh et al. (Cyber-physische Systeme), 2014, S. 278.

[215] Vgl. Berns et al. (Eingebettete Systeme), 2010, S. 2-3.

[216] I. A. a. Bauernhansl et al. (WGP-Standpunkt Industrie 4.0), 2016, S. 10.

[217] Vgl. acatech (Cyber-Physical Systems), 2011, S. 13.

- Durch digitale Kommunikationstechnologie sind CPS untereinander sowie in globalen Netzen verbunden. Dabei ist insbesondere die Fähigkeit der CPS zur Selbstbeschreibung von Bedeutung[218].
- CPS nutzen weltweit verfügbare Daten und Dienste.
- CPS verfügen über dedizierte Mensch-Maschine Schnittstellen, über die Mitarbeitenden Informationen bereitgestellt werden, diese jedoch auch aktiv mit dem CPS interagieren können.

CZICHOS konkretisiert diese Merkmale und hebt die besondere Bedeutung von Cloud-Anwendungen für die Ausgestaltung der beschriebenen Merkmale der Kommunikation in globalen Netzen sowie weltweiten Nutzung von Daten und Diensten von CPS hervor[219]. Die Kommunikation von CPS kann dabei in Kommunikation zwischen verschiedenen CPS sowie zwischen CPS und Menschen unterteilt werden[220].

Aus den dargelegten Beschreibungen der Charakteristika von CPS, leiten GEISBERGER & BROY die Arbeitsweise von CPS her. Demnach arbeiten CPS weitgehend ortsunabhängig, kontextspezifisch, angepasst an die Erfordernisse der Anwendungssituation, teilautonom, teilautomatisiert, multifunktional sowie vernetzt und verteilt für die jeweiligen Anwender[221].

Durch die Integration der beschriebenen CPS in bestehende Produktionsnetzwerke aus Maschinen, Anlagen und verschiedenen Produktionsbetrieben, entstehen cyber-physische Produktionssysteme (CPPS). Diese ermöglichen, eine durchgängige Betrachtung vom Produkt über die Produktionsmittel hin zum Produktionssystem. Zusammen mit den dargelegten Charakteristika der CPS bezüglich der Speicherung und Verarbeitung von Daten direkt am Einsatzort, bedeutet dies, dass Daten nicht mehr zwingend auf der jeweiligen Ebene der Automatisierungspyramide abgelegt sein müssen[222]. Folglich kommunizieren CPS faktisch über die klassischen Hierarchieebenen, der in Kapitel 2.2.2.3 eingeführten Automatisierungspyramide, hinweg und lösen diese somit auf[223]. Abbildung 2.10 visualisiert diese Auflösung der hierarchischen Automatisierungspyramide. Die Automatisierungspyramide wird durch ein Automatisierungssystem ersetzt. Einzig die Feldebene bleibt aufgrund der charakterisierenden Echtzeitanforderung bestehen[224]. Hierzu erfolgen in Kapitel 2.2.3.5 weitergehende Ausführungen. CPS und die durch diese ermöglichte Realisierung von CPPS bilden somit die Grundlage zur Implementierung von Industrie 4.0 in der Produktion[225].

---

[218] Vgl. Geisberger; Broy (agendaCPS), 2012, S. 24.

[219] Vgl. Czichos (Cyber-physische Systeme), 2019, S. 333.

[220] Vgl. Drossel et al. (Cyber-Physische Systeme), 2018, S. 202.

[221] Vgl. Geisberger; Broy (agendaCPS), 2012, S. 22.

[222] Vgl. Bauernhansl et al. (WGP-Standpunkt Industrie 4.0), 2016, S. 11.

[223] Vgl. Drossel et al. (Cyber-Physische Systeme), 2018, S. 202.

[224] Vgl. Monostori et al. (Cyber-physical systems), 2016, S. 624.

[225] Vgl. Bauernhansl et al. (WGP-Standpunkt Industrie 4.0), 2016, S. 12.

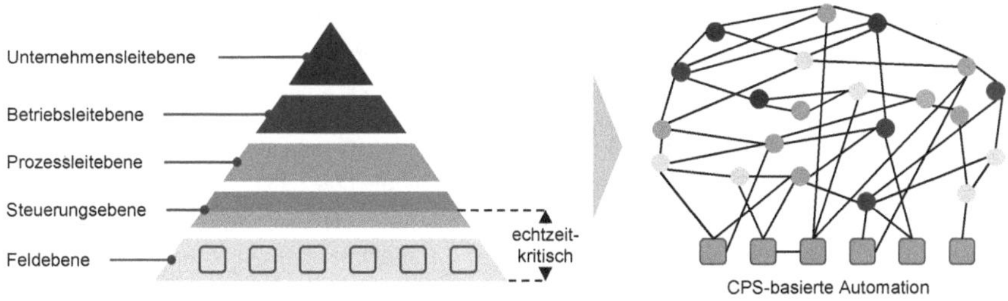

Abbildung 2.10: Auflösung der hierarchischen Automatisierungspyramide durch CPS[226]

Eine der wesentlichen Herausforderungen beim Entwurf von CPS ist die große Heterogenität, die im Produktionsbereich besteht. Neben einer technologischen Vielfalt, tritt häufig auch eine große Spannweite der Entwicklungsstände der Ressourcen in der Produktion auf, die es bei der Ausgestaltung von CPS zu berücksichtigen gilt.[227] Neben den funktionalen Anforderungen müssen CPS und insbesondere die darin enthaltenen eingebetteten Systeme außerdem verschiedene nicht-funktionale Anforderungen erfüllen. Hierzu zählen nach BERNS ET AL. Echtzeitanforderungen, Gewicht, Baugröße, Energieverbrauch, Zuverlässigkeit, Wartbarkeit, Verfügbarkeit, verlässliche echtzeitfähige Kommunikation sowie die Verbindung von digitalen, analogen und hybriden Wirkprinzipien[228].

2.2.3.2 Internet der Dinge und Dienste

Mit dem Begriff des Internets wird klassischerweise das aus dem ARPAnet entstandene globale Netzwerk verstanden, innerhalb dessen Dienste wie das World Wide Web (WWW) oder der E-Mailversand ermöglicht werden[229]. In der Literatur wird der Begriff differenziert betrachtet und in ein Internet der Menschen, das die eingangs angeführte Definition des Internets umfasst, sowie ein Internet der Dinge und Internet der Dienste unterteilt[230]. Das Internet der Dinge und Dienste wird dabei als Integrator des bisher bestehenden Medienbruchs zwischen physischer und virtueller Welt verstanden[231] und als Grundlage für Innovationen im Kontext von Industrie 4.0 angesehen[232]. Folglich erweitert das Internet der Dinge das auf die virtuelle Welt beschränkte Internet der Menschen um die Vernetzung von Gegenständen und die Bereitstellung physischer Kontextinformationen[233]. WEISER veröffentlichte die dem Internet der Dinge zugrundeliegende Idee der Vernetzung alltäglicher Dinge bereits 1991, bevor ASHTON 1999

[226] I. A. a. VDI/VDE (Cyber-Physical Systems), 2013, S. 4.
[227] Vgl. Drossel et al. (Cyber-Physische Systeme), 2018, S. 200.
[228] Vgl. Berns et al. (Eingebettete Systeme), 2010, S. 2.
[229] Vgl. Bühler et al. (Internet), 2019, S. 2-3.
[230] Vgl. Bauernhansl (Der Weg zu Industrie 4.0), 2014, S. 12.
[231] Vgl. Schlick et al. (Industrie 4.0 in der praktischen Anwendung), 2014, S. 57.
[232] Vgl. Kagermann (Chancen von Industrie 4.0), 2017, S. 236.
[233] Vgl. Bauernhansl (Der Weg zu Industrie 4.0), 2014, S. 12-13.

den Begriff des Internet of Things (IoT) prägte[234]. Jedoch erst die hohe Marktreife der beschriebenen CPS und die Integration der IP-Fähigkeit in diese ermöglichen heute die Realisierung der Potenziale des Internets der Dinge[235].

Das Internet der Dienste überträgt das beschriebene Internet der Dinge auf die Anwendungsebene, also die Dienste[236]. Ziel ist es, dass unternehmerische Leistungen über das Internet angeboten und über dieses gleichzeitig auch erbracht werden. Gleichzeitig soll das Internet der Dienste auch in der wertschöpfungsseitigen Perspektive den Unternehmen signifikante Vorteile bieten. Durch die Entwicklung von Internet-Standards sollen sich Dienste und Dienstleistungen standardisiert beschreiben lassen und so das Auffinden und die Nutzung von Wissen innerhalb eines Unternehmens erleichtern.[237] Zusammen ermöglichen das Internet der Dinge und Dienste die Vernetzung von Objekten und Services[238].

Die Ausgestaltung des Internets der Dinge sowie des Internets der Dienste muss für eine erfolgreiche Operationalisierung die Anforderungen der betroffenen Mitarbeitenden berücksichtigen[239]. Außerdem sind für die Abbildung von Interaktionen im Internet der Dinge und Dienste Kommunikationsmodelle erforderlich. Hierfür hat sich für die Kommunikation zwischen Computern bspw. die Protokollfamilie TCP/IP etabliert. Zusätzlich arbeiten verschiedene Interessensgemeinschaften an standardisierten Referenzmodellen.[240] KAGERMANN & WAHLSTER folgend liegen jedoch insbesondere in der Kommunikation zwischen den verschiedenen propritären Hard- und Softwaresystemen die größten Herausforderungen für die weitere Entwicklung von Industrie 4.0 in der Praxis[241].

2.2.3.3 Big Data und Smart Data

Die zunehmende Vernetzung produzierender Unternehmen lässt die Menge verfügbarer Daten kontinuierlich und signifikant ansteigen[242]. Zur Beschreibung dieser großen Datenmengen verwendeten u. a. COX & ELLSWORTH 1997 erstmalig den Begriff Big Data[243]. In der Literatur findet sich dafür jedoch keine einheitliche Definition. DUMBILL bspw. definiert Big Data als Da-

[234] Vgl. Weiser (The Computer for the 21st Century), 1991; Ashton (That 'internet of things' thing), 2009.

[235] Vgl. Kagermann (Chancen von Industrie 4.0), 2017, S. 236.

[236] Vgl. Dais (Industrie 4.0), 2017, S. 262-263.

[237] Vgl. Heuser; Wahlster (Internet der Dienste), 2011, S. 15.

[238] Vgl. Bauernhansl et al. (WGP-Standpunkt Industrie 4.0), 2016, S. 32.

[239] Vgl. Ganz (Das Internet der Dinge, Dienste und Menschen), 2016, S. 188.

[240] Vgl. Gölzer (Big Data in Industrie 4.0), 2017, S. 42-43.

[241] Vgl. Kagermann; Wahlster (Ten Years of Industrie 4.0), 2022, S. 8.

[242] Vgl. Spieckermann (Datenökonomie), 2019.

[243] Vgl. O'Leary (Artificial Intelligence and Big Data), 2013, S. 96; Cox; Ellsworth (Managing big data), 1997.

tenmengen, die aufgrund ihrer Menge, Schnelllebigkeit und inkompatibler Strukturen die Prozesskapazitäten konventioneller Datenbanksysteme übersteigen[244]. Zusammenfassend hat sich in der Literatur die Verwendung charakterisierender Merkmale zur Definition von Big Data durchgesetzt. In der Literatur etabliert ist die Verwendung der drei Charakteristika *Volume*, *Variety* und *Velocity*[245].

- *Volume* beschreibt den Umfang des Datenbestands von Big Data als sehr hoch. Während die dieser Beschreibung zugrundeliegenden Grenzwerte in der Literatur für gewöhnlich nicht weiter detailliert werden, formulieren MEIER & KAUFMANN einen Umfang im Tera- bis Zettabytebereich[246].
- *Variety* benennt die Struktur der auftretenden Daten, die als strukturierte, semi-strukturierte sowie unstrukturierte Daten vorliegen können[247].
- *Velocity* charakterisiert Big Data als mit hoher Geschwindigkeit auftretende und in Echtzeit zu verarbeitende Daten[248].

In der weiteren zeitlichen Entwicklung des Begriffs Big Data wurden die zur Definition verwendeten Charakteristika durch verschiedene Autoren ergänzt und erweitert[249]. So finden sich heute in der Literatur neun verschiedene charakterisierende Merkmale, die in Definitionen Verwendung finden. Hierzu sei exemplarisch auf DEMCHENKO ET AL.[250], FOUAD ET AL.[251] oder JADHAV verwiesen[252]. Im wissenschaftlichen Verständnis zusätzlich etabliert haben sich lediglich die zwei Charakteristika *Value* und *Veracity*.[253]

- *Value* stellt die Anforderung, dass mit Big Data ein zusätzlicher Unternehmensnutzen verbunden sein muss[254].
- *Veracity* drückt aus, dass die Datenbestände von Big Data in unterschiedlicher Datenqualität vorliegen und somit Verfahren zur Bewertung und Steigerung der Datenqualität erforderlich sind[255].

---

[244] Vgl. Dumbill (Planning for Big Data), 2012, S. 9.
[245] Vgl. Wu et al. (Greening Big Data), 2016, S. 873.
[246] Vgl. Meier; Kaufmann (Datenmanagement), 2016, S. 13.
[247] Vgl. Meier; Kaufmann (Datenmanagement), 2016, S. 13.
[248] Vgl. Luengo et al. (Big data preprocessing), 2020, S. 1.
[249] Vgl. Wu et al. (Greening Big Data), 2016, S. 873.
[250] Vgl. Demchenko et al. (Big Data Ecosystem), 2014, S. 105.
[251] Vgl. Fouad et al. (Data Mining and Big Data), 2015, S. 780.
[252] Vgl. Jadhav (Big Data Analytics), 2018, S. 8.
[253] Vgl. Hadi et al. (Big data analytics survey), 2018, S. 181.
[254] Vgl. Luengo et al. (Big data preprocessing), 2020, S. 1.
[255] Vgl. Meier; Kaufmann (Datenmanagement), 2016, S. 13.

Die zielgerichtete Verarbeitung dieser großen Datenmengen stellt die Unternehmen bei der Nutzbarmachung der Daten jedoch vor signifikante Herausforderungen[256]. WÖLFL ET AL. fassen diese Herausforderung in den fünf Problemfeldern *Datenerhebung*, *Datenintegration*, *Datenanalyse*, *Informationsdistribution* und *Informationsverwendung* zusammen[257].

Das Problemfeld der *Datenerhebung* beschreibt die Herausforderung, dass Unternehmen häufig nicht bekannt ist, welche mögliche Datenquellen zur Generierung von Wissen genutzt werden können[258]. Damit einher geht die Erforderlichkeit der initialen Definition des Datenbedarfs in Abhängigkeit eines konkreten Anwendungsfalls, um zu vermeiden, dass irrelevante Daten erhoben und verarbeitet oder mögliche Datenquellen von hoher Qualität nicht berücksichtigt werden[259].

Neben der Datenerhebung stellt die *Datenintegration* die zweite wesentliche Herausforderung bei der Nutzbarmachung von Daten dar. Dies bezieht sich sowohl auf organisatorische als auch auf technologische Herausforderungen bei der Integration verschiedener Datenquellen innerhalb eines Unternehmens oder über Unternehmensgrenzen hinweg[260].

Die Durchführung der *Datenanalyse* stellt den Kern der Datenverarbeitung dar[261]. Analog zur Analyse kleinerer Datenmengen, stellt auch bei der Analyse von Big Data die Auswahl der korrekten Analysemethode die wesentliche Herausforderung dar. Zur Sicherstellung der späteren Anwendbarkeit eines Modells, ist die Komplexität und Menge der zu berücksichtigenden Variablen vor dem Hintergrund der späteren Praktikabilität des Modells entscheidend.[262] Außerdem sind bei den Nutzern der Ergebnisse der Datenanalyse Kompetenzen zur Interpretation der Ergebnisse erforderlich, die heute noch selten verfügbar sind[263].

Die Herausforderungen der *Informationsdistribution* innerhalb eines Unternehmens resultieren aus vergleichbaren Charakteristika, wie die Datenintegration. Um die Ergebnisse der Datenanalyse für ein Unternehmen maximal nutzbar machen zu können, ist die Verteilung der gewonnenen Informationen an alle relevanten Personen entscheidend[264]. Beim Informationsaustausch über Organisationsgrenzen hinweg zeigt sich jedoch, dass Menschen dazu neigen bereitgestellte Informationen zwar zu konsumieren, jedoch nur eine geringe Bereitschaft besteht aktiv Informationen bereitzustellen[265].

---

[256] Vgl. Wölfl et al. (From Big Data to Smart Data), 2019, S. 214.

[257] Vgl. Wölfl et al. (From Big Data to Smart Data), 2019, S. 219-224.

[258] Vgl. Barton; Court (Making Advanced Analytics Work for You), 2012, S. 80.

[259] Vgl. Wölfl et al. (From Big Data to Smart Data), 2019, S. 220.

[260] Vgl. Wölfl et al. (From Big Data to Smart Data), 2019, S. 221.

[261] Vgl. Wölfl et al. (From Big Data to Smart Data), 2019, S. 221.

[262] Vgl. Sivarajah et al. (Big Data challenges and analytical methods), 2017, S. 277.

[263] Vgl. Watson (Big Data Analytics), 2019, S. 366.

[264] Vgl. Wölfl et al. (From Big Data to Smart Data), 2019, S. 222.

[265] Vgl. Kautz; Mahnke (Value Creation through Knowledge Management), 2003, S. 76.

Die abschließende Herausforderung nach WÖLF ET AL. stellt die *Informationsverwendung* dar. Die Nutzung der generierten Informationen in Entscheidungsprozessen eines Unternehmens wird häufig durch kulturelle oder strukturelle Probleme erschwert, sodass generierte Informationen nicht kontinuierlich genutzt werden können. Außerdem erfolgt die Nutzung datenbasierter Entscheidungen häufig im Kontext unternehmensstrategischer Entscheidungen, deren Auswirkungen auf die Unternehmensperformance somit nur schwierig kurzfristig messbar sind.[266]

Die Beherrschung dieser Herausforderungen führt zur Definition des Begriffes Smart Data. Damit wird konträr zur Definition von Big Data der Fokus auf die Verwertbarkeit der vorhandenen Daten gelegt[267]. Erst die Transition zu Smart Data ermöglicht die effiziente Generierung von Wissen und Handlungsempfehlungen aus Big Data[268]. Zentrale Anforderung an Smart Data ist die Limitation der zu betrachtenden Daten auf eine Datenmenge, die ein vollständiges Laden aller Daten in den Hauptspeicher ermöglicht, sodass kein Lesen und Schreiben eines Massenspeichers erforderlich ist[269]. Die Forderung die Menge der aufzunehmenden Daten „smart" zu gestalten, erscheint dabei initial konträr zu der in der Praxis häufig vorzufindenden Position, dass alle Daten, die verfügbar sind, aufgenommen werden sollten und grundsätzlich mehr Daten gleichzeitig einen gesteigerten Mehrwert bedeuten[270]. Zur Sicherstellung der Praktikabilität ist eine Aufwand-Nutzen Betrachtung zusätzlicher Sensorik und der damit verbundenen Kosten erforderlich[271]. Betrachtet man außerdem die in Kapitel 2.1.1 darstellte Wissenspyramide, wird deutlich, dass eine gesteigerte Datenmenge nur bei gleichzeitig steigendem Informationsgehalt mit einem realisierbaren Mehrwert verbunden ist[272].

2.2.3.4 Digitaler Schatten

Für die Realisierung der mit Industrie 4.0 verbundenen Potenziale ist die Verfügbarkeit einer anforderungsgerechten Datenbasis erforderlich. Diese Datenbasis muss insbesondere echtzeitnah und ohne manuellen Erstellungs- oder Bereinigungsaufwand verfügbar sein.[273] Die Daten aus diesen verschiedenen, nur teilweise bereits im Unternehmen vorhandenen, Datenerfassungssystemen, müssen extrahiert und an zentraler Stelle aggregiert werden. Dabei kann es sich sowohl um unverarbeitet übertragene Rohdaten handeln als auch bereits durch Methoden der Datenanalyse veredelte Daten.[274] Daraus resultiert, dass sich eine vollständige und

[266] Vgl. Wölfl et al. (From Big Data to Smart Data), 2019, S. 223-224.

[267] Vgl. Wierse; Beigl (Smart Data Analytics), 2020, S. 402.

[268] Vgl. Bauer et al. (Datenbasierte Produktionsoptimierung), 2018, S. 108.

[269] Vgl. Wierse; Beigl (Smart Data Analytics), 2020, S. 402.

[270] Vgl. Wierse; Beigl (Smart Data Analytics), 2020, S. 402-403.

[271] Vgl. Wierse; Beigl (Smart Data Analytics), 2020, S. 402-403.

[272] Vgl. Schuh et al. (Strategien der Datenmonetarisierung), 2021, S. 150.

[273] Vgl. Bauernhansl et al. (The Digital Shadow), 2018, S. 70.

[274] Vgl. Schuh et al. (Change Request im Produktionsbetrieb), 2017, S. 120.

funktional umfassende digitale Abbildung eines Produktionssystems als sehr aufwändig darstellt[275]. Der digitale Schatten adressiert diese Herausforderung, indem er ein „hinreichend genaues Abbild der Prozesse in Produktion, Entwicklung und angrenzenden Bereichen“ schafft, auf das echtzeitnah zugegriffen werden kann[276]. Folglich kann der digitale Schatten als Fortsetzung des bereits seit langem in der Produktionstechnik bestehenden Trends verstanden werden, nicht eine einzelne vollständige Datenquelle zu erzeugen, sondern die verschiedenen im Unternehmen vorhandenen Datenquelle miteinander zu koppeln (siehe z. B. TREULING[277]). Der digitale Schatten muss explizit nicht zwingend hochauflösend alle verfügbaren Daten aufnehmen, sondern definiert seinen Detaillierungsgrad aus dem konkreten Anwendungsfall[278]. Die semantische Korrektheit der getroffenen Beschreibungen ist dabei unverändert[279]. Einer der wesentlichen Vorteile einer solchen hinreichenden Genauigkeit liegt in der geringen Belastung der Kommunikationsnetzwerke der Unternehmen sowie den daraus resultierenden Möglichkeiten zur maschinennahen und zentralen Verwertung der Daten[280]. BAUERNHANSL ET AL. interpretieren die Definition des digitalen Schattens dahingehend, dass der digitale Schatten zukünftig als Informationssystem agiert, welches alle beteiligten Akteure eines Wertschöpfungssystems bedarfsgerecht mit Informationen versorgt[281]. Dabei ist hervorzuheben, dass der Datenaustausch zwischen dem digitalen Schatten sowie dem in ihm abgebildeten realen Objekt automatisiert erfolgt und nur unidirektional erfolgt. Die Verwertung und Rückführung der im digitalen Schatten enthaltenen Daten erfolgt erst durch entsprechende Industrie 4.0 Anwendungen.[282] Eingeordnet in die beschriebenen Reifegradstufen von Industrie 4.0 aus Abbildung 2.7, realisiert der digitale Schatten folglich die Stufe der Visualisierung[283]. Somit stellt der digitale Schatten die Grundlage für die Realisierung der Potenziale von Industrie 4.0 dar[284]. Abbildung 2.11 zeigt das aus der angeführten Definition resultierende übergeordnete Konzept des digitalen Schattens.

Der digitale Schatten realisiert die in Kapitel 2.2.3.3 formulierten Anforderungen von Smart Data. Da der digitale Schatten anwendungsfallspezifisch ist, können innerhalb eines Unternehmens verschiedene digitale Schatten nebeneinander bestehen. Diese können auf identische Rohdaten zurückgreifen, diese jedoch auch in unterschiedlichen Granularitätsstufen verwenden. Daraus resultiert, dass im digitalen Schatten nicht nur Rohdaten direkt abgebildet werden, sondern diese Daten bereits durch erste Analysen und Modellierungen veredelt sein

---

[275] Vgl. Riesener et al. (Digital Shadow as Enabler for Data Analytics), 2019, S. 730; Schuh et al. (Effizientere Produktion mit Digitalen Schatten), 2020, S. 105.

[276] Vgl. Bauernhansl et al. (WGP-Standpunkt Industrie 4.0), 2016, S. 23.

[277] Vgl. Treuling (PPS / CAQ-Kopplung), 1992, S. 150.

[278] Vgl. Schuh et al. (Der Digitale Schatten in der Auftragsabwicklung), 2016, S. 48.

[279] Vgl. Brecher; Brockmann (Vernetzte Produktion durch Digitale Schatten), 2019, S. 545.

[280] Vgl. Jarke et al. (Mit "Digitalen Schatten" Daten verdichten und darstellen), 2021, S. 22.

[281] Vgl. Bauernhansl et al. (Der Digitale Schatten), 2018, S. 132.

[282] Vgl. Berndt et al. (Adaptive Produktionsmittel), 2022, S. 570.

[283] Vgl. Schuh et al. (Industrie 4.0 Maturity Index), 2016, S. 16-17.

[284] Vgl. Schuh et al. (Kein Industrie 4.0 ohne den Digitalen Schatten), 2016, S. 745-746.

können[285]. Darüber hinaus werden außerdem kontextbehaftete Metadaten erfasst, die zur bedeutungskorrekten Verarbeitung benötigt werden[286]. Die in dem digitalen Schatten enthalten Objekte können in Abhängigkeit des Anwendungsfalls des digitalen Schattens sowohl Menschen als auch Maschinen oder Bauteile sein[287]. BOSS ET AL. erweitern diese Definition, indem sie den Fokus des digitalen Schattens auf alle Phasen des Lebenszyklus eines Produkts beziehen[288].

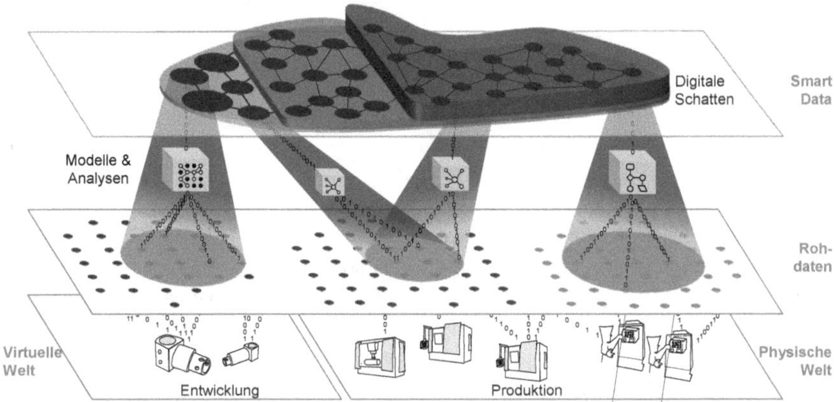

Abbildung 2.11: Konzept des digitalen Schattens nach BRECHER & BROCKMANN[289]

Für die Modellierung, Datenerfassung und Funktionalität des digitalen Schattens formulieren SCHUH ET AL. fünf zentrale Prinzipien. Demnach gilt für digitale Schatten, dass diese:

- domänenspezifisches Wissen beinhalten,
- stets kontextbezogen sind,
- domänenübergreifende Analysen ermöglichen,
- angepasste IT-Infrastrukturen im Fabrikbetrieb benötigen und
- keinen Einfluss auf das reale Systemverhalten nehmen[290].

Um die beschriebene hinreichende Genauigkeit sowie die korrekte semantische Beziehung der betrachteten Objekte wirtschaftlich abbilden zu können, nutzt der digitale Schatten insbesondere die Potenziale multimodaler Datenaufnahme und -fusion, wie sie in Kapitel 2.1.3 be-

[285] Vgl. Brecher; Brockmann (Vernetzte Produktion durch Digitale Schatten), 2019, S. 545-546.

[286] Vgl. Schuh et al. (Effizientere Produktion mit Digitalen Schatten), 2020, S. 106.

[287] Vgl. Boos et al. (Smart Tooling), 2016, S. 9-10.

[288] Vgl. Boos et al. (Smart Tooling), 2016, S. 10.

[289] Vgl. Brecher; Brockmann (Vernetzte Produktion durch Digitale Schatten), 2019, S. 546.

[290] Vgl. Schuh et al. (Effizientere Produktion mit Digitalen Schatten), 2020, S. 106.

schrieben wurden. Darüber hinaus besitzt der digitale Schatten, auch für nicht multimodal erhobene Datenattribute, Mechanismen zur automatisierten Plausibilitäts- und Konsistenzprüfung.[291]

In Abgrenzung zum digitalen Schatten findet in der Literatur außerdem der Begriff des digitalen Zwillings Verwendung. Während der digitale Schatten die Wertschöpfungskette, bzw. Teile daraus, fokussiert, liegt der Betrachtungsschwerpunkt des Digitalen Zwillings auf einzelnen Objekten[292]. Dabei soll der digitale Zwilling durch ein Prozessmodell und Simulation ein möglichst identisches Abbild der Realität erzeugen[293]. Somit liegen die Unterschiede der beiden Konzepte sowohl in der verwendeten Datenbasis als auch in ihrem jeweiligen Anwendungsgebiet[294].

2.2.3.5 Echtzeitfähigkeit

Bei der Verwertung von Daten, die in Bezug zu technischen Prozessen stehen, nimmt die Bedeutung der Echtzeitfähigkeit immer weiter zu[295]. In der DIN 44300 wird Echtzeitfähigkeit als eine Betriebsart definiert, bei der die Ergebnisse einer formulierten Datenverarbeitungsaufgabe zu jeder Zeit innerhalb einer vorgegebenen Zeitspanne verfügbar sein müssen. Die Ereignisse, die eine solche Verarbeitungsaufgabe auslösen, können dabei einer zeitlich zufälligen Verteilung unterliegen.[296] Folglich müssen echtzeitfähige Systeme mit den in den technischen Prozessen auftretenden Ereignissen zeitlich synchronisiert sein. Die technischen Prozesse, für die Echtzeitfähigkeit relevant ist, finden sich insbesondere in Automatisierungsumgebungen und als Teil eingebetteter Systeme.[297] Die Charakterisierung der Echtzeitfähigkeit eines Systems erfolgt nach BENRA & HALANG anhand der vier Bedingungen *Rechtzeitigkeit*, *Gleichzeitigkeit*, *Verlässlichkeit* sowie *Vorhersehbarkeit*[298].

Die Bedingung der *Rechtzeitigkeit* wird in harte und weiche Zeitbedingungen differenziert. In Systemen mit einer harten Zeitbedingungen kann ein Überschreiten der definierten Rechtzeitigkeitsbedingung nicht toleriert werden, da dies mit dem Verlust der Werthaltigkeit des Ergebnisses der Datenverarbeitungsaufgabe für den technischen Prozess verbunden ist. In einem System mit weichen Echtzeitbedingungen ist eine Verletzung der geforderten Zeitbedingung hingegen lediglich mit einer nicht näher definierten Kostenzunahme, also einer Reduktion des Werts des erzeugten Verarbeitungsergebnisses, verbunden.

Die Bedingungen der *Gleichzeitigkeit* fordert von einem echtzeitfähigen System, dass dieses die Möglichkeit der Parallelverarbeitung von Datenverarbeitungsaufgaben bieten muss, um die

[291] Vgl. Bauernhansl et al. (WGP-Standpunkt Industrie 4.0), 2016, S. 23-26.

[292] Vgl. Colangelo et al. (Informationsmanagement in der Smart Factory), 2019, S. 148.

[293] Vgl. Bauernhansl et al. (WGP-Standpunkt Industrie 4.0), 2016, S. 23.

[294] Vgl. Harland (Digitaler Schatten für die Instandhaltung), 2019, S. 11-12.

[295] Vgl. Benra; Halang (Einführung in Echtzeitsysteme), 2009, S. 2.

[296] Vgl. DIN Deutsches Institut für Normung e. V. (DIN 44300-9: 1988), 1988, S. 2-5.

[297] Vgl. Benra; Halang (Einführung in Echtzeitsysteme), 2009, S. 2.

[298] Vgl. Benra; Halang (Einführung in Echtzeitsysteme), 2009, S. 3-5.

übrigen Bedingungen der Echtzeitfähigkeit auch bei parallelen Prozessabläufen des technischen Systems erfüllen zu können.

Die geforderte *Verlässlichkeit* umfasst sowohl die Hardware als auch die Software eines echtzeitfähigen Systems. Beide Komponenten müssen durch geeignete Maßnahmen fehlertolerant und robust gegenüber unsachgemäßer Handhabung aufgebaut sein. Damit einher geht die Bewertung der Limitationen der Echtzeitfähigkeit sowie eine Quantifizierung der damit verbundenen Risiken für das betrachtete technische System.

Die *Vorhersehbarkeit* eines echtzeitfähigen Systems greift das definitorisch festgestellte zeitlich zufällige Verhalten des technischen Systems auf. Ein echtzeitfähiges System muss im Vergleich zum nicht-deterministischen Verhalten des technischen Systems in jedem Fall selbst deterministisch sein.

2.3 Werkzeugbau

Die im Rahmen dieser Arbeit zu entwickelnde Methodik zur Operationalisierung von digitalen Schatten soll den Anforderungen der Branche Werkzeugbau entsprechen. Diese stellt somit den Betrachtungsbereich dieser Arbeit dar. Zur Einführung sollen die charakteristischen Merkmale der Branche Werkzeugbau in Form einer Begriffsabgrenzung sowie der Beschreibung der nationalen und internationalen Branchenstruktur erfolgen. Anschließend wird die Leistungserstellung im Werkzeugbau beschrieben. Nach KOMOREK wird die Leistungserstellung im Werkzeugbau durch die vier, in Abbildung 2.12 dargestellten, Elemente Leistungen, Prozess, Ressource und Organisation charakterisiert[299].

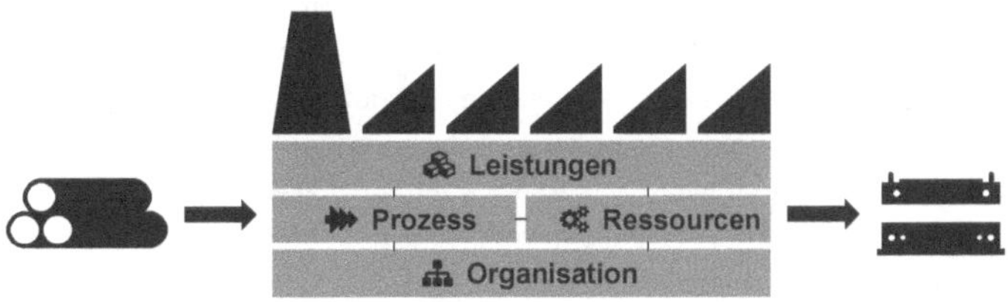

Abbildung 2.12: Elemente der Leistungserstellung im Werkzeugbau[300]

Diese vier Elemente stellten entsprechend auch die weiteren Gliederungsebenen des Kapitels dar. Zunächst wird auf das Leistungsspektrum der Unternehmen der Branche Werkzeugbau

[299] KOMOREK definiert in seiner Arbeit die Gestaltungsfelder Leistungen, Ressourcen, Organisation und Kompetenzen. Da die Kompetenzen das Resultat von organisationalem oder individuellem Wissen darstellen, werden die Felder Organisation und Kompetenz an dieser Stelle aggregiert. Außerdem werden die Felder Kunden-, Lieferanten- und Standortvernetzung sowie industrielle Auftragsabwicklung unter der Dimension Prozess summiert.

[300] I. A. a. Komorek (Kollaborative Wertschöpfung), 2014, S. 112.

eingegangen. Anschließend werden in Kapitel 2.3.3 die Elemente Prozess, Ressource und Organisation unter dem Begriff Wertschöpfungsprozess aggregiert behandelt.

Darauf aufbauend wird mit dem Zielbild Werkzeugbau 4.0 ein Ordnungsrahmen eingeführt, anhand dem die Gestaltung konkreter Anwendungsfälle von Industrie 4.0 unter Nutzung der in Kapitel 2.2 eingeführten Grundlagen ausgestaltet werden kann. Den Abschluss des Kapitels bildet die Beschreibung der aktuellen Herausforderungen für die Unternehmen der Branche.

In ihrer Struktur ähnliche Kapitel finden sich bspw. in den Arbeiten von RITTSTIEG, STRACKE und SCHULTES[301].

2.3.1 Begriffsdefinition und -abgrenzung

Für eine korrekte und konsistente Darlegung der theoretischen Grundlagen des Betrachtungsbereichs werden nachfolgend zunächst die Begriffe Werkzeug und Werkzeugbau definiert sowie abgegrenzt.

2.3.1.1 Werkzeug

Als Werkzeug definiert der VDI alle Fertigungsmittel, die „auf ein bestimmtes Material unmittelbar zum Zweck der Form- oder Substanzveränderung mechanischer bzw. physikalischer-chemischer Art einwirken.[302] Innerhalb dieser sehr allgemein formulierten Definition lassen sich verschiedene ergänzende Kategorien bilden, die den Begriff des Werkzeugs weiter detaillieren. Im Sinne des Betrachtungsbereichs dieser Arbeit werden lediglich Hohlformwerkzeuge fokussiert. Auf die ebenfalls zur Kategorie der Werkzeuge gehörenden Handwerkzeuge, Standardbearbeitungswerkzeuge oder Sonderwerkzeuge wird nicht näher eingegangen.[303] EVERSHEIM & KLOCKE definieren Hohlformwerkzeuge als Werkzeuge deren Geometrie sich teilweise oder vollständig in der Werkstückgeometrie abbildet.[304] Ein Werkzeug wird als passives Betriebsmittel immer zusammen mit weiteren Anlagen oder Maschinen eingesetzt und wird häufig lediglich als Unikat gefertigt[305]. Im weiteren Verlauf dieser Arbeit bezeichnet der Begriff Werkzeug zusammenfassend alle Hohlformwerkzeuge unabhängig von deren spezifischer, an dieser Stelle vorgestellten Unterart.

---

301 Vgl. Rittstieg (Ambidextre Organisation im Werkzeugbau), 2020; Stracke (Vernetzter und synchronisierter Serienanlauf), 2021.; Vgl. Schultes (Digitale Lieferantenvernetzung im Werkzeugbau), 2020.

302 Vgl. VDI (VDI-Richtlinie 2815), 1978.: Diese Norm wurde in 2001 zurückgezogen, wird jedoch in der industriellen Praxis weiterhin genutzt; Vgl. Schultes (Digitale Lieferantenvernetzung im Werkzeugbau), 2020, S. 48.; Vgl. Kuhlmann (Corporate Tooling), 2016, S. 65.; Vgl. Salmen (Digital vernetzter Shopfloor), 2016, S. 37.

303 Vgl. Klocke (Zerspanung mit geometrisch bestimmter Schneide), 2018, S. 215.

304 Vgl. Eversheim; Klocke (Werkzeugbau mit Zukunft), 1998, S. 25.

305 Vgl. Corsten (Betriebswirtschaftslehre), 2000, S. 336; Frick (Geschäftsmodelle), 2006, S. 22.

2.3.1.2 Werkzeugbau

Die Branche Werkzeugbau umfasst produzierende Organisationen, die die unter Kapitel 2.3.1.1 definierten Produkte herstellen. Dem Verständnis nach FRICK folgend ist der Begriff Werkzeugbau synonym für die Begriffe Formenbau, Werkzeug- und Formenbau, Werkzeug- und Anlagenbau sowie weitere analoge Bezeichnungen zu verwenden[306]. EVERSHEIM & SCHUH unterscheiden basierend auf der Auflagenhöhe sowie der Wiederholhäufigkeit der Fertigungsaufträge pro Jahr die vier grundsätzlichen Fertigungsarten Einmalfertigung, Einzel- und Kleinserienfertigung, Serienfertigung sowie Massenfertigung.[307] Abbildung 2.13 zeigt diese vier Fertigungsarten sowie deren Ausprägung der angeführten Differenzierungsmerkmale. Da eine Differenzierung der Fertigungsarten auf Basis einer rein quantitativen Bewertung nur schwierig möglich ist, führen SCHUH & STICH darüber den Automatisierungsgrad in der Teilefertigung und Montage sowie den Grad der Arbeitsteilung im Fertigungsprozess als zusätzliche Differenzierungskriterien an[308]. Die Unternehmen der Branche Werkzeugbau sind nach dieser Definition nicht eindeutig einer Fertigungsart zuordenbar, da auf sie sowohl die Charakteristika der Einmal- als auch der Einzel- und Kleinserienfertigung zutreffen. Der Verständlichkeitshalber sollen die Unternehmen der Branche Werkzeugbau im weiteren Verlauf der Arbeit zusammengefasst als Unternehmen der Einzel- und Kleinserienfertigung (EuK) beschrieben werden. Dies inkludiert ebenfalls die Einmalfertigung.

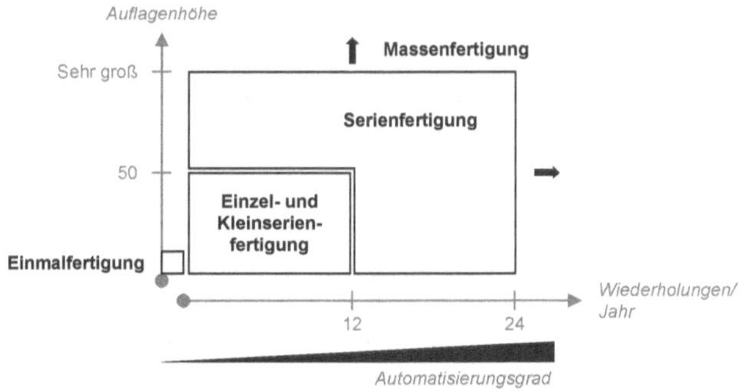

Abbildung 2.13: Ausprägungen der Fertigungsarten[309]

Aus der beschriebenen Fertigungsart der Einzel- und Kleinserie, der der Werkzeugbau zuzuordnen ist, resultieren charakteristische Merkmale, die die Leistungserstellung der Branche signifikant beeinflussen und die im weiteren Verlauf des Kapitels 2.3 detailliert erläutern werden sollen.

306 Vgl. Frick (Geschäftsmodelle), 2006, S. 20-21.

307 Vgl. Eversheim; Schuh (Produktion und Management 3), 1999, S. 9-66.

308 Vgl. Schuh; Stich (Produktionsplanung und -steuerung), 2012, S. 131.

309 I. A. a. Schuh; Stich (Produktionsplanung und -steuerung), 2012, S. 131.

Die Unternehmen der deutschen Branche Werkzeugbau sind der Definition des IFM folgend wesentlich den Kleinst- und Kleinunternehmen zuzuordnen[310]. Abbildung 2.14 zeigt die Mitarbeitendenverteilung im Detail.

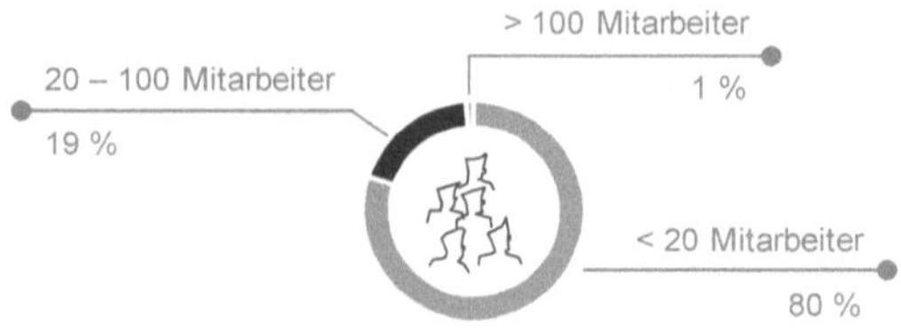

Abbildung 2.14: Mitarbeitendenverteilung deutscher Werkzeugbaubetriebe[311]

Demnach verfügen 80 % der Unternehmen über weniger als 20 Mitarbeitende und 19 % haben zwischen 20 und 100 Mitarbeitende. Lediglich 1 % aller Betriebe verfügen über mehr als 100 Mitarbeitende. Diese Mitarbeitendenstruktur führt dazu, dass auf eine Vielzahl der Werkzeugbaubetriebe die Charakteristika der KMUs zutreffen, wodurch wesentliche Auswirkungen auf den Gestaltungsbereich dieser Arbeit entstehen.

Darüber hinaus lassen sich Werkzeugbaubetriebe grundsätzlich anhand ihres Marktzugangs als interne oder externe Werkzeugbaubetriebe charakterisieren, die sich in ihren Zielsetzungen und Eigenschaften unterscheiden[312]. Als interner Werkzeugbau werden aktuell ca. 51 % der Unternehmen in Deutschland klassifiziert, 49 % als externer Werkzeugbau[313].

Interne Werkzeugbaubetriebe sind Teil der Aufbauorganisation ihres Mutterunternehmens, das gleichzeitig den Hauptkunden eines solchen Werkzeugbaus darstellt[314]. Daraus resultiert für einen internen Werkzeugbau die Zielsetzung der Sicherstellung der Werkzeugproduktivität in der Serienproduktion, des Know-how Schutzes, der Unabhängigkeit von externen Anbietern sowie der Reduzierung und Optimierung interner Schnittstellen[315]. Bezüglich der Organisationsstruktur interner Werkzeugbaubetriebe ist in der Theorie zwischen den drei Ausprägungen *Abteilung*, *Cost-Center* und *Profit-Center* zu unterscheiden. Die mit den verschiedenen Ausprägungen verbundenen Charakteristika sind Abbildung 2.15 zu entnehmen.

---

[310] Vgl. Welter; Kay (KMU-Definition), 2016. Die Definition des IfM weicht leicht von der Definition der Europäischen Union ab – da in der Definition des IfM jedoch explizit Besonderheiten der deutschen Unternehmensstruktur berücksichtigt sind, soll im Rahmen dieser Arbeit die Definition des IfM verwendet werden.

[311] Vgl. WZL/IPT (Benchmarkingdatenbank), 2020.

[312] Vgl. Pitsch (Vernetzung von Werkzeugbaustandorten), 2014, S. 34.

[313] Vgl. WZL/IPT (Benchmarkingdatenbank), 2020.

[314] Vgl. Eversheim; Klocke (Werkzeugbau mit Zukunft), 1998, S. 74.

[315] Vgl. Kuhlmann (Geschäftsprozesse im Werkzeugbau), 2013, S. 27; Zwicker (Interner Werkzeugbau), 2009, S. 12.

	Abteilung	Cost-Center	Profit-Center
Ausrichtung	aufgabenorientiert	kostenorientiert	leistungsorientiert
Arbeitsweise	Kostenumlage auf andere Bereiche	Eigenverantwortung bezüglich Kosten	Eigenverantwortung bezüglich Ergebnis
Vorteile	„unbeschränkte" Finanzmittel	Kostensenkung durch Kostenverantwortung	Vergleichsmöglichkeit mit externen Anbietern
Nachteile	Hohe Kosten durch fehlende Verantwortung	Bedingter Rentabilitätsvergleich	Höherer administrativer Aufwand

Abbildung 2.15: Kategorisierung interner Werkzeugbaubetriebe[316]

Als Abteilung verrechnet ein interner Werkzeugbau seine Kosten durch eine Kostenumlage auf die übrigen Bereiche des Mutterunternehmens. Diese Arbeitsweise führt jedoch zu einer fehlenden Kostenverantwortung und in der Folge zu überdurchschnittlichen Kosten. Dieser Nachteil wird durch die beiden übrigen Organisationsformen, dem Cost-Center und dem Profit-Center, adressiert. Als Cost-Center arbeitet ein Werkzeugbaubetrieb kostenorientiert, was in der Theorie zu einer Kostensenkung durch Übernahme der Kostenverantwortung führt. Eine vollständige Vergleichsmöglichkeit mit externen Werkzeugbaubetrieben ist jedoch erst bei einem Profit-Center möglich. In der Praxis lassen sich darüber hinaus verschiedene Mischformen der drei in der Theorie klar voneinander abgegrenzten Ausprägungen finden[317]. Hierzu zählt beispielsweise die vielfach auffindbare Option eines *Last Calls*. Dieser bietet internen Werkzeugbaubetrieben die Möglichkeit nach Betrachtung aller Angebote externer Leistungsanbieter sein eigenes Angebot anzupassen und so ggfs. den Auftrag zu einem reduzierten Preis zu erhalten[318].

Im Gegensatz zum internen Werkzeugbau ist ein externer Werkzeugbaubetrieb ein rechtlich unabhängiges und selbstständiges Unternehmen, dessen Ziel die Gewinnmaximierung ist[319]. Folglich weist ein externer Werkzeugbaubetrieb im Vergleich zu internen Werkzeugbaubetrieben ein deutlich breiteres Spektrum an Kunden auf, um Auslastungsschwankungen auszugleichen[320]. EVERSHEIM & KLOCKE differenzieren weitergehend zwischen wirtschaftlich unabhängigen und in Unternehmensverbünden eingegliederten externen Werkzeugbaubetrieben[321].

Eine Unterscheidung zwischen internen und externen Betrieben ist wesentlich für die Kundenbeziehungen und die daraus resultierende Ausgestaltung der Schnittstellen relevant[322]. Unterschiede für den Wertschöpfungsprozess und die zugrundeliegenden operativen Abläufe ist

316 I. A. a. Eversheim; Klocke (Werkzeugbau mit Zukunft), 1998, S. 75.

317 Vgl. Kuhlmann (Corporate Tooling), 2016, S. 77.

318 Vgl. Kuhlmann (Geschäftsprozesse im Werkzeugbau), 2013, S. 28.

319 Vgl. Schleyer (Kooperationsmanagement im Werkzeugbau), 2007, S. 27.

320 Vgl. Eversheim; Klocke (Werkzeugbau mit Zukunft), 1998, S. 3; Spennemann (Organisationsstrukturen im Werkzeugbau), 2001, S. 12.

321 Vgl. Eversheim; Klocke (Werkzeugbau mit Zukunft), 1998, S. 4.

322 Vgl. Komorek (Kollaborative Wertschöpfung), 2014, S. 40.

hingegen zu vernachlässigen[323]. Für die Beantwortung der formulierten übergeordneten Forschungsfrage ist folglich keine differenzierende Betrachtung interner und externer Werkzeugbaubetriebe erforderlich. Die Eingrenzung des im Rahmen dieser Arbeit zu betrachtenden Systems erfolgt detailliert in Kapitel 4.2.1. Die Formulierung *Werkzeugbaubetrieb* oder analoger Bezeichnungen inkludiert daher sowohl interne als auch externe Werkzeugbaubetriebe.

2.3.2 Leistungsspektrum

Das Leistungsspektrum von Werkzeugbaubetrieben umfasst in der Regel sowohl physische Produkte als auch immaterielle Dienstleistungen. Neben den in Kapitel 2.3.1.1 bereits beschriebene Hohlformwerkzeugen umfassen die physischen Produkte häufig noch Vorrichtungen und Prüfmittel, Modelle und Prototypen sowie systemische Anwendungen, wie in Abbildung 2.16 dargestellt. Mit ca. 75 % entfällt der größte Umsatzanteil im Werkzeugbau auf die Werkzeuge, die somit das Kernprodukt der Unternehmen der Branche darstellen[324]. Neben dem Unikatcharakter stellen die erforderliche Oberflächengüte des Werkzeugs sowie des zu fertigenden Produkts, erforderliche Toleranzen, der Materialeinsatz des Produkts sowie die Integration von Zusatzleistungen in das Werkzeug die wesentlichen Komplexitätstreiber von Werkzeugen dar[325].

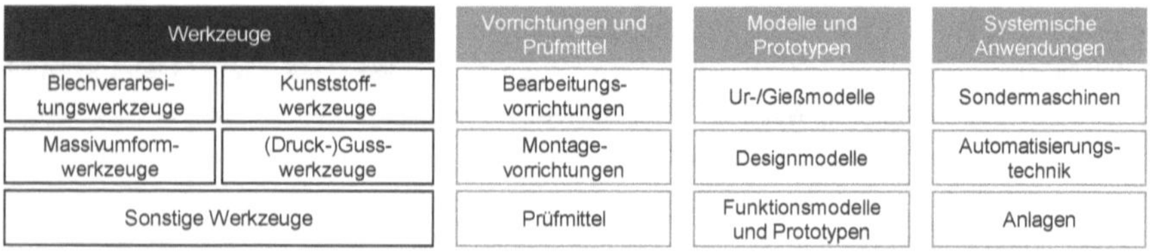

Abbildung 2.16: Physisches Leistungsspektrum der Branche Werkzeugbau[326]

Blechverarbeitungswerkzeug können in Stanz-Biege- und Tiefziehwerkzeuge unterschieden werden. Stanz-Biege-Werkzeuge führen in einem mehrstufigen Verfahren durch Umformen, Stanzen und Biegen eine gewünschte Form herbei.[327] Tiefziehwerkzeuge nutzen hingegen einen Stempel, der die zur Umformung erforderliche Presskraft auf das Rohmaterial überträgt.[328] *Kunststoffwerkzeuge* werden für die urformende Herstellung von Kunststoffteilen aus Thermoplasten, Duroplasten und Elastomeren verwendet[329]. Dabei kommen verschiedene urformende Fertigungsverfahren, wie Pressformen, Spritzgießen, Extrudieren, Kalandrieren

[323] Vgl. Komorek (Kollaborative Wertschöpfung), 2014, S. 40.

[324] I. A. a. WZL/IPT (Benchmarkingdatenbank), 2020.

[325] Vgl. Klocke; Arntz (Technologien für den Werkzeugbau von morgen), 10–12.

[326] I. A. a. Eversheim; Klocke (Werkzeugbau mit Zukunft), 1998, S. 25., überarbeitet durch KOZIELSKI, Vgl. Kozielski (Kennzahlensystem für den Werkzeugbau), 2013, S. 14.

[327] Vgl. Schuler GmbH (Handbuch der Umformtechnik), 1996, S. 123-125.

[328] Vgl. Schuler GmbH (Handbuch der Umformtechnik), 1996, S. 11-13; Eversheim; Klocke (Werkzeugbau mit Zukunft), 1998, S. 26.

[329] Vgl. Menges et al. (Spritzgießwerkzeuge), 2007, S. 560-563.

oder Blasformen, zum Einsatz[330]. *Massivumformwerkzeuge* werden auch Schmiedegesenke genannt und nutzen ein- oder mehrstufige Kalt- und Warmumformschritte zur Umformung massiver, metallischer Werkstoffe[331]. Dabei finden die Fertigungsverfahren Stauchen, Schmieden, Walzen, Fließpressen, Strangpressen, Biegen und Durchziehen Anwendung[332]. *(Druck-) Gusswerkzeuge* verwenden schmelzflüssiges Metall, welches in die Werkzeugkavität geleitet wird und dort in seiner endgültigen Form erstarrt[333]. Allerdings können durch Gussverfahren keine Fertigteile mit hohen Genauigkeitsanforderungen hergestellt werden.[334] *Sonstige Werkzeuge* bezeichnen alle den vorher genannten Kategorien nicht zurechenbaren Werkzeuge, wie etwa Sinterpressformen[335].

Die Werkzeugbaubetriebe der Branche fokussieren sich aufgrund der werkzeugspezifischen Charakteristika, insbesondere im Bereich der Werkzeugkonstruktion sowie des Try-outs, häufig auf eine der vorgestellten Werkzeugarten. Aber auch die eingesetzten Fertigungstechnologien werden wesentlich durch die zu fertigende Werkzeugart determiniert[336]. Abbildung 2.17 zeigt für die verschiedenen Werkzeugtypen die Umsatzverteilung innerhalb der Branche.

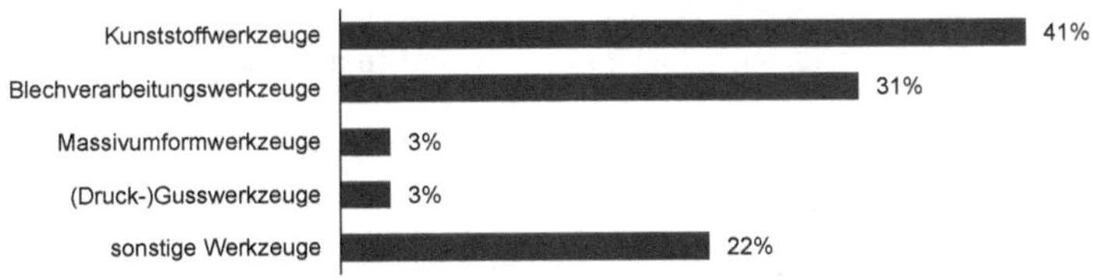

Abbildung 2.17: Umsatzverteilung der Werkzeugarten in der Branche Werkzeugbau[337]

Demnach entfallen 41 % des Umsatzes der deutschen Branche Werkzeugbau auf die verschiedenen Arten der Kunststoffwerkzeuge, womit diese den größten Anteil einnehmen. Der zweitgrößte Anteil entfällt mit 31 % auf die Blechverarbeitungswerkzeuge. Massivumform- sowie (Druck-)Gusswerkzeuge nehmen mit jeweils 3 % lediglich eine untergeordnete Rolle ein. Auf sonstige Werkzeuge und Leistungen, entfallen die übrigen 22 %.

Die Erstellung der beschriebenen Werkzeugarten stellt aufgrund der Produkt- und Kundenindividualität ein Projektgeschäft dar[338]. Neben der Erstellung neuer Werkzeuge, sehen Werk-

[330] Vgl. Bonnet (Kunststofftechnik), 2016, S. 161.

[331] Vgl. Schuler GmbH (Handbuch der Umformtechnik), 1996, S. 436-437.

[332] Vgl. Doege; Behrens (Handbuch Umformtechnik), 2018, S. 456-458.

[333] Vgl. Brunhuber (Druckgussfertigung), 1991, S. 187.

[334] Vgl. Fritz et al. (Urformen), 2015, S. 8.

[335] Vgl. Bilsing (Kennzahlengestützte Bewertung im Werkzeugbau), 2007, S. 5.

[336] Vgl. Heeschen (Fertigungstechnologien im Werkzeugbau), 2015, S. 19.

[337] Vgl. WZL/IPT (Benchmarkingdatenbank), 2020.

[338] Vgl. Komorek (Kollaborative Wertschöpfung), 2014, S. 41.

zeugbaubetriebe sich darüber hinaus mit Änderungsaufträgen, Reparaturaufträgen, Wartungsaufträgen sowie sonstigen Aufträgen konfrontiert[339]. Diese verschiedenen Auftragsarten weisen unterschiedliche Charakteristika auf, die sich wesentlich auf den im nachfolgenden Kapitel beschriebenen Wertschöpfungsprozess auswirken[340]. Neuaufträge umfassen vollständig neu zu konstruierende und zu fertigende Werkzeuge. Sie durchlaufen daher den gesamten Auftragsabwicklungsprozess und nehmen alle verfügbaren Kompetenzen und Ressourcen in Anspruch. Änderungsaufträge resultieren in der Regel aus Änderungen am Kundenprodukt, die konstruktiv und fertigungstechnisch auf das Werkzeug zu übertragen sind. Reparaturaufträge sind die zeitkritischste Auftragsart. Sie befassen sich mit bereits im Serieneinsatz befindlichen Werkzeugen, die Defekte oder Störungen aufweisen und so den Fertigungsprozess unterbrechen. Sie beanspruchen vor allem Fertigungs- und Montagekapazitäten. Wartungsaufträge hingegen lassen sich zeitlich in die Serienproduktion eintakten und umfassen in der Regel manuelle Tätigkeiten, wie eine Reinigung und Schmierung der Werkzeugkomponenten. Jedoch können sie auch zusätzlich erforderliche Reparaturaufträge nach sich ziehen. Den sonstigen Aufträgen sind alle weiteren Auftragsarten zuzuordnen. Hierzu zählen besonders Wiederhol- und Beratungsaufträge.[341] Abbildung 2.18 zeigt die Verteilung der Auftragsarten für interne und externe Werkzeugbaubetriebe basierend auf deren Umsatzanteil.

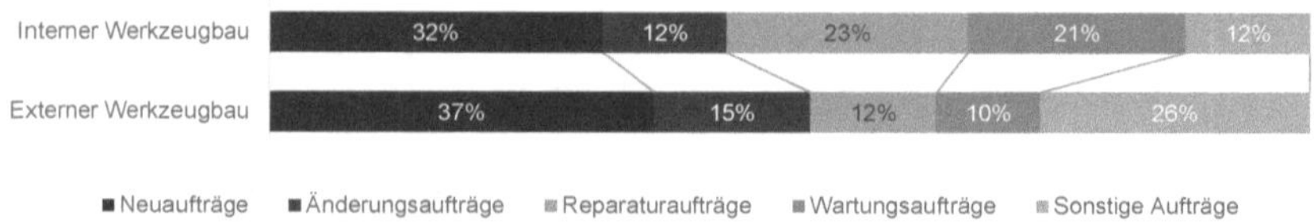

Abbildung 2.18: Auftragsstruktur interner und externer Werkzeugbaubetriebe nach Umsatzanteil[342]

Es zeigt sich, dass für interne Werkzeugbaubetriebe Instandhaltungsaufträge (Reparatur- und Wartungsaufträge) den größten Auftragsanteil darstellen. Für externe Werkzeugbaubetriebe gilt dies hingegen für Neuwerkzeugaufträge.

Neben den physischen Produkten sind auch immaterielle Dienstleistungen inzwischen für nahezu alle Unternehmen Teil des Leistungsangebots. Insbesondere die Kombination von physischen und immateriellen Leistungen werden durch die Kunden verstärkt nachgefragt[343]. Ne-

[339] Vgl. Eversheim; Klocke (Werkzeugbau mit Zukunft), 1998, S. 20-26.

[340] Vgl. Pitsch (Vernetzung von Werkzeugbaustandorten), 2014, S. 41.

[341] Vgl. Ziskoven (Taktung im Werkzeugbau), 2013, S. 39; Eversheim; Klocke (Werkzeugbau mit Zukunft), 1998, S. 22-25; Pitsch (Vernetzung von Werkzeugbaustandorten), 2014, S. 41-42; Fricker (Strategische Stringenz im Werkzeugbau), 2005, S. 48.

[342] Vgl. WZL/IPT (Benchmarkingdatenbank), 2020.

[343] Vgl. Kühn (Leistungssysteme im Werkzeugbau), 2016, S. 40.

ben vorgelagerten Dienstleistungen im Bereich der Bauteilentwicklung und -optimierung, umfasst dies gleichfalls der Werkzeugherstellung nachgelagerte Dienstleistungen, wie bspw. die Anlaufbegleitung oder die Produktion von Kleinserien.

2.3.3 Branchenstruktur

Die Branche Werkzeugbau zeichnet sich bei einer Betrachtung der internationalen Märkte als stark inhomogen aus[344]. Dies zeigt sich sowohl in den Dimensionen Marktgröße und Werkzeugkompetenz der Unternehmen im jeweiligen Markt als auch am Entwicklungspotenzial der Märkte[345]. Während produzierende Unternehmen internationale Märkte zunehmend zur Beschaffung von Komplettwerkzeugen verwenden, können Werkzeugbaubetriebe die internationalen Märkte vor allem als verlängerte Werkbank zur Realisierung von Kostenpotenzialen nutzen.[346] Zur Klassifizierung der relevantesten internationalen Werkzeugbaumärkte haben Boos et al. das World of Tooling Radar entwickelt, das in Abbildung 2.19 dargestellt ist.

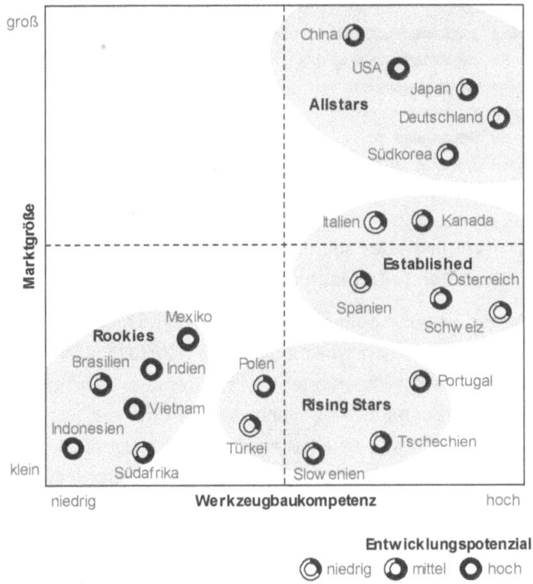

Abbildung 2.19: World of Tooling Radar[347]

Auf Basis ähnlicher Charakteristika aggregiert das WoT-Radar die 21 relevantesten internationalen Werkzeugbaumärkte in die vier Gruppen Allstars, Established, Rising Stars und Rookies. Die den *Allstars* zuzuordnenden Märkte zeichnen sich durch eine hohe Marktgröße bei

[344] Vgl. Boos et al. (Werkzeugeinkauf in Krisenzeiten), 2020, S. 24.

[345] Vgl. Boos et al. (World of Tooling), 2018, S. 9.

[346] Vgl. Boos et al. (Beschaffung im Werkzeugbau), 2019, S. 45.

[347] Vgl. Boos et al. (World of Tooling), 2018, S. 9.

gleichzeitig hoher Werkzeugbaukompetenz aus. Die Märkte der Kategorie *Established* unterscheiden sich in der Dimension „Werkzeugbaukompetenz" kaum von den Märkten der Allstars. Jedoch zeichnen sie sich durch eine deutlich geringere Marktgröße aus. Die *Rising Stars* weisen eine nochmal geringere Marktgröße auf, die sich auf einem Niveau mit den Märkten der vierten Gruppe, den *Rookies* befindet. Von diesen differenzieren sie sich jedoch über eine deutlich höhere Werkzeugbaukompetenz. Für die Märkte der *Rookies* wird aufgrund verschiedener Rahmenbedingungen in Zukunft ein hohes Wachstumspotenzial für beide Bewertungsdimensionen erwartet.[348]

Die aus makroökonomischer Sicht für deutsche Serienproduzenten relevantesten internationalen Werkzeugbaumärkte sind China, die Schweiz, Italien, Österreich, Tschechien sowie Portugal. Auf diese entfielen im Jahr 2020 70 % aller Werkzeugimporte[349]. Abbildung 2.20 zeigt die Rangfolge der Märkte sowie deren jeweiliges Importvolumen über alle Werkzeugtypen hinweg.

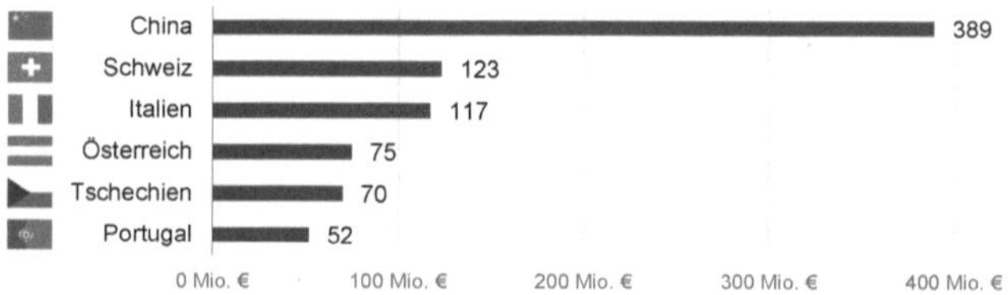

Abbildung 2.20: Importvolumen der sechs relevantesten internationalen Werkzeugbaumärkte für Serienproduzenten in Deutschland

Besonders hervorzuheben ist außerdem die historische Entwicklung der Importzahlen. Während sich das gesamte Importvolumen zwischen 2010 und 2020 lediglich um 18 % erhöht hat, ist in derselben Periode der Wert importierter Werkzeuge aus China um 274 % gestiegen. Während chinesische Werkzeugbaubetriebe sind in der Vergangenheit insbesondere durch einen geringen Einstandspreis sowie einen schnellen Werkzeugerstellungsprozess differenziert haben, existieren heute durch eine intensive staatliche Förderung Werkzeugbaubetriebe, die hoch-komplexe Werkzeuge fertigen können, welche in der Vergangenheit vornehmlich aus westeuropäischen Märkten beschafft wurden.

Die im WoT-Radar dargestellte Leistungsfähigkeit und Entwicklung der internationalen Werkzeugbaumärkte sowie die aktuelle Relevanz der Märkte für den Werkzeugimport nach Deutschland besitzen einen hohen Einfluss auf die zukünftige strategische Ausrichtung der deutschen Werkzeugbaubranche. Durch den zunehmenden Wegfall des Differenzierungs-

[348] Sämtliche Ausführungen zur Erläuterung der internationalen Werkzeugbaumärkte anhand des World of Tooling Radars basieren auf den Inhalten der Quelle BOOS ET AL. (World of Tooling), 2018, die der Autor dieser Dissertation wesentlich mitgestaltet hat.

[349] Vgl. United Nations Statistic Division (Comtrade-Datenbank), 2021.

merkmals Qualität im internationalen Wettbewerb bedarf es neuen Differenzierungsmerkmalen. Hierfür eignen sich insbesondere die in Kapitel 2.2 eingeführten Potenziale von Industrie 4.0. Die daraus resultierenden Herausforderungen werden detailliert in Kapitel 2.3.6 dargelegt.

2.3.4 Wertschöpfung im Werkzeugbau

Die Wertschöpfung im Werkzeugbau wird, wie einleitend dargestellt, durch die drei Elemente *Prozess*, *Ressourcen* und *Organisation* charakterisiert, die nachfolgend detailliert beschrieben werden sollen.

2.3.4.1 Prozess

Der *Prozess* der Werkzeugherstellung ist primär durch die Position im Produktentstehungsprozess determiniert. Durch seine Position zwischen Produktentwicklung und Serienproduktion hat der Werkzeugbau wesentlichen Einfluss auf die Produktqualität und -kosten, die Time-to-market sowie Produkt- und Prozessinnovationen seiner Kunden[350]. Abbildung 2.21 zeigt sowohl eben diese Position als auch die dezidierten Schritte der Werkzeugherstellung.

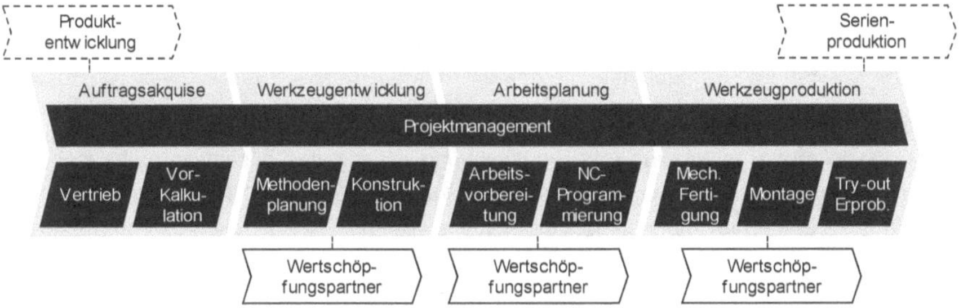

Abbildung 2.21: Wertschöpfungsprozess im Werkzeugbau[351]

Die Werkzeugherstellung ist, wie beschrieben, zwischen der Produktentwicklung und der Serienproduktion eingegliedert. Da für die Herstellung eines Serienwerkzeugs die finalen Geometrien des zu produzierenden Bauteils bekannt sein müssen, befindet sich die Werkzeugherstellung trotz der Potenziale vorgelagerter Prozessintegration, wie bspw. Rapid Prototyping, Beratung der Bauteilentwickler durch den Werkzeugbau oder Bauteiloptimierung durch die Werkzeugkonstruktion, häufig noch auf dem kritischen Pfad der Terminplanung eines Produktanlaufs.[352]

[350] Vgl. Schuh et al. (Fokus Automobilindustrie), 2013, S. 9; Schuh et al. (Operative Exzellenz), 2010, S. 12; Holmes et al. (Innovation in the Automotive Tool Industry), 2004, S. 9-13.

[351] I. A. a. Eversheim; Klocke (Werkzeugbau mit Zukunft), 1998, S. 105-107.; die Darstellung der Prozesskette wurde durch BOOS um die Vorkalkulation erweitert, dies wurde an dieser Stelle übernommen, Vgl. Boos (Modulare Werkzeuge), 2008, S. 42.

[352] Vgl. Schuh et al. (Agile Product Development), 2018, S. 3.

Die Produktentwicklung stellt den Prozessschritt dar, in dem der Kunde das Bauteil entwickelt, das in der späteren Serienproduktion mit Hilfe der Werkzeuge produziert werden soll[353]. Hier ist mit der Werkzeugbeschaffung außerdem die Schnittstelle zum Werkzeugbau verortet, die auf Seiten des produzierenden Unternehmens Werkzeugbaubetriebe auswählt und qualifiziert.

Der Auftragsabwicklungsprozess des Werkzeugbaus ist in der Literatur durchgehend ähnlich beschrieben und unterliegt nur in seinen Teilprozessen einer zeitlichen Weiterentwicklung und Veränderung. Die folgende Beschreibung richtet sich nach den Arbeiten von KLOTZBACH und BOOS[354]. Der Auftragsabwicklungsprozess untergliedert sich in die fünf wesentlichen Bestandteile *Auftragsakquise*, *Werkzeugentwicklung*, *Arbeitsplanung*, *Werkzeugproduktion* sowie *Projektmanagement*. Es ist hervorzuheben, dass es sich hierbei um eine rein prozessuale Beschreibung der Tätigkeiten entlang des Auftragsabwicklungsprozesses handelt. Hieraus kann kein Rückschluss auf die organisationale Gestaltung der Auftragsabwicklung gezogen werden. Die Beschreibung der im Werkzeugbau vorzufindenden Organisationsstrukturen erfolgt als dritter der vier Bestandteile der Wertschöpfung im Werkzeugbau im weiteren Verlauf des Kapitels.

Die *Auftragsakquise* stellt die werkzeugbauseitige Schnittstelle zur Produktentwicklung des Kunden dar. Dort werden eingehende Kundenanfragen bearbeitet, Machbarkeitsprüfungen und eventuell anschließende Werkzeugkalkulationen durchgeführt, sowie die Nachbesprechungen und -verhandlungen mit den Kunden verantwortet.[355]

Nach der Annahme des Angebots durch den Kunden beginnt das *Projektmanagement*, das die Projektplanung, -steuerung und -überwachung entlang des gesamten Auftragsabwicklungsprozesses übernimmt, um eine Erreichung der definierten Projektziele zu sichern. Außerdem stellt das Projektmanagement die Schnittstelle zum Kunden sowie externen Partnern dar.[356]

Parallel zum Beginn des Projektmanagements startet ebenfalls die *Werkzeugentwicklung*, mit den Schritten der Methodenplanung und Konstruktion. Im Rahmen der Methodenplanung erfolgt die Festlegung des technologischen Werkzeugkonzepts, sowie häufig eine Simulation des erstellten Konzepts. Anschließend wird das freigegebene Konzept durch die Werkzeugkonstruktion realisiert. In dem Arbeitsschritt der Werkzeugentwicklung können neben anderen unternehmensinternen Abteilungen, wie der Arbeitsvorbereitung, auch unternehmensexterne Partner, bspw. Konstruktionsbüros, beteiligt sein.

Nach Abschluss der Werkzeugkonstruktion beginnt die *Arbeitsplanung*. In diesem Prozessschritt werden als Teil der Arbeitsvorbereitung die Termin- und Kapazitätsplanung, die Erstel-

[353] Vgl. Komorek (Kollaborative Wertschöpfung), 2014, S. 38.

[354] Vgl. Klotzbach (Industrieller Werkzeugbau), 2007, S. 49; Boos (Modulare Werkzeuge), 2008, S. 42.

[355] Vgl. Klocke (Zukunftsstudie Werkzeugbau), 2005, S. 53.

[356] Vgl. Rinza (Projektmanagement), 1998, S. 16-18.

lung notwendiger Arbeitsdokumente sowie die Beschaffung von Standardkomponenten durchgeführt. Außerdem erfolgt die Übertragung von Konstruktionsdaten auf die Werkzeugmaschinen, die zur anschließenden Fertigung eingesetzt werden sollen. Auch in dieser Phase können externe Partner, etwa zur Übernahme der NC-Programmierung, beteiligt werden.

Die abschließende Werkzeugproduktion unterteilt sich in die drei Schritte *Fertigung*, *Montage* sowie *Try-out*. In der Fertigung werden die benötigten Komponenten des Werkzeugs hergestellt und eventuell zugekaufte Standardteile verarbeitet. Die so gefertigten einzelnen Komponenten werden anschließend in der Montage zu einem vollständigen Werkzeug zusammengefügt und eine Funktionalitätsprüfung durchgeführt. Außerdem werden Nacharbeiten ausgeführt, die erst im montierten Zustand am Werkzeug durchführbar sind.[357] Dabei identifizierten Qualitätsmängeln wird durch iterative Optimierungsschleifen begegnet, bis die gewünschte Bauteilqualität erreicht ist.

Den Abschluss des Auftragsabwicklungsprozesses stellt die Inbetriebnahme vor Beginn der *Serienfertigung* dar. Dazu müssen die Werkzeuge auf den Serienmaschinen eingefahren und die Funktionsfähigkeit erneut überprüft werden.

2.3.4.2 Ressourcen

Zusätzlich sind zur Charakterisierung des Wertschöpfungsprozesses im Werkzeugbau die zugrundeliegenden *Ressourcen* zu beschreiben. MÜLLER-STEWENS & LECHNER differenzieren Ressourcen, wie in Abbildung 2.22 dargestellt, zunächst in materielle und immaterielle Ressourcen. Materielle Ressourcen untergliedern sich weiter in finanzielle, physische und IT-basierte Ressourcen. Immaterielle Ressourcen können in Bestands-, Human-, strukturelle und kulturelle Ressourcen detailliert werden.[358]

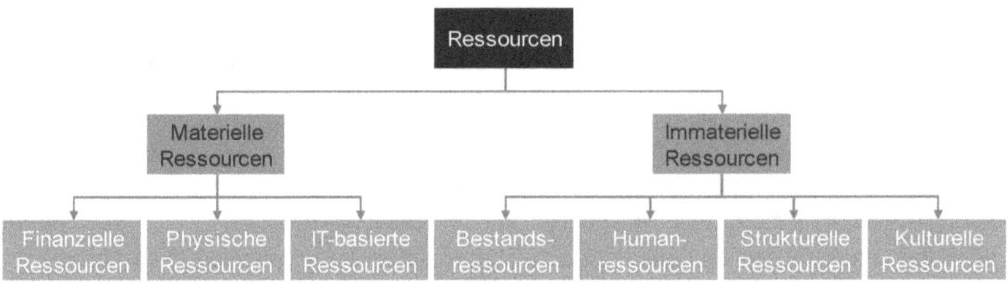

Abbildung 2.22: Unterteilung von Ressourcen nach MÜLLER-STEWENS & LECHNER[359]

Die finanziellen Ressourcen der Werkzeugbaubetriebe wurden bereits bei der einleitenden Klassifizierung als Branche der Einzel- und Kleinserienfertigung diskutiert. Darüber hinaus sind nach FRICK für Werkzeugbaubetriebe insbesondere die im nachfolgenden Kapitel 2.3.4.2 detailliert beschriebenen Mitarbeitenden als Humanressourcen relevant, der Maschinenpark als

[357] Vgl. Giehler (Planungsproduktivität), 2010, S. 35.

[358] Vgl. Müller-Stewens; Lechner (Strategisches Management), 2011, S. 214.

[359] I. A. a. Müller-Stewens; Lechner (Strategisches Management), 2011, S. 214.

physische Ressourcen sowie die IT-basierten Ressourcen in Form von CAx- und ERP-/PPS-Software[360].

Abbildung 2.23 quantifiziert die durchschnittliche Ressourcenausstattung deutscher Werkzeugbaubetriebe im Bereich des Maschinenparks. Ein Werkzeugbau verwendet im Durchschnitt ca. 13 verschiedene Fertigungstechnologien[361]. Der wesentliche Fokus liegt dabei auf dem Fräsen, Drahterodieren, Senkerodieren, Drehen und Schleifen als häufigste Kerntechnologien[362]. Durchschnittlich verfügt ein Werkzeugbaubetrieb über 7,8 Fräsmaschinen. Obwohl die Technologie Schleifen die geringste Fertigungsanteile im Durchschnitt aufweist, verfügen Werkzeugbaubetriebe außerdem über durchschnittlich 4,9 Schleifmaschinen. Außerdem können sie auf 2,7 Drehmaschinen, 2,7 Draht- und 2,3 Senkerodiermaschinen zurückgreifen. Aufgrund der vorangehend bereits beschriebenen geringen verfügbaren Finanzmittel von kleinen und mittleren Unternehmen, ergibt sich für die verwendeten Fertigungsmaschinen ein im Vergleich zur Serienproduktion überdurchschnittlich hohes durchschnittliches Maschinenalter von über 12 Jahren.[363]

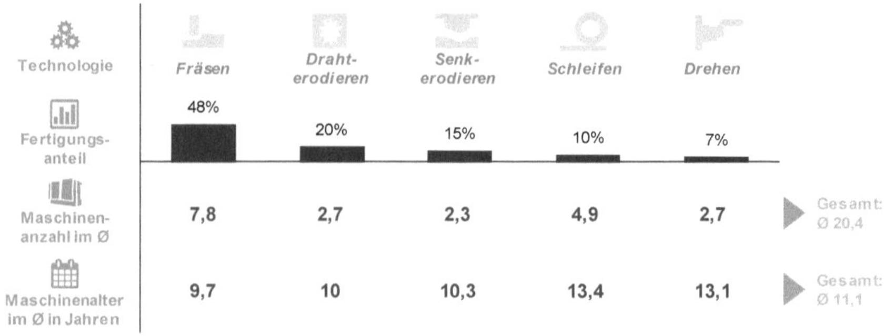

Abbildung 2.23: Durchschnittliche Ressourcenausstattung deutscher Werkzeugbaubetriebe[364]

Betrachtet man das durchschnittliche Maschinenalter vor dem Hintergrund der Entwicklung von Industrie 4.0 wird offensichtlich, dass der Maschinenpark vieler Betriebe nicht den Anforderungen von Industrie 4.0 an die Konnektivität der Maschinen entspricht. Außerdem führen die vielen unterschiedlichen Fertigungstechnologien sowie die unterschiedlichen Anforderungen innerhalb der einzelnen Fertigungstechnologien bei nahezu allen Betrieben zu einem heterogenen Maschinenpark, bezogen auf die Maschinenhersteller. Dies erschwert die Kommunikation zwischen den Maschinen zusätzlich, da sich Standards zur Maschinenkonnektivität erst langsam am Markt etablieren.

[360] Vgl. Frick (Geschäftsmodelle), 2006, S. 51.

[361] Vgl. WZL/IPT (Benchmarkingdatenbank), 2020.

[362] Vgl. Ziskoven (Taktung im Werkzeugbau), 2013, S. 47.

[363] Vgl. WZL/IPT (Benchmarkingdatenbank), 2020.

[364] Vgl. WZL/IPT (Benchmarkingdatenbank), 2020.

2.3.4.3 Organisation

Der charakterisierte Auftragsabwicklungsprozess wird durch die *Organisation* des Werkzeugbaus befähigt. Unabhängig von der Kategorisierung der Werkzeugbaubetriebe in interne und externe Betriebe lässt sich deren Aufbauorganisation beschreiben. Traditionell finden sich im Werkzeugbau vor allem klar hierarchisch strukturierte Linienorganisationen[365]. In der Forschung wird sich jedoch intensiv mit den Potenzialen flexibler Projektteams auseinandergesetzt. Diese sollen den Werkzeugbau dazu befähigen, durch erhöhte Freiheitsgrade der Mitarbeitenden, besser auf die gesteigerten Kundenanforderungen bezüglich Flexibilität und Geschwindigkeit einzugehen[366]. Da diesen jedoch in der Praxis keine signifikante Relevanz zuzuordnen ist, soll an dieser Stelle darauf diese Organisationsform auf nicht näher eingegangen werden.

Die in der Organisationsstruktur verankerten Mitarbeitenden verrichten ihre Tätigkeiten zum größten Teil auf dem sogenannten Shopfloor, dem betrieblichen Hallenboden. Abbildung 2.24 zeigt die Verteilung der Mitarbeitenden entlang der Prozesskette im Werkzeugbau.

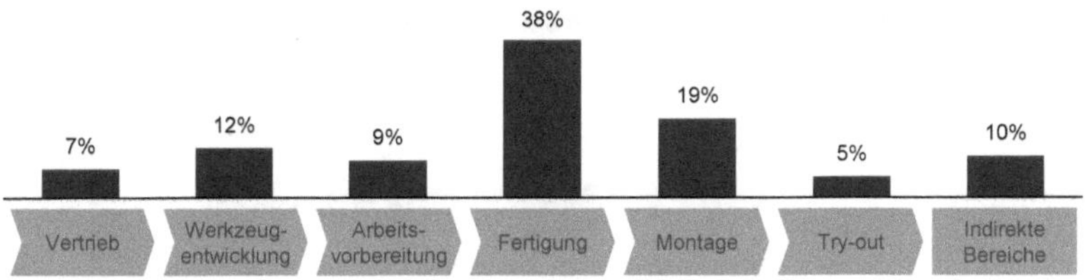

Abbildung 2.24: Mitarbeitendenverteilung entlang der Prozesskette[367]

Der Shopfloor im Werkzeugbau umfasst die Arbeitsschritte Arbeitsvorbereitung, Fertigung, Montage sowie Try-out und stellt mit 71 % der Mitarbeitenden den zentralen Ort der Leistungserstellung dar. In den letzten Jahren lässt sich jedoch ein Trend erkennen, der, infolge der zunehmenden Automation und Mehrmaschinenbedienung, zu einer Umverteilung der Mitarbeitendenkapazitäten führt. Während der Mitarbeitendenanteil im Bereich der mechanischen Fertigung sinkt, steigt der Mitarbeitendenanteil in den Know-how-intensiveren vor- und nachgelagerten Prozessschritten.[368] Damit einher geht ein Anstieg der individuellen Mitarbeitendenverantwortung, woraus sich eine weitere Motivation zur Einführung flexibler Organisationsstrukturen auch im Werkzeugbau, wie obenstehend beschrieben, ergibt.

[365] Vgl. Boos et al. (Flexible Tooling Organization), 2018, S. 10.

[366] Vgl. Boos et al. (Flexible Organisation im Werkzeugbau), 2018, S. 100-101.

[367] I. A. a. WZL/IPT (Benchmarkingdatenbank), 2020.

[368] Vgl. Schuh et al. (Operative Exzellenz), 2010, S. 51.

2.3.5 Industrie 4.0 im Werkzeugbau

Ausgehend von der allgemeinen Definition von Industrie 4.0, wie sie bspw. in Kapitel 2.2.2.4 von BAUERNHANSL ET AL. dargestellt wurde, haben BOOS ET AL. das in Abbildung 2.25 dargestellte Zielbild für den Werkzeugbau 4.0 abgeleitet. Im Mittelpunkt jeder Industrie 4.0-Lösung muss der durch sie generierte Nutzen stehen[369]. Dieser kann grundsätzlich in wertschöpfungsseitigen und marktseitigen Nutzen unterschieden werden[370]. Während wertschöpfungsseitiger Nutzen die interne Auftragsabwicklung des Werkzeugbaus adressiert, kann durch marktseitigen Nutzen der Kundenmehrwert gesteigert und zusätzliche Umsatzerlöse für den Werkzeugbau realisiert werden. Die Realisierung marktseitiger Potenziale basiert dabei in der Regel auf zusätzlichen, datenbasierten Dienstleistungen, die der Werkzeugbaubetrieb seinen Kunden anbietet. Dabei ist jedoch ein fundamentaler Wandel im Selbstverständnis der Unternehmen erforderlich, die sich weniger als reiner Auftragsfertiger und mehr als kompletter Lösungsanbieter verstehen müssen.[371] Jede Lösung zur Adressierung eines definierten, wertschöpfungs- oder marktseitigen Nutzens besteht aus den vier Ebenen *Anwendung*, *Datenanalyse*, *Middleware* und *Datenquellen*. Zusätzlich muss sich für jede Lösung mit den erforderlichen *organisatorischen* und *technologischen Befähigern* auseinandergesetzt werden.

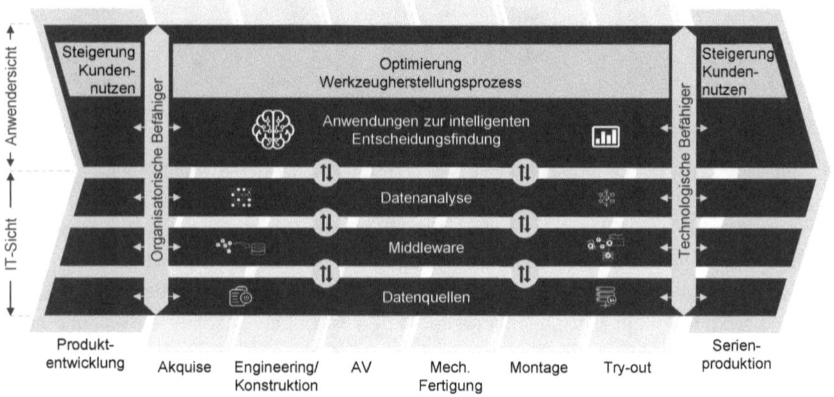

Abbildung 2.25: Zielbild Werkzeugbau 4.0[372]

Mit dem Begriff *Anwendung* wird die Interaktionsoberfläche beschrieben, über die der Nutzer mit den ihm bereitgestellten Daten und Informationen interagiert. Dies kann bspw. eine App sein oder eine Computersoftware und muss hinsichtlich Usability auf die spezifischen Rahmenbedingungen am Einsatzort der Lösung zugeschnitten sein. Die Inhalte der Anwendung

[369] Vgl. Boos et al. (Wettbewerbsfähig durch Industrie 4.0), 2020, S. 40-41.

[370] Vgl. Boos et al. (Intelligente Werkzeuge und datenbasierte Geschäftsmodelle), 2019, S. 45.

[371] Vgl. Boshof (Datenbasierte Dienstleistungen im Werkzeugbau), 2022, S. 67.

[372] Vgl. Boos et al. (Auftragsabwicklung 4.0), 2020, S. 33.

werden dem Nutzer durch die ihm nicht direkt zugänglichen Elemente der *IT-Sicht* bereitgestellt. Dies umfasst die *Datenquellen*, die *Middleware* sowie die *Datenanalyse*. Hierbei handelt es sich um initial im Rahmen der Entwicklung der Lösung zu definierende Bestandteile, die im Anschluss durch Kompetenzträger aus dem Bereich Informationstechnologie verantwortlich ausgestaltet und gepflegt werden. Als mögliche Datenquellen sind bspw. die im Werkzeugbau bereits etablierten ERP-, PPS- und BDE-Systeme zu nennen. Ebenso zählen hierzu aber auch Daten, die aus auf dem Shopfloor positionierten Sensoren gewonnen werden. Aus den verschiedenen, für die Industrie 4.0-Lösung relevanten Datenquellen, werden die Daten durch eine zentrale *Middleware* zur *Datenanalyse* bereitgestellt. Diese Datenanalyse kann im einfachsten Fall eine Visualisierung umfassen, kann jedoch auf bis zur automatisierten Reaktion auf die Daten auf Basis von künstlicher Intelligenz reichen. Die außerdem auszugestaltenden *technologischen Befähiger* umfassen insbesondere die Vehikel, die zur Bereitstellung der entwickelten Anwendung genutzt werden. Im Falle einer App als Anwendung, kann der technologische Befähiger bspw. ein Tablet sein, über das der Nutzer auf die App zugreift. Gleichmaßen zählen zu den technologischen Befähigern aber auch weitere Aspekte, wie ein erforderlicher Netzwerkzugang am Einsatzort. Um eine in diesen fünf Dimensionen beschriebene Lösung effektiv einsetzen zu können, müssen abschließend die relevanten *organisatorischen Befähiger* bedient werden. Neben den erforderlichen Kompetenzen zum Umgang mit der Lösung, umfasst dies auch eventuell erforderliche Veränderungen der Arbeitsformen oder Entgeldstrukturen.

Zusammenfassend lässt sich resümieren, dass das Werkzeugbau 4.0-Zielbild das handlungsleitende Paradigma für die Umsetzung von Industrie 4.0-Lösungen in Werkzeugbaubetrieben darstellt. Folglich entspricht es dem Verständnis dieser Arbeit, dass ein beschriebener Industrie 4.0-Anwendungsfall alle Dimensionen des Zielbilds hinreichend genau beschreibt.

2.3.6 Aktuelle Herausforderungen

Die deutsche Branche Werkzeugbau sieht sich aktuell mit einer Vielzahl von Herausforderungen konfrontiert. Nachfolgend sollen die für die Beantwortung der übergeordneten Forschungsfrage relevanten Herausforderungen beschrieben werden. Auf zusätzliche, darüber hinaus gehende Herausforderungen wird nicht detailliert eingegangen. Damit folgt diese Arbeit bspw. dem Vorgehen nach DE LANGE[373]. Ausgangspunkt der fokussierten Herausforderungen sind die Anforderungen der relevanten Stakeholder, bei denen es sich um *Kunden*, *Konkurrenten* sowie die *Gesellschaft* handelt.

Die Anforderungen der *Kunden* an den Werkzeugbau ergeben sich wiederum aus den für die Kunden relevanten Trends[374]. Die Serienproduzenten im Bereich Business to Customer (B2C) reagieren auf die vom Endverbraucher geforderte zunehmende Individualisierung der Produkte mit einer Steigerung der Variantenvielfalt[375]. Neben einer dadurch bedingten Zunahme

---

[373] Vgl. Lange (Werkzeugbau im iterativen Produktentwicklungsprozess), 2020, S. 86-87.

[374] Vgl. Salmen (Digital vernetzter Shopfloor), 2016, S. 55-56.

[375] Vgl. Bogner et al. (Produktion kundenindividueller Produkte in Losgröße 1), 2018, S. 65-67.

der Komplexitätskosten, führt eine steigende Variantenvielfalt gleichzeitig auch zu einer Erhöhung des Werkzeugbedarfs[376]. Zusätzlich werden die Produktlebenszyklen reduziert und einzelne Produktvarianten schneller durch neue Varianten ersetzt[377]. Der somit erhöhte Werkzeugbedarf resultiert aufgrund geringerer Beschaffungsbudgets pro Werkzeug in einem gestiegenen Kostendruck für die Werkzeugbaubetriebe[378].

Neben den lediglich für produzierenden Unternehmen aus dem B2C-Bereich geltenden Kundenanforderungen, existieren für die Branche Werkzeugbau weitere Kundenanforderungen, die sowohl für produzierende Unternehmen aus dem Bereich B2B aus auch aus dem Bereich B2C gelten. Hierzu zählt insbesondere die geforderte Leistungsfähigkeit der Werkzeuge, um die Herstellung komplexerer Bauteile zu ermöglichen[379]. Gleichzeitig sind die Werkzeuge eine der wesentlichen Einflussfaktoren auf die Erhöhung der Produktivität und somit der Produktionskosten in der Serienfertigung[380].

Eng mit den durch die Kunden determinierten Herausforderungen zur Steigerung der Werkzeugleistungsfähigkeit verbunden, sind die Herausforderungen durch die *Konkurrenz*. In der Vergangenheit war eben diese überdurchschnittliche Leistungsfähigkeit der Werkzeuge wesentliches Differenzierungsmerkmal deutscher Werkzeugbaubetriebe. Durch die zunehmende Globalisierung befinden sich deutsche Werkzeugbaubetriebe nun allerdings in einem intensiven internationalen Wettbewerbsumfeld[381]. Die unterschiedlichen Stufen der Globalisierung können als Rahmen für die Beschreibung der durch die Globalisierung hervorgerufenen Herausforderung verwendet werden. Dabei ist zu unterscheiden zwischen dem grenzüberschreitenden Austausch von physischen Gütern zur Erweiterung der Absatzmärkte, die Auftrennung von Wertschöpfungsketten zur Realisierung von Kostenvorteilen in der Produktion sowie der Internationalisierung von Dienstleistungen[382]. Die erste Stufe der Globalisierung führt dazu, dass Werkzeugbaubetriebe aus Ländern mit signifikant niedrigeren Faktorkosten ihre Leistungen auf dem deutschen Markt anbieten können. Dies inkludiert insbesondere Werkzeugbaubetriebe aus osteuropäischen und ostasiatischen Märkten. Während diese in der Vergangenheit bedingt durch eine geringe Werkzeugqualität nicht in direktem Wettbewerb zu den meisten deutschen Betrieben standen, existieren heute eine Vielzahl von Unternehmen, insbesondere in China, die eine mit deutschen Werkzeugbaubetrieben vergleichbare Werkzeugqualität liefern können[383]. Eine Differenzierung über eine signifikant bessere Werkzeugqualität wird im internationalen Wettbewerb so immer schwieriger[384]. Zwar sehen sich auch die entsprechen-

[376] Vgl. Schuh et al. (Der ideale Werkzeugbau), 2013, S. 14.

[377] Vgl. Schuh et al. (Operative Exzellenz), 2010, S. 17.

[378] Vgl. Pitsch (Vernetzung von Werkzeugbaustandorten), 2014, S. 52.

[379] Vgl. Heller et al. (Blechbiegen), 2015, S. 175.

[380] Vgl. Eversheim; Klocke (Werkzeugbau mit Zukunft), 1998, S. 1-2.

[381] Vgl. Boos et al. (World of Tooling), 2018, S. 5.

[382] Vgl. Baldwin (Globalisierung), 2018.

[383] Vgl. Boos et al. (World of Tooling), 2018, S. 11.

[384] Vgl. Boos et al. (Digitale Transformation), 2019, S. 6-7.

den internationalen Unternehmen mit ähnlichen Herausforderungen in Bezug auf Fachkräftemangel und steigende Lohnkosten konfrontiert wie deutsche Unternehmen, jedoch erfolgt dies aktuell noch nicht in der gleichen Geschwindigkeit, mit der deren Leistungsfähigkeit ansteigt. Die zweite Stufe der Globalisierung bietet den Werkzeugbaubetrieben grundsätzlich das Potenzial zur Reduzierung des eigenen Kostennachteils im Kontext des internationalen Wettbewerbs in der ersten Stufe der Globalisierung. Die Realisierung dieses Potenzials inkludiert jedoch gleichzeitig neue Herausforderung im Bereich der Marktintelligenz, um entweder erfolgreich Partner in Ländern mit niedrigeren Faktorkosten zu identifizieren und Wertschöpfungsumfänge an diese out zu sourcen oder selbst Niederlassungen in eben diesen Ländern aufzubauen.[385] Die dritte Stufe der Globalisierung ist aktuell im Werkzeugbau noch nicht in signifikantem Umfang auf dem deutschen Markt anzutreffen. Es lässt sich jedoch feststellen, dass im Bereich der Serienanlaufunterstützung und der Werkzeugwartung, respektive -reparatur erste, meist chinesische Unternehmen Partnerschaften mit osteuropäischen Betrieben eingehen. Für die Zukunft ist zu erwarten, dass auch die aktuell noch häufig als Alleinstellungsmerkmal genannte vorwärts-gerichtete Prozessintegration deutscher Werkzeugbaubetriebe durch internationale Anbieter angeboten wird. Exemplarisch lässt sich dies bereits heute an der Entwicklung des chinesischen Werkzeugbaubetriebs Fangzheng Tool betrachten[386].

Den durch die *gesellschaftlichen Trends* resultierenden Herausforderungen unterliegen per Definition alle an dieser Gesellschaft partizipierenden Unternehmen. Die kontinuierliche Verschiebung der Altersstruktur in Deutschland hin zu einem steigenden Durchschnittsalter, in Verbindung mit dem Trend zur Akademisierung der Ausbildung, führt zu einem deutlich wahrnehmbaren Fachkräftemangel[387]. So hat die Anzahl Auszubildender im Bereich der spanenden Metallbearbeitung zwischen 2008 und 2018 um ca. 18 % reduziert[388]. Dies erfordert von den Unternehmen nicht nur ein verbessertes Wissensmanagement, sondern vor allem auch eine deutliche Effizienzsteigerung der eigenen Leistungserstellung, um mittelfristig mit einer geringeren Mitarbeitendenausstattung wettbewerbsfähige Leistungen erbringen zu können[389].

Zusammenfassend lassen sich somit vier zentrale Herausforderungen für die Branche Werkzeugbau identifizieren:

- Steigende Produktkomplexität
- Zunehmender Zeit- und Kostendruck
- Erschwerte Wettbewerbsdifferenzierung
- Wandel der Demografie und erhöhter Fachkräftemangel

[385] Vgl. Boos et al. (Werkzeugeinkauf in Krisenzeiten), 2020, S. 24.

[386] Vgl. Fangzheng Tool (Unternehmensstandorte), 2021.

[387] Vgl. Wissenschaftliche Dienste des Deutschen Bundestags (Demografischer Wandel), 2006, S. 3-4.

[388] Vgl. Statistisches Bundesamt (Ausbildungsverträge in Mängelberufen), 2020.

[389] Vgl. Hensen (Strategische Auslegung), 2017, S. 57-59.

KOMOREK postuliert, dass alle praktischen und theoretischen Lösungsansätze für den Werkzeugbau zur Begegnung dieser Herausforderungen den in Kapitel 2.3 dargelegten Charakteristika der Branche Werkzeugbau und den dieser zuzuordnenden Unternehmen entsprechen müssen[390]. Ein direkter Übertrag von Lösungen auf die Unternehmen des Werkzeugbaus, die für andere Branchen, insbesondere aus der Serienproduktion, entwickelt wurden, ist daher nur eingeschränkt möglich.

2.4 Handlungsbedarf aus der Praxis

Die Branche Werkzeugbau stellt den zentralen Befähiger für eine effektive und effiziente Serienproduktion dar. Die deutsche Branche ist im weltweiten Vergleich insbesondere durch eine hohe Werkzeugbaukompetenz charakterisiert. Durch die zunehmende Globalisierung und die steigende Werkzeugbaukompetenz internationaler Wettbewerber steigt der Wettbewerbsdruck auf Werkzeugbaubetriebe in Hochlohnländern, wie Deutschland, jedoch kontinuierlich. Neben der bisherigen Differenzierung über die eigene Produktqualität, ist in Zukunft nicht nur eine kontinuierliche Optimierung der operativen Exzellenz sowie die Entwicklung von Prozessinnovationen zur Steigerung der eigenen Effizienz, sondern ferner auch die Realisierung zusätzlicher Umsatzerlöse und neuer Differenzierungsmerkmale durch Produkt- und Geschäftsmodellinnovationen erforderlich. Eine Gegenüberstellung der in Kapitel 2.3.6 identifizierten aktuellen Herausforderungen im Werkzeugbau und den in Kapitel 2.2 dargestellten Chancen durch Industrie 4.0 führt zu dem in Abbildung 2.26 dargestellten Handlungsbedarf aus der Praxis.

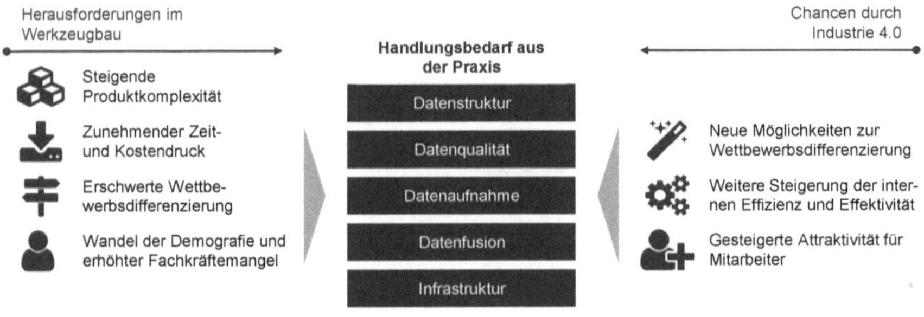

Abbildung 2.26: Handlungsbedarf aus der Praxis[391]

Industrie 4.0 bietet den Werkzeugbaubetrieben die Möglichkeit langfristige und nachhaltige Differenzierungsmerkmal für ihr Unternehmen im internationalen Wettbewerbsumfeld zu entwickeln. Diese können sowohl wertschöpfungsseitig zur internen Optimierung des eigenen Werkzeugbaubetriebs genutzt werden als auch marktseitig zur Erhöhung des Kundennutzens.

[390] Vgl. Komorek (Kollaborative Wertschöpfung), 2014, S. 53.

[391] Eigene Darstellung.

Um die postulierten Potenziale realisieren zu können, bedarf es sowohl konkreten und nutzenorientierten Anwendungsfällen als auch diesen Anwendungsfällen entsprechenden anforderungsgerechte Datenbasen.

Durch verschiedenste Forschungsprojekte und Demonstrationsfabriken sind in der Praxis bereits eine Vielzahl von Anwendungsfällen bekannt, denen ein konkreter, quantifizierbarer Nutzen zugeordnet werden kann. Die bisher in der Praxis realisierten Optimierungen durch Industrie 4.0 divergieren jedoch signifikant von den postulierten Potenzialen. Eine Betrachtung des Prozesses zur Nutzbarmachung von Daten im Produktionsumfeld führt zu der These, dass infolge bekannter Anwendungsfälle von Industrie 4.0, eine nicht-anforderungsgerechte Datengrundlage wesentliche Ursache für die fehlende Realisierung der postulierten Potenziale ist. Die Charakteristika einer solchen anforderungsgerechten Datengrundlage sind mit der Definition des digitalen Schattens als das hinreichend genaue Abbild der Prozesse in der Produktion mit dem Ziel, eine echtzeitfähige Auswertungsbasis aller relevanten Daten zu schaffen, den Unternehmen in der Praxis bereits bekannt. Folglich weist die ausstehende Realisierung der Potenziale auf eine fehlende Operationalisierung der Definitionen und Modelle zum digitalen Schatten in der Empirie hin. Für eine breite Übertragung der Inhalte in der Praxis sind nach BAUERNHANSL ET AL. die Handlungsfelder Datenmodell, multimodale Datenaufnahme, multimodale Datenfusion und Plausibilisierung zu adressieren. Es ist jedoch scheinbar keine hinreichend konkrete Vorgehensweise bekannt, die Unternehmen der Branche Werkzeugbau dazu befähigt ihre individuellen Anforderungen und Rahmenbedingungen wirtschaftlich in den vier Handlungsfeldern umzusetzen.

Es bedarf daher einer Methodik, die den Unternehmen der Branche Werkzeugbau die anwendungsfall-bezogene Operationalisierung eines digitalen Schattens aufzeigt. Hierbei muss den Unternehmen dargestellt werden, wie sie aus konkreten Anwendungsfällen heraus ein spezifisches Datenmodell ableiten können. Ausgehend vom Anwendungsnutzen ist darüber hinaus die Bewertung der erforderlichen Datenqualität sowie die Definition der zur Sicherstellung dieser Datenqualität notwendigen Erfassungsoptionen erforderlich.

Zusammenfassend kann festgestellt werden, dass die beschriebenen Potenziale von Industrie 4.0 in der Praxis nicht in signifikantem Umgang branchenweit umgesetzt worden sind. Folglich besteht ein Handlungsbedarf aus der Praxis, der durch eine Methodik, wie sie obenstehende beschrieben worden ist, zu adressieren ist.

3 Analyse wissenschaftlicher Forschungsansätze

Im dritten Kapitel erfolgt die Analyse von vorhandenen wissenschaftlichen Forschungsansätzen im Kontext der in Kapitel 1.3 definierten Forschungsfrage. Es wird untersucht, ob für die Operationalisierung von digitalen Schatten im Werkzeugbau anwendbare Lösungen existieren. Gleichermaßen soll die Übertragbarkeit von Teilaspekten der Ansätze auf den Betrachtungsbereich dieser Arbeit evaluiert werden. Der Inhalt dieses Kapitels entspricht somit der zweiten und dritten Phase des Forschungsvorgehens nach ULRICH.

Eingangs wird in diesem Kapitel die Systematik der Bewertung bestehender Forschungsansätze präsentiert und damit verbunden das Bewertungssystem sowie das Anforderungssystem definiert. Anschließend werden wissenschaftliche Ansätze mit Bezug zum Betrachtungs- und Gestaltungsbereich eingeführt und hinsichtlich ihrer Relevanz zur Lösung der vorliegenden Forschungsfrage bewertet. Die wissenschaftlichen Ansätze mit hoher Relevanz werden anschließend im Detail vorgestellt und der Bewertungssystematik zugeführt, um den jeweiligen Erfüllungsgrad der Anforderungen zu erfassen. Auf Basis der erfolgten Bewertung der bestehenden Ansätze kann ein Forschungsdefizit im Sinne dieser Arbeit identifiziert werden, aus dem in Kapitel 3.3 der in der Theorie bestehende Handlungsbedarf abgeleitet wird. Die Aggregation dieses Theoriedefizits mit dem in Kapitel 2.4 definierten Praxisdefizit führt zur Konkretisierung der in Kapitel 1.3 formulierten Forschungsfrage und Teilforschungsfragen.

3.1 Systematik der Bewertung

Für die Anwendbarkeit und Übertragbarkeit in der Theorie bestehender Ansätze auf die Forschungsfrage dieser Arbeit, ist es von ausgewiesener Bedeutung, dass ein solcher Ansatz den Betrachtungs- und Gestaltungsbereich oder Einzelaspekte daraus behandelt. Um eine Bewertung dieser Abdeckung zu ermöglichen, werden ein Bewertungssystem sowie ein Anforderungssystem aufgestellt. Die Anwendung dieser Systematik auf die bestehenden wissenschaftlichen Ansätze, resultiert nach KUHLMANN in zwei wesentlichen Ergebnissen[392]:

1. Sichergestellte grundsätzliche Relevanz der bewerteten Ansätze für den Gestaltungs- und Betrachtungsbereich dieser Arbeit
2. Bewertete Übertragbarkeit von Teilaspekten der grundsätzlich relevanten Ansätze auf die Forschungsfrage dieser Arbeit

3.1.1 Bewertungssystem

Für das Bewertungssystem zur systematischen Analyse bestehender wissenschaftlicher Forschungsansätze existieren in der Literatur verschiedene Gestaltungsansätze. Anforderung an ein solches Bewertungssystem ist nach KUHLMANN, dass ein einheitliches Analyseergebnis auf Basis eines vorab definierten Anforderungssystems ermöglicht wird[393]. Diese Anforderung

[392] Vgl. Kuhlmann (Corporate Tooling), 2016, S. 91-92.

[393] Vgl. Kuhlmann (Corporate Tooling), 2016, S. 92.

wird durch die Nutzung einer diskreten Skala aufgegriffen, die eine differenzierte, vergleichbare und robuste Bewertung der bestehenden Forschungsansätze ermöglicht[394].

Abbildung 3.1 zeigt die Darstellungsweise des Erfüllungsgrads der Anforderungen. Diese Darstellungsweise ist in ihrer Form an die Arbeiten von Rittstieg, Stracke und Schultes[395] angelehnt und basiert auf Kett & Schewe, die Harvey Balls als eine geeignete Form zur Darstellung von Bewertungsergebnissen bezeichnen[396].

Abbildung 3.1: Darstellungsweise des Erfüllungsgrads der Anforderungen[397]

Die Bewertung der Anforderungen erfolgt in den Ausprägungen nicht vorhanden, sehr gering, gering, hoch und sehr hoch. Diese Abstufung erfüllt die Bedingung nach Dawes an eine präzise Beschreibung von Bewertungsergebnissen, indem auf eine neutrale Ausprägung in der Mitte der Skala verzichtet wird[398]. Die Anwendung des Bewertungssystems in dieser Arbeit versteht die einzelnen Stufen des Bewertungssystems als aufeinander aufbauend. Das bedeutet, dass eine Bewertung mit dem Erfüllungsgrad n die vollständige Abbildung der Anforderungen des Erfüllungsgrads n-1 voraussetzt.

3.1.2 Anforderungssystem

Die Strukturierung des Anforderungssystems erfolgt in Anlehnung an Kuhlmann[399]. Demnach werden die Anforderungen in die grundsätzlichen Dimensionen Relevanz und Anwendbarkeit untergliedert. Die Dimension Relevanz dient zur initialen Bewertung der Bedeutung der Ansätze im Kontext der Forschungsfrage dieser Arbeit. In der Dimension Anwendbarkeit wird hingegen die inhaltliche und strukturelle Übertragbarkeit der Ansätze, bzw. von Teilelementen dieser Ansätze, auf den Gestaltungsbereich dieser Arbeit bewertet. Gemeinsam bilden die zwei Dimensionen die Gesamtheit aller Anforderungen an einen theoretischen Ansatz im Sinne dieser Arbeit ab. Jede einzelne Anforderungsdimension sowie jedes Kriterium und seine Abstufungen sind separat zu analysieren und zu bewerten.[400] Der Teil des Anforderungssystems zur Bewertung der Relevanz sowie die Ausprägungen der Einzelanforderungen darin leiten sich aus den in Kapitel 2 dargestellten Grundlagen des Betrachtungs- und Gestaltungsbereichs ab. Die Anforderungen zur Bewertung der Anwendbarkeit beschreiben den in Kapitel 2.4 identifizierten Handlungsbedarf aus der Praxis. Die Abbildung 3.2 stellt die sieben Dimensionen des Anforderungssystems dar.

---

394 Vgl. Dawes (Data Characteristics), 2008, S. 62.

395 Vgl. Schultes (Digitale Lieferantenvernetzung im Werkzeugbau), 2020, S. 69-76.

396 Vgl. Kett; Schewe (Management Skills), 2010, S. 129.

397 Eigene Darstellung.

398 Vgl. Dawes (Data Characteristics), 2008, S. 62.

399 Vgl. Kuhlmann (Corporate Tooling), 2016, S. 92-94.

400 Vgl. Kuhlmann (Corporate Tooling), 2016, S. 93.

Ein Ansatz gilt als relevant, wenn sein Betrachtungs- und Gestaltungsbereich der übergeordneten Forschungsfrage dieser Arbeit ähnlich ist. Dies bedeutet konkret, dass ein Ansatz ein Vorgehen zur Operationalisierung eines anwendungsfallbezogenen digitalen Schattens thematisieren muss. Insbesondere muss dabei die Sicherstellung der erforderlichen Datenqualität im Fokus stehen. Darüber hinaus muss ein solcher Ansatz den Gestaltungsbereich auf den Betrachtungsbereich Werkzeugbau, als Branche der Einzel- und Kleinserienfertigung, beziehen und zusätzlich unternehmensindividuelle Randbedingungen berücksichtigen.

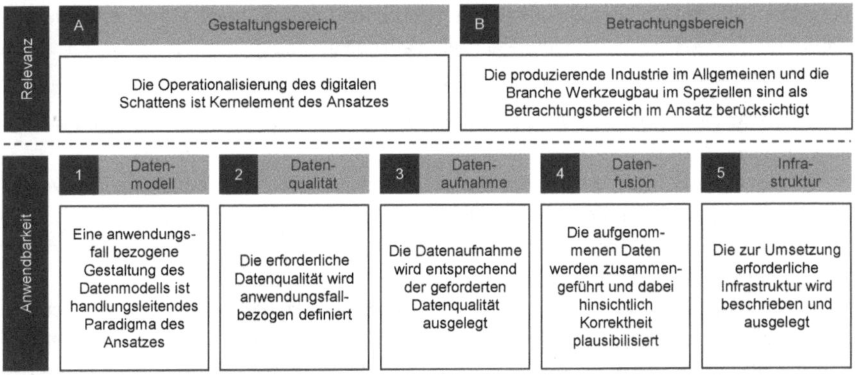

Abbildung 3.2: Anforderungssystem der Bewertung[401]

Für Ansätze, die im Sinne dieser Arbeit eine hohe Relevanz besitzen, ist die Bewertung ihrer Übertragbarkeit im Sinne dieser Arbeit auf Basis der formulierten Anforderungen 1-5 durchzuführen. Sie greifen insbesondere den in Kapitel 2.4 aufgezeigten Handlungsbedarf aus der Praxis auf. Demnach muss ein Ansatz zur Operationalisierung von digitalen Schatten beschreiben, wie für einen spezifischen markt- und wertschöpfungsseitigen Anwendungsfall der individuelle Datenbedarf identifiziert, bewertet und das zugehörige Datenmodell aufgestellt werden kann. Ausgehend von dieser Beschreibung muss ein Ansatz darlegen, wie die zur Nutzenrealisierung erforderliche Datenqualität definiert werden kann. Außerdem ist zu erläutern, wie auf Basis unternehmensindividueller Randbedingungen eine kosteneffiziente Erfassung der definierten Daten mit der entsprechenden erforderlichen Datenqualität ausgelegt wird. Wesentlicher Befähiger hierfür ist die multimodale Datenaufnahme. Für die Interpretierbarkeit der aufgenommenen Daten muss ein Ansatz ferner beschreiben, wie diese fusioniert und hinsichtlich ihrer Korrektheit plausibilisiert werden können. Zur vollständigen Operationalisierung ist abschließend die Beschreibung der erforderlichen Infrastruktur zwingend Bestandteil eines Ansatzes. Nachfolgend werden die zwei Anforderungsdimensionen der Relevanz sowie die fünf Anforderungsdimensionen der Anwendbarkeit detailliert.

401 Eigene Darstellung.

3.1.2.1 Anforderungsdimension A der Relevanz – Gestaltungsbereich

Als Gestaltungsbereich im Sinne dieser Arbeit wurde in Kapitel 2 Industrie 4.0 und spezifisch die Operationalisierung eines digitalen Schattens eingeführt. Besonderer Fokus liegt dabei auf der Realisierung der Potenziale multimodaler Datenaufnahme und -fusion, um eine möglichst kosteneffiziente Abbildung der erforderlichen Datenqualität zu ermöglichen. Das Gestaltungselement wurde anschließend in Kapitel 2.3 auf das Betrachtungselement dieser Arbeit übertragen. Ein Ansatz beschreibt somit, wie für einen konkreten Anwendungsfall zur Realisierung der Potenziale des digitalen Schattens, die erforderliche Datenqualität abgeleitet sowie eine effiziente und effektive Aufnahme dieser Daten ausgelegt werden kann. Die Abstufungen der Anforderungsdimension A – Gestaltungselement untergliedern sich wie folgt:

- **Nicht vorhanden:** Ein Ansatz hat keinen Bezug zur digitalen Vernetzung oder zu Industrie 4.0.
- **Sehr gering:** Ein Ansatz geht in seinem Gestaltungselement auf die digitale Vernetzung oder Industrie 4.0 ein. Allerdings beschreibt dieser außer verbundenen Potenzialen nicht die umsetzungsbezogenen Charakteristika der digitalen Vernetzung und von Industrie 4.0.
- **Gering:** Ein Ansatz setzt sich detailliert mit den umsetzungsbezogenen Charakteristika von Industrie 4.0 auseinander und nennt den digitalen Schatten als einen wesentlichen Befähiger für die erfolgreiche Umsetzung von Industrie 4.0. Darüber hinaus werden die Charakteristika des digitalen Schattens sowie ein Vorgehen zu dessen Operationalisierung jedoch nicht ausgeführt.
- **Hoch:** Ein Ansatz nennt klare Potenziale und Gestaltungsfelder des digitalen Schattens als Teil von Industrie 4.0-Anwendungsfällen. Ein solcher Ansatz verzichtet jedoch auf Methoden zur Operationalisierung eines digitalen Schattens in der betrieblichen Praxis.
- **Sehr hoch:** Ein Ansatz charakterisiert nicht nur die Potenziale und Gestaltungsfelder eines digitalen Schattens, sondern beschreibt zudem ein klares Vorgehen zur Operationalisierung dessen.

3.1.2.2 Anforderungsdimension B der Relevanz – Betrachtungsbereich

Die Definition des Betrachtungsbereichs erfolgte in Kapitel 2 auf Basis der übergeordneten Forschungsfrage dieser Arbeit. Demnach soll der Gestaltungsbereich auf die Branche Werkzeugbau bezogen werden. Mit der Definition des Praxisdefizits wurde der Betrachtungsbereich darüber hinaus auf die interne Wertschöpfungsgestaltung von Werkzeugbaubetrieben sowie angrenzende Schnittstellen fokussiert. Ein relevanter Ansatz betrachtet somit die internen Bestandteile und angrenzende Schnittstellen des Auftragsabwicklungsprozesses von Betrieben der Branche Werkzeugbau mit ihren unternehmensindividuellen Charakteristika. Die Abstufungen der Anforderungsdimension B – Betrachtungselement untergliedern sich wie folgt:

- **Nicht vorhanden:** Ein Ansatz berücksichtigt keinen Anwendungsbezug bei der Diskussion des Gestaltungsbereichs.

- **Sehr gering:** Ein Ansatz beschreibt den Gestaltungsbereich bezogen auf eine Branche außerhalb der produzierenden Industrie.
- **Gering:** Ein Ansatz beschreibt den Gestaltungsbereich bezogen auf eine Branche der produzierenden Industrie.
- **Hoch:** Ein Ansatz beschreibt den Gestaltungsbereich bezogen auf eine Branche der produzierenden Industrie deren Charakteristika der Einzel- und Kleinserienfertigung zuzurechnen sind. Hierzu zählt bspw. die Branche Werkzeugbau.
- **Sehr hoch:** Ein Ansatz beschreibt den Gestaltungsbereich bezogen auf die Branche Werkzeugbau und berücksichtigt dabei insbesondere unternehmensindividuelle Randbedingungen bei der Ausgestaltung. Auf diese Weise befähigt ein solcher Ansatz die Unternehmen der Branche Werkzeugbau zur vollständigen Übertragung der Inhalte des Ansatzes auf das Unternehmen.

3.1.2.3 Anforderungsdimension 1 der Anwendbarkeit – Datenmodell

Die erste Anforderungsdefinition der Anwendbarkeit ist das Datenmodell. In diesem sind die im digitalen Schatten abzubildenden Daten dargestellt sowie deren Beziehungen untereinander charakterisiert. Da ein solcher digitaler Schatten stets im Kontext eines konkreten Anwendungsfalls erhoben wird, muss ein relevanter Ansatz folglich auch beschreiben, wie eine anwendungsfallspezifisches Datenmodell hergestellt werden kann. Die Operationalisierung eines Datenmodells zu einem digitalen Schatten erfordert darüber hinaus eine Bewertung der Bedeutung der einzelnen Attribute des Datenmodells für die Nutzenrealisierung des zugeordneten Anwendungsfalls. Hierfür sind ausgehend von den für den Anwendungsfall erforderlichen Informationen Rückschlüsse auf die damit verbundenen Daten zu ziehen. Die Abstufungen der Anforderungsdimension 1 – Datenstruktur untergliedern sich wie folgt:

- **Nicht vorhanden:** Ein Ansatz thematisiert nicht die erforderlichen Daten für die Nutzenrealisierung eines definierten Anwendungsfalls und deren Datenmodell.
- **Sehr gering:** Ein Ansatz beschreibt die erforderlichen Daten für die Nutzenrealisierung eines definierten Anwendungsfalls, bewertet jedoch nicht die Bedeutung der einzelnen Daten für die Nutzenrealisierung des Anwendungsfalls und beschreibt diese auch nicht in einem Datenmodell.
- **Gering:** Ein Ansatz nennt die erforderlichen Daten für die Nutzenrealisierung eines definierten Anwendungsfalls sowie die Bedeutung der Daten für diese Realisierung. Jedoch werden diese Daten nicht in einem Datenmodell aggregiert.
- **Hoch:** Ein Ansatz beschreibt das Vorgehen zur Definition eines anwendungsfallbezogenen Datenmodells, bewertet jedoch nicht die Bedeutung, die die einzelnen Attribute des Datenmodells für die Realisierung des formulierten Nutzens des Anwendungsfalls aufweisen.
- **Sehr hoch:** Ein Ansatz beschreibt das Vorgehen zur Definition eines anwendungsfallbezogenen Datenmodells und bewertet die Bedeutung, die die einzelnen Attribute des Datenmodells für die Realisierung des formulierten Nutzens des Anwendungsfalls aufweisen.

3.1.2.4 Anforderungsdimension 2 der Anwendbarkeit – Datenqualität

Die zweite Anforderungsdimension der Anwendbarkeit stellt die Datenqualität dar. Die Bedeutung der Attribute der Datenstruktur für die Nutzenrealisierung eines Anwendungsfalls muss dafür in konkrete Anforderungen an die Erfassung dieser Attribute übersetzt werden. Diese Anforderungen stellen die erforderliche Datenqualität dar und nehmen während der gesamten Operationalisierung eines digitalen Schattens eine exponierte Stellung ein. Auf der einen Seite determinieren sie wesentlich die Auslegung der Datenaufnahme. Auf der anderen Seite stellt die erfolgreiche Übersetzung der Bedeutung der Attribute in die erforderliche Datenqualität einen entscheidenden Erfolgsfaktor zur Realisierung der Nutzenpotenziale eines Anwendungsfalls dar. Die Erreichung der definierten Datenqualität im digitalen Schatten kann daher als Beleg für die erfolgreiche Implementierung des digitalen Schattens angesehen werden, unabhängig von der tatsächlichen Realisierung des prognostizierten Nutzens eines Anwendungsfalls. Die Abstufungen der Anforderungsdimension 2 – Datenqualität untergliedern sich wie folgt:

- **Nicht vorhanden:** Ein Ansatz thematisiert die erforderliche Datenqualität zur Realisierung des Nutzens eines definierten Anwendungsfalls eines digitalen Schattens nicht.
- **Sehr gering:** Ein Ansatz nennt Kriterien zur Definition von Datenqualität, beschreibt jedoch kein Vorgehen zur Festlegung der erforderlichen Datenqualität im Kontext eines spezifischen Anwendungsfalls.
- **Gering:** Ein Ansatz beschreibt das Vorgehen zur Ableitung der erforderlichen Datenqualität aus der Bedeutung, die die Attribute der Datenstruktur für die Nutzenrealisierung haben. Dabei werden jedoch die in den Unternehmen bereits bestehenden Datenquellen nicht berücksichtigt.
- **Hoch:** Ein Ansatz beschreibt das Vorgehen zur Ableitung der erforderlichen Datenqualität aus der Bedeutung, die die Attribute der Datenstruktur für die Nutzenrealisierung haben und integriert in dieses Vorgehen die Betrachtung bestehender Datenquellen.
- **Sehr hoch:** Ein Ansatz beschreibt das Vorgehen zur Ableitung der erforderlichen Datenqualität aus der Bedeutung, die die Attribute der Datenstruktur für die Nutzenrealisierung haben und integriert in dieses Vorgehen die Betrachtung bestehender Datenquellen. Darüber hinaus erörtert ein solcher Ansatz die für die Interpretierbarkeit der Attribute erforderlichen Kontextinformationen und bezieht diese bei der Festlegung der erforderlichen Datenqualität mit ein.

3.1.2.5 Anforderungsdimension 3 der Anwendbarkeit – Datenaufnahme

Die dritte Anforderungsdimension der Anwendbarkeit umfasst die Datenaufnahme. Für die Erreichung einer definierten Datenqualität ist zunächst basierend auf den verfügbaren Erfassungsoptionen der Attribute der Datenstruktur das Konzept zur Datenaufnahme zu erarbeiten. Anschließend müssen für die Operationalisierung des Konzepts die erforderlichen Sensoren und sonstigen Datenquellen entsprechend der Anforderungen an ihrem Einsatzort ausgewählt werden. Den wesentlichen Erfolgsfaktor für die Auslegung einer effizienten und gleichzeitig effektiven Datenaufnahme stellt die multimodale Auslegung der Datenaufnahme dar. Dabei wird ein Attribut der Datenstruktur durch verschiedenen Hard- oder Soft-Sensoren redundant erfasst, um die erforderliche Datenqualität mit möglichst geringem finanziellem Aufwand zu realisieren. Die Abstufungen der Anforderungsdimension 3 – Datenaufnahme untergliedern sich wie folgt:

- **Nicht vorhanden:** Ein Ansatz thematisiert die Aufnahme von Prozessdaten nicht.
- **Sehr gering:** Ein Ansatz beschreibt die Datenaufnahme für einen konkreten Anwendungsfall, geht jedoch nicht auf ein allgemeingültiges Vorgehen zur Auslegung der Datenaufnahme ein.
- **Gering:** Ein Ansatz beschreibt die Anforderungen an den Einsatz von Sensorik oder sonstigen Datenquellen und deren Auswahl, geht aber nicht auf die vorherige Auslegung der Datenaufnahme basierend auf den verschiedenen Erfassungsoptionen und einem konkreten Anwendungsnutzen ein.
- **Hoch:** Ein Ansatz beschreibt das Vorgehen zur Auslegung der erforderlichen Datenaufnahme sowie zur Auswahl der zur Operationalisierung des Datenaufnahmekonzepts erforderlichen Sensorik und Datenquellen.
- **Sehr hoch:** Ein Ansatz beschreibt das Vorgehen zur Auslegung der erforderlichen Datenaufnahme sowie zur Auswahl der zur Operationalisierung des Datenaufnahmekonzepts erforderlichen Sensorik und Datenquellen. Dabei berücksichtigt der Ansatz insbesondere die Potenziale einer multimodalen Datenaufnahme unter Berücksichtigung von Hard- sowie Soft-Sensoren.

3.1.2.6 Anforderungsdimension 4 der Anwendbarkeit – Datenfusion

Die vierte Anforderungsdimension der Anwendbarkeit beschreibt die Datenfusion und ist verknüpft mit der dritten Anforderungsdimension, der Datenaufnahme. Ziel der Datenfusion ist die Zusammenführung der multimodal aufgenommenen Daten zu einem korrekten Attributswert, der dann anschließend in dem digitalen Schatten gespeichert werden kann. Für diese Fusion ist zunächst eine sogenannte Low-Level Fusion erforderlich, die die Signale der verschiedenen Sensoren und Datenquellen in ein mathematisch technisch vergleichbares Format überführt. Im Rahmen der Middle-Level Fusion erfolgt dann die die Überprüfung der Korrektheit der erfassten Werte. Hierfür können sowohl Algorithmen-basierte Ansätze Verwendung finden als auch eine Einbeziehung der Mitarbeitenden. Zur Sicherstellung der Akzeptanz der Datenaufnahme und -fusion durch die Mitarbeitenden ist in jedem Fall die Gestaltung einer Mensch-Maschine-Schnittstelle zur Darstellung des Prozesses sowie des Ergebnisses der Datenfusion erforderlich. Die Abstufungen der Anforderungsdimension 4 – Datenfusion untergliedern sich wie folgt:

- **Nicht vorhanden:** Ein Ansatz thematisiert die Fusion von multimodal aufgenommenen Daten nicht und beschreibt kein alternatives Vorgehen zur Sicherstellung der Korrektheit der aufgenommenen Daten.
- **Sehr gering:** Ein Ansatz beschreibt aufgrund der fehlenden Berücksichtigung einer multimodalen Datenaufnahme nicht die zugehörige multimodale Datenfusion. Ein Ansatz geht jedoch auf Plausibilisierungs- und Konsistenzregeln ein, die auf die aufgenommenen Daten angewendet werden.

- **Gering:** Ein Ansatz beinhaltet ein Vorgehen zur Auslegung der Low-Level und Middle-Level Fusion von multimodal aufgenommenen Daten, ohne dabei detailliert die möglichen automatisierten und manuellen Fusionsprinzipien zu nennen und deren Einsatzregeln zu beschreiben.
- **Hoch:** Ein Ansatz beschreibt das Vorgehen sowohl zur Auslegung der Low-Level als auch der Middle-Level Fusion multimodal aufgenommener Daten. Hierbei geht der Ansatz detailliert auf die der Middle-Level Fusion zugrundeliegenden möglichen automatisierten und manuellen Fusionsprinzipien ein und bietet Entscheidungsanleitungen zum Einsatz dieser.
- **Sehr hoch:** Ein Ansatz beschreibt das Vorgehen sowohl zur Auslegung der Low-Level als auch der Middle-Level Fusion multimodal aufgenommener Daten. Hierbei geht der Ansatz detailliert auf die der Middle-Level Fusion zugrundeliegenden möglichen automatisierten und manuellen Fusionsprinzipien ein und bietet Entscheidungsanleitungen zum Einsatz dieser. Außerdem gestaltet ein solcher Ansatz die Mensch-Maschine-Schnittstelle zur Interaktion der Mitarbeitenden mit dem Fusionsprozess aus.

3.1.2.7 Anforderungsdimension 5 der Anwendbarkeit – Infrastruktur

Die fünfte Anforderungsdimension der Anwendbarkeit stellt die Infrastruktur in Form eines architektonischen Fusionsmodels dar. Dies beschreibt die erforderliche Infrastruktur zur Umsetzung einer definierten Datenaufnahme und -fusion. Für die Auslegung ist auf der einen Seite ein Vorgehen zur Ausgestaltung der Infrastruktur erforderlich. Dazu zählen Methoden zur Auswahl der über die Infrastruktur zu transferierenden Daten sowie die Auslegung der Steuerung und des Bussystems selbst. Insbesondere den Methoden zur Auswahl zu transferierender Daten kommt im Kontext schnell steigender Datenmengen eine exponierte Bedeutung zu. Eine direkt am Ort der Datenaufnahme erfolgende Entscheidung zur Nützlichkeit der aufgenommenen Daten und der Notwendigkeit zum Transfer dieser Daten, hilft bei der Vermeidung einer für hohe Datenlasten ausgelegten und somit kostenintensiven Infrastruktur. Auf der anderen Seite sind Speichermethoden zu identifizieren, die für die zusätzlich aufgenommenen Daten verwendet werden können und aus denen über eine Middleware die relevanten Informationen im digitalen Schatten bereitgestellt werden können. Die Abstufungen der Anforderungsdimension 5 – Infrastruktur untergliedern sich wie folgt:

- **Nicht vorhanden:** Ein Ansatz beschreibt nicht die erforderliche Infrastruktur zur Umsetzung einer konzeptionierten Datenaufnahme und -fusion zu einem digitalen Schatten.
- **Sehr gering:** Ein Ansatz beschreibt die Charakteristika verschiedener Methoden zur Datenspeicherung, geht aber weder auf ein Vorgehen zur Auswahl geeigneter Methoden im Kontext eines digitalen Schattens ein, noch beschreibt dieser die in einem architektonischen Fusionsmodell außerdem erforderliche Netzwerkinfrastruktur.
- **Gering:** Ein Ansatz beschreibt Methoden zur Auswahl zu transferierender Daten basierend auf deren Nützlichkeit für einen definierten Anwendungsfall direkt am Erfassungsort, ohne auf die Auslegung der dahinterstehenden Netzwerkinfrastruktur einzugehen.

- **Hoch:** Ein Ansatz beschreibt sowohl ein Vorgehen zur Auslegung der Infrastruktur als auch zur Auswahl anforderungsgerechter Möglichkeiten zur Speicherung zusätzlich aufgenommener Daten.
- **Sehr hoch:** Ein Ansatz beschreibt sowohl ein Vorgehen zur Auslegung der Netzwerkinfrastruktur als auch zur Auswahl anforderungsgerechter Möglichkeiten zur Speicherung zusätzlich aufgenommener Daten. Darüber hinaus fokussiert ein solcher Ansatz ein Vorgehen zur Auswahl zu transferierender Daten basierend auf deren Nützlichkeit direkt am Erfassungsort.

3.2 Darstellung und Bewertung bestehender Forschungsansätze

Im Anschluss an die Beschreibung der Bewertungssystematik erfolgt nachstehend die Vorstellung wissenschaftlicher Forschungsansätze aus dem Betrachtungs- und Gestaltungsbereich. Eine initiale Bewertung dieser Ansätze in den Anforderungsdimensionen A und B bildet die Grundlage für eine Selektion der relevantesten Ansätze, die anschließend detailliert erläutert und der vollständigen Bewertungssystematik zugeführt werden.

3.2.1 Überblick wissenschaftlicher Forschungsansätze

Das Forschungsgebiet der Datenverfügbarkeit in Unternehmen nimmt innerhalb und außerhalb der produktionstechnischen Forschung eine hohe Relevanz ein. Viele Ansätze können aufgrund der fehlenden Berücksichtigung der Charakteristika der Einzel- und Kleinserienfertigung nur limitiert auf die übergeordnete Forschungsfrage dieser Arbeit übertragen werden. Nachfolgend wird eine Übersicht über den aktuellen Stand der Forschung geboten und dieser hinsichtlich seiner Relevanz für dieser Arbeit bewertet. Dabei finden die in Kapitel 3.1.2.1 und 3.1.2.2 eingeführten Anforderungen Anwendung. Abbildung 3.3 zeigt das Ergebnis dieser Bewertung in einer Matrixdarstellung, die in Anlehnung an KUHLMANN entstanden ist[402]. Die Bewertung zeigt insgesamt zehn Ansätze, die sowohl eine Relevanz für den Gestaltungsbereich als auch für den Betrachtungsbereich dieser Arbeit besitzen. Diese sind folglich anschließend auf ihre Anwendbarkeit auf die übergeordnete Forschungsfrage dieser Arbeit zu bewerten, indem die in der Bewertungssystematik eingeführten Anforderungsdimensionen 1-5 auf die Ansätze angewendet werden. Darüber hinaus bestehen in der Literatur eine Vielzahl weiterer Ansätze, aus denen sich aufgrund ihrer nicht ausreichenden Relevanz für die übergeordnete Forschungsfrage dieser Arbeit lediglich einzelne Teilelemente auf diese Arbeit anwenden lassen. So existiert bspw. eine Vielzahl an Ansätzen, die die anwendungsfallspezifische Realisierung der Potenziale eines digitalen Schattens in der Branche Werkzeugbau thematisieren, jedoch lediglich oberflächlich seine Erzeugung beschreiben[403]. Darüber hinaus sind in der Literatur viele Ansätze vorhanden, die die Nutzung multimodaler Datenaufnahme in konkreten

[402] Vgl. Kuhlmann (Corporate Tooling), 2016, S. 94.

[403] Vgl. Schultes (Digitale Lieferantenvernetzung im Werkzeugbau), 2020; Stracke (Vernetzter und synchronisierter Serienanlauf), 2021; Begovic (Datenbasiertes Wissensmanagement), 2018.

Anwendungsfällen außerhalb produzierender Unternehmen beschreiben[404]. Die Darstellung der drei Ansätze besitzt keinen Anspruch auf Vollständigkeit, sondern wurde im Hinblick auf differenzierte Betrachtungsbereiche sowie unterschiedliche Methoden der multimodalen Datenaufnahme exemplarisch ausgewählt. Für weitergehende Ansätze sei auf die Literatur verwiesen.

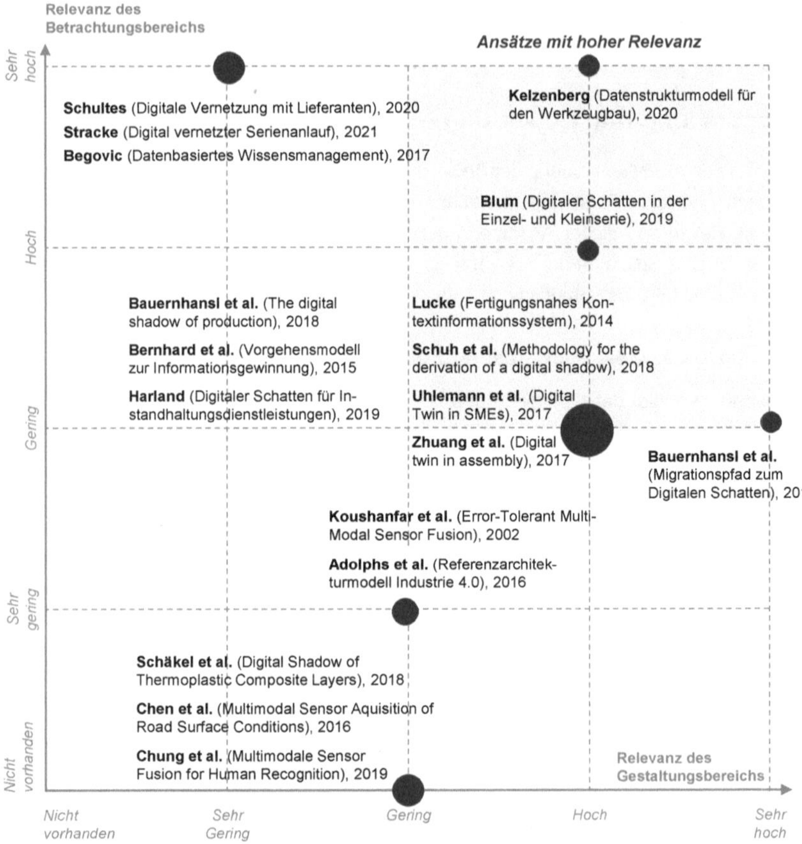

Abbildung 3.3: Überblick und Bewertung relevanter Forschungsansätze[405]

Als drittes Cluster bestehender Ansätze, sind solche zu nennen, die grundlegende Prinzipien einzelner Gestaltungselemente dieser Arbeit erläutern, jedoch weder deren Auslegung noch

[404] Vgl. Schäkel et al. (Digital Shadow of Thermoplastic Composite Layers), 2018; Chen et al. (Multimodal Sensor Acquisition of Road Surface Conditions), 2016; Chung et al. (Multimodal Sensor Fusion for Human Recognition), 2019.

[405] Eigene Darstellung.

relevante Schnittstellen zu anderen Gestaltungselementen beschreiben[406]. Ansätze, die aufgrund ihrer geringen Relevanz nachfolgend nicht dargestellt werden, werden ggf. zur Übertragung von Einzelcharakteristika bei Bedarf separat in Kapitel 5 aufgegriffen.

3.2.2 Vorstellung ausgewählter Ansätze mit hoher Relevanz

Die in Kapitel 3.2.1 identifizierten wissenschaftlichen Forschungsansätze, die eine grundsätzlich hohe Relevanz für den Gestaltungs- und Betrachtungsbereich dieser Arbeit aufweisen, müssen im weiteren Verlauf in der Übertragbarkeit ihrer Teilaspekte auf die Forschungsthemen dieser Arbeit bewertet werden. Hierfür werden die relevanten Ansätze zunächst mit ihren Charakteristika detailliert beschrieben, um darauf aufbauend eine Bewertung des Erfüllungsgrads der Anforderungsdimensionen der Anwendbarkeit durchführen zu können.

3.2.2.1 Methodology for the derivation of a digital shadow nach SCHUH ET AL.

SCHUH ET AL. beschreiben in ihrem Ansatz *Methodology for the derivation of a digital shadow* aus dem Jahr 2018 wie aus Sicht der Produktentwicklung der digitale Schatten eines Produkts erzeugt werden kann. Ziel des Ansatzes ist die anwendungsspezifische Aggregation relevanter Informationen, um nicht-triviale Erkenntnisse mithilfe von Methoden des Data Minings identifizieren zu können. Die Autoren sehen diese Zielsetzung der Aggregation vorhandener Daten als überlegen gegenüber der Erzeugung einer zusätzlichen Datenbasis an. Grund dafür ist die Vermeidung der Herausforderungen hinsichtlich Inkonsistenzen, Zuortenbarkeit und Transparenz. Im Wesentlichen wird bei der vorgestellten Methodik auf die Verbindung zwischen der Daten- und Informationsebene, wie sie in der Wissenspyramide dargestellt ist, zurückgegriffen[407]. Abgeleitet aus dieser wird eine fünfschrittige Methodik mit den drei Ebenen Analyse, Information und Daten definiert, die in Abbildung 3.4 dargestellt ist[408]. Den ersten Schritt stellt die Analyse des Zielsystems dar. Daraus resultieren nach SCHUH ET AL. als zentrale Ergebnisse die Definition eines konkreten Anwendungsfalls und dessen Nutzen sowie die zur Nutzenrealisierung erforderliche Informationsqualität. Für die Definition des Anwendungsfalls bieten SCHUH ET AL. in Anlehnung an den Produktlebenszyklus nach PAHL ET AL. exemplarische Anwendungsfälle ohne Anspruch auf Vollständigkeit[409]. Hierzu zählen bspw. die Beschreibung von Marktsegmenten, die Definition von Kundenbedarfen oder die Planung des Reuse-Zyklus[410]. Für die Definition der erforderlichen Informationsqualität zur Realisierung des Anwendungsnutzens verweist der Ansatz in Anlehnung an die Arbeiten von HEINRICH ET AL. auf die Dimensionen Effektivität, Effizienz, Vertraulichkeit und Integrität[411].

[406] Vgl. DIN Deutsches Institut für Normung e. V. (RAMI4.0), 2016; Koushanfar et al. (Error-Tolerant Multi-Modal Sensor Fusion), 2002.

[407] Vgl. Schuh et al. (Digital Shadow for Engineering), 2018, S. 1.

[408] Vgl. Schuh et al. (Digital Shadow for Engineering), 2018, S. 3.

[409] Vgl. Pahl et al. (Engineering Design), 2007, S. 64-65.

[410] Vgl. Schuh et al. (Digital Shadow for Engineering), 2018, S. 4.

[411] Vgl. Schuh et al. (Digital Shadow for Engineering), 2018, S. 4.

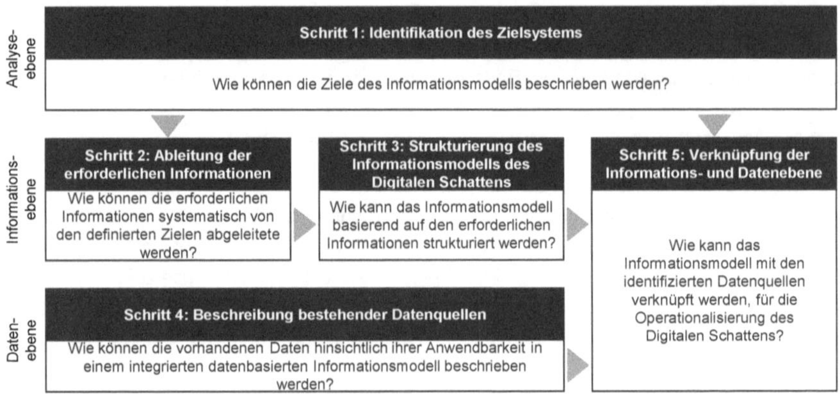

Abbildung 3.4: Methodik zur Ableitung eines digitalen Schattens nach SCHUH ET AL.[412]

Ausgehend von der definierten Anwendung erfolgt auf der Informationsebene anschließend im zweiten Schritt die Ableitung der erforderlichen Informationen. Zur Unterstützung einer systematischen und vollständigen Erfassung der erforderlichen Informationen bietet der Ansatz ein generisches Model in dem die acht Dimensionen Kunde, Anforderungen, Funktionen, Produktstruktur, Geometrie, Technologie, Produktion sowie Finanzen definiert werden[413]. Die definierten Informationsbedarfe müssen im dritten Schritt in einem Informationsmodell strukturiert werden. Horizontal umfasst ein solches Informationsmodell für einen digitalen Schatten die Objekttypen und deren standardisiert vorgegebenen Ausprägungen. In der vertikalen Dimension sind relationale Beziehungen zwischen den verschiedenen Objekttypen dargestellt, die sich hinsichtlich Dauer und Intensität der Beziehung unterscheiden. Nachdem eine vollständige Beschreibung des Informationsmodells vorliegt, untersucht der Ansatz im vierten Schritt auf der Datenebene die im Unternehmen vorhandenen Datenquellen und beschreibt die enthaltenen Daten. Die Beschreibung der in den Datenquellen enthaltenen Daten erfolgt hinsichtlich ihrer Struktur und Qualität. Die Beschreibung der Struktur erfolgt als strukturierte, semistrukturierte und unstrukturierte Daten. Die Beschreibung der Datenqualität erfolgt in den sechs Dimensionen Genauigkeit, Vollständigkeit, Aktualität, Relevanz, Konsistenz und Verständlichkeit[414]. Die Kenntnis über die verfügbaren Daten im Unternehmen bilden den Ausgangspunkt für die Verknüpfung der Daten- mit der Informationsebene. Dabei werden für die im Informationsmodell definierten Informationsbedarfe des Anwendungsfalls jeweils mit den verschiedenen möglichen Datenquellen im Unternehmen verbunden. Ein Vergleich der aus der jeweiligen Datenqualität resultierenden Informationsqualität bildet die Grundlage für die Entscheidung aus welcher Datenquelle der Informationsbedarf im digitalen Schatten bedient

[412] Vgl. Schuh et al. (Digital Shadow for Engineering), 2018, S. 3.
[413] Vgl. Schuh et al. (Digital Shadow for Engineering), 2018, S. 4.
[414] Vgl. Schuh et al. (Digital Shadow for Engineering), 2018, S. 5.

werden soll. Das daraus entstehende befüllte Produktinformationssystem bezeichnen SCHUH ET AL. abschließend als den digitalen Schatten des Produkts.

Die Methodik beschreibt zusammenfassend ein Vorgehen zur Erzeugung eines digitalen Produktschattens mit dem Ziel die Produktentwicklung eines Unternehmens zu befähigen datenbasierte Optimierungspotenziale identifizieren und umsetzten zu können.

3.2.2.2 Migrationspfad zum digitalen Schatten nach BAUERNHANSL ET AL.

BAUERNHANSL ET AL. haben 2016 im Rahmen des WGP-Standpunkts Industrie 4.0 die Forschungsfelder zur Erzeugung eines digitalen Schattens in produzierenden Unternehmen formuliert und diese in einen ***Migrationspfad zum digitalen Schatten*** für Anwender überführt. Ziel des Ansatzes ist es produzierenden Unternehmen in Deutschland im Kern die Bestandteile von Industrie 4.0 zu vermitteln[415]. Als Forschungsfelder zur Realisierung eines digitalen Schattens werden das Datenmodell, die multimodale Datenaufnahme, die multimodale Datenfusion sowie der Konsistenz-/Plausibilitätscheck benannt[416]. Die Übertragung der Inhalte dieser Forschungsfelder auf die betriebliche Praxis erfolgt für den Anwender in einem Migrationspfad zum digitalen Schatten, der in Abbildung 3.5 dargestellt ist.

Abbildung 3.5: Migrationspfad zum digitalen Schatten nach BAUERNHANSL ET AL.[417]

Der Migrationspfad setzt sich aus insgesamt neun sequenziellen Schritten zusammen, die lediglich bei einer signifikanten Änderung des Betrachtungsprozesses erneut zu durchlaufen sind[418]. In den Phasen 1a und 1b werden die Inhalte des Forschungsfelds Datenmodell adressiert, indem die Zielsetzung des Anwendungsfalls des digitalen Schattens definiert und der daraus resultierende Datenbedarf im Datenmodell abgebildet wird. Dies inkludiert ebenfalls

[415] Vgl. Bauernhansl et al. (WGP-Standpunkt Industrie 4.0), 2016, S. 4.
[416] Vgl. Bauernhansl et al. (WGP-Standpunkt Industrie 4.0), 2016, S. 26.
[417] Vgl. Bauernhansl et al. (WGP-Standpunkt Industrie 4.0), 2016, S. 30.
[418] Vgl. Bauernhansl et al. (WGP-Standpunkt Industrie 4.0), 2016, S. 29.

die Formulierung der Granularität und Frequenz, mit der die Daten zur Adressierung des Informationsbedarfs erforderlich sind sowie die Festlegung des Datenformats.[419] Die Schritte 2a, 2b und 2c legen auf Basis des definierten Datenbedarfs die Datenerhebung aus. Dazu ist zunächst die bestehende Datenbasis hinsichtlich der in Schritt 1b definierten Anforderungen zu evaluieren. Die daraus resultierenden Defizite müssen durch eine zusätzlich auszulegende Datenerfassung adressiert werden. Die Autoren verweisen in diesem Zusammenhang explizit auf die Nutzung der Potenziale multimodaler Datenaufnahme, die durch die Festlegung einer anforderungsgerechten Redundanz der Datenerfassung eine ausreichende Datenqualität effizient sicherstellen kann. Exemplarisch nennen BAUERNHANSL ET AL. dabei einige Rahmenbedingungen, die bei der Auslegung berücksichtigt werden müssen, wie Eigenschaften des Produktionsprozesses, Eigenschaften eines Produkts, räumliche Gegebenheiten oder mögliche Schnittstellen zwischen Datenaufnahme-Technologien. Insbesondere müssen jedoch auch die bereits bestehenden Technologien hinsichtlich deren Integrierbarkeit in das Erfassungskonzept berücksichtigt werden.[420] Ausgehend vom ausgelegten Erfassungskonzept gestalten die Phasen 3a und 3b die operative Umsetzung. Hier nennen BAUERNHANSL ET AL. insbesondere mögliche Fragestellungen, die im Rahmen der Ausgestaltung der Datenaufnahme-Technologien sowie der Implementierung zu berücksichtigen sind. Hierzu zählen bspw. Anbringungsart und -ort oder die Wiederverwertbarkeit von Sensorik.[421] Die abschließende Phase der Migration stellen die Schritte 4a und 4b dar. In diesen werden die durch die Sensornetze erfassten Daten auf die Erfüllung der in Schritt 1 formulierten Anforderungen hin überprüft und ggf. Anpassungen am Erfassungskonzept iterativ integriert. Im Falle von Änderungen in der Produktionsstruktur, wie bspw. veränderten Arbeitsplänen oder einer neuen Steuerungslogik, sind diese Überprüfungen erneut durchzuführen und im Falle signifikanter Einflüsse auf den Datenbedarf oder das Erfassungskonzept der Migrationspfad erneut zu durchlaufen.

Zusammenfassend beschreibt der Migrationspfad eine allgemeine Vorgehensweise für die Etablierung eines digitalen Schattens in produzierenden Unternehmen, wobei er insbesondere auf die Potenziale der multimodalen Datenaufnahme eingeht und für die Auslegung eines effizienten Erfassungskonzepts nutzt.

3.2.2.3 The Digital Shadow of production nach BAUERNHANSL ET AL.

BAUERNHANSL ET AL. beschreiben in ihrem Ansatz aus dem Jahr 2018 eine *Roadmap zur Umsetzung eines vollständigen digitalen Schattens in produzierenden Unternehmen*. Ziel ist es produzierende Unternehmen bei der Bewältigung der erforderlichen technischen und organisatorischen Veränderungen zur Realisierung eines digitalen Schattens zu unterstützen[422]. Dazu wurde die in Abbildung 3.6 dargestellte Matrix entwickelt, die daten- und informationsbezogene Handlungsfelder beschreibt.

[419] Vgl. Bauernhansl et al. (WGP-Standpunkt Industrie 4.0), 2016, S. 29.
[420] Vgl. Bauernhansl et al. (WGP-Standpunkt Industrie 4.0), 2016, S. 29-30.
[421] Vgl. Bauernhansl et al. (WGP-Standpunkt Industrie 4.0), 2016, S. 30.
[422] Vgl. Bauernhansl et al. (The Digital Shadow), 2018, S. 71.

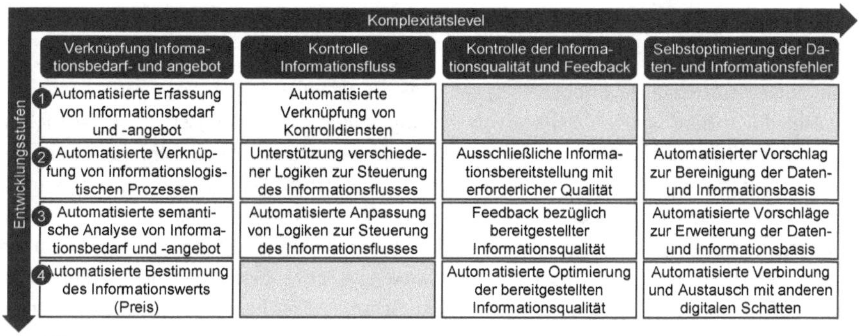

Abbildung 3.6: Roadmap für einen digitalen Schatten nach BAUERNHANSL ET AL.[423]

Die von BAUERNHANSL ET AL. entwickelte Matrix wird durch die Achsen Komplexitätslevel und Entwicklungsstufe aufgespannt. Die Komplexitätslevel beschreiben vier wesentliche, aufeinander aufbauende Funktionen, die die Autoren für den digitalen Schatten postulieren. Folglich setzt bspw. die Realisierung des zweiten Komplexitätslevels eine erfolgreiche Implementierung des ersten Komplexitätslevels voraus. Jedem der vier Komplexitätslevel sind außerdem drei bis vier Entwicklungsstufen zugeordnet, die die einzelnen Handlungsfelder zu Realisierung des jeweiligen Komplexitätslevels beschreiben.[424]

Das erste Komplexitätslevel beschreibt die Vernetzung von Informationsbereitstellung und Informationsbedarf. In einem ersten Schritt muss dazu die Registrierung aller Informationslieferanten und -konsumenten befähigt werden, indem diese den digitalen Schatten über die Semantik ihres Angebots bzw. ihrer Anfrage automatisiert informieren können. Eine solche Registrierung ermöglich im zweiten Schritt eine automatische Vernetzung der beteiligten Entitäten mit dem digitalen Schatten. Hierzu bedarf es einer automatisierten Indizierung der unter den Informationslieferanten stattfindenden informationslogistischen Prozesse. In der dritten Entwicklungsstufe wird, aufbauend auf den bisherigen Ergebnissen, eine automatisierte Analyse der semantischen Informationen von Entitäten realisiert. Damit ist die automatisierte Einbindung neuer interner oder externer Informationslieferanten oder -konsumenten vollständig umgesetzt. In der letzten Entwicklungsstufe ist der digitale Schatten zusätzlich in der Lage den Wert der angefragten Informationen automatisiert zu ermitteln.[425]

Dem zweiten Komplexitätslevel weisen BAUERNHANSL ET AL. die Steuerung des Informationsflusses des digitalen Schattens zu. Dies umfasst insbesondere die Steuerung der Integration zusätzlicher Dienste in die Informationsflüsse, wie bspw. einen Dienst zur Informationsplausibilisierung oder zur Anpassung der Häufigkeit von Informationsübertragungen. In der zweiten Entwicklungsstufe wird dies ergänzt um verschiedene Logiken der Informationssteuerung, um sowohl Pull- als auch Push-Logiken realisieren zu können. In der letzten Entwicklungsstufe

[423] I. A. a. Bauernhansl et al. (The Digital Shadow), 2018, S. 71.

[424] Vgl. Bauernhansl et al. (The Digital Shadow), 2018, S. 71.

[425] Vgl. Bauernhansl et al. (The Digital Shadow), 2018, S. 71.

reagiert der digitale Schatten automatisiert auf Änderungen im Produktionssystem und passt die Informationsflüsse entsprechend an.[426]

Das dritte Komplexitätslevel beschreibt die Bewertung und Beeinflussung der Informationsqualität durch den digitalen Schatten. In der geringsten Entwicklungsstufe ist der digitale Schatten befähigt, die Qualität der erhobenen Daten bewerten zu können und nur solche bereitzustellen, die formulierten Qualitätsanforderungen entsprechen. Diese Bewertung ermöglicht es dem digitalen Schatten dem Anwender zusätzliche Metainformationen bezüglich der Ausprägungen der Qualität der bereitgestellten Informationen zugänglich zu machen. In der maximalen Entwicklungsstufe postulieren BAUERNHANSL ET AL. eine automatisierte Beeinflussung der Informationsqualität durch den digitalen Schatten. Dies kann dadurch erfolgen, indem bspw. die Granularität angepasst wird oder automatisiert zusätzliche Datenquellen mit einer höheren Qualität identifiziert und integriert werden.[427]

Im abschließenden, vierten Komplexitätslevel beschreiben BAUERNHANSL ET AL. die Selbstoptimierung des digitalen Schattens hinsichtlich der integrierten Daten- und Informationsbasis. Hierfür muss der digitale Schatten initial zu einem proaktiven Lösch- und Reduktionsprozess der enthaltenen Datenquellen und Informationen befähigt werden. Darauf aufbauend kann die selbstständige Identifizierung potenzieller zusätzlicher Informationslieferanten durch den digitalen Schatten erfolgen. In seiner Maximalausprägung verbindet der digitale Schatten sich automatisch mit externen digitalen Schatten von Zulieferern und Kunden.[428]

Zusammenfassend kann festgehalten werden, dass der Ansatz nach BAUERNHANSL ET AL. verschiedene Funktionen des digitalen Schattens aufgreift und für diese aufeinander aufbauende Handlungsfelder zur Realisierung der Funktionen beschreibt.

3.2.2.4 Digitaler Schatten in der Einzel- und Kleinserie nach BLUM

BLUM hat in seiner Arbeit zum d*igitalen Schatten in der Einzel- und Kleinserie* aus dem Jahr 2019 ein Referenzmodell erarbeitet. In Anlehnung an den Migrationspfad zum digitalen Schatten nach BAUERNHANSL ET AL. gestaltet BLUM generisch einen digitalen Schatten für Unternehmen der EuK. Motivation des Ansatzes ist die in der Praxis geringe Datenqualität, die als ursächlich für den geringen Umsetzungsgrad von Industrie 4.0 Anwendungen in der EuK bewertet wird[429]. Diese Herausforderung soll Blum folgend durch einen digitalen Schatten adressiert werden, der in den drei Gestaltungsfeldern *Datenmodell für den digitalen Schatten*, *Maßnahmen zur Steigerung der Datenqualität* sowie *Gestaltungsempfehlungen zur Umsetzung* realisiert werden soll. Ausgangspunkt für die drei Felder bildet die Abbildung eines realen Systems, die im Ansatz abschließend evaluiert wird. Abbildung 3.7 zeigt das vollständige erarbeitete Referenzmodell.

[426] Vgl. Bauernhansl et al. (The Digital Shadow), 2018, S. 71.

[427] Vgl. Bauernhansl et al. (The Digital Shadow), 2018, S. 72.

[428] Vgl. Bauernhansl et al. (The Digital Shadow), 2018, S. 72.

[429] Vgl. Blum (Digitaler Schatten in der Einzel- und Kleinserie), 2019, S. 2-3.

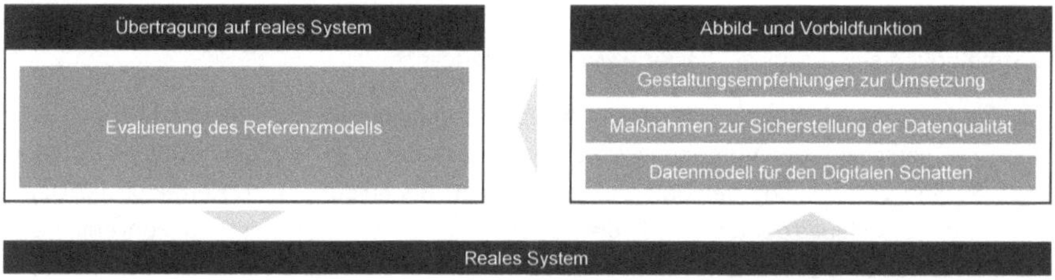

Abbildung 3.7: Referenzmodell für den digitalen Schatten in der Einzel- und Kleinserie nach BLUM[430]

Das Datenmodell erarbeitet BLUM mit einem spezifischen Fokus auf die Steuerung der Auftragsabwicklung[431]. Initialer Schritt ist die Herleitung von Netzwerk-, Kern- und Querschnittsaufgaben innerhalb der Auftragsabwicklung[432]. Für diese Aufgaben identifiziert BLUM anschließend in einer Literaturrecherche den jeweiligen Informationsbedarf[433]. Dieser wird in die vier Kriterien Systembezug, Zielsystem, Datenerfassung und -generierung sowie Bezugsobjekt aggregiert, die im Ansatz für die Herleitung des Datenmodells verwendet wird. Aus diesen Kriterien leitet der Autor ein Zeitmodell, ein Auftrags- und Projektmodell, ein Ressourcenmodell, ein Prozessmodell, ein Geopositionsmodell sowie ein Statusmodell ab. Konsolidiert ergibt sich ein Datenmodell mit dem Anspruch auf Vollständigkeit für die Abbildung der Steuerung der Auftragsabwicklung in der EuK in einem digitalen Schatten[434].

Für die Befüllung des formulierten Datenmodells mit einer anforderungsgerechten Datenbasis präsentiert BLUM im zweiten Gestaltungselement seines Referenzmodells ein Vorgehen zur Sicherstellung der Datenqualität. Hierfür werden zunächst zwölf Erscheinungsformen fehlender und fehlerhafter Daten erarbeitet, die den sechs Teildatenmodellen zugeordnet werden können[435]. Anschließend nennt der Autor mit der Levenshtein-Distanz, dem Zustandsübergangsdiagramm, dem Distanzmaß, der Grenzwertbetrachtung sowie der multimodalen Datenerfassung und -fusion fünf verschiedene Verfahren, um die zuvor erarbeiteten Typen fehlender und fehlerhafter Daten identifizieren zu können[436]. Die Erläuterung der einzelnen Verfahren erfolgt über die Nennung der zugrundeliegenden Prinzipien sowie deren Anwendung an einem konkreten Beispiel aus dem Bereich der Steuerung der Auftragsabwicklung. Einzig die Erläuterung der multimodalen Datenerfassung und -fusion erfolgt nicht anhand konkreter Beispiele, sondern lediglich durch eine Übersicht möglicher Methoden zur Fusionierung multimodaler

[430] Vgl. Blum (Digitaler Schatten in der Einzel- und Kleinserie), 2019, S. 87.
[431] Vgl. Blum (Digitaler Schatten in der Einzel- und Kleinserie), 2019, S. 89.
[432] Vgl. Blum (Digitaler Schatten in der Einzel- und Kleinserie), 2019, S. 90.
[433] Vgl. Blum (Digitaler Schatten in der Einzel- und Kleinserie), 2019, S. 109.
[434] Vgl. Blum (Digitaler Schatten in der Einzel- und Kleinserie), 2019, S. 125.
[435] Vgl. Blum (Digitaler Schatten in der Einzel- und Kleinserie), 2019, S. 138.
[436] Vgl. Blum (Digitaler Schatten in der Einzel- und Kleinserie), 2019, S. 144-156.

Datensätze. Diese werden durch den Autor in physikalische Modelle, feature-basierte Interferenzmethoden sowie kognitiv-basierte Modelle unterteilt.[437]

Für den Umgang mit identifizierten fehlerhaften oder fehlenden Daten bietet der Ansatz eine Übersicht verschiedener Vorgehensweisen und Methoden. Die Vorgehensweisen unterteilt BLUM in eine Verarbeitung der Daten ohne vorherige Bereinigung, eine Korrektur der Daten oder einen Ausschluss der Daten. Für die Korrektur von Daten empfiehlt BLUM konventionelle, maschinelle und modellbasierte Methoden.[438]

Im dritten Gestaltungselement beschreibt der Ansatz sowohl die IT-Umsetzung des Referenzmodells als auch ein Vorgehen zur Implementierung des Modells in der Praxis[439]. Auf Ebene der Datenbereitstellung erfolgt eine Zuordnung der im Datenmodell beschriebenen Attribute zu den bestehenden IT-Systemen des Unternehmens. In der darüberliegenden Integrationsebene beschreibt BLUM die Extraktion der Daten aus den verschiedenen Systemen und deren Integration zu einem durch Auswertemethoden nutzbaren Zielschema.[440] Die Erkenntnisse aus den ersten beiden Gestaltungselementen sowie aus der Beschreibung der erforderlichen IT-technischen Umsetzung fasst BLUM abschließend zu einem Umsetzungsvorgehen zusammen. Dieses umfasst die vier Phasen Projekteinrichtung, Analyse und Soll-Konzeption, Implementierung sowie Evaluierung[441].

Zusammenfassend beschreibt das Referenzmodell in drei Gestaltungsfeldern, welche Methoden und Verfahren Unternehmen der EuK verwenden können, um auf Basis eines bereitgestellten Datenmodells einen digitalen Schatten ihrer Auftragssteuerung zu erzeugen.

3.2.2.5 Digitaler Schatten für Instandhaltungsdienstleistungen nach HARLAND

HARLAND hat in seiner Arbeit *Gestaltung des digitalen Schattens für Instandhaltungsdienstleistungen im Maschinen- und Anlagenbau* aus dem Jahr 2019 einen Prozessbaukasten entwickelt. Dieser befähigt Unternehmen des Betrachtungsbereichs, durch eine individuelle Kombination der Prozessbausteine möglicher Instandhaltungsdienstleistungen ein anwendungsfallspezifisches Datenmodell zu generieren. Außerdem bietet er eine Vorgehensweise zur anschließenden Implementierung eines digitalen Schattens auf Basis des erarbeiteten Datenmodells. Abbildung 3.8 zeigt den in der Arbeit entwickelten Modellrahmen. Basis für die Ableitung des Datenmodells für eine Instandhaltungsdienstleistung bildet die Analyse bestehender Ansätze aus der Literatur sowie eine Fallstudie mit elf Unternehmen. Aus dieser Betrachtung resultieren 28 Module in den Gruppen Dienstleistung administrieren, Dienstleistung vor- und

[437] Vgl. Blum (Digitaler Schatten in der Einzel- und Kleinserie), 2019, S. 154.
[438] Vgl. Blum (Digitaler Schatten in der Einzel- und Kleinserie), 2019, S. 156-157.
[439] Vgl. Blum (Digitaler Schatten in der Einzel- und Kleinserie), 2019, S. 161.
[440] Vgl. Blum (Digitaler Schatten in der Einzel- und Kleinserie), 2019, S. 162-164.
[441] Vgl. Blum (Digitaler Schatten in der Einzel- und Kleinserie), 2019, S. 168.

nachbereiten sowie Dienstleistung operativ erbringen, die zu einem Prozessbaukasten aggregiert möglichst vollständig alle Prozessschritte von Instandhaltungsdienstleistungen im Maschinen- und Anlagenbau beschreiben sollen[442].

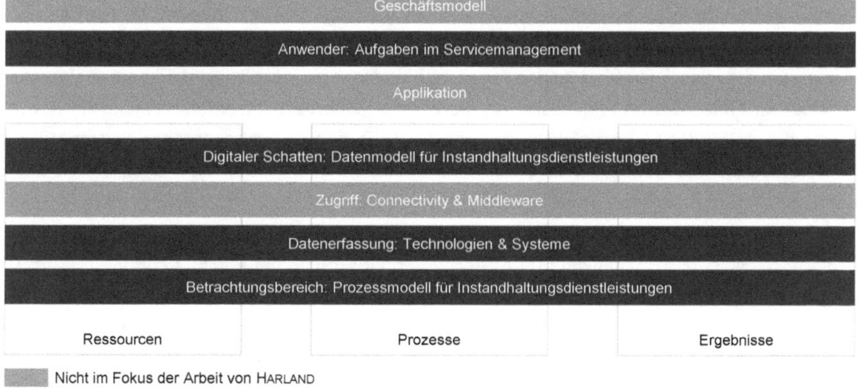

Abbildung 3.8: Modellrahmen für den digitalen Schatten nach HARLAND[443]

Jedem der Prozessmodelle sind in den Entitätstypen Ressource, Dokument, Ergebnis sowie Status jeweils verschiedene Datenattribute zugeordnet, sodass in Summe bis zu 30 Datenattribute für die hinreichend genaue Abbildung des jeweiligen Prozessschritts genutzt werden[444]. Dabei muss nicht zwingend jedes Attribut in jedem Prozessmodul definiert werden. Durch die Auswahl der für eine unternehmensindividuelle Instandhaltungsdienstleistung relevanten Prozessmodule erhält der Anwender das entsprechende spezifische Datenmodell für einen digitalen Schatten. Zusätzlich zu diesem Datenmodell definiert HARLAND den hinreichend genauen Informationsbedarf, der für die Erfüllung der Tätigkeiten in den einzelnen Prozessmodulen erforderlich ist, abgeleitet aus dem Aachener Lean-Service-Zyklus nach STÜER[445].

Für die Erfassung der im Datenmodell formulierten Datenattribute definiert HARLAND fünf verschiedene Szenarien, die Aufnahme von Stammdaten, die Aufnahme von Prozessergebnissen, die Identifikation von Objekten, die Anmeldung und Bestätigung von Prozessschritten sowie der übergeordnete Workflow[446]. Für jedes dieser Szenarien nennt er Erfassungstechnologien, die er durch eine Charakterisierung der erforderlichen Rahmenbedingungen den Szenarien zuordnet. Neben der manuellen Erfassung von Daten, geht HARLAND insbesondere auf automatisierte Erfassung von Daten auf Basis andere Softwaresysteme ein.

442 Vgl. Harland (Digitaler Schatten für die Instandhaltung), 2019, S. 111.
443 Vgl. Harland (Digitaler Schatten für die Instandhaltung), 2019, S. 103.
444 Vgl. Harland (Digitaler Schatten für die Instandhaltung), 2019, S. 129.
445 Vgl. Harland (Digitaler Schatten für die Instandhaltung), 2019, S. 132.
446 Vgl. Harland (Digitaler Schatten für die Instandhaltung), 2019, S. 147.

Für das beschriebene Datenmodell sowie die Zuordnung der relevanten Erfassungstechnologien definiert HARLAND anschließend ein Vorgehen zur Implementierung eines digitalen Schattens auf Basis dieser Ergebnisse. Abgeleitet aus der Vorgehensweise im Business-(Re-)Engineering nach ÖSTERLE nennt HARLAND die Phasen Prozessanalyse, Entwurf des Datenmodells, Technische Implementierung sowie Nutzung des digitalen Schattens[447]. Im Rahmen der Prozessanalyse werden die Instandhaltungsprozesse des anwendenden Unternehmens analysiert, um die relevanten Module des Prozessbaukastens zu identifizieren. Für diese Prozessmodule wird anschließend analysiert, ob die vorgegebenen Entitätstypen tatsächlich relevant sind oder im Modellrahmen nicht enthaltene Entitätstypen zu ergänzen sind. Basierend auf den konkreten Use Cases, die im Rahmen der Instandhaltung durch den digitalen Schatten adressiert werden sollen, werden die Datenattribute hinsichtlich der Bedienung des Informationsbedarfs des Use Cases untersucht und ggf. zusätzlich zu erfassende Attribute ergänzt. Nach Abschluss dieser Analyse und Konzeptionierung erfolgt die Implementierung. In dieser Phase werden sowohl die aus dem Datenmodell abgeleitete Datenbankstruktur aufgesetzt als auch die erforderlichen Workflows und Erfassungstechnologien implementiert. Außerdem sind die zu verwendenden Stammdaten zu bereinigen. Den finalen Schritt stellt nach HARLAND die Nutzung des digitalen Schattens dar. Hierzu zählt neben der operativen Erfassung und Verwendung der Daten im Kontext der ausgewählten Instandhaltungsdienstleistung auch das Review hinsichtlich der Bedienung des erforderlichen Informationsbedarfs durch den digitalen Schatten und somit eine anforderungsgerechte Erbringung der anwendungsfallspezifischen Instandhaltungsdienstleistung.

Zusammenfassend beschreibt der Modellrahmen einen Prozessbaukasten zur Identifizierung der relevanten Datenattribute, deren Erfassung sowie ein Vorgehen zur Implementierung des auf dem Datenmodell aufbauenden digitalen Schatten in einem anwendungsfallspezifischen Kontext. Dabei fokussiert der beschriebene Ansatz den Betrachtungsbereich der Instandhaltungsdienstleistungen im Maschinen- und Anlagenbau.

3.2.2.6 Digital twin in assembly nach ZHUANG ET AL.

ZHUANG ET AL. beschreiben in ihrer Arbeit aus dem Jahr 2017 den Digitalen Zwilling als zentralen Bestandteil einer intelligenten Steuerung von Inselmontagesystemen. Ziel ist es, eine prädiktive Steuerung aller Montageaktivitäten auf dem Shopfloor zu realisieren.[448] Für die Befähigung einer solchen intelligenten Steuerung identifizieren ZHUANG ET AL. die Verfügbarkeit echtzeitnaher Shopfloor-Daten als elementar[449]. Zur Adressierung dieser Anforderung entwickeln sie das in Abbildung 3.9 dargestellte Framework, das die Aufnahme und Organisation der Daten beschreibt.

[447] Vgl. Harland (Digitaler Schatten für die Instandhaltung), 2019, S. 162.

[448] Vgl. Zhuang et al. (Digital twin in assembly), 2018, S. 1151-1152.

[449] Vgl. Zhuang et al. (Digital twin in assembly), 2018, S. 1153-1154.

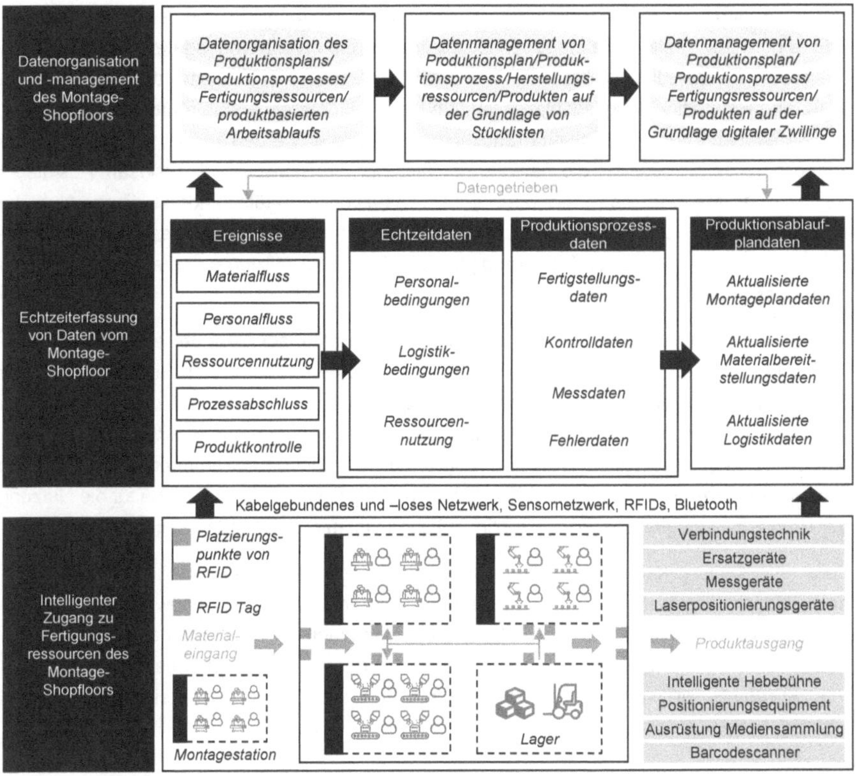

Abbildung 3.9: Ordnungsrahmen für die Erzeugung eines Digitalen Zwillings in der Montage nach ZHUANG ET AL.[450]

Der vorgestellte Ordnungsrahmen umfasst drei Hauptelemente, den Zugang zu den Daten physischer Ressourcen auf dem Shopfloor, die echtzeitnahe Erhebung dieser Daten sowie deren Organisation und Management.

Für den Zugang zu den Daten verweisen ZHUANG ET AL. auf die signifikanten Fortschritte im Bereich des Einsatzes von IoT-Technologien auf dem Shopfloor. Konkret werden der Zugriff auf bestehende Schnittstellen von Fertigungsressourcen benannt sowie die Einbringung zusätzlicher Sensorik an die Ressourcen oder in deren Umwelt. Exemplarisch wird in diesem Zusammenhang die Nutzung von tragbaren und festinstallierten RFID-Anwendungen herausgestellt. Diese sollen für die dynamische und echtzeitnahe Erfassung des Arbeitsfortschritts sowie des Status der Montagestationen, Produkte und Fertigungsressourcen eingesetzt werden.[451]

---

[450] I. A. a. Zhuang et al. (Digital twin in assembly), 2018, S. 1156.

[451] Vgl. Zhuang et al. (Digital twin in assembly), 2018, S. 1155.

Die so verfügbaren und über diverse Netzwerke gesammelten Daten werden auf der zweiten Ebene unterteilt in die drei Kategorien Echtzeitdaten, die etwa Betriebsdaten der Ausrüstung umfassen, Produktionsprozessdaten, wie Daten im Zusammenhang mit dem Montageprozess, und Produktionstätigkeitsplandaten, die bspw. Montageplandaten umfassen. Den beiden Kategorien Echtzeitdaten und Produktionsprozessdaten werden fünf verschiedene Events zugeordnet, die Einfluss auf die Daten haben und eine Erfassung dieser auslösen. Aus dieser Verknüpfung resultiert eine Veränderung der Produktionsaktivitätsplandaten, deren Nutzung eine erneute Auslösung von Events zur Folge haben kann. Auf diese Weise entsteht ein geschlossener Informations- und Steuerungskreislauf, welcher effiziente und effektive Produktionsprozesse befähigt.[452]

In der dritten Ebene erfolgen die Organisation und das Management der erhobenen Daten. Hierzu beschreiben ZHUANG ET AL. ein dreistufiges Vorgehen. Im ersten Schritt wird bei der Erstellung der Produktstückliste diese mit der gleichfalls zu planenden Montagereihenfolge verknüpft. Im Rahmen der Produktionsplanung wird der Montageplan in einzelne Tätigkeiten detailliert und geplant. Diese Struktur ermöglicht die Zuordnung der erhobenen Echtzeit- und Produktionsprozessdaten zur Produktstückliste und bildet somit die Grundlage für die Nutzung der Produktionstätigkeitsdaten zur kontinuierlichen Optimierung des Montageprozesses.[453]

Zusammenfassend kann festgehalten werden, dass der Ansatz nach ZHUANG ET AL. exemplarische Datenklassifikationen und Methoden zur Datenerfassung nennt sowie durch die Verknüpfung von Produktstückliste und Montageplanung einen Ansatz zur Synchronisierung von Daten beschreibt. Insbesondere die Etablierung des geschlossenen Informations- und Steuerungskreislaufs zur Erhebung der Daten ist im Sinne des Gestaltungsbereichs dieser Arbeit hervorzuheben.

3.2.2.7 Digital Twin in SMEs nach UHLEMANN ET AL.

UHLEMANN ET AL. haben 2017 mit ihrem Ansatz ein Konzept entwickelt, welches die Realisierung eines CPPS durch die Implementierung eines Digitalen Zwillings für KMU beschreibt. Wesentlicher Befähiger für den Digitalen Zwilling ist in dem Konzept die Erzeugung eines hinreichend genauen digitalen Schattens.[454] Im Fokus des in Abbildung 3.10 dargestellten Konzepts steht die Minimierung der Investitionskosten, ohne dabei Limitationen im Hinblick auf die Vorteile und Funktionalität eines digitalen Schattens einzugehen[455]. Auf diese Weise soll den charakteristischen Eigenschaften von KMU entsprochen werden.

[452] Vgl. Zhuang et al. (Digital twin in assembly), 2018, S. 1155.

[453] Vgl. Zhuang et al. (Digital twin in assembly), 2018, S. 1155-1156.

[454] Vgl. Uhlemann et al. (Digital Twin in SMEs), 2017, S. 336.

[455] Vgl. Uhlemann et al. (Digital Twin in SMEs), 2017, S. 336.

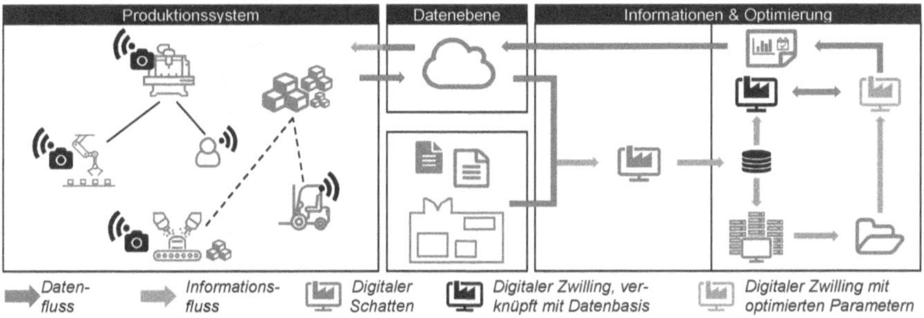

Abbildung 3.10: Konzept für die Realisierung eines CPPS durch einen Digitalen Zwilling in KMU nach UHLEMANN ET AL.[456]

UHLEMANN ET AL. unterteilen ihr Konzept in die drei wesentlichen Ebenen Produktionssystem, Datenebene sowie Informationen und Optimierung[457]. Für die Ebene des Produktionssystems beschreiben UHLEMANN ET AL. die Nutzung multimodaler Datenaufnahme. Dabei fokussiert der Ansatz Daten, die für die Optimierung der Fertigungssteuerung relevant sind. Alle weiteren Daten, bspw. aus der Steuerung der Fertigungsmaschinen, werden nicht näher betrachtet, da postuliert wird, dass eine Erhebung dieser, aufgrund der hohen Heterogenität der verwendeten Ressourcen in KMU, nicht wirtschaftlich allgemeingültig abbildbar wäre. Für die Erhebung der Daten setzt der Ansatz auf die Verwendung und Verknüpfung von kommerziell erhältlichen Einzellösungen. Der wesentliche Fokus liegt auf der Nutzung sensorbasierter Trackingsystemen sowie Computer Vision. Erstere dienen im Ansatz zur Erfassung von Routen und Positionen der Fertigungsmitarbeiter sowie großer, hochmobiler Fertigungsressourcen, wie z. B. Gabelstapler. Computer Vision soll hingegen verwendet werden, um auf Fertigungsressourcen bearbeitete Produkte selbst sowie deren Typ und ferner kleinere Fertigungshilfsmittel zu identifizieren. Dies soll vermeiden, dass jedes einzelne Produkt mit einem Sensor oder einem QR-Code ausgestattet werden muss. Aus der Beschreibung der beiden Erfassungsmethoden leiten UHLEMANN ET AL. für neun verschiedene Informationen die geeigneten Erhebungsmethoden ab. Der Produkttyp, das spezifische Produkt, die Zykluszeit, die Fertigungslosgröße sowie die Maschinenauslastung werden durch UHLEMANN ET AL. als rein über Computer Vision erfassbar klassifiziert. Transportwege können über alleiniges sensorbasiertes Tracking dokumentiert werden. Für die Transportgüter, die Transportlosgröße sowie die Rüstzeit fordern die Autoren eine multimodale Erfassung durch die beiden Erfassungsprinzipien.[458]

Die Datenebene aggregiert die aufgenommenen Daten aus der Fertigung in einer echtzeitfähigen Cloud und macht zusätzliche, nicht-echtzeitfähige Informationsquellen, die zur Bedienung des Informationsbedarfs der Fertigungssteuerung erforderlich sind, verfügbar[459].

[456] I. A. a. Uhlemann et al. (Digital Twin in SMEs), 2017, S. 339.
[457] Vgl. Uhlemann et al. (Digital Twin in SMEs), 2017, S. 339.
[458] Vgl. Uhlemann et al. (Digital Twin in SMEs), 2017, S. 337-338.
[459] Vgl. Uhlemann et al. (Digital Twin in SMEs), 2017, S. 339.

In der Ebene der Informationen und Optimierung aggregiert der digitale Schatten zunächst alle relevanten Daten und stellt die aufbereitete Datenbasis für die Erzeugung des Digitalen Zwillings bereit. Dieser wird verwendet, um die Parameter der Fertigungssteuerung zu optimieren und in Form von Empfehlungen zur Verbesserung der Fertigungssteuerung über die Datenebene an das Produktionssystem zu übertragen.[460]

Zusammenfassend kann festgehalten werden, dass der Ansatz nach UHLEMANN ET AL. sich wesentlich auf die kosteneffiziente Erfassung der für die Fertigungssteuerung relevanten Daten fokussiert. Für exemplarische Daten beschreibt er, wie diese mittels sensorbasierten Trackings oder Machine Vision erhoben werden können.

3.2.2.8 Informationsbeschaffung in der variantenreichen Serienfertigung nach LUCKE

In seinem Ansatz aus dem Jahr 2014 beschreibt LUCKE die Ad hoc *Informationsbeschaffung in einer variantenreichen Serienfertigung* für Werker, Meister und Instandhalter, um diese bei der Entscheidungsfindung zu unterstützen[461]. Ziel ist es, den Anteil nicht-wertschöpfender Tätigkeiten in diesem Kontext zu reduzieren[462]. Die entwickelte Lösung setzt sich aus zwei Komponenten zusammen: einem Produktionsumfeldmodell sowie der Systemarchitektur des fertigungsnahen Kontextinformationssystems. Ersteres stellt die logische und Zweiteres die technische Grundlage für das Kontextinformationssystem dar.[463] Abbildung 3.11 zeigt das Kontextinformationssystem sowie die Integration in seine Umwelt.

Das Produktionsumgebungsmodell beschreibt die zur dynamischen Abbildung der Fertigung relevanten Daten. Die Strukturierung des Modells erfolgt durch die Kategorisierung ähnlicher Fabrikobjekttypen. Auf dieser Basis ergeben sich die acht Typen Fabrikstruktur, Prozesse, Ressourcen und Infrastruktur, Produkte, Aufträge, Geschäftspartner, Sensoren und Ad hoc Meldungen sowie Dokumente[464]. Jedes dieser Fabrikobjekte wird in den fünf Hauptanfragemerkmalen Typ, Identität, Ort, Betriebszustand und Zeitraum charakterisiert[465].

Basierend auf dem vollständigen Produktionsumgebungsmodell bildet die Systemarchitektur die technische Grundlage für die Erhebung und Bereitstellung von Informationen durch das fertigungsnahe Kontextinformationssystem. LUCKE untergliedert die Systemarchitektur in eine Erfassungs-, eine Kontextmanagement-, eine Logik- und eine Benutzerinteraktionsebene[466]. Die Erfassungsebene ermöglicht die Erhebung von Daten aus der physischen Fertigung sowie die Integration von Daten aus fertigungsnahen IT-Systemen. Dabei werden die vier Funktionen

[460] Vgl. Uhlemann et al. (Digital Twin in SMEs), 2017, S. 339.
[461] Vgl. Lucke (Ad hoc Informationsbeschaffung), 2014, S. 142.
[462] Vgl. Lucke (Ad hoc Informationsbeschaffung), 2014, S. 22.
[463] Vgl. Lucke (Ad hoc Informationsbeschaffung), 2014, S. 77.
[464] Vgl. Lucke (Ad hoc Informationsbeschaffung), 2014, S. 85.
[465] Vgl. Lucke (Ad hoc Informationsbeschaffung), 2014, S. 82.
[466] Vgl. Lucke (Ad hoc Informationsbeschaffung), 2014, S. 106-107.

Übernahme, Aufbereitung, Umformung sowie Bereitstellung realisiert.[467] Die Übernahmefunktion übernimmt die durch Sensorik und IT-Systeme bereitgestellten Merkmale und definiert deren Abfragerate. Die Aufbereitungs- und Umformungsfunktion ergänzt die erhobenen Daten um Kontextinformationen, wie bspw. die Zuordnung zu Fabrikobjekten oder den Zeitstempel der Erhebung, und vereinheitlicht alle Datenformate. Abschließend stellt die Bereitstellungsfunktion die erhobenen Daten für die weitere Verarbeitung der Kontextmanagementebene zur Verfügung.[468]

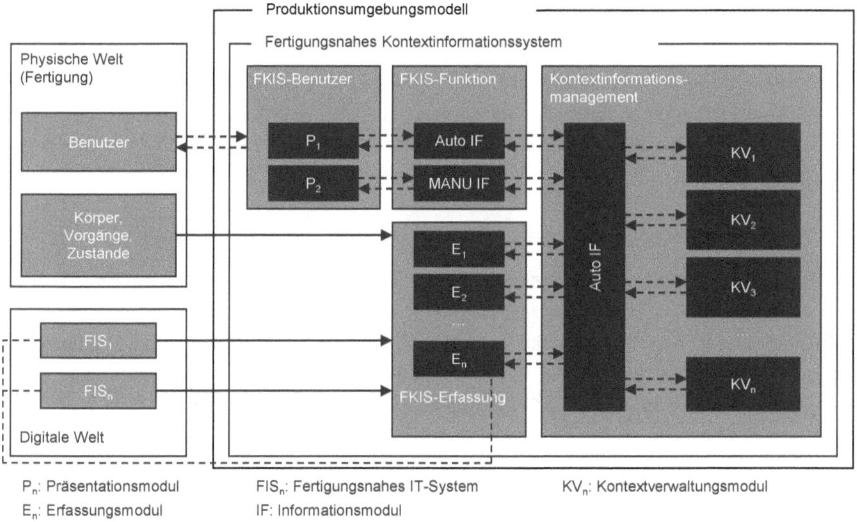

Abbildung 3.11: Ansatz zur Ad hoc Informationsbereitstellung nach LUCKE[469]

Die Kontextmanagementebene dient dazu verschiedene Kontextverwaltungsmodule zu verwalten sowie Anfragen auf diese zu verteilen und deren Antworten zusammenzuführen. Die Nutzung der verschiedenen Module wird durch Lucke empfohlen, um Daten und anwendungslogische Funktionen zu entkoppeln sowie eine Skalierung der Infrastruktur in Bezug auf die Anzahl der abzubildenden Fabrikobjekte zu vereinfachen.[470]

Die Logikebene realisiert die Funktionen zur automatischen und manuellen Filterung von Informationen und kann auf unterschiedliche Hardwareressourcen verteilt sein. Automatische Unterstützung beschreibt die automatische Verknüpfung relevanter Informationen und wird

[467] Vgl. Lucke (Ad hoc Informationsbeschaffung), 2014, S. 109.

[468] Vgl. Lucke (Ad hoc Informationsbeschaffung), 2014, S. 109-111.

[469] I. A. a. Lucke (Ad hoc Informationsbeschaffung), 2014, S. 108.

[470] Vgl. Lucke (Ad hoc Informationsbeschaffung), 2014, S. 111.

von LUCKE für alle maschinell erfassten Ereignisse, wie bspw. Störungsmeldungen von Maschinen, empfohlen. Manuelle Filterung unterstützt die Informationsbeschaffung für Ereignisse, die nicht maschinell erfasst und somit nicht maschinell verarbeitbar sind.[471]

Die Benutzerinteraktionsebene stellt die Kommunikation mit dem Anwender des Kontextinformationssystems dar und bildet folglich die Schnittstelle des Anwenders zur Logikebene. Neben Eingabemöglichkeiten zur Durchführung manueller Filterungen zur Informationsabfrage, umfasst die Benutzerinteraktionsebene insbesondere Möglichkeiten zur Darstellung der angefragten Informationen. Lucke differenziert diese in Karten, Baumansichten und Tabellen sowie Zeitstrahlen kombiniert mit Karten oder Tabellen und Baumansichten.[472]

Zusammenfassend kann festgehalten werden, dass LUCKE mit seinem Ansatz einen anwendungsfall-spezifischen digitalen Schatten beschreibt und diesen um die erforderlichen Rahmenbedingungen zur operativen Nutzung durch die Anwender in der variantenreichen Serienfertigung ergänzt.

3.2.2.9 Vorgehensmodell zur Informationsgewinnung nach BERNHARD ET AL.

BERNHARD ET AL. haben in ihrer Arbeit im Jahr 2015 ein *Vorgehensmodell zur Informationsgewinnung* entwickelt, welches die dazu erforderlichen Prozessschritte und Methodennutzung formuliert. Ziel ist es, die zur modellgestützten Analyse von Logistiksystemen erforderlichen Daten in einer hinreichenden Qualität zu beschaffen[473]. Das aus acht Schritten bestehende Vorgehensmodell ist in Abbildung 3.12 dargestellt.

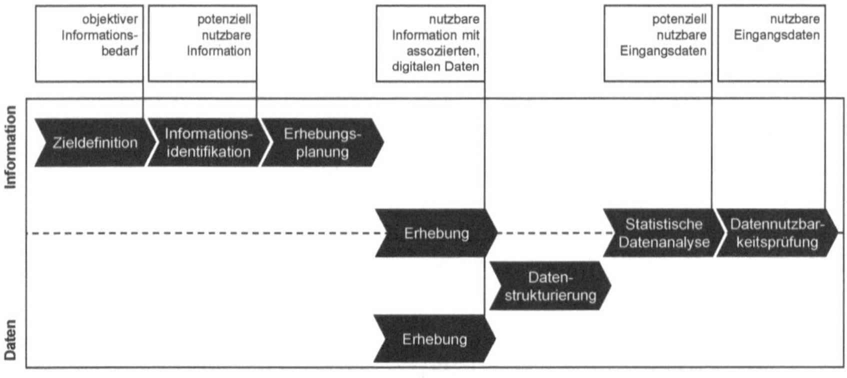

Abbildung 3.12: Prozessorientiertes Vorgehensmodell zur Informationsgewinnung nach BERNHARD ET AL.[474]

[471] Vgl. Lucke (Ad hoc Informationsbeschaffung), 2014, S. 112-115.

[472] Vgl. Lucke (Ad hoc Informationsbeschaffung), 2014, S. 116-117.

[473] Vgl. Bernhard et al. (Vorgehensmodell zur Informationsgewinnung), 2007, S. 3.

[474] I. A. a. Bernhard et al. (Vorgehensmodell zur Informationsgewinnung), 2007, S. 7.

Grundsätzlich differenzieren BERNHARD ET AL. in ihrem Vorgehensmodell zwischen einer Informations- und einer Datensicht. Im ersten Schritt des Vorgehensmodells wird, ausgehend von der angestrebten Analysemethode sowie des betrachteten Systems, die Zielsetzung der Informationsgewinnung abgeleitet.[475] Im zweiten Schritt wird unter Verwendung einer Informationsbedarfsanalyse der objektive und subjektive Informationsbedarf identifiziert. Dieser wird die Informationsangebotsanalyse gegenübergestellt. In dieser werden die möglichen Informationsquellen untersucht sowie hinsichtlich der Verfügbarkeit, der Zugriffsmöglichkeiten, des Erhebungsaufwands sowie der Qualität der zu erwartenden Informationen bewertet. Ergänzt wird die Informationsangebotsanalyse durch die Nutzbarkeitsprüfung der Informationsquellen. Diese bestimmt den Erhebungsaufwand, der mit der Bedienung der identifizierten Informationsbedarfe durch die verfügbaren Informationsquellen verbunden wäre.[476] Die Ergebnisse der Informationsidentifikation bilden die Grundlage für den dritten Schritt des Vorgehensmodells, die Erhebungsplanung. Diese wählt zunächst die Informationsquellen, die zur Bedienung des Informationsbedarfs verwendet werden sollen, final aus. Anschließend werden entsprechend der Projektrahmenbedingungen die konkreten Primär- und Sekundärerhebungsmethoden ausgewählt. Den letzten vorbereitenden Schritt stellt die Vorbereitung der Erhebung dar, in dem die zur Umsetzung der geplanten Methoden erforderlichen Rahmenbedingungen geschaffen werden. Neben der Qualifizierung aller beteiligter Mitarbeitenden umfasst dies bspw. ebenfalls die Erstellung von Fragebögen oder die Errichtung von Messaufbauten.[477]

Nach Abschluss aller vorbereitenden Tätigkeiten wechselt die Methodik an die Schnittstelle zwischen Informations- und Datenebene und beginnt mit der Erhebung. Diese erfolgt zunächst in den parallelen Schritten der Erhebung und Datenerfassung. Neben der Anwendung der ausgewählten Erhebungsmethoden umfasst dies zusätzlich die ggf. erforderliche Digitalisierung aufgenommenen Daten sowie deren Transformation in ein maschinenlesbares Format. Dabei differenzieren BERNHARD ET AL. zwischen manueller, halbautomatischer und automatischer Erfassung, die für unterschiedliche Digitalisierungs- und Transformationsaufwände ursächlich sind.[478] An die Erfassung der Daten schließt sich die Strukturierung dieser an. Darunter verstehen BERNHARD ET AL. alle weiteren vorbereitenden Tätigkeiten für die Anwendung der erhobenen Daten im Kontext der geplanten Analysemethode. Neben der Formatierung der Daten, entsprechend den Anforderungen der Analysemethode, umfasst dies insbesondere die Korrektheits- und Plausibilitätsprüfung der erhobenen Daten. Dabei werden die Daten auf Basis sowohl der Variableneigenschaften als auch empirischer Erfahrungen des Anwenders um fehlerhafte Daten bereinigt. Außerdem fordern die Autoren eine Vereinheitlichung der Granularität der erhobenen Daten entsprechend der formulierten Zielsetzung der Analysemethode. Die vorbereitete Datenbasis ist im Vorfeld der modellbasierten Analyse im nächsten Schritt statistisch zu untersuchen. Durch die Anwendung von deskriptiven Analysen erzeugt der Anwender des Ansatzes eine Beschreibung der allgemeinen statistischen Eigenschaften

[475] Vgl. Bernhard et al. (Vorgehensmodell zur Informationsgewinnung), 2007, S. 7-8.

[476] Vgl. Bernhard et al. (Vorgehensmodell zur Informationsgewinnung), 2007, S. 8-9.

[477] Vgl. Bernhard et al. (Vorgehensmodell zur Informationsgewinnung), 2007, S. 9-10.

[478] Vgl. Bernhard et al. (Vorgehensmodell zur Informationsgewinnung), 2007, S. 10-11.

der erhobenen Daten. Darauf aufbauend sind die dem anzuwendenden Model zugrundeliegenden statistischen Annahmen durch Anwendung geeigneter statistischer Methoden zu überprüfen.[479] Die abschließende Datennutzbarkeitsprüfung sichert die Qualität der erhobenen Daten in Bezug auf die formulierten Zielsetzungen der Informationsgewinnung durch eine abschließende Datenvalidierung und Nutzbarkeitsbewertung ab.[480]

Zusammenfassend kann festgehalten werden, dass der Ansatz nach BERNHARD ET AL. einen Ansatz bereitstellen, der die Informationsbereitstellung für die anforderungsgerechte Durchführung von Simulationen im Bereich Logistik sicherstellen.

3.2.2.10 Datenstrukturmodell im Werkzeugbau nach KELZENBERG

In seiner Arbeit hat KELZENBERG im Jahr 2020 ein ***Datenstrukturmodell*** zur Abbildung der Auftragsabwicklung von Werkzeugbaubetrieben entwickelt. Das Datenstrukturmodell soll als grundlegendes Modell eines Werkzeugbaus und damit als Basis eines digitalen Schattens im Werkzeugbau dienen. Abbildung 3.13 zeigt den Aufbau des Datenstrukturmodells sowie exemplarisch das konkrete Subdatenstrukturmodell für den Bereich mechanische Fertigung.

Für die Herleitung der übergeordneten Gliederung des Datenstrukturmodells verwendet KELZENBERG Prozess-, Daten- und Integrationselemente im Kontext der Auftragsabwicklung im Werkzeugbau. Die Prozesselemente benennt er als Vertrieb, Engineering, Konstruktion, Arbeitsvorbereitung, Fertigung, Montage, Qualifizierung, Projektmanagement, Einkauf sowie Logistik[481]. Basierend auf einer Beschreibung von Aktivitäten entlang der Auftragsabwicklung definiert KELZENBERG anschließend für jedes der Prozesselemente die relevanten Tätigkeiten[482]. Die Beschreibung dieser Tätigkeiten ermöglicht die Herleitung der für das jeweilige Prozesselement relevanten Datenelemente. Diese Datenelemente spezifiziert KELZENBERG auf Basis der grundlegenden Datenklassen der Stamm- und Bewegungsdaten in 15 unterschiedliche Datenelemente[483]. Um die Datenstrukturen in den einzelnen Prozessschritten vollständig abbilden zu können, definiert KELZENBERG zusätzlich zu den prozessspezifischen Datenelementen datenspezifische Schnittstellen in Form der Integrationselemente[484].

Unter Verwendung der Modellierungssprache Entity-Relationship-Modell (ERM), entwickelt KELZENBERG für jede Tätigkeit der Prozesselemente sowie für die Organisationsstruktur des jeweiligen Prozesselements ein Subdatenstrukturmodell. Ein solches Subdatenstrukturmodell besteht aus Entitys, Datenattributen sowie Beziehungen. Eine Entity repräsentiert einen realen Gegenstand der im Zusammenhang mit der Durchführung der jeweiligen Tätigkeit steht. Die Eigenschaften dieser Entitys werden durch die Datenattribute beschrieben. Jeder Entity weist

---

[479] Vgl. Bernhard et al. (Vorgehensmodell zur Informationsgewinnung), 2007, S. 14-15.

[480] Vgl. Bernhard et al. (Vorgehensmodell zur Informationsgewinnung), 2007, S. 15-16.

[481] Vgl. Kelzenberg (Datenstrukturmodell), 2020, S. 134.

[482] Vgl. Kelzenberg (Datenstrukturmodell), 2020, S. 135-138.

[483] Vgl. Kelzenberg (Datenstrukturmodell), 2020, S. 144.

[484] Vgl. Kelzenberg (Datenstrukturmodell), 2020, S. 145-150.

KELZENBERG darüber hinaus ein Schlüsselattribut zu, das innerhalb des gesamten Datenstrukturmodells der eindeutigen Identifizierung der jeweiligen Entity dient. Das Verhältnis zwischen zwei oder mehr Entitys beschreibt Kelzenberg durch das Hinzufügen von Relationen und Kardinalitäten, die die Art der Relation konkreter definieren[485].

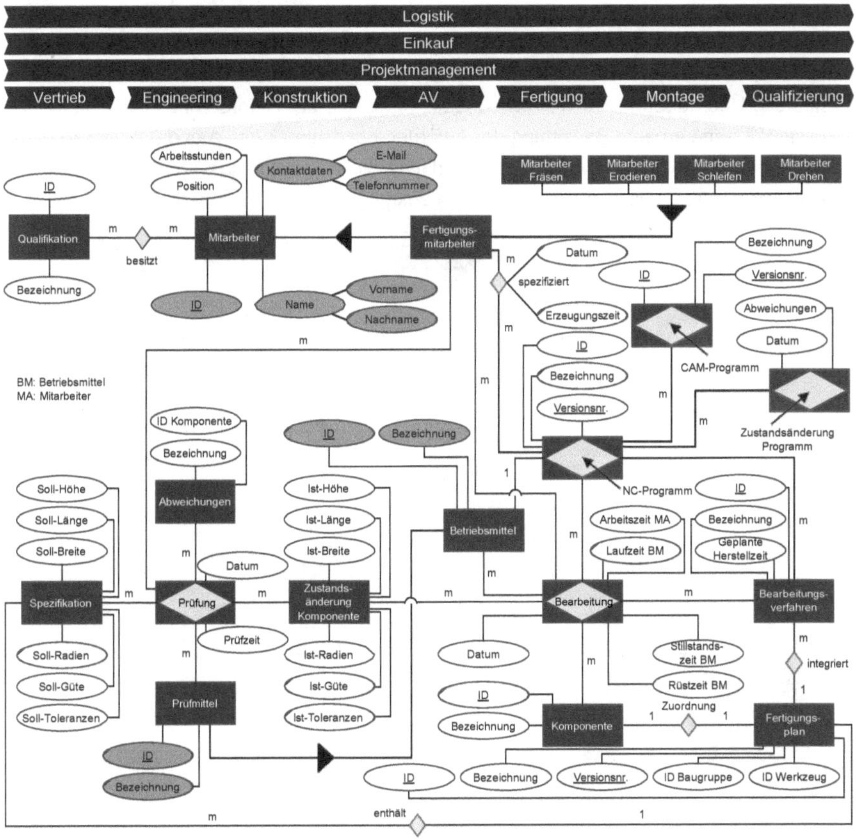

Abbildung 3.13: Datenstrukturmodell für den digitalen Schatten der Auftragsabwicklung von Werkzeugbaubetrieben nach KELZENBERG[486]

Zusammenfassend beschreibt der Ansatz ein ganzheitliches Datenstrukturmodell der Auftragsabwicklung von Werkzeugbaubetrieben. Aufgrund des Anspruchs auf Vollständigkeit des Ansatzes kann dieses dazu verwendet werden, durch Reduzierung der enthaltenen Entitys

485 Vgl. Kelzenberg (Datenstrukturmodell), 2020, S. 152.

486 Vgl. Kelzenberg (Datenstrukturmodell), 2020, S. 133.

und Datenattribute ein anwendungsfallspezifisches Datenstrukturmodell herzustellen. Mit welchem Vorgehen dies erfolgen kann, ist jedoch nicht beschrieben.

3.2.3 Aggregation der Bewertung der Ansätze

Aufbauend auf den Beschreibungen der, für die übergeordnete Forschungsfrage dieser Arbeit relevanten, Ansätze in der Theorie, erfolgt nun die Bewertung dieser in Bezug auf das formulierte Anforderungssystem. KUHLMANN folgend, wird dabei insbesondere die inhaltliche und strukturelle Übertragbarkeit und Anwendbarkeit im Sinne der Anforderungsdimensionen 1-5 fokussiert[487]. Eine erneute Bewertung der Anforderungsdimensionen A und B erfolgt nicht, da diese bereits in Kapitel 3.2.1 erfolgte und an dieser Stelle lediglich aus Gründen der Vollständigkeit erneut dargestellt wird. Abbildung 3.14 zeigt aggregiert die Bewertung aller Ansätze.

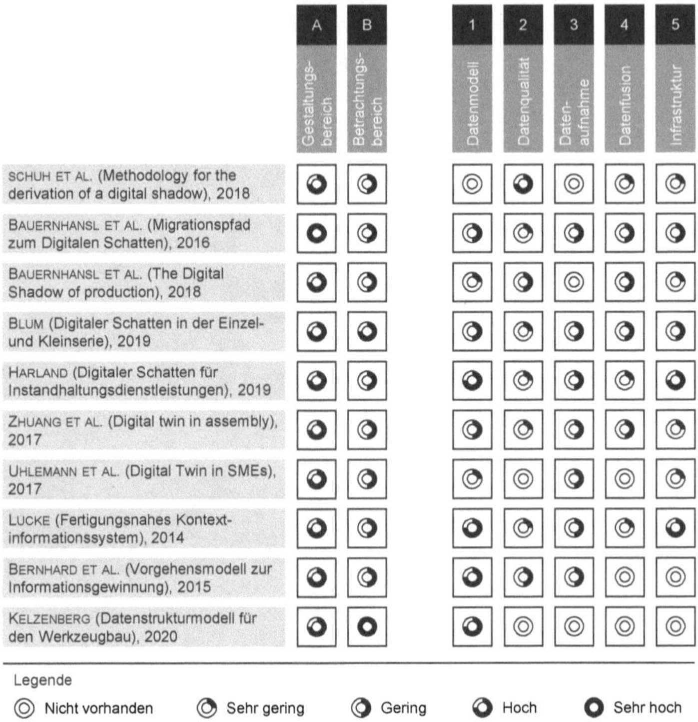

Abbildung 3.14: Bewertung relevanter Ansätze[488]

Die Anforderungsdimension *Datenmodell* fordert die Beschreibung einer Vorgehensweise zur anwendungsfallspezifischen Entwicklung eines Datenmodells sowie eine Gewichtung der Relevanz der einzelnen Datenattribute für den Anwendungsnutzen. Es ist festzuhalten, dass kein

[487] Vgl. Kuhlmann (Corporate Tooling), 2016, S. 121.

[488] Eigene Darstellung.

Ansatz diese Anforderung vollumfänglich erfüllt. Einzelne Ansätze, beschreiben anwendungsfallspezifische oder branchenübergreifend gültige Datenmodelle (BLUM, HARLAND oder KELZENBERG). Darüber hinaus bestehen Ansätze, die ein grobes Vorgehen zur Erzeugung einer Informationsbasis beschreiben, jedoch auf konkrete Methoden zur Anwendung der Schritte in der Praxis verzichten (BAUERNHANSL ET AL., BERNHARD ET AL.). Ein konkretes Vorgehen, das durch Unternehmen der Branche Werkzeugbau zur Erstellung eines anwendungsfallspezifischen Datenmodells angewendet werden kann, besteht somit in der Literatur bisher nicht.

Die Anforderungsdimension *Datenqualität* definiert die Notwenigkeit eines systematischen Vorgehens zur Ableitung der erforderlichen Datenqualität im digitalen Schatten zur Sicherstellung der Realisierbarkeit des formulierten Anwendungsnutzens des Datenmodells. Alle Ansätze, die derzeit in der Literatur bestehen, benennen jedoch maximal Kriterien anhand derer die erforderliche Datenqualität formuliert werden kann (SCHUH ET AL., BAUERNHANSL ET AL., BERNHARD ET AL.). Ein Vorgehen, wie für die benannten Kriterien konkrete Ausprägungen aus dem definierten Anwendungsnutzen eines digitalen Schattens abgeleitet werden können, besteht bisher nicht.

Die Anforderungsdimension *Datenaufnahme* umfasst die Auslegung einer Datenaufnahme, die den im Datenmodell und der Datenqualität formulierten Anforderungen entspricht. Um dies vor dem Hintergrund der Ressourcenengpässen von KMU effizient umsetzen zu können, sind die Potenziale einer multimodalen Datenaufnahme bei der Auslegung zu berücksichtigen. In der Literatur finden sich lediglich oberflächliche Beschreibungen, die die grundsätzliche Berücksichtigung fordern oder konkrete Beispiele anführen (BAUERNHANSL ET AL., BLUM oder UHLEMANN ET AL.). Alle weiteren Ansätze nutzen konventionelle Verfahren, um die erforderlichen Daten für den digitalen Schatten zu erheben (HARLAND, ZHUANG ET AL. LUCKE, BERNHARD ET AL.). Entsprechend besteht in der Literatur bisher kein methodisches Vorgehen, das beschreibt, wie eine kosteneffiziente Datenaufnahme im Betrachtungsbereich dieser Arbeit ausgelegt werden kann.

Die Anforderungsdimension *Datenfusion* beschreibt die Notwendigkeit multimodal erhobene Daten, unter Einbeziehung der Mitarbeitenden, zu fusionieren und in diesem Kontext zu plausibilisieren. Da aktuell kein Ansatz besteht, der die Auslegung einer (multimodalen) Datenaufnahme beschreibt, existieren folglich auch keine Ausführungen zur darauf aufbauenden Fusionierung und Plausibilisierung. Einzelne Ansätze benennen jedoch die Notwendigkeit dazu und führen teilweise für konkrete Einzelfälle Beispiele einer möglichen Fusionsmethode an (BAUERNHANSL ET AL., BAUERNHANSL ET AL., ZHUANG ET AL.) Einzig BLUM nennt allgemein verschiedene konkrete Methoden zur Fusionierung, ohne explizit anzuführen, unter welchen Bedingungen diese Methoden auszuwählen und anzuwenden sind. Folglich besteht in der Literatur keine Beschreibung zur Auswahl passender Fusions- und Plausibilisierungsmethoden.

Die Anforderungsdimension *Infrastruktur* beschreibt die Umsetzung des Datentransfers sowie der Datenspeicherung nach der Aufnahme und Fusion der Datenattribute. HARLAND und LUCKE beschreiben zwar detailliert konkrete Ausgestaltungen der Infrastruktur für den jeweiligen Anwendungsfall, erläutern jedoch nicht, wie die anwendungsfall-unabhängige Auslegung der Infrastruktur erfolgen kann. Alle weiteren bestehenden Ansätze nennen lediglich allgemeine

Punkte zur Infrastruktur. Demzufolge besteht in der Literatur keine Beschreibung zur Auslegung der Infrastruktur eines digitalen Schattens.

3.3 Handlungsbedarf aus der Theorie

In Kapitel 2.3.6 wurde gezeigt, dass die deutsche Branche Werkzeugbau aktuell mit einer Vielzahl Herausforderungen konfrontiert ist, um ihre Wettbewerbsfähigkeit langfristig sicherstellen zu können. Zur Begegnung dieser Herausforderungen können Unternehmen der Branche die Potenziale von Industrie 4.0 nutzen. Der Handlungsbedarf aus der Praxis hat jedoch gezeigt, dass eine nicht ausreichende Verfügbarkeit anforderungsgerechter Datenbasen aktuell die Realisierung von Industrie 4.0-Anwendungsfällen verhindert.

In der Literatur bestehen eine Vielzahl von Ansätzen, die die Erzeugung einer solchen anforderungsgerechten Datenbasis, eines digitalen Schattens, thematisieren. Dies liegt begründet in den signifikanten postulierten Potenzialen von Industrie 4.0 und der zu dessen Realisierung obligatorischen Datenbasis. Basierend auf dem abgeleiteten Anforderungssystem zur Operationalisierung eines digitalen Schattens im Werkzeugbau wurden diese Ansätze beschrieben und bewertet. In den Ansätzen lassen sich verschiedene Aspekte finden, die sich auf einzelne Anforderungen einer Lösung übertragen lassen. Es konnte jedoch gezeigt werden, dass das in Kapitel 2.4 angeführte Praxisdefizit durch keinen der bestehenden Ansätze vollumfänglich adressiert werden kann. Der identifizierte Handlungsbedarf aus der Theorie umfasst insbesondere die nachfolgenden Aspekte:

- Es erfolgt keine Beschreibung eines praktikablen Vorgehens zur Definition des Datenbedarfs für die Realisierung eines formulierten Anwendungsnutzen.
- Die Auswahl anforderungsgerechter Methoden zur Sicherstellung der erforderlichen Datenqualität im digitalen Schatten, auch durch Nutzung der Potenziale multimodaler Datenaufnahme, wird nicht beschrieben.
- Die erforderliche Vernetzungsarchitektur und Datenspeicherung, aufbauend auf der bestehenden Systemlandschaft der Branche Werkzeugbau, wird nicht beschrieben.

Es kann daher abschließend festgehalten werden, dass in der Theorie kein Forschungsansatz besteht, der die Anforderungen vollumfänglich erfüllen kann und somit ein Handlungsbedarf aus der Theorie besteht.

3.4 Detaillierung der Forschungsfrage

Die Kapitel 2.4 und 3.3 haben einen Handlungsbedarf aus der Praxis, respektive aus der Theorie für die Themenstellung der Operationalisierung eines digitalen Schattens in der Branche Werkzeugbau aufgezeigt. So konnte der in der Zielsetzung in Kapitel 1.3 postulierte Forschungsbedarf begründet werden. Die daraus formulierte Forschungsfrage lautet:

Wie muss ein repräsentatives Vorgehen zur Operationalisierung eines branchenspezifischen Datenmodells zu einem anwendungsindividuellen digitalen Schatten gestaltet sein?

Zur Unterstützung der Beantwortung der zentralen Forschungsfrage im Rahmen dieser Arbeit, fordert KUBICEK die Formulierung detaillierender Teilforschungsfragen[489]. Diese werden nachfolgend basierend auf den definierten Anforderungen an einen Ansatz zur Beantwortung der zentralen Forschungsfrage sowie des identifizierten Handlungsbedarfs aus der Theorie abgeleitet.

Das wesentliche Charakteristikum eines digitalen Schattens stellt die lediglich hinreichend genaue Abbildung des betrachteten Prozesses oder Produkts dar. Daraus resultieren für die Operationalisierung die zwei wesentlichen Herausforderungen der Definition des Datenbedarfs sowie der hinreichenden Genauigkeit, mit der diese Daten erfasst werden müssen. Eine Methodik zur Operationalisierung digitaler Schatten im Werkzeugbau muss daher folgende Teilforschungsfrage beantworten:

Wie kann ein branchenspezifisches Datenmodell für den Werkzeugbau auf individuelle Anwendungsfälle in den Unternehmen angepasst werden?

Neben der Definition der zu erfassenden Daten ist in den Unternehmen der Branche Werkzeugbau insbesondere auch die Sicherstellung der anforderungsgerechten Datenqualität als wesentliche Herausforderung bei der Operationalisierung zu benennen. Aus der geringen Ressourcenausstattung der deutschen Werkzeugbauunternehmen leitet sich daher folgende Teilforschungsfrage ab:

Wie kann die erforderliche Datenqualität der aufzunehmenden Daten mit effizienten Maßnahmen sichergestellt werden?

Die Weiterverwertung der aufgenommenen Daten auf Basis der Methoden der Datenanalytik erfordert deren Verfügbarmachung. Hierfür ist nicht nur eine nah am Ort der Datenaufnahme zu erfolgende Datenvorverarbeitung relevant, sondern insbesondere auch die erforderliche Infrastruktur zur Transferierung und Speicherung der Daten, sodass folgende Teilforschungsfrage zu beantworten ist:

Wie erfolgt die Auslegung der erforderlichen Systemarchitektur zur Vorverarbeitung, Transferierung und Speicherung der Daten im Werkzeugbau?

Abschließend gilt es die Anwendbarkeit der Methodik in der betrieblichen Praxis sicherzustellen. Neben einer ausreichenden Praktikabilität ist im Kontext einer wirtschaftlichen Umsetzung insbesondere die Berücksichtigung des Aufwand-Nutzen-Verhältnisses der entwickelten Lösung zu fokussieren. Folglich ist nachfolgende, abschließende Teilforschungsfrage zu beantworten:

Wie kann die Umsetzung der Methodik mit einem hohen Aufwand-Nutzen-Verhältnis und ausreichender Praktikabilität sichergestellt werden?

[489] Vgl. Kubicek (Heuristische Bezugsrahmen), 1977, S. 17-21.

Nachfolgend sollen die an dieser Stelle formulierte Forschungsfragen sowie die detaillierenden Teilforschungsfragen als handlungsleitend für die Konzeptionierung und Detaillierung der Methodik gelten. Kapitel 4, 5 und 7 werden diese Fragen wieder aufgreifen und auf Basis der entwickelten Methodik beantworten.

4 Konzeption der Methodik

In den beiden vorherigen Kapiteln wurde ein Handlungsbedarf aus der Praxis sowie aus der Theorie hergeleitet. Es hat sich gezeigt, dass es an einem Vorgehen fehlt, das den Unternehmen der Branche Werkzeugbau repräsentativ beschreibt, wie die Operationalisierung eines digitalen Schattens anwendungsfallspezifisch erfolgen kann. Somit adressiert der Inhalt dieses Kapitels die Schritte drei, vier und fünf des Forschungsvorgehens nach ULRICH.

Einführend werden in diesem Kapitel die Grundlagen der Methodikentwicklung erläutert. Darauf aufbauend können die Merkmale zur Verwendung der zu entwickelnden Methodik in der Praxis definiert und ein Zielbild für die Operationalisierung von digitalen Schatten im Werkzeugbau formuliert werden. Für die Realisierung des formulierten Zielbildes bedarf es einer Methodik, deren Struktur und Teilschritte aus der Literatur herzuleiten sind. Nach der Herleitung erfolgt die Synthese der einzelnen Schritte zu einer ganzheitlichen Methodik zur Beantwortung der formulierten Forschungsfragen. Für diese entwickelte Methodik erfolgt abschließend der Abgleich mit den in Kapitel 3.1.2 definierten Anforderungen an einen Ansatz im Kontext der Forschungsfrage dieser Arbeit.

4.1 Grundlagen der Methodikentwicklung

Der zu entwickelnde Lösungsansatz zur Beantwortung der formulierten Forschungsfragen basiert auf der in der Management- und Organisationstheorie verankerten Systemwissenschaft[490]. Gemeinsam mit der Modellwissenschaft hat sie sich als Hilfsmittel für die allgemeingültige Lösung komplexer Problemstellungen etabliert[491]. Daher werden nachfolgend die Grundlagen der System- und Modellwissenschaft eingeführt und dargelegt, wie diese in der Entwicklung einer Methodik Anwendung finden.

4.1.1 Systemwissenschaft

In der Systemwissenschaft werden Ansätze bereitgestellt, die die Bearbeitung von komplexen Problemstellungen im Kontext von Systemen ermöglichen[492]. Die zugrundeliegende Theorie beschreibt die „Elemente eines Systems und stellt die Beziehungen zwischen Teil- und Gesamtsystem dar“[493]. Auf diese Weise ermöglicht die Systemwissenschaft die Lösung eines Detailproblems ohne den Verlust eines Gesamtzusammenhangs[494]. Für den Systembegriff existieren in der Literatur verschiedene Definitionen, in Abhängigkeit des fachlichen Fokus der jeweiligen Definition. Die für diese Arbeit geltende Definition nach BRUNS charakterisiert ein System anhand von vier konstituierenden Merkmalen[495]:

[490] Vgl. Ulrich; Hill (Wissenschaftstheoretische Grundlagen), 1976, S. 308-309.

[491] Vgl. Neemann (Schutz gegen Produktimitationen), 2007, S. 33.

[492] Vgl. Patzak (Systemtechnik), 1982, S. 15.

[493] Vgl. Ackermann (Kompetenzzellenbasierte Netze), 2007, S. 19.

[494] Vgl. Winzer (Generic Systems Engineering), 2016, S. 1.

[495] Vgl. Bruns (Systemtechnik), 1991, S. 31.

- Ein System setzt sich aus verschiedenen Elementen zusammen.
- Diese Elemente weisen beschreibbare Eigenschaften auf.
- Die Elemente werden durch Relationen miteinander verknüpft.
- Die Elemente bilden mit ihren Eigenschaften und Relationen eine abgegrenzte Struktur.

Die sich aus diesen vier Merkmalen ergebenden Bestandteile eines Systems sowie dessen Aufbau beschreibt PAULUKUHN wie in Abbildung 4.1 dargestellt.

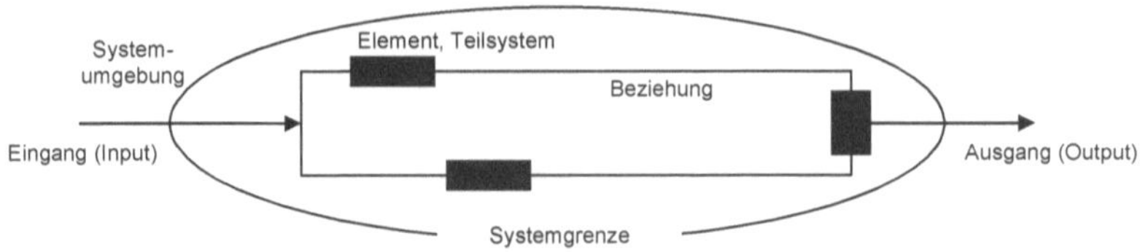

Abbildung 4.1: Aufbau und Bestandteile eines Systems nach PAULUKUHN[496]

Ein System besteht aus der Gesamtheit der in ihm enthaltenen Elemente. Diese Elemente weisen definierte Eigenschaften auf und sind ferner über die Beziehungen zueinander charakterisiert.[497] Die Art der Beziehung zwischen den Elementen ist in der Systemwissenschaft grundsätzlich sehr allgemein betrachtet[498]. Es kann sich dabei sowohl um Informationsbeziehungen handeln als auch um Wirkzusammenhänge, Lage- oder Materialflussbeziehungen. Die Elemente können dabei wiederum selben als einzelne Teilsysteme betrachtet werden.[499] Basierend auf der Zielsetzung des darzustellenden Systems ist die Systemgrenze zu wählen. Ein System wird als geschlossenes System bezeichnet, wenn alle Elemente des betrachteten Systems innerhalb der Systemgrenze liegen. Bestehen darüber hinaus Elemente oder Beziehungen außerhalb der Systemgrenze handelt es sich um ein offenes System. In diesem Fall ist es durch die Definition der Systemgrenze bedingt, dass die Beziehungen zwischen Elementen innerhalb des Systems stärker ausgeprägt sind als zu Elementen außerhalb des Systems. Der Bereich außerhalb des Systems wird als Systemumgebung definiert und steht in wechselseitiger Beeinflussung mit dem System.[500] Die Ein- und Ausgangsgrößen eines Systems sind durch die Aufgaben des Systems determiniert und beeinflussen das Verhalten der Teilsysteme sowie der Beziehungen zwischen diesen wesentlich[501].

[496] Vgl. Paulukuhn (Typologisierung von Entwicklungsprojekten), 2005, S. 84.

[497] Vgl. Patzak (Systemtechnik), 1982, S. 19.

[498] Vgl. Bruns (Systemtechnik), 1991, S. 31.

[499] Vgl. Haberfellner et al. (Systems Thinking), 2019, S. 6.

[500] Vgl. Haberfellner et al. (Systems Thinking), 2019, S. 4-12.

[501] Vgl. Ropohl (Systemtheorie), 2009, S. 75-79.

Über die Grundlagen der Systemwissenschaft heraus definieren HABERFELLNER ET AL. vier Grundgedanken, die Vorgehensprinzipien zur Gestaltung von Systemen formulieren und in Anlehnung an HENSEN an dieser Stelle wiedergegeben werden sollen[502]:

- Dem Vorgehensprinzip *„vom Groben zum Detail"* folgend, basiert eine Systemformulierung auf einer schrittweisen Konkretisierung und Eingrenzung eines Problemfelds. So kann verhindert werden, dass einzelne Elemente oder Teilsysteme eines Systems zu früh oder zu detailliert betrachtet werden.
- Das Vorgehensprinzip der *Variantenbildung* fordert, dass die Systembildung zunächst alle Lösungsmöglichkeiten berücksichtigen sollte und eine Konkretisierung der Problemlösung durch die Bildung von Varianten erst im Nachgang erfolgt.
- Das Vorgehensprinzip der *Gliederung in Projektphasen* definiert ein schrittweises Vorgehen in logisch separierten und zeitlich realistischen Teilarbeitsschritten.
- Das *Vorgehensprinzip des Problemlösungszyklus* beschreibt mit seinen Elementen der Zielsuche, Lösungssuche sowie der Lösungsauswahl ein schematisches Vorgehen zur Lösung definierter Problemstellungen.

Die Nutzung der erläuterten Grundlagen der Systemwissenschaft ermöglicht im Rahmen dieser Arbeit die Übertragung ingenieurwissenschaftlicher Methoden auf benachbarte Fachgebiete und andersherum für die Schaffung einer interdisziplinären Problemlösung[503].

4.1.2 Modellwissenschaft

Ein Modell (ital. Modello=Form, Muster, Entwurf, Vorbild)[504] beschreibt nach MÖHRKE & RUNGE die Abbildung eines Ausschnitts der Realität[505]. Ein solcher Ausschnitt ist nach BANDTE immer vereinfachend und wird ausgehend von einer konkreten Zielsetzung des Modellierers für ein reales oder geplantes System erstellt[506]. Diese Vereinfachung komplexer Zusammenhänge ermöglicht es Aussagen bezüglich der grundlegenden Prozesse des realen Systems und deren Zusammenhänge zu treffen[507]. STACHOWIAK fasst diese Beschreibung in drei den Modellbegriff charakterisierenden Hauptmerkmale der Abbildung, Verkürzung und Pragmatik zusammen[508]. Das *Abbildungsmerkmal* beschreibt ein Modell als Abbild eines natürlichen oder künstlichen Originals. Die Abbildung des Originals erfolgt in einem Modell nach dem *Verkürzungsmerkmal* stets in einer nicht vollumfänglichen Form. Die Erkenntnis, welche der Originalattribute erfasst worden sind, ist nur dem Modellierer bekannt oder durch einen direkten Vergleich

[502] Vgl. Haberfellner et al. (Process Models), 2019, S. 28-54; Hensen (Strategische Auslegung), 2017, S. 100-101.

[503] Vgl. Bruns (Systemtechnik), 1991, S. 1.

[504] Vgl. Ludewig; Lichter (Software Engineering Modelle), 2013, S. 8.

[505] Vgl. Möhrke; Runge (Modelle), 2020, S. 57.

[506] Vgl. Bandte (Komplexität in Organisationen), 2007, S. 199.

[507] Vgl. Wöhe; Döring (Betriebswirtschaftslehre), 2008, S. 12.

[508] Vgl. Stachowiak (Modelltheorie), 1973, S. 131-133.

des Originals mit der Grundgesamtheit seiner Attribute und dem Modell zu erzeugen. Die Auswahl der im Modell abgebildeten Attribute resultiert aus der konkreten Zielsetzung des Modells und wird durch STACHOWIAK im *pragmatischen Merkmal* zusammengefasst.

Für die Klassifikation verschiedener Modelle existieren in der Literatur eine Vielzahl verschiedener Ansätze und Strukturierungen[509]. Ein etablierter Ansatz ist die Klassifizierung anhand des Modellzwecks[510]. PATZAK definiert die vier Kategorien des Beschreibungs-, Erklärungs-, Vorhersage- und Entscheidungsmodells[511]. Ein *Beschreibungsmodell*, auch deskriptives Modell genannt, bildet vorgefundene Zustände ab, ohne Aussagen über die Voraussetzungen des Zustandes oder den Ursache-Wirkungs-Beziehungen zu treffen, die für das Eintreten des Zustandes ursächlich waren[512]. Entsprechende Aussagen sind Teil der *Erklärungsmodelle*, die aufbauend auf den Beschreibungsmodellen Zusammenhänge und Gesetzmäßigkeiten identifizieren. Damit fördern sie das Verständnis eines vorgefundenen Zustands, indem Hypothesen über das Auftreten des Zustandes postuliert werden.[513] Aufbauend auf diesen Hypothesen ermöglicht ein *Vorhersagemodell* die Vorhersage zukünftiger Ausprägungen eines beobachteten Zustandes[514]. Mit Hilfe historischer Daten kann die Qualität der durch das Modell getroffenen Prognose validiert werden[515]. Das *Entscheidungsmodell* hingegen entwickelt unterschiedliche Handlungsalternativen, die auf Basis einer oder mehrerer Zielsetzungen bzw. Nutzenfunktionen bewertet werden können[516]. Abbildung 4.2 fast die eingeführten Modellkategorien mit ihren jeweiligen Zielsetzungen zusammen.

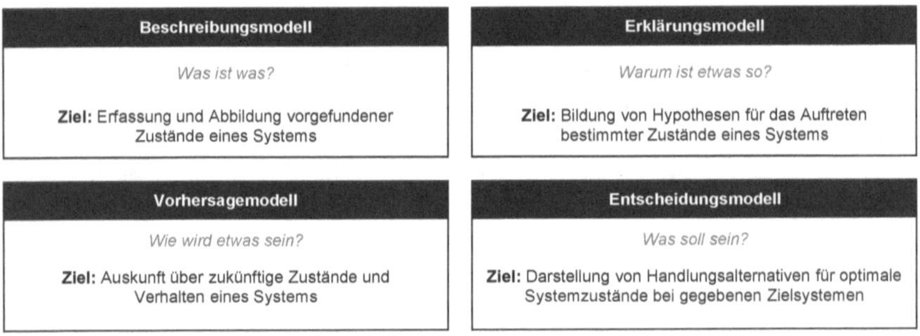

Abbildung 4.2: Klassifizierung von Modellen nach PATZAK[517]

509 Vgl. Bandte (Komplexität in Organisationen), 2007, S. 200.
510 Vgl. Bandte (Komplexität in Organisationen), 2007, S. 205.
511 Vgl. Patzak (Systemtechnik), 1982, S. 313-315.
512 Vgl. Patzak (Systemtechnik), 1982, S. 313.
513 Vgl. Patzak (Systemtechnik), 1982, S. 313.
514 Vgl. Patzak (Systemtechnik), 1982, S. 314.
515 Vgl. Kuhlmann (Corporate Tooling), 2016, S. 131.
516 Vgl. Lehner et al. (Wirtschaftsinformatik), 2008, S. 31-32.
517 I. A. a. Patzak (Systemtechnik), 1982, S. 313-315.

4.1.3 Systeme und Modelle im Rahmen der Methodikentwicklung

Der Begriff Methodik (griech. methodike=Kunst des planmäßigen Vorgehens) beschreibt eine festgelegte Art des Vorgehens[518]. Dabei ist mit diesem Vorgehen stets ausgehend von einem konkreten Praxisproblem die Erreichung eines definierten Zielzustands verbunden[519]. Auf den Kontext dieser Arbeit übertragen, bedeutet dies, dass ein Vorgehen zur Beantwortung der formulierten Forschungsfragen zu entwickeln ist. In Abbildung 4.3 ist das Methodikverständnis dieser Arbeit dargestellt, das sich an LAUFENBERG sowie EHRLENSPIEL & MEERKAMM anlehnt.

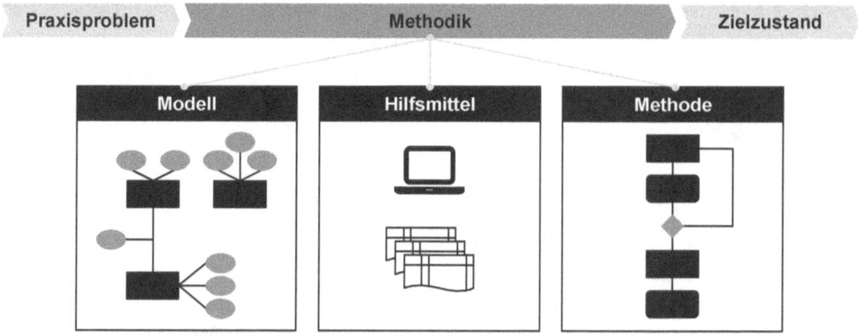

Abbildung 4.3: Methodikverständnis für diese Arbeit[520]

Das Verständnis greift die Grundlagen der Systemwissenschaft insofern auf, als dass das dargestellte Praxisproblem, die Methodik und der Zielzustand ein ganzheitlich zu betrachtendes System aufspannen. Eine Methodik besteht zunächst aus verschiedenen Modellen, Hilfsmitteln und Methoden. Eine Methode ist in der Literatur definiert als die Beschreibung einer Sequenz von Einzelschritten zur Erreichung eines definierten Zielzustands, ausgehend von einem gleichfalls definierten Ausgangszustand[521]. Eine „systematische Gesamtheit von Methoden zur Analyse" eines Problems ist in der Literatur darauf aufbauend als Methodik definiert.[522] LAUFENBERG erweitert diese Definition um die Hinzunahme von Modellen, um die Basis für eine korrekte Auswahl, Ausgestaltung und Anwendung der Methoden in einer Methodik zu schaffen[523]. Darüber hinaus bezeichnet er geeignete Hilfsmittel als zusätzlichen obligatorischen Bestandteil einer Methodik, zur Sicherstellung der Anwendbarkeit der Modelle und Methoden einer Methodik[524].

---

[518] Vgl. Dudenredaktion ("Methodik" auf Duden online), o.J.

[519] Vgl. Ehrlenspiel; Meerkamm (Integrierte Produktentwicklung), 2009, S. 146.

[520] Vgl. Laufenberg (Integrierte Projektgestaltung), 1996, S. 6-7; Ehrlenspiel; Meerkamm (Integrierte Produktentwicklung), 2009, S. 146.

[521] Vgl. Berens et al. (Quantitative Planung), 1994, S. 104.

[522] Vgl. Berens et al. (Quantitative Planung), 1994, S. 104.

[523] Vgl. Laufenberg (Integrierte Projektgestaltung), 1996, S. 6.

[524] Vgl. Laufenberg (Integrierte Projektgestaltung), 1996, S. 6.

4.2 Merkmale zur Verwertung des Forschungsergebnisses

Als Forschungsergebnis dieser Arbeit soll ein Ansatz zur Operationalisierung eines digitalen Schattens in Unternehmen der Branche Werkzeugbau entwickelt werden. Hierfür ist sowohl ein Zielbild als auch eine Methodik zur Umsetzung des Zielbilds in der Praxis zu beschreiben. Gemäß des in Kapitel 1.4 formulierten Forschungsverständnisses ist er erforderlich die Verwertung des zu entwickelnden Forschungsergebnisses in der Praxis sicherzustellen, bzw. als handlungsleitend während der Erstellung zu betrachten. Daher werden nachfolgend die erforderlichen Merkmale zur Verwertung des Forschungsergebnisses dargestellt. KOMOREK definiert hierfür die Dimensionen *reales System*, *Zielsetzung*, *Anwender* und *Zeitraum der Nutzung*[525]. Dafür greift er auf die Fragen zurück, die STACHOWIAK folgend ein Model beantworten muss, um sein pragmatisches Merkmal zu erfüllen. Dabei handelt es sich um die Fragen, „wovon etwas Modell ist, für wen, wann und wozu es Modell ist“[526].

4.2.1 Reales System

Das reale System, auf welches das Forschungsergebnis Bezug nimmt und anzuwenden ist, stellt der in Kapitel 2.3 mit seinen Charakteristika beschriebene Betrachtungsbereich dieser Arbeit, die Branche Werkzeugbau dar. Der Fokus liegt dabei auf der prozessualen Betrachtung der Auftragsabwicklung vor dem Hintergrund des Datenbedarfs spezifischer Anwendungsfälle von Industrie 4.0. Eingrenzend ist festzuhalten, dass zwar sowohl markt- als auch wertschöpfungsseitige Anwendungsfälle entlang der Auftragsabwicklung in der Methodik adressiert werden, jedoch beschränken sich die Inhalte des Forschungsergebnisses auf die Abbildung des unternehmensintern zu bedienenden Datenbedarfs der Anwendungsfälle. Datenattribute, die außerhalb der Unternehmensgrenze erzeugt werden, werden nicht fokussiert. Darüber hinaus sind die zur Umsetzung der Anwendungsfälle erforderlichen Aspekte und Schritte nicht Teil des Gestaltungsbereichs des Forschungsergebnisses. Dies betrifft insbesondere die für die Operationalisierung eines marktseitigen Anwendungsfalls erforderliche Definition eines Ertrags-, bzw. vollständigen Geschäftsmodells sowie weitere implementierungskritische Aspekte, wie erfolgreiches Change-Management oder die der Auswahl der Anwendungsfälle zugrundeliegende Unternehmensstrategie.

4.2.2 Zielsetzung

Zielsetzung des Forschungsergebnisses ist es, dem Praktiker aus Unternehmen der Branche Werkzeugbau ein Vorgehen zur Schaffung eines digitalen Schattens zu bieten. Aufbauend auf dem in Kapitel 4.2.1 beschriebenen realen System bedeutet dies, dass diese Zielsetzung in jedem Fall mit der Kenntnis über den umzusetzenden Anwendungsfall verbunden ist. Wie im Handlungsbedarf gezeigt, besteht in der Literatur bereits detaillierte Kenntnis über die Heran-

---

[525] Vgl. Stachowiak (Modelltheorie), 1973, S. 132-133; Komorek (Kollaborative Wertschöpfung), 2014, S. 96.

[526] Vgl. Stachowiak (Modelltheorie), 1973, S. 133.

gehensweise zur Analyse und Konzeptionierung von Industrie 4.0-Anwendungsfällen im Werkzeugbau. Hierzu sei exemplarisch auf SALMEN[527], SCHULTES[528] und STRACKE[529] verwiesen. Die Verfügbarkeit dieser konkreten Anwendungsfälle dient dieser Arbeit folglich als Voraussetzung. Die Methodik soll dabei alle im Rahmen der Operationalisierung aufkommenden konzeptionellen Fragestellungen beantworten können. Darüber hinaus soll auch eine Teilverwendung der Methodik ermöglicht werden, um unternehmensindividuelle Randbedingungen in einem optimalen Umfang berücksichtigen zu können. Dafür müssen die Teilschritte der Methodik überschneidungsfrei definiert sein und insbesondere die Abhängigkeiten zwischen den Teilschritten durch Darstellung der jeweiligen Eingangs- und Ausgangsgrößen klar beschrieben sein.

Die Zielsetzung im Kontext der Verwertbarkeit des Forschungsergebnisses ist explizit nicht äquivalent zur der in Kapitel 1.3 und Kapitel 3.4 dargestellten Zielsetzung des Forschungsergebnisses.

4.2.3 Anwender

Anwender des Forschungsergebnisses sind alle Personen in Werkzeugbaubetrieben, die sich mit dem Gestaltungsbereich dieser Arbeit in der Praxis befassen. Dies bezieht sich insbesondere auf Personen, die mit der operativen Umsetzung der digitalen Vernetzung in Werkzeugbaubetrieben betraut sind. Dies können Digitalisierungsbeauftragte, Meister oder Abteilungsleiter sein. Gleichzeitig umfasst dies jedoch auch Mitarbeitende der IT-Abteilung, die aus der Methodik die produktionstechnischen Anforderungen an die Elemente der informationstechnischen Infrastruktur des Unternehmens ableiten können. Ferner ist es eine Zielsetzung des Forschungsergebnisses auch eine ausschnittsweise Betrachtung und Anwendung der Methodik zu ermöglichen. Daraus resultiert die Tatsache, dass Anwender nicht nur im Bereich der operativen Tätigkeiten zu finden sind. Vielmehr kann die Methodik auch strategischen Entscheidungsträgern, wie Geschäftsführern, Werkzeugbau- und technischen Leitern, dabei helfen ein Verständnis für die Notwendigkeit sowie die Charakteristika der multimodalen Datenaufnahme und -fusion zu erhalten.

4.2.4 Zeitraum der Nutzung

Der Zeitraum zur Nutzung des Forschungsergebnisses ist zunächst als unbegrenzt zu erachten. Die entwickelten Modelle, Hilfsmittel und Methoden als Bestandteile der Methodik leiten sich aus den dargestellten Handlungsbedarfen in Praxis und Theorie ab. Entsprechend behalten diese ihre Gültigkeit, solange die Handlungsbedarfe in ihrer in dieser Arbeit definierten Form bestehen. Sollte sich in Zukunft, bspw. durch eine technologische Weiterentwicklung insbesondere der Handlungsbedarf in der Praxis verändern, kann unter Umständen auch die

[527] Vgl. Salmen (Digital vernetzter Shopfloor), 2016.

[528] Vgl. Schultes (Digitale Lieferantenvernetzung im Werkzeugbau), 2020.

[529] Vgl. Stracke (Vernetzter und synchronisierter Serienanlauf), 2021.

Anwendbarkeit dieser Methodik nicht mehr gegeben sein. Explizit zu nennen sind dabei signifikante Veränderungen im Leistungsangebot oder Wertschöpfungsprozess der Werkzeugbaubetriebe. Ein exakter Zeitpunkt für ein mögliches Ende der Anwendbarkeit des Forschungsergebnisses ist a priori nicht festlegbar. Daher ist vor Anwendung der Methodik in der Praxis durch den in Kapitel 4.2.3 definierten Anwender zu prüfen, ob die bei der Entwicklung des Forschungsergebnisses angenommenen Rahmenbedingungen zum Zeitpunkt der geplanten Anwendung weiterhin Gültigkeit besitzen.

4.3 Zielbild der Operationalisierung digitaler Schatten im Werkzeugbau

Die Kapitel 2.4 und 3.3 haben gezeigt, dass die Operationalisierung eines digitalen Schattens die Unternehmen der Branche Werkzeugbau sowohl in der Praxis als auch in der Theorie vor Herausforderungen stellt, für die bisher keine Lösung besteht. Wie in den theoretischen Grundlagen zu Systemen und Modellen im Rahmen der Methodikentwicklung dargelegt, gilt für die Formulierung von Lösungshypothesen die Existenz eines durch diese Hypothesen zu adressierenden Zielzustandes als wesentliche Grundvoraussetzung[530]. Nachfolgend wird ein solcher Zielzustandes in Form des Zielbilds der Operationalisierung digitaler Schatten im Werkzeugbau dargestellt. Die in den anschließenden Kapiteln entwickelte Methodik greift dieses Zielbild auf und beschreibt für die Unternehmen der Branche Werkzeugbau das Vorgehen zur Abbildung dieses Zielbilds in der betrieblichen Praxis. Abbildung 4.4 zeigt das auf Basis der eingeführten theoretischen Grundlagen des digitalen Schattens entwickelte Zielbild.

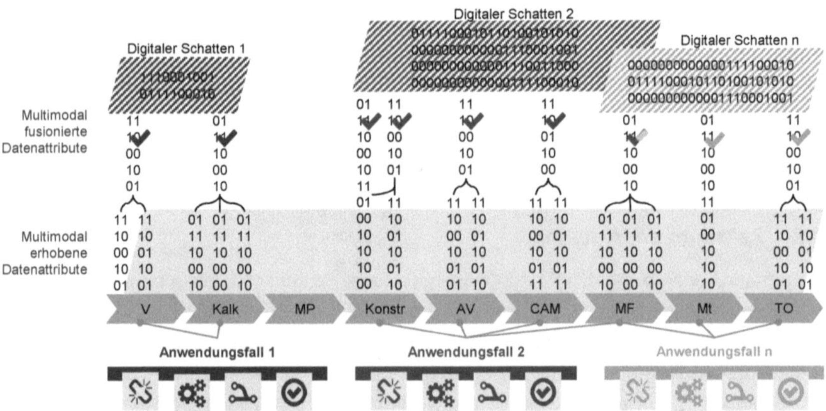

Legende: V=Vertrieb, Kalk=Kalkulation; MP=Methodenplanung; Konstr=Konstruktion; AV=Arbeitsvorbereitung; CAM=CAM-Programmierung; MF=mechanische Fertigung; Mt=Montage; TO=Try-out; ✔=Datenqualität entsprechend der Anwendungsanforderungen; [Symbole]=Dimensionen des Informationsbedarfs; [Symbol]=Datenstrom; [Symbol]=Fusion mehrerer Datenströme;

Abbildung 4.4: Zielbild der Operationalisierung digitaler Schatten[531]

[530] Vgl. Ehrlenspiel; Meerkamm (Integrierte Produktentwicklung), 2009, S. 22.

[531] Eigene Darstellung.

Das Vorgehen zur Operationalisierung digitaler Schatten im Werkzeugbau erfordert ein neuartiges Verständnis für die digitale Erfassung von Datenattributen bei den Werkzeugbaubetrieben. Bisher erfolgte die Datenaufnahme im Werkzeugbau in der Regel ohne Fokus auf den, durch die Daten zu generierenden, Nutzen und die daraus resultierenden Anforderungen an die Datenaufnahme. Den Ausgangspunkt für das erforderliche Verständnis der Datenaufnahme stellt daher in jedem Fall der im unteren Bereich des Zielbilds dargestellte konkrete Anwendungsfall, bzw. ein konkretes Potenzial dar. Für jeden dieser Anwendungsfälle ist entsprechend der eingeführten Definition ein separater digitaler Schatten zu erzeugen, die jedoch teilweise auf dieselben Daten zurückgreifen können. Da in der gezeigten Abbildung bspw. die Anwendungsfälle 2 und n im Bereich der mechanischen Fertigung dieselben Datenbedarfe und Datenqualitätsanforderungen aufweisen, überschneiden sich die entsprechenden digitalen Schatten 2 und n an entsprechender Stelle.

Zur Erfüllung der Anforderungen einer hinreichenden Genauigkeit der Abbildung eines Prozesses oder Objekts im digitalen Schatten ist für einen solchen Anwendungsfall der Informationsbedarf zu formulieren. Dieser dient dazu den erforderlichen Datenbedarf sowie dessen -qualität abzuleiten. Zur effizienten Sicherstellung dieser Datenqualität müssen die Unternehmen, abweichend zum Status quo, zukünftig die Potenziale einer multimodalen Erfassung der definierten Datenattribute realisieren, die auf Hardware- genauso wie auf Software-Sensoren zurückgreift. Durch die Auswahl von bisher in der Praxis ebenfalls nicht zu findenden anforderungsgerechten Plausibilisierungsmethoden kann im Rahmen der multimodalen Datenfusion die Plausibilität und Konsistenz sichergestellt werden. Aus der Datenfusion resultiert ebenfalls eine zukünftig entsprechend auszulegende veränderte Hardwareinfrastruktur.

4.4 Ordnungsrahmen für die Methodik

Die zu entwickelnde Methodik dient den in Kapitel 4.2.3 definierten Anwendern als Anleitung zur Operationalisierung digitaler Schatten entsprechend dem dargestellten Zielbild. Für die fundierte und vollständige Entwicklung einer solchen Anleitung zur Operationalisierung digitaler Schatten im Werkzeugbau, wie diese im Zielbild dargestellt worden ist, bedarf es der wissenschaftlichen Herleitung eines Ordnungsrahmens innerhalb dessen die Schritte der Methodik entwickelt werden.

Für die Herleitung der Phasen wurden zum einen die in Kapitel 3.2 bereits eingehend vorgestellten Ansätze aus dem Bereich der Produktionstechnik zur Erzeugung einer digitalen Datenbasis betrachtet. Teilweise beschreiben diese jedoch kein Vorgehen zur Operationalisierung digitaler Schatten, sondern lediglich einzelne Elemente aus dem Gestaltungsbereich. Folglich wurden zusätzlich weitere Ansätze betrachtet, die die Potenziale multimodaler Datenaufnahme und -fusion bereits erfolgreich in anderen Betrachtungsbereichen als dem dieser Arbeit verwenden[532]. Für alle Ansätze wurde evaluiert, welche Schritte im Rahmen der Operationalisierung einer Datenerfassung durchlaufen werden. Abbildung 4.5 zeigt das Ergebnis

[532] Vgl. Bauernhansl et al. (WGP-Standpunkt Industrie 4.0), 2016, S. 27.

dieser Untersuchung sowie die daraus resultierende Ableitung des Ordnungsrahmens dieser Methodik.

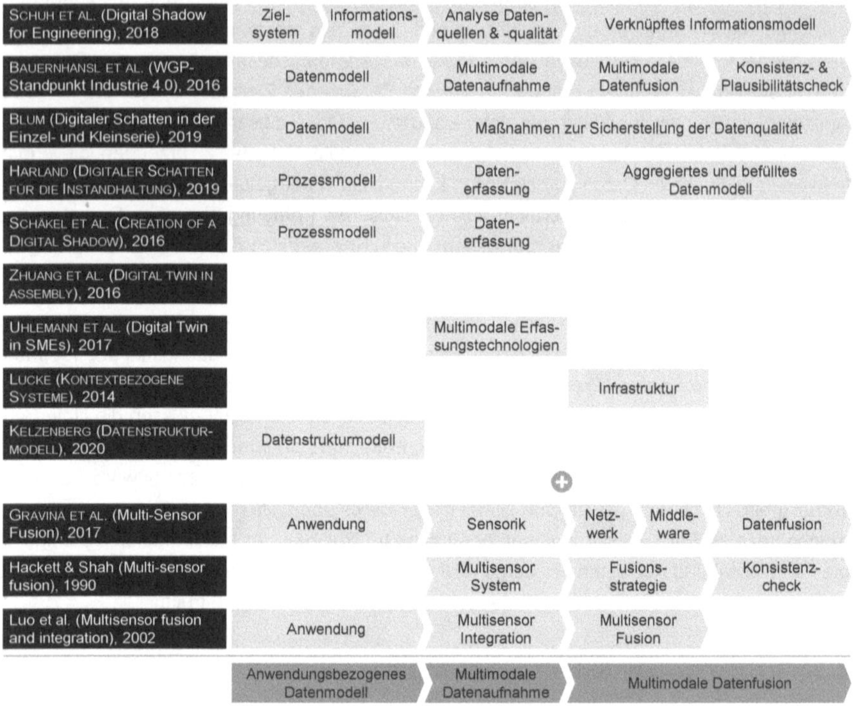

Abbildung 4.5: Herleitung des Ordnungsrahmens der Methodik[533]

Es zeigt sich, dass bei allen Ansätzen, welche die Erzeugung eines digitalen Schattens prozessual beschreiben, das Vorgehen durch die Beschreibung der erforderlichen Datenattribute initiiert wird. Inhaltlich und hinsichtlich ihrer Konkretheit bestehen bei den Ansätzen gewisse Unterschiede, die wesentlich aus den konkreten Betrachtungsbereichen der Arbeiten resultieren. Eine exponierte Stellung nimmt dabei die Arbeit von KELZENBERG ein. Diese beschreibt für den Betrachtungsbereich dieser Arbeit, den Auftragsabwicklungsprozess der Unternehmen

[533] Vgl. Schuh et al. (Digital Shadow for Engineering), 2018, S. 3; Bauernhansl et al. (WGP-Standpunkt Industrie 4.0), 2016, S. 26-27; Blum (Digitaler Schatten in der Einzel- und Kleinserie), 2019, S. 87; Schäkel et al. (Digital Shadow of Thermoplastic Composite Layers), 2018; Harland (Digitaler Schatten für die Instandhaltung), 2019, S. 102-105; Zhuang et al. (Digital twin in assembly), 2018; Uhlemann et al. (Digital Twin in SMEs), 2017, S. 337-340; Lucke (Ad hoc Informationsbeschaffung), 2014; Gravina et al. (Multi-sensor fusion), 2017, S. 75; Kelzenberg (Datenstrukturmodell), 2020; Hackett; Shah (Multi-sensor fusion), 1990, S. 1324-1326; Luo et al. (Multisensor fusion and integration), 2002, S. 109-111.

der Branche Werkzeugbau, ein konkretes Datenmodell. Dieses Datenmodell bildet im Gegensatz zu den übrigen Ansätzen jedoch weder die für einen digitalen Schatten definitorisch geltende Bezug zu einem spezifischen Anwendungsfall noch eine über Kriterien der Datenqualität abgebildete hinreichende Genauigkeit der Daten ab. Folglich stellt die Bildung eines *anwendungsfallspezifischen Datenmodells* auch für diese Arbeit die initiale Phase der Methodik dar.

Anschließend beschreiben ebenfalls alle Ansätze die Ausgestaltung der Erhebung des definierten Datenbedarfs. Insbesondere in informationstechnischen Arbeiten ist die Nutzung einer multimodalen Datenaufnahme, wie sie in Kapitel 2.1.1.2 detailliert erläutert wurde, ein etablierter Bestandteil der Datenerhebung. BAUERNHANSL ET AL. und UHLEMANN ET AL. übertragen diese Potenziale zur Schaffung einer validen Datenbasis auf die Produktionstechnik. BLUM betrachtet ebenfalls die multimodale Datenaufnahme als einen Teilaspekt zur Sicherstellung der Datenqualität, wie in Kapitel 3.2.2.3 ausführlich beschrieben. Die Auslegung der *multimodalen Datenaufnahme* stellt somit die zweite Phase der zu entwickelnden Methodik dar.

Resultierend aus dem Konzept der multimodalen Datenaufnahme beschreiben fünf der Ansätze anschließend die *Datenfusion*. GRAVINA ET AL. heben darüber hinaus die Bedeutung der zur Fusion erforderlichen Infrastruktur in Form des Netzwerks und der Middleware hervor. Die von BAUERNHANSL ET AL. sowie HACKET & SHAH angeführte Durchführung eines Konsistenzchecks nach der Fusionierung der Sensordaten ist im operativen Kontext Teil der verwendeten Methoden zur Datenfusion[534]. Somit werden die genannten Schritte zur abschließenden Methodikphase der multimodalen Datenfusion zusammengefasst.

Die für die weitere Ausgestaltung der Methodik zur Operationalisierung digitaler Schatten im Werkzeugbau relevanten Phasen sind somit das *anwendungsfallbezogene Datenmodell*, die *multimodale Datenaufnahme* sowie die *multimodale Datenfusion*.

4.5 Grobkonzept der Methodik

Die hergeleiteten Phasen der Methodik dienen als Ordnungsrahmen für die einzelnen Methodikschritte. Diese Schritte werden nachfolgend unter Verwendung der eingeführten Grundlagen des Gestaltungs- und Betrachtungsbereich aus dem Ordnungsrahmen hergeleitet. Innerhalb der einzelnen Schritte sind vorgegebene Aufgaben unter Verwendung methodischer und instrumenteller Hilfsmittel zu bearbeiten, die der Realisierung zu erreichender Ergebnisse dienen[535]. Die exemplarische Darstellung eines Methodikschritts ist in Abbildung 4.6 gezeigt.

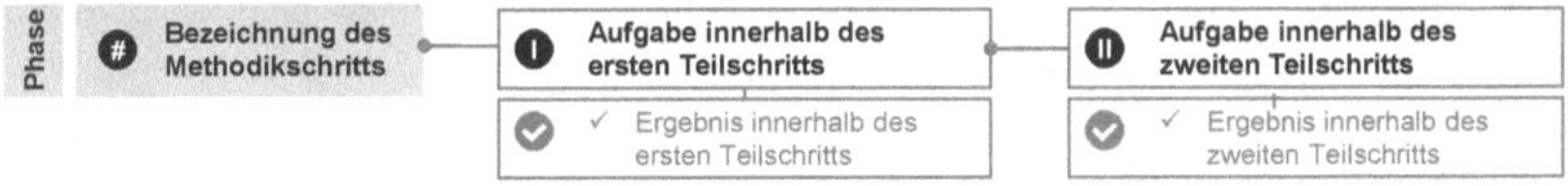

Abbildung 4.6: Exemplarische Darstellung eines Methodikschritts[536]

[534] Vgl. Catalá Prat (Sensordatenfusion), 2011, S. 68.

[535] Vgl. Kuhlmann (Corporate Tooling), 2016, S. 137.

[536] Eigene Darstellung.

Die Erläuterung der Methodikschritte erfolgt anhand der jeweiligen Aufgaben, der damit zu erreichenden Ergebnisse sowie der zugrundeliegenden Vorgehensweise. Die Betrachtung der dabei angewendeten Hilfsmittel erfolgt im Rahmen der Detaillierung der Vorgehensweise im jeweiligen Unterkapitel von Kapitel 5.

4.5.1 Schritte der Phase A – Anwendungsfallbezogenes Datenmodell

In der Phase A – Anwendungsfallbezogenes Datenmodell wird die Grundlage für die Operationalisierung des digitalen Schattens geschaffen. Die Phase umfasst die Definition des Informationsbedarfs sowie die Aggregation des Zielsystems. Beide Schritte werden nachfolgend mit ihren jeweiligen Zielsetzungen sowie Inhalten eingeführt.

4.5.1.1 Schritt A.1 – Definition Informationsbedarf

Das Ziel des ersten Methodikschritts ist die Definition des durch den digitalen Schatten abzubildenden Informationsbedarfs. Der Betrachtungsbereich dieser Arbeit setzt das Vorhandensein eines konkreten Industrie 4.0-Anwendungsfalls voraus. Entsprechend dient der erste Methodikschritt dazu, eine sinnvolle Verknüpfung zwischen einem erarbeiteten Anwendungsfall und der Operationalisierung des digitalen Schattens zu etablieren. Schritt A.1 und die darin enthaltene Aufgabe sind in Abbildung 4.7 dargestellt und werden nachfolgend beschrieben.

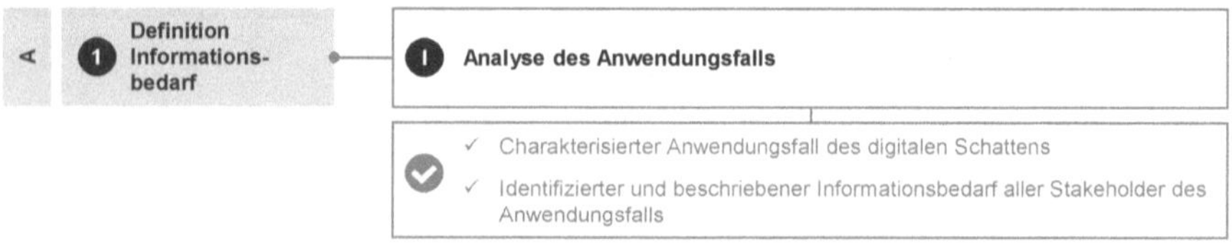

Abbildung 4.7: Schritt A.1 – Definition Informationsbedarf[537]

Die wesentliche Schnittmenge zwischen einem Industrie 4.0-Anwendungsfall und einem digitalen Schatten stellt der Informationsbedarf des Anwendungsfalls dar. Entsprechend der Wissenspyramide bildet die Informationsebene die Grundlage für die Generierung des erforderlichen Wissens zur Realisierung des Anwendungsnutzens eines Industrie 4.0-Anwendungsfalls. Diese Informationsebene wird wiederum durch die Datenebene, die der digitale Schatten bereitstellt, bedient. Folglich ist zur Formulierung des Datenbedarfs eines digitalen Schattens zunächst der Informationsbedarf des Anwendungsfalls zu identifizieren. Dies erfolgt, indem zunächst der Anwendungsfall entsprechend den Anforderungen der nachfolgenden Operationalisierung des digitalen Schattens charakterisiert wird. Aus diesen Anforderungen könnten anschließend die Informationsbedarfe alle relevanten Stakeholder des Anwendungsfalls abgeleitet werden.

[537] Eigene Darstellung.

4.5.1.2 Schritt A.2 – Aggregation Zielsystem

Die Ergebnisse der Definition des Informationsbedarfs müssen anschließend genutzt werden, um das Zielsystem für den digitalen Schatten aufzustellen. Folglich überführt der Methodikschritt A.2 die Ergebnisse des Schritts A.1 von der Informations- auf die Datenebene der Wissenspyramide. Hierzu bedarf es den zwei in Abbildung 4.8 dargestellten Teilschritten der Individualisierung des Datenmodells sowie der Relevanzbewertung der Datenattribute.

Abbildung 4.8: Schritt A.2 – Bildung Zielsystem[538]

Die Individualisierung des Datenmodells hat zum Ziel alle im digitalen Schatten abzubildenden Datenattribute zu identifizieren. Dies erfolgt aufbauend auf dem bestehenden Datenstrukturmodell nach KELZENBERG für die Auftragsabwicklung von Werkzeugbaubetrieben[539]. Im Ergebnis erhält der Anwender nach Abschluss der ersten Teilaufgabe eine validierte Bedienung des formulierten Informationsbedarfs durch das Datenangebot des digitalen Schattens. Für die hinreichend genaue Abbildung der Realität im digitalen Schatten ist jedoch nicht einzig die vollständige Kenntnis über die erforderlichen Datenattribute erforderlich, sondern gleichfalls deren Bedeutung für den Anwendungsnutzen. Daher erfolgt in der zweiten Teilaufgabe des Methodikschritts eine Relevanzbewertung der Attribute für die Nutzenrealisierung.

4.5.2 Schritte der Phase B – Multimodale Datenaufnahme

Phase B der Methodik zur Operationalisierung von digitalen Schatten im Werkzeugbau entwickelt für das in Phase A entwickelte Zielsystem für die Operationalisierung eines digitalen Schattens die anforderungsgerechte Datenerhebung. Hierzu bedarf es zunächst einer Definition des Datenerhebungsbedarfs als Differenzmenge aus den identifizierten Attributen des Datenmodells des digitalen Schattens sowie den bereits im Werkzeugbaubetrieb vorhandenen Datenattributen. Anschließend ist für den identifizierten Erhebungsbedarf die entsprechende Datenerfassung auszulegen.

---

538 Eigene Darstellung.

539 KELZENBERG bezeichnet das Ergebnis seiner Arbeit als Datenstrukturmodell (siehe Kapitel 3.2.2.10). Im Sinne einer einheitlichen Benennung innerhalb dieser Arbeit wird in Anlehnung an den von BAUERNHANSL ET AL. verwendeten Begriff des Datenmodells die hier verwendete Arbeit von KELZENBERG ebenfalls als Datenmodell bezeichnet. Vgl. Bauernhansl et al. (WGP-Standpunkt Industrie 4.0), 2016, S. 26.

4.5.2.1 Schritt B.3 – Definition Datenerhebungsbedarf

Die Definition des Datenerhebungsbedarfs hat die Bedienung des im Datenmodell abgebildeten Datenbedarfs durch eine anforderungsgerechte Datenerhebung zum Ziel. Dazu sind die zwei in Abbildung 4.9 dargestellten Teilaufgaben der Aufnahme der Datenanforderungen sowie der Untersuchung der vorhandenen Daten auszuführen.

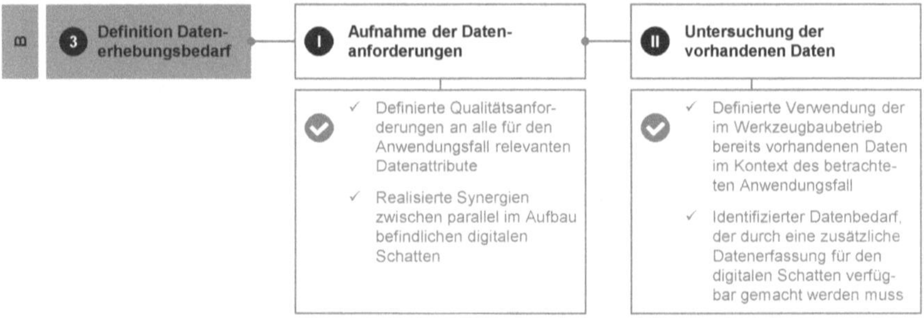

Abbildung 4.9: Schritt B.3 – Aufnahme Datenanforderungen[540]

Die Aufnahme der Datenanforderungen erfolgt basierend auf der definierten Relevanz der einzelnen Datenattribute für den Anwendungsnutzen sowie den geplanten Verarbeitungsmethoden der Datenattribute im Anwendungsfall. Daraus ergeben sich standardisiert benennbare Qualitätsanforderungen für alle Datenattribute. Außerdem hat diese Teilaufgabe zum Ziel, Synergien zu eventuell parallel im Aufbau befindlichen weiteren digitalen Schatten zu realisieren. Mit dem formulierten Datenbedarf aus Methodikschritt A.2 sowie den definierten Anforderungen an diese Datenattribute aus der ersten Teilaufgabe, kann der Anwender in der zweiten Teilaufgabe dieses Methodikschritts den Datenerhebungsbedarf ableiten. Hierzu sind die bereits im Unternehmen vorhandenen Datenattribute zu identifizieren und hinsichtlich ihres Erfüllungsgrads der definierten Qualitätsanforderungen zu bewerten. Die Differenzmenge aus dem bewerteten Datenbedarf sowie den Charakteristika des bestehenden Datenangebots bildet folglich den zusätzlichen Datenerhebungsbedarf, der zur hinreichend genauen Abbildung der Realität im digitalen Schatten durch anforderungsgerechte Methoden erhoben werden muss.

4.5.2.2 Schritt B.4 – Auslegung Datenerfassung

Schritt B.4 dieser Methodik legt für den im vorherigen Methodikschritt abgeleiteten Datenerhebungsbedarf die konkrete Datenerfassung aus. Folglich ist das Ergebnis dieses Methodikschritts die vollständige Bereitstellung der erhobenen Werte aller erforderlichen Attribute des Datenerhebungsbedarfs. Hierzu sind die in Abbildung 4.10 dargestellten Teilaufgaben Erarbeitung des Erhebungskonzepte sowie Ausgestaltung der Gesamtdatenerhebung durch den Anwender der Methodik zu bearbeiten.

[540] Eigene Darstellung.

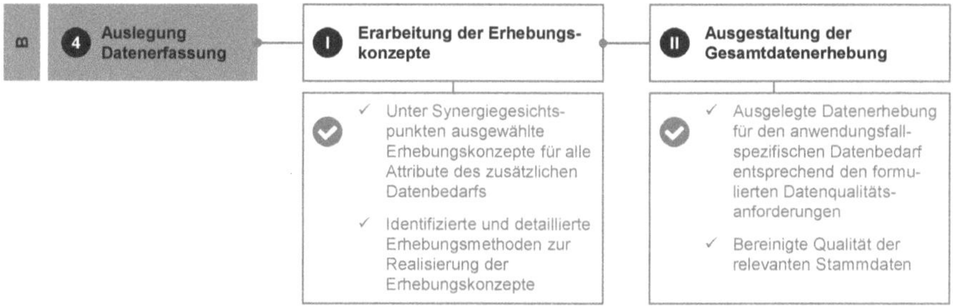

Abbildung 4.10: Schritt B.4 – Auslegung Datenerfassung[541]

Die Erarbeitung der Erhebungskonzepte erfolgt zunächst unter separierter Betrachtung der einzelnen Datenattribute des Datenerhebungsbedarfs. Dabei wird basierend auf den Charakteristika der Datenattribute und deren Bedeutung für den Anwendungsnutzen das jeweils anforderungsgerechte Erhebungskonzept ausgewählt. In diesem ist festzulegen, welche Datenattribute mit verschiedenen möglichen Ausprägungen der Multimodalität zu erfassen sind und welche Datenattribute durch die Erfassung einer einzelnen Messgröße bestimmt werden. Aus dieser datenattributsspezifischen Erarbeitung potenzieller Erhebungskonzepte sind unter Synergieaspekten einer ganzheitlichen Betrachtung die optimalen Konzepte für jedes Datenattribut auszuwählen. Den ausgewählten Konzepten sind wiederum verschiedene mögliche Erhebungsmethoden zuzuordnen. Die Ausgestaltung der Gesamtdatenerhebung bildet aus den verschiedenen Erhebungskonzepten und -methoden der einzelnen Datenattribute Erhebungskonzeptvarianten, die eine Optimierung der Gesamtdatenerhebung ermöglichen. Außerdem sind die im Datenmodell enthaltenen Stammdaten, die bisher nicht die erforderliche Datenqualität aufweisen, zu bereinigen.

4.5.3 Schritte der Phase C – Multimodale Datenfusion

Phase C stellt die abschließende Phase der Operationalisierung eines digitalen Schattens dar und umfasst das funktionale sowie das architektonische Fusionsmodell. Nach dem Durchlaufen dieser Phase hat der Anwender der Methodik erfolgreich einen digitalen Schatten im Werkzeugbau operationalisiert.

4.5.3.1 Schritt C.5 – Auslegung funktionales Fusionsmodell

Das funktionale Fusionsmodell hat zur Aufgabe die Korrektheit der durch die Gesamtdatenerhebung bereitgestellten Werte der Datenattribute sicherzustellen. Dies umfasst die zwei in Abbildung 4.11 dargestellten Teilaufgaben der Integration der Datenquellen sowie der Gestaltung der Datenfusion.

[541] Eigene Darstellung.

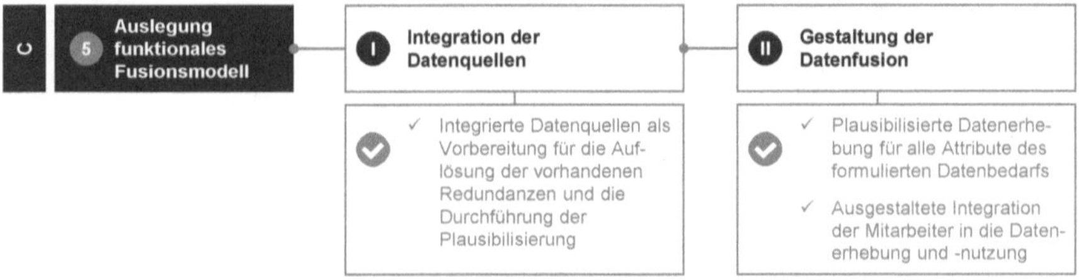

Abbildung 4.11: Schritt C.5 – Auslegung funktionales Fusionsmodell[542]

Die verschiedenen im digitalen Schatten abgebildeten Datenattribute werden häufig an verschiedenen Speicherorten und in verschiedenen Formaten gespeichert. Daher bedarf es einer Integration der unterschiedlichen Datenquellen, sodass eine Verarbeitung der Werte möglich wird. Die Datenfusion kann diese Ergebnisse nutzen und die Plausibilisierung der erhobenen Werte der Datenattribute sicherstellen. Dies inkludiert die Auflösung der Redundanzen der multimodal erhobenen Datenattribute. Außerdem erfolgt in dieser Teilaufgabe die Integration der Mitarbeitenden in den Plausibilisierungsprozess.

4.5.3.2 Schritt C.6 – Auslegung architektonisches Fusionsmodell

Das architektonische Fusionsmodell setzt die erforderliche Hardware- und Softwareinfrastruktur um, die für die erfolgreiche Implementierung der Ergebnisse der vorherigen Methodikschritte notwendig ist. Dazu müssen in diesen Schritt die in Abbildung 4.12 dargestellten Teilaufgaben der Gestaltung der Datenverarbeitung und -speicherung sowie der Auslegung der Middleware durch den Anwender der Methodik bearbeitet werden.

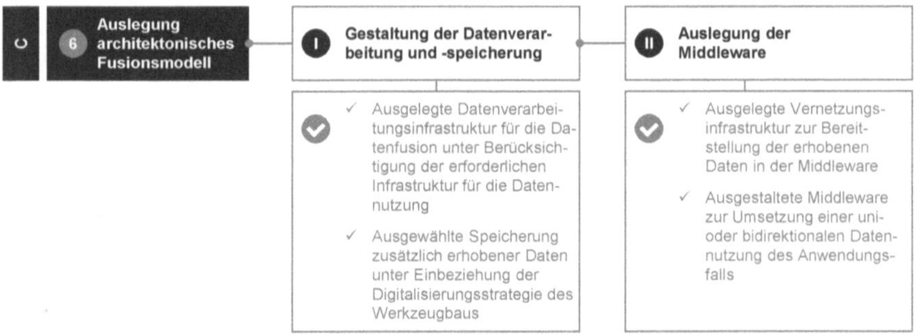

Abbildung 4.12: Schritt C.6 – Auslegung architektonisches Fusionsmodell[543]

Die Gestaltung der Datenverarbeitung und -speicherung legt zunächst die anforderungsgerechten Orte für die Datenverarbeitung fest. Außerdem wird der Ort an dem Daten gespeichert werden basierend auf den Anforderungen des Anwendungsfalls sowie der Datenschutzanfor-

542 Eigene Darstellung.

543 Eigene Darstellung.

derungen des Unternehmens zwischen einer cloudbasierten Lösung und lokalen Servern ausgewählt. Darauf aufbauend erfolgt die Auslegung der erforderlichen Infrastruktur, die die erhobenen Daten entsprechend den definierten Integrationsregeln übersetzt sowie die Daten zu den ausgewählten Verarbeitungs- und Speicherorten transferiert und der Middleware zur Aggregation bereitstellt. Beide Teilaufgaben sind aufgrund der Grundsätzlichkeit der dabei getroffenen Entscheidungen sowie der eventuell notwendigen umfassenden Investitionstätigkeit im Einklang mit der Digitalisierungsstrategie des Werkzeugbaubetriebs zu bearbeiten.

4.6 Synthese und Abgleich der Anforderungen

Die Methodik zur Operationalisierung von digitalen Schatten im Werkzeugbau besteht aus den drei Phasen *anwendungsfallbezogenes Datenmodell*, *multimodale Datenaufnahme* und *multimodale Datenfusion*, die sich aus dem in Kapitel 4.4 entwickelten Ordnungsrahmen ableiten. Die drei Phasen enthalten tiefergehend jeweils ein oder zwei Methodikschritte, die mit ihren Teilaufgaben die definierten Ziele erarbeiten. Abbildung 4.13 zeigt die in den vorangegangenen Unterkapiteln entwickelten Teilschritte der Methodik in einem aggregierten Schaubild.

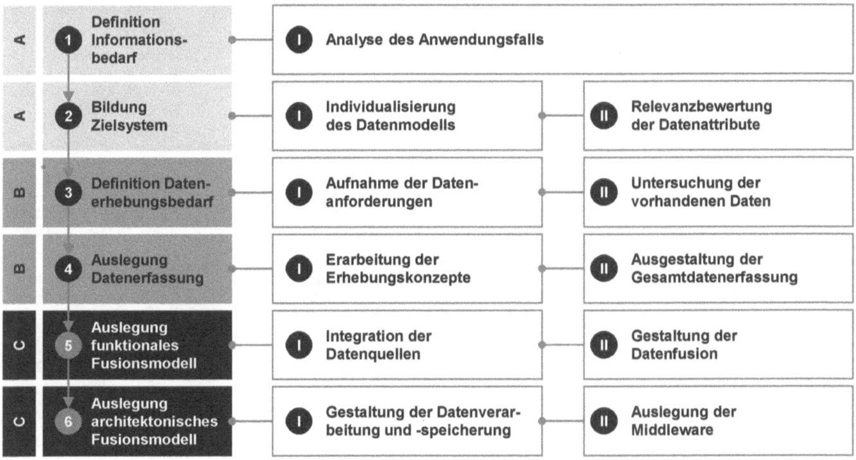

Abbildung 4.13: Übersicht der Methodik zur Operationalisierung digitaler Schatten im Werkzeugbau[544]

Die einzelnen dargestellten Methodikschritte und die entsprechenden Teilaufgaben sind grundsätzlich sequenziell zu durchlaufen (A → C; 1 → 6; I → II). Grund dafür ist die Notwendigkeit der Ergebnisse der jeweils vorherigen Teilaufgabe zur effektiven Aufgabenbearbeitung. Dies schließt jedoch nicht aus, dass die Methodik iterativ durchlaufen werden kann – die benannten Teilergebnisse stellen dabei die Grundlage dar, um lediglich ausgewählte Methodikschritte erneut zu durchlaufen.

[544] Eigene Darstellung.

Handlungsleitend während der Entwicklung der Methodik war übergeordnet die formulierte Forschungsfrage aus Kapitel 1.3:

Wie muss ein repräsentatives Vorgehen zur Operationalisierung eines branchenspezifischen Datenmodells zu einem anwendungsindividuellen digitalen Schatten gestaltet sein?

Diese Methodik beantwortet diese Forschungsfrage durch die Adressierung der in Kapitel 3.1.2 definierten Anforderungen an einen Ansatz zur Operationalisierung von digitalen Schatten im Werkzeugbau. Eine Gegenüberstellung der definierten Anforderungen und den daraus abgeleiteten Teilforschungsfragen zu den Charakteristika der entwickelten Methodik sind in Abbildung 4.14 dargestellt.

	Anforderungen	Forschungsfragen	Erfüllung in der Methodik
Relevanzbezogene Anforderungen	▪ Gestaltungsbereich ▪ Betrachtungsbereich	▪ Wie kann die Umsetzung der Methodik mit einem hohen Aufwand-Nutzen-Verhältnis und ausreichender Praktikabilität sichergestellt werden?	▪ Geringer Aufwand in der Analysephase ▪ Fokussierte Effizienz durch Berücksichtigung multimodaler Datenaufnahme ▪ Logisch aufeinander aufbauende Teilschritte, die auch einen teilweisen Methodikdurchlauf ermöglichen
Anwendbarkeitsbezogene Anforderungen	▪ Datenmodell ▪ Datenqualität ▪ Datenaufnahme ▪ Datenfusion ▪ Infrastruktur	▪ Wie kann ein branchenspezifisches Datenmodell für den Werkzeugbau auf individuelle Anwendungsfälle in den Unternehmen angepasst werden? ▪ Wie kann die erforderliche Datenqualität der aufzunehmenden Daten mit effizienten Maßnahmen sichergestellt werden? ▪ Wie erfolgt die Auslegung der erforderlichen Systemarchitektur zur Vorverarbeitung, Transferierung und Speicherung der Daten im Werkzeugbau?	▪ Anwendungsfallunabhängige Bildung eines Zielsystems mit standardisierten Nutzenkategorien ▪ Berücksichtigung verschiedener Arten multimodaler Datenaufnahme und Fusion ▪ Entwurf eines architektonischen Fusionsmodells

Abbildung 4.14: Abgleich des Grobkonzepts mit den aufgestellten Anforderungen und Forschungsfragen

Die relevanzbezogenen Anforderungen werden insbesondere durch die Berücksichtigung der werkzeugbauspezifischen Charakteristika in der Methodik bedient. Die zugeordnete Teilforschungsfrage fordert ein gutes Aufwand-Nutzen-Verhältnis sowie eine ausreichende Praktikabilität. Diese Forderung wird dahingehen berücksichtigt, dass die Methodik neben den produkt- und prozessspezifischen Eigenschaften bei der Auslegung des Gestaltungsbereichs außerdem auch die KMU-spezifischen Eigenschaften, wie bspw. die geringeren finanziellen Mittel, berücksichtigt. Außerdem wird die Praktikabilität dadurch sichergestellt, dass die einzelnen Teilschritte der Methodik logisch aufeinander aufbauen und durch die klare Formulierung von

Teilergebnissen eine teilweise Anwendung der Methodik entsprechend unternehmensindividuellen Anforderungen ermöglicht wird.

Die anwendbarkeitsbezogenen Anforderungen an die Methodik werden durch die drei dargestellten Teilforschungsfragen formuliert. Für die Individualisierung des bestehenden branchenspezifischen Datenmodells nutzt die Methodik die allgemeingültige Wissenspyramide und die darauf aufbauende Herleitung eines Zielsystems. Dieses ermöglicht es dem Anwender die Methodik für jeden beliebigen Anwendungsfall anzuwenden.

Die Forderung nach einer Sicherstellung der erforderlichen Datenqualität durch effiziente Maßnahmen sichert die Methodik durch die Bewertung der Bedeutung der Datenattribute für den Anwendungsnutzen im Zusammenhang mit der Bildung des Zielsystems sowie der darauf aufbauenden Auswahl verschiedener Erhebungskonzepte und -methoden. Dies ermöglicht dem Anwender für jedes Datenattribut die methodisch unterstützte Ausgestaltung der mindestens anforderungsgerechten Datenerhebung auf der einen Seite und auf der anderen Seite eine global optimierte Wirtschaftlichkeit der ausgestalteten Gesamtdatenerhebung. Insbesondere die Potenziale der multimodalen Datenaufnahme und -fusion, die in der Methodik berücksichtigt werden, sichern eine effiziente Erhebung von Datenattributen mit hohen Qualitätsanforderungen.

Die abschließende Teilforschungsfrage, in der die Auslegung der erforderlichen Infrastruktur thematisiert wird, wird durch die Präsentation eines Entwurfs für die Erzeugung eines architektonischen Fusionsmodell bedient. Neben der Auslegung von Datenspeicherung und -zugriff umfasst das architektonische Fusionsmodell insbesondere auch die erforderlichen Vernetzungskomponenten, um einen aggregierten Zugriff aller Datenattribute im digitalen Schatten zu ermöglichen.

Zusammenfassend kann daher festgehalten werden, dass das erarbeitete Grobkonzept den formulierten Anforderungen an die Operationalisierung eines digitalen Schattens im Werkzeugbau vollumfänglich entspricht. Die Detaillierung der Methodikschritte erfolgt nachfolgend in Kapitel 5.

5 Detaillierung der Methodik

Die in Kapitel 4.5 entwickelte und in Abbildung 4.13 dargestellte Grobmethodik zur Umsetzung des in Kapitel 4.3 formulierten Zielbilds soll im Rahmen dieses Kapitels detailliert und zu einer ganzheitlichen Methodik für die Beantwortung aller definierten Forschungsfragen integriert werden. Dafür werden die in Kapitel 2 eingeführten Grundlagen des Gestaltungs- und Betrachtungsbereichs herangezogen, um das Vorgehen und die verwendeten Hilfsmittel zur Erreichung der formulierten Zielzustände detailliert zu entwickeln.

5.1 Phase A – Anwendungsfall bezogenes Datenmodell

Phase A der Methodik entwickelt das Anwendungsfall bezogene Datenmodell. Basierend auf den Grundlagen der Wissenspyramide sowie den Erkenntnissen aus der Arbeit von RIESENER ET AL. erfolgt die Definition des Datenbedarfs durch Ableitung aus dem Informationsbedarf eines konkreten Anwendungsfalls[545]. Folglich sind in Phase A zunächst der Anwendungsfall mit seinen Zielsetzungen zu analysieren und der dafür erforderliche Informationsbedarf zu formulieren. Dies erfolgt im Schritt A.1 – Definition Informationsbedarf.

Der somit festgelegte Informationsbedarf muss durch den digitalen Schatten bedient werden können. Entsprechend erfolgt anschließend die Übertragung der Ergebnisse von der Informations- auf die Datenebene. Die gewonnen Erkenntnisse werden in einem Datenmodell zusammengefasst, das den Datenbedarf des spezifischen Anwendungsfalls abbildet und die Zusammenhänge zwischen den Datenattributen modelliert. Außerdem ist für die Erfüllung der hinreichenden Genauigkeit des digitalen Schattens die jeweilige Bedeutung der Attribute des Datenmodells für die Realisierung des Anwendungsnutzens zu bewerten. Dies erfolgt in Schritt A.2 – Bildung Zielsystem.

5.1.1 Schritt A.1 – Definition Informationsbedarf

Im ersten Methodikschritt erfolgt die Definition des Informationsbedarfs des durch einen digitalen Schatten zu adressierenden Anwendungsfalls. Hierfür sind die Charakteristika des Anwendungsfalls systematisch zu beschreiben. Eine solche hinreichend vollständige und verständliche Beschreibung nimmt im Kontext der Identifizierung des Informationsbedarfs eine zentrale Position ein. Die dadurch entstehende Konkretheit bildet die Grundlage für eine ausreichende Reduzierung der Unbestimmtheit und Unvorherbestimmbarkeit des Anwendungsfalls als Grundlage für eine valide Ableitung des Informationsbedarfs[546]. Nachfolgend werden zunächst die für die Charakterisierung des Anwendungsfalls erforderlichen Grundlagen eingeführt, bevor anschließend die für die Analyse des Anwendungsfalls zu bearbeitenden Teilaufgaben beschrieben werden.

---

[545] Vgl. Bodendorf (Daten- und Wissensmanagement), 2006; Riesener et al. (Digital Shadow as Enabler for Data Analytics), 2019.

[546] Vgl. Voß; Gutenschwager (Informationsmanagement), 2001, S. 132.

5.1.1.1 Grundlagen der Use Case Darstellung

Die Möglichkeiten zur Modellierung von Systemen sind vielfältig und teilweise grundlegend unterschiedlich, sodass die zu applizierenden Methoden entsprechend des abzubildenden Anwendungsfalls auszuwählen sind[547]. Im Kontext dieser Arbeit müssen ausgehend vom Nutzen des Anwendungsfalls dessen Aktivitäten und deren Informationsbedarfe abgeleitet werden. Dieses Vorgehen lässt sich analog im Bereich der Softwareentwicklung finden. Die Methode der Use Case Darstellung hat sich in der Softwareentwicklung für diese Herausforderung etabliert, da die mit ihnen verbundene Objektorientiertheit eine am Bedürfnis des Anwenders ausgerichtete Beschreibung des zu entwickelnden Systems bestmöglich realisiert[548]. Es handelt sich dabei jedoch nicht um eine Darstellung der vollständigen Charakteristika eines Anwendungsfalls, da bspw. die Anwendung findenden Algorithmen und das diesen zugrundliegende Datenmodelle nicht Teil der Darstellung sind[549]. Folglich eignet sich die Methode der Use Case Darstellung gut für den im Rahmen des ersten Methodikschritts zu beschreibenden Informationsbedarf, da im zweiten Methodikschritt auf ein bestehendes Datenmodell zurückgegriffen werden kann.

Die Begriffe des Anwendungsfalls und des Use Case sind klar voneinander abgegrenzt zu verwenden. Entsprechend beschreibt ein Anwendungsfall konkret den Betrachtungsbereich des digitalen Schattens, der im Rahmen dieser Methodik operationalisiert werden soll. Der Begriff des Use Cases wird lediglich im Zusammenhang mit der Beschreibung und Anwendung der Methode der Use Case Darstellung verwendet. Dies umfasst insbesondere die nachfolgende Einführung der theoretischen Grundlagen der Methode der Use Case Darstellung.

Allgemein beschreibt ein Use Case Aktivitäten, die ein System unter Beteiligung von Akteuren ausführen kann oder aus Sicht des Anwenders ausführen soll[550]. Somit dokumentiert ein Use Case die Anforderungen an eine Lösung und spezifiziert die daraus resultierenden Funktionalitäten, die die Lösung bedienen muss[551]. Als Akteur kann dabei jede Komponente verstanden werden, die mit dem zu beschreibenden System in Interaktion steht. Hierzu zählen neben dem Anwender des Systems ebenfalls andere Systeme und die physische Umwelt des Systems selbst.[552] Für die Beschreibung eines Use Cases existiert in der Literatur keine einheitliche Beschreibung oder Strukturierung[553]. Übergeordnet lässt sich jedoch feststellen, dass zur Sicherstellung der Eindeutigkeit der Interpretierbarkeit eine Use Case Beschreibung aus einem

[547] Vgl. Gadatsch (Geschäftsprozess-Management), 2017, S. 80-81.

[548] Vgl. Jacobson (Object-oriented software engineering), 1992, S. 43-44.

[549] Vgl. Seidl et al. (The Use Case Diagram), 2015, S. 23.

[550] Vgl. Seidl et al. (The Use Case Diagram), 2015, S. 23.

[551] Vgl. Seemann; Gudenberg (Das Use-Case-Diagramm), 2006, S. 15.

[552] Vgl. Brügge; Dutoit (Object-oriented software engineering), 2014, S. 29.

[553] Vgl. Alexander (Scenarios, stories, use cases), 2004, S. 512.

textlichen und einem bildlichen Element besteht[554]. Die textliche Beschreibung umfasst nach CONSTANTINE & LOCKWOOD sechs Elemente[555]:

- *Name*: Jeder Use Case besitzt einen eindeutigen Namen.
- *Akteure*: Alle mit dem System interagierenden Akteure sind zu benennen.
- *Anfangsbedingungen*: Alle Bedingungen zur Initiierung des Use Cases sind zu beschreiben.
- *Handlungsreihenfolge*: Die Abfolge der Interaktionen des Use Cases ist sequenziell zu formulieren. Zur Verbesserung der Übersichtlichkeit können die Interaktionen außerdem zwischen den verschiedenen Akteuren differenziert werden.
- *Endbedingungen*: Alle Bedingungen zur Beschreibung des Endzustands des Use Cases sind zu dokumentieren.
- *Randbedingungen*: Jegliche sonstigen Randbedingungen, die nicht Teil der Anfangs- oder Endbedingungen sind, wie bspw. Reaktionszeiten oder verwendete Hilfsmittel, sind zu beschreiben.

Die bildliche Beschreibung wird als Use Case Diagramm oder Anwendungsfalldiagramm bezeichnet[556]. In diesem werden die *Systemgrenzen*, die *Akteure* sowie die *Aktivitäten* des Use Cases visualisiert. Die Systemgrenzen beschreiben die Grenzen des zu betrachtenden Systems hinsichtlich der zu erbringenden Funktionalitäten. Die direkten und indirekten Akteure dieses Systems werden außerhalb der Systemgrenzen dargestellt. Innerhalb der Systemgrenzen beschreiben die Aktivitäten die nutzenbringenden Aktivitäten des Use Cases.[557] Abbildung 5.1 zeigt ein dem Verständnis dieser Arbeit folgendes generisches Use Case Diagramm.

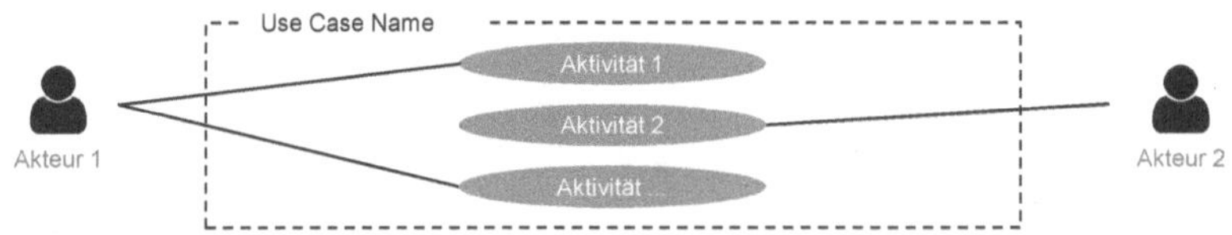

Abbildung 5.1: Struktur eines Use Case Diagramms[558]

Der gestrichelt dargestellte Rahmen kennzeichnet die Grenze des betrachteten Systems. Innerhalb dieser Systemgrenze sind die verschiedenen Aktivitäten dargestellt, aus denen der Anwendungsnutzen resultiert. Die Interaktion der Akteure mit den Aktivitäten ist über die durchgezogenen Linien dargestellt.

[554] Vgl. Bittner; Spence (Use case modeling), 2003, S. 25.

[555] Vgl. Constantine; Lockwood (Usage-centered engineering), 2002, S. 42-50.

[556] Vgl. Seemann; Gudenberg (Das Use-Case-Diagramm), 2006, S. 18.

[557] Vgl. Bittner; Spence (Use case modeling), 2003, S. 25.

[558] I. A. a. Brügge; Dutoit (Object-oriented software engineering), 2014, S. 29.

5.1.1.2 Analyse des Anwendungsfalls

Die Analyse des Anwendungsfalls dient der Formulierung des Informationsbedarfs des digitalen Schattens. Initial ist dafür die Dokumentation des abzubildenden Anwendungsfalls zu überprüfen. Dabei ist die Vollständigkeit der Dokumentation im Sinne der weiteren Verwertung in der Methodik zu fokussieren. Eine solche Dokumentation eines Anwendungsfalls umfasst den durch den Anwendungsfall adressierten *zusätzlichen Nutzen für den Werkzeugbaubetrieb und/oder seine Kunden* und das *zu erreichende Zielbild* in Form eines Use Case Diagramms.

Für die Beschreibung des Anwendungsnutzens kann die in Abbildung 5.2 dargestellte Klassifizierung der durch einen digitalen Schatten realisierbaren Nutzendimensionen verwendet werden. Darin werden die Nutzendimensionen in quantitativen und qualitativen Nutzen kategorisiert und darüber hinaus in deren kundenseitige in grau und werkzeugbauseitige Realisierung in blau differenziert. Als relevante quantitative Nutzendimensionen werden Umsatz, (Durchlauf-)Zeit, Kosten, Qualität und Termintreue genannt. Qualitative Nutzendimensionen stellen Transparenz, Innovation, Flexibilität und Wissen dar. Diese übergeordnete Nutzendarstellung ermöglicht es, dass eine anwendungsunabhängige Beschreibung des Nutzens erfolgen kann. Der durch den digitalen Schatten abzubildende Anwendungsfall ist sowohl hinsichtlich des durch ihn adressierten Nutzen in die Darstellung einzuordnen (vertikal), als auch bezogen auf den Bereich der Prozesskette in dem der Nutzen realisiert werden soll (horizontal). Für eine vollständige Beschreibung des Nutzens ist es dabei erforderlich, dass, falls vorliegend, sowohl der Kundennutzen als auch der Werkzeugbaunutzen berücksichtigt wird.

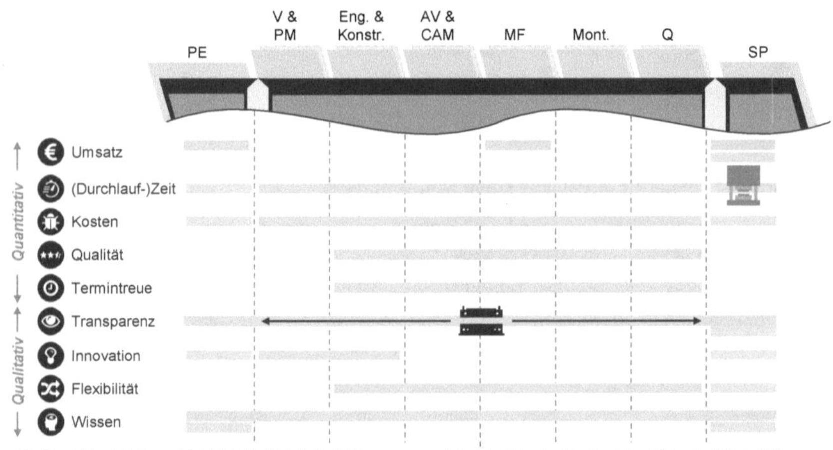

PE=Produktentwicklung; V & PM=Vertrieb & Projektmanagement; Eng. & Konstr.=Engineering & Konstruktion; AV & CAM=Arbeitsvorbereitung & CAM-Programmierung; MF=mechanische Fertigung; Mont=Montage; Q=Qualifizierung; SP=Serienproduktion

Anwendungsnutzen für den Werkzeugbau — Anwendungsnutzen für den Serienproduzenten

Abbildung 5.2: Nutzenpotenziale des digitalen Schattens[559]

[559] Eigene Darstellung.

Ein Anwendungsfall muss sich nicht zwingend auf eine Nutzendimension fokussieren. Die Abbildung zeigt exemplarisch die Verortung eines Anwendungsfalls, der durch eine Steigerung der Transparenz im Werkzeugbau eine bessere Koordination des Serienanlaufs beim Kunden ermöglicht und diesem so eine reduzierte Durchlaufzeit des Serienanlaufs realisiert. Für die Konkretisierung des in Abbildung 5.2 dargestellten Nutzens haben JACOBSON ET AL. die Methode des Storytellings adaptiert[560]. Die Formulierung der daraus resultierenden User Stories für die lösungsneutrale Beschreibung einer Anforderung gliedert sich in drei Elemente: „Als <Rolle> will ich <Handlung>, um <Nutzen> zu erzielen“[561]. Als eine solche User Story sollen ebenfalls die Anwendungsnutzen des digitalen Schattens formuliert werden. Die Rolle lässt sich aus der horizontalen Einordnung des Anwendungsfalls im Schaubild der Nutzenpotenziale ableiten und weiter konkretisieren. Die Detaillierung des Nutzens basiert auf der vertikalen Kategorisierung des Anwendungsfalls. Da diese Arbeit die Operationalisierung eines digitalen Schattens fokussiert, ist eine weitergehende Spezifikation und Validierung des Nutzens, wie sie bspw. im Rahmen des Business Model Canvas erfolgt oder durch BOSS ET AL. im Rahmen der Digitalen Transformation gefordert wird, nicht erforderlich[562]. Die konkrete Beschreibung des Nutzens in der dargestellten Form reicht aus, um die nachfolgenden Methodikschritte am Nutzen des Anwendungsfalls ausrichten zu können.

Für die weitere Charakterisierung des Anwendungsfalls ist neben dem Nutzen das Zielbild zu beschreiben. Um diese Beschreibung möglichst konkret durchführen und daraus anschließend den Informationsbedarf des Anwendungsfalls ableiten zu können, soll die in Kapitel 5.1.1.1 eingeführte Methode der Use Case Darstellung Anwendung finden. In diesem Kontext ist keine vollständige textbasierte Beschreibung erforderlich, sondern eine grafische Use Case Darstellung ausreichend. Entsprechend der dargelegten Grundlagen muss diese Darstellung die sechs Elemente Name, Akteure, Anfangsbedingungen, Handlungsreihenfolge, Endbedingungen und Randbedingungen umfassen. Der Name der Use Case Darstellung entspricht der Bezeichnung des Anwendungsfalls. Die Generierung der übrigen Elemente folgt der durch KUHLMANN geforderten schrittweisen Detaillierung des betrachteten Systems und ist in Abbildung 5.3 dargestellt[563].

Abbildung 5.3: Vorgehen zur Entwicklung der Use Case Darstellung[564]

[560] Vgl. Jacobson et al. (Use-Case 2.0), 2011, S. 5.

[561] Vgl. Michl (Die User Story), 2018, S. 138.

[562] Vgl. Osterwalder; Pigneur (Business model generation), 2013, S. 22-25; Boos et al. (Digitale Transformation), 2019, S. 36-37.

[563] Vgl. Kuhlmann (Geschäftsprozesse im Werkzeugbau), 2013, S. 116-117.

[564] Eigene Darstellung.

Demnach erfolgt zunächst zur Modellierung der Grobstruktur die *Definition der Stakeholder* sowie die *Definition der Teilsysteme und -grenzen*. Im Rahmen der Definition der Stakeholder erfolgt außerdem die *Festlegung der Anfangsbedingungen* in Form der Identifizierung des den Anwendungsfall initiierenden Stakeholders. Anschließend erfolgt zur Modellierung der Hauptprozessebene die *Definition der Tätigkeiten*, innerhalb dessen sowohl die Handlungsreihenfolge festgelegt wird als auch die Endbedingungen. Der von KUHLMANN als Modellierung der Prozessschrittebene bezeichnete Schritt umfasst übertragen die *Darstellung der Randbedingungen* in Form des resultierenden Informationsbedarfs der Tätigkeiten.[565]

Die *Definition der Stakeholder* dient der Darstellung aller Akteure des Anwendungsfalls. Abbildung 5.4 zeigt interne Unternehmensbereiche sowie externe Lieferanten, denen die Stakeholder, die für die Use Case Darstellung eines durch einen digitalen Schatten abzubildenden Anwendungsfalls potenziell relevant sind, zuzurechnen sind. Auf Basis dieser Darstellung wählt der Anwender der Methodik die für den individuell betrachteten Anwendungsfall relevanten Stakeholder aus. Die dargestellten Elemente beziehen sich dabei nicht auf konkrete Organisationseinheiten, sondern beschreiben lediglich Aufgabenbereiche, die wiederum innerhalb eines konkreten Unternehmens unterschiedlichen Organisationseinheiten zugeordnet sein können.

Die Darstellung differenziert zwischen Aufgabebereichen auf Seiten des Kunden, aus direkten und indirekten Wertschöpfungsbereichen des Werkzeugbaus sowie auf Lieferantenseite des Werkzeugbaus. Für einen internen Werkzeugbaubetrieb entspricht die Darstellung des Kunden einer internen Organisationseinheiten. Bei der Übertragung der Aufgabenbereiche auf die Organisationsstruktur eines Unternehmens sind die verschiedenen Hierarchiestufen der Organisationseinheit, welche die jeweilige Aufgabe bearbeitenden, als verschiedenen Stakeholder zu berücksichtigen. Für die Identifizierung der für einen individuellen Anwendungsfall relevanten Stakeholder werden zunächst die erstellten User Stories betrachtet. Die in den User Stories formulierten Rollenbeschreibungen müssen auf die Stakeholder übertragen werden. Darüber hinaus können weitere Stakeholder eines Anwendungsfalls bestehen, welche aus ihrer Rolle heraus keine User Story formuliert haben. Dabei handelt es sich insbesondere um Stakeholder, die nicht aktiv am beschriebenen Nutzen partizipieren, sondern lediglich Information oder Daten bereitstellen, die zur Erzeugung des Nutzens erforderlich sind. Diese Stakeholder befinden sich häufig an Schnittstellen der bestehenden Stakeholder oder lassen sich trivial aus den bisherigen Überlegungen zum Anwendungsfall ableiten. Abschließend ist in diesem Schritt außerdem der Key-User des Anwendungsfalls zu identifizieren. Dieser Key-User bezeichnet die Person, die mit dem zentralen Anwendungsnutzen wesentlich adressiert wird. Folglich kann der Key-User in der Regel aus dem eingangs formulierten Nutzen des Anwendungsfalls abgeleitet werden.

[565] Vgl. Kuhlmann (Geschäftsprozesse im Werkzeugbau), 2013, S. 116-117.

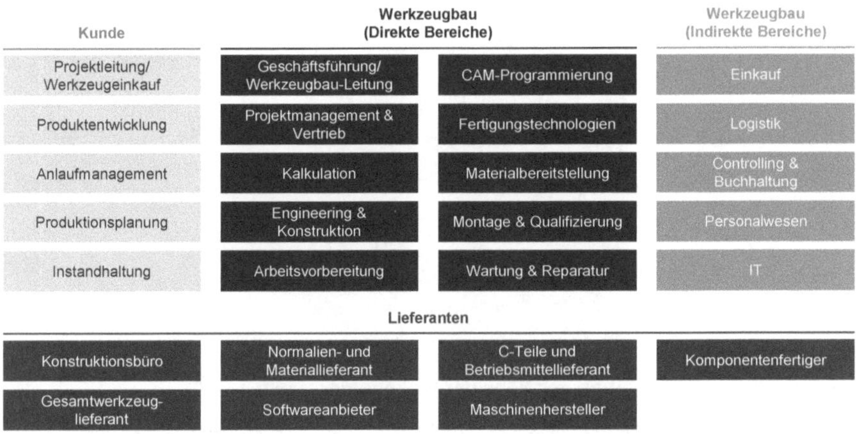

Abbildung 5.4: Aufgabenbereiche zur Identifizierung relevanter Stakeholder des Anwendungsfalls[566]

Für eine strukturierte Dokumentation des Anwendungsfalls erfolgt anschließend die Definition der *Teilsysteme und -grenzen.* Als handlungsleitend gilt für den Anwender dabei die Zielsetzung die Komplexität des Gesamtsystems zu reduzieren, indem verschiedene Teilsysteme gebildet werden, deren Komplexität in Summe geringer ist als die Komplexität des Gesamtsystems[567]. Dies vereinfacht die spätere Modellierung der Tätigkeiten der Stakeholder. Die zu bildenden Teilsysteme dürfen jedoch nicht in jedem Fall unabhängig voneinander betrachtet werden. Dies gilt bspw. für die Bestimmung des Anwendungsnutzens. Eine solche isolierte Betrachtung führt teilweise zu vereinfachenden Annahmen über die übrigen Teilsysteme, woraus Auswirkungen auf die Charakteristika des Gesamtsystems resultieren[568]. Die Identifizierung möglicher Teilsysteme soll im Folgenden basierend auf einer Clusteranalyse der drei Kriterien *Stakeholder*, *räumliche Distanz* sowie *verwendete IT-Systeme* erfolgen. Die verschiedenen Stakeholder sind bereits aus der Individualisierung von Abbildung 5.4 bekannt. Darüber hinaus sind nun räumliche Distanzen zwischen den verschiedenen Stakeholdern sowie verwendete IT-Systeme der Stakeholder, als Maß für eine „digitale Distanz" zwischen den Stakeholdern, zu identifizieren. Für die Bestimmung der räumlichen Distanz wird die geographische Position des Key-Users innerhalb des Unternehmens verwendet und dann der euklidische Abstand im Raum zu den übrigen Stakeholdern berechnet. Für die verwendeten IT-Systeme sind lediglich solche Systeme relevant, die im Zusammenhang mit dem betrachteten Anwendungsfall der Informations- und Datenspeicherung dienen. Folglich kann ein Stakeholder mit mehreren Einträgen in dem durch die beiden Achsen aufgespannten Lösungsraum vertreten sein.

566 Eigene Darstellung.

567 Vgl. Knirsch et al. (Strukturierung von Systemen), 2013, S. 72.

568 Vgl. Liu; Frey (Effiziente Modellierung und Simulation), 2013, S. 89.

Die beiden Parameter sind für alle Stakeholder in das in Abbildung 5.5 dargestellte Diagramm zu übertragen.

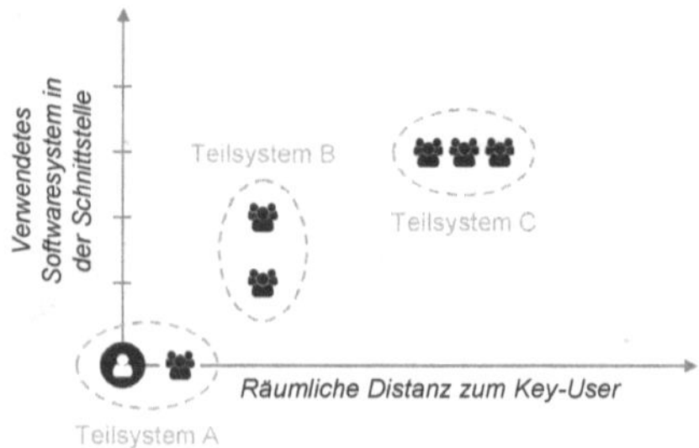

Abbildung 5.5: Bestimmung der Nähe der Stakeholder zueinander[569]

Die Abbildung zeigt ein exemplarisches Ergebnis der Clusteranalyse der Stakeholder sowie die daraus resultierenden Teilsysteme. Die Ordinate des Diagramms weist eine diskrete Skala auf, die durch die verwendeten Softwaresysteme in der Schnittstellenkommunikation determiniert wird. Der Abstand der verschiedenen Softwaresysteme zueinander leitet sich aus dem untereinander bestehenden Vernetzungsgrad her. Systeme, die durch keine Schnittstellen miteinander verknüpft sind, sind in der Clusteranalyse entsprechend als weit voneinander entfernt zu bewerten. Die Abszisse hingegen besitzt eine nominale Skala. Den Referenzpunkt der Darstellung bildet der bereits identifizierte Key-User des Anwendungsfalls. Aufgrund der unterschiedlich skalierten Achsen dient der euklidische Abstand in der Fläche nicht als Distanzmaß zur Bildung von Clustern innerhalb des Diagramms. Vielmehr kommen folgende vier Bedingungen zur Anwendung:

- Zentrale Indikatoren für die Bildung von Teilsystemen sind die Verwendung unterschiedlicher Softwaresysteme sowie eine räumliche Distanz von mehr als 30 m[570]
- Wenn Stakeholder in verschiedenen Softwaresystemen arbeiten, können diese nur ein Teilsystem bilden, wenn ihre räumliche Distanz zueinander sehr gering ist.
- Die Bildung von Teilsystemen durch Stakeholder mit unterschiedlichen Softwaresystemen wird einzig durch ihre räumliche Distanz zueinander determiniert und nicht durch den grafischen Abstand der Softwaresysteme im Diagramm.
- Ein Stakeholder kann nur mehreren Teilsystemen angehören, wenn er eine genauso hohe Anzahl IT-Systeme verwendet.

Für die auf diese Weise definierten Teilsysteme erfolgt separat die anschließende *Definition der Tätigkeiten*. Diese erfolgt als Aktivitäten innerhalb des Use Case Diagramms KUHLMANN

[569] Eigene Darstellung.

[570] Der Grenzwert von 30 m resultiert aus der Projekterfahrung des Autors und basiert auf der Annahme, dass funktionsbezogene Bereiche selten in einer Dimension eine größere Ausdehnung aufweisen, als diesen Wert. Der Wert muss daher ggfs. unternehmensspezifisch angepasst werden.

folgend durch eine initiale Formulierung der Haupttätigkeiten für alle definierten Stakeholder des Anwendungsfalls sowie deren anschließende Detaillierung[571]. Für die Formulierung der Haupttätigkeiten kann auf die durch KELZENBERG beschriebenen Tätigkeiten entlang der Prozesskette zurückgegriffen werden. Abbildung 5.6 zeigt alle darin enthaltenen Haupttätigkeiten sowie deren Zuordnung zum jeweiligen Prozessschritt.

Abbildung 5.6: Relevante Haupttätigkeiten entlang der Prozesskette nach KELZENBERG[572]

Da die in dieser Arbeit angeführten potenziellen Stakeholder über die durch KELZENBERGS Prozesselemente abbildbaren Stakeholder hinaus gehen, werden zunächst für die sowohl im Kontext des individuellen Anwendungsfalls relevanten Stakeholder, als auch in der Arbeit nach KELZENBERG enthaltenen Stakeholder die Haupttätigkeiten identifiziert. Dies erfolgt durch eine Betrachtung der in den User Stories formulierten Handlungen. Diese werden den Haupttätigkeiten nach KELZENBERG zugeordnet. Für Handlungen, die keiner der Haupttätigkeiten zugeordnet werden können sowie für die durch KELZENBERG nicht abgebildeten Stakeholder müssen die relevanten Haupttätigkeiten durch den Anwender erarbeitet werden. Dabei ist eine zu den bestehenden Tätigkeiten identische Detaillierungsebene einzuhalten[573]. Die Identifizierung dieser Tätigkeiten erfolgt basierend auf den Grundlagen der Arbeitsanalyse. Für zum Zeitpunkt der Operationalisierung eines digitalen Schattens bereits bestehende Tätigkeiten eignet sich insbesondere Beobachtungsmethoden, die eine Erfassung des Verhaltens am ent-

[571] Vgl. Kuhlmann (Geschäftsprozesse im Werkzeugbau), 2013, S. 127.

[572] I. A. a. Kelzenberg (Datenstrukturmodell), 2020, S. 135-138.

[573] Vgl. Hensen (Strategische Auslegung), 2017, S. 182.

sprechenden Arbeitsplatz sowie den Merkmalen der dabei durchgeführten Tätigkeiten ermöglichen[574]. Für eine detaillierte Beschreibung dieser Verfahren sei auf die einschlägige Fachliteratur, wie bspw. SCHAPER oder KAUFFELD verwiesen[575]. Für Tätigkeiten, die zum Zeitpunkt der Operationalisierung noch nicht in der Praxis beobachtbar sind, erfolgt die Identifizierung der Tätigkeiten über eine Beschreibung des Arbeitssystems entsprechend der REFA in den Dimensionen Arbeitsaufgabe, Arbeitsablauf, Eingabe, Ausgabe, Mensch, Betriebsmittel und Umwelteinflüsse[576]. In Summe ist dabei zu berücksichtigen, dass es sich bei den als Tätigkeiten bezeichneten Objekten nicht zwingend um eine durch einen Menschen durchgeführte Tätigkeit handeln muss. Insbesondere vor dem Hintergrund der Befähigung einer Industrie 4.0-Anwendung durch den digitalen Schatten kann es sich hierbei auch um eine hard- oder softwareseitig automatisierte Tätigkeit handeln. Die Bestimmung der Haupttätigkeiten dient darüber hinaus der Sicherstellung der Berücksichtigung aller relevanten Stakeholder in der zu erarbeitenden Use Case Darstellung. Folglich stellt dieser Punkt den Beginn eines iterativen Vorgehens dar, innerhalb dessen zur Bestimmung der Stakeholder und der Bildung von Teilsystemen zurückgekehrt werden kann, sollten wesentliche zusätzliche Stakeholder identifiziert werden.

Ausgehend von den formulierten Haupttätigkeiten ist für jede der definierten Haupttätigkeiten der jeweilige Informationsbedarf zu definieren. Der Informationsbedarf beschreibt nach PICOT die „Art, Menge und Beschaffenheit von Informationen“, die im Kontext eines Anwendungsfalls erforderlich sind[577]. Dabei wird in der Literatur zwischen einem objektiven und einem subjektiven Informationsbedarf differenziert. Der objektive Informationsbedarf leitet sich aus der inhaltlichen Struktur des Anwendungsfalls ab. Der subjektive Informationsbedarf hingegen wird aus der Perspektive des Bedarfsträgers beschrieben und umfasst somit die durch den Anwender nachgefragten Informationen zur Durchführung eines Anwendungsfalls. Objektiver und subjektiver Informationsbedarf weisen folglich Schnittmengen auf, sind in der Regel jedoch nicht deckungsgleich.[578] Außerdem ist festzuhalten, dass ein Informationsbedarf immer stets nutzengetrieben ist[579]. Entsprechend sind durch den Anwender der Methodik bei der nachfolgenden Definition der Informationsbedarfe die vormals identifizierten Anwendungsnutzen heranzuziehen. Abbildung 5.7 zeigt die relevanten Dimensionen zur Identifizierung des objektiven Informationsbedarfs je Haupttätigkeit.

---

[574] Vgl. Schaper (Arbeitsanalyse und -bewertung), 2019, S. 392.

[575] Vgl. Schaper (Arbeitsanalyse und -bewertung), 2019; Kauffeld (Arbeits-, Organisations- und Personalpsychologie), 2011.

[576] Vgl. Doerken (Arbeitsstudium), 1990, S. 38.

[577] Vgl. Picot (Unternehmensressource Information), 1988, S. 236.

[578] Vgl. Picot (Unternehmensressource Information), 1988, S. 236-237.

[579] Vgl. Derr (A conceptual analysis of information need), 1983, S. 274.

Abbildung 5.7: Dimensionen des objektiven Informationsbedarfs je Haupttätigkeit[580]

Die Dimension *Werkzeug/Bauteil* umfasst alle Informationen, die für die erfolgreiche Durchführung einer Tätigkeit i, bspw. hinsichtlich Werkzeug-/Bauteilabmaßen benötigt werden. In der Dimension *Projekt-/Bauteilprozess* werden alle Informationen aus dem Auftragsabwicklungsprozess und den Fertigungsprozessfolgen der Bauteile zusammengefasst. Unter den *Fertigungsressourcen* sind auf der einen Seite alle Informationen zu den Maschinen, Vorrichtungen, etc. an sich zusammengefasst, aber ebenso die während des Einsatzes der Fertigungsressourcen anfallenden Prozessinformationen. Im Kontext der *Materialien und Zukaufteile* werden insbesondere von den externen Partnern bereitgestellte Informationen aggregiert. Für den objektiven Informationsbedarf über den Kunden ist abschließend der mit dem Werkzeug herzustellende *Artikel* sowie der dabei Anwendung findende *Produktionsprozess* zu betrachten.

Die Identifizierung der konkreten Informationsbedarfe in den fünf verschiedenen Dimensionen sollte mit Workshopcharakter durch Betrachtung der Haupttätigkeiten sowie deren Schnittstellen mit den jeweiligen Stakeholdern erfolgen. Die Betrachtung aller Schnittstellen stellt sicher, dass auch der Informationsbedarf gegenüber externen Partnern dokumentiert wird. Darüber hinaus ist ebenfalls die zeitliche Perspektive zu fokussieren. Dies bedeutet, dass nicht nur Informationen, die während oder im Kontext der Durchführung der Tätigkeiten entstehen, berücksichtigt werden sollten, sondern gleichfalls Informationen, die in der Vergangenheit erzeugt worden sind. Zur weiteren Unterstützung des Anwenders bei der Identifizierung des anwendungsfallspezifischen objektiven Informationsbedarfs sind im Anhang in Abbildung 8.1-Abbildung 8.9 Metazusammenhänge zwischen den von KELZENBERG verwendeten Betrachtungsobjekten eines digitalen Schattens und den hier aufgezeigten Dimensionen des objektiven Informationsbedarfs dargestellt.

Gleichfalls ist auch die Identifizierung des subjektiven Informationsbedarfs gemeinsam mit dem jeweiligen Stakeholder der betrachteten Haupttätigkeit durchzuführen. In diesem subjektiven Informationsbedarf sind besonders die relevanten Kontextinformationen, die der jeweilige Stakeholder für den Umgang mit dem objektiven Informationsbedarf benötigt, zu formulieren. Dies ist besonders vor dem Hintergrund relevant, als dass fehlendes Vertrauen von SCHUH ET AL. als ein wesentlicher Grund für die ausbleibende Nutzung einer Industrie 4.0-Lösung identifiziert wurde. Für die Schaffung dieses Vertrauens ist die Verfügbarkeit von relevanten

580 Eigene Darstellung.

Kontextinformationen jedoch häufig förderlich.[581] In Abbildung 5.8 sind die relevanten zu betrachtenden Dimensionen des subjektiven Informationsbedarfs je Haupttätigkeit dargestellt.

Abbildung 5.8: Dimensionen des subjektiven Informationsbedarfs je Haupttätigkeit[582]

Die *Objektivität einer Information* beschreibt dem Anwender die Unbefangenheit und Vorurteilsfreiheit der Information. Nach ROHWEDER ET AL. gilt dies lediglich ausnahmslos für Rohdaten. Für alle sonstigen Daten ist die Objektivität vor dem Hintergrund der erfolgten Datenverarbeitung zu bewerten.[583] Im Sinne dieser Arbeit soll diese Definition noch weiter spezifiziert werden und auf maschinell erhobene Rohdaten bezogen werden. Für alle sonstigen Arten der Datenaufnahme sowie die Datenverarbeitung erfolgt die Bewertung der Objektivität im Zusammenhang mit der Auslegung der Datenaufnahme. Der *realisierte Mehrwert* soll, dem die betrachtete Tätigkeit durchführenden Mitarbeitenden, zum einen den Mehrwert des Gesamtanwendungsfalls aufzeigen, um den Beitrag des Mitarbeitenden zu diesem Mehrwert hervorzuheben. Zum anderen ist, wo möglich, ein individueller Mehrwert durch die digitale Informationserhebung für den Mitarbeitenden aufzuzeigen. Folglich wird dieser Informationsbedarf aus dem Anwendungsnutzen abgeleitet. Die *Glaubwürdigkeit der Informationsherkunft* beschreibt die Reputation der Datenquellen, aus denen der Informationsbedarf bedient wird, um dem Mitarbeitenden eine Möglichkeit zur selbstständigen Einschätzung der Informationsqualität zu ermöglichen. Schlussendlich ist die *Plausibilität der Information* als subjektiver Informationsbedarf zu benennen. Diese ergibt sich sowohl aus der verwendeten Methode zur Plausibilitätsprüfung als auch aus deren Ergebnis. Eine Detaillierung dieses Bedarfs erfolgt im Rahmen der Auslegung der Datenfusion.

Im Anschluss an die Identifizierung der objektiven und subjektiven Informationsbedarfe der einzelnen Haupttätigkeiten müssen diese um die *Darstellung der Randbedingungen* ergänzt werden. Diese Randbedingungen werden durch die Anforderungen an die Informationsqualität beschrieben. Für die übergeordnete Beschreibung der relevanten Kriterien sollen die in Kapitel 2.1.1.2 aus der Literatur hergeleiteten Dimensionen Nützlichkeit, Verfügbarkeit, Interpretierbarkeit und Verlässlichkeit zur Beschreibung der Informationsqualität verwendet werden. Abbildung 5.9 zeigt die aus diesen vier Dimensionen abgeleiteten Kriterien zur Formulierung der geforderten Informationsqualität für jeden Aspekt des objektiven und subjektiven Informationsbedarfs je Haupttätigkeit. Dabei muss nicht zwingend für jeden Informationsbedarf jedes

[581] Vgl. Schuh et al. (Kompetenzprofile in einer digital vernetzten Produktion), 2020, S. 74-75.

[582] Eigene Darstellung.

[583] Vgl. Rohweder et al. (Informationsqualität), 2021, S. 37.

Kriterium formuliert werden, vielmehr erfolgt die Auswahl der relevanten Kriterien Informationsobjekt-spezifisch. Die Beschreibung des Vorgehens zur Definition der konkreten Ausprägungen innerhalb der Kriterien erfolgt dabei nicht in jedem Fall bereits in dieser Teilaufgabe der Methodik. Da die mögliche Vielfalt der Informationsbedarfe in der Auftragsabwicklung des Werkzeugbaus hoch ist, wird eine spezifische Beschreibung erschwert. Da jedoch die zur Bedienung des Informationsbedarfs verwendeten Datenattribute verhältnismäßig limitiert sind, kann eine weitere Detaillierung der Beschreibung in den nachfolgenden Methodikschritten auf Ebene der verwendeten Datenattribute erfolgen. Die Verknüpfung zum hier dargestellten Informationsbedarf erfolgt über die im weiteren Verlauf der Methodik zu erzeugenden Informationslandkarte, wie sie in Abbildung 5.14 dargestellt ist.

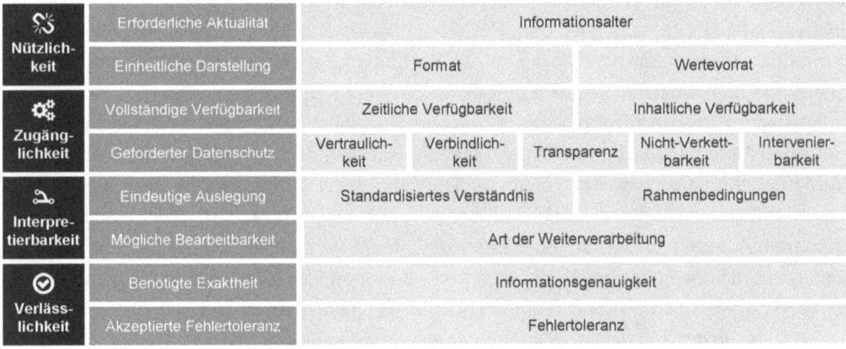

Abbildung 5.9: Kriterien zur Formulierung der geforderten Informationsqualität[584]

Die *erforderliche Aktualität*, als erstes Kriterium der Nützlichkeit, definiert das maximal zulässige Alter der Informationen zum Zeitpunkt der Nutzung in einer beliebigen Zeiteinheit oder der Beschreibung eines Zustands, bspw. der letzten Tätigkeitsdurchführung, und ist durch eine entsprechende Auslegung der Datenaufnahme zu realisieren. Die *einheitliche Darstellung* der Informationen stellt sicher, dass die zu unterschiedlichen Zeitpunkten aufgenommenen Informationen vergleichbar sind. Die Vergleichbarkeit bezieht sich dabei sowohl auf das Format in dem die Information dargestellt wird, bspw. ein Datum als dd.mm.yyyy, als auch auf den verwendeten Wertevorrat[585]. Bei der Definition des Formats ist darüber hinaus die Verständlichkeit für den Anwender sicherzustellen. Daraus resultiert, dass ein Format zu wählen ist, welches die Verwendung der Information ohne weitere Transformation durch den Anwender ermöglicht. Der Wertevorrat beschreibt dabei die Grundgesamtheit aller möglichen Ausprägungen, die eine Information annehmen kann. Dies können bspw. definierte Kategorien zur Klassifizierung einer Fehlerart sein.

Die erforderliche Zugänglichkeit der Informationsbedarfe wird durch die vollständige Verfügbarkeit und den geforderten Datenschutz beschrieben. Die *vollständige Verfügbarkeit* stellt an den Informationsbedarf in zeitlicher und inhaltlicher Dimension Anforderungen. Die zeitliche

[584] Eigene Darstellung.

[585] Vgl. Rohweder et al. (Informationsqualität), 2021, S. 34.

Dimension bewertet, ob eine Information zu jedem Zeitpunkt, also ausfallsicher, verfügbar sein muss. Darüber hinaus bewertet die inhaltliche Verfügbarkeit die Erforderlichkeit der grundsätzlichen Verfügbarkeit bzw. Erhebung zueinander zugeordneten Informationen. Ist bspw. im Datenmodell die Erhebung der verwendeten Fräser vorgesehen, schließt die vollständige Verfügbarkeit aus, dass eine nicht zu betrachtende Menge Fräser existiert. Neben der vollständigen Verfügbarkeit ist für die Zugänglichkeit außerdem der *geforderte Datenschutz* zu betrachten. Zum einen wird damit der Schutz der Mitarbeitenden vor „Beeinträchtigungen in seinem Persönlichkeitsrecht durch Umgang mit seinen personenbezogenen Daten“[586] sichergestellt. Zum anderen umfasst das Kriterium jedoch auch den durch eventuelle Geheimhaltungsvereinbarungen zugesicherten Schutz von Kundendaten und -informationen. Für beide Ausprägungen sollen die Aspekte der Vertraulichkeit, Verbindlichkeit, Transparenz, Nicht-Verkettbarkeit und Intervenierbarkeit formuliert werden. Für die Sicherstellung der Vertraulichkeit ist durch den Anwender der Methodik zu formulieren, ob der Zugriff auf das Informationsobjekt für autorisierte und unautorisierte Subjekte zu differenzieren ist. Im positiven Falle ist eine Definition autorisierter Subjekte zu formulieren. Unter dem Begriff der Verbindlichkeit ist festzuhalten, ob der Zugriff und die Nutzung der Information im Rahmen der Tätigkeit zu dokumentieren ist. Weitergehend bezeichnet der Begriff der Transparenz die Notwendigkeit, dass die Verarbeitung der Daten nicht nur dokumentiert, sondern durch den Besitzer der Daten auch mit vertretbarem Aufwand nachvollzogen werden kann. Nicht-Verkettbarkeit bezeichnet es, wenn die Daten nur mit unverhältnismäßig hohem Aufwand für andere als dem ausgewiesenen Zweck weiterverarbeitet werden können. Intervenierbarkeit umfasst abschließend die Befähigung des Betroffenen, in den Prozess der Datenverarbeitung jederzeit eingreifen und seine Rechte ausüben zu können.[587] Als Orientierung, ob die Formulierung expliziter Anforderungen an den Datenschutz erforderlich ist, können bspw. die durch die Landesbeauftragten für Datenschutz herausgegebenen Listen verwendet werden, die Verarbeitungsvorgänge anführen, für die aus ihrer Sicht eine detaillierte Bewertung erforderlich ist[588]. Diese Bewertung und folglich die Definition der durch die Methodik vorgegebenen Anforderungsdimensionen erfolgt durch die Durchführung einer Datenschutzfolgeabschätzung (DSFA). Diese dient dazu die Folgen, die aus der Nutzung personenbezogener Daten resultieren, für die Rechte und Freiheiten natürlicher Personen zu bewerten[589]. Für die Anwendung einer DSFA sei auf die einschlägige Literatur verwiesen, wie bspw. von den Industrie- und Handelskammern (IHK)[590].

Das erste Kriterium zur Formulierung der geforderten Informationsqualität in der Dimension der Interpretierbarkeit ist die *eindeutige Auslegung*. Diese wird zum einen durch ein standardisiertes Verständnis des Informationsbedarfs charakterisiert. Eine solches Verständnis bildet die Grundlage für die effektive Ableitung von Maßnahmen und Entscheidungen. Am Beispiel

[586] o. V. (Datenschutz), 2017, S. 11.

[587] Vgl. Petrlic; Sorge (Datenschutz), 2017, S. 10-11.

[588] Vgl. Landesbeauftragte für Datenschutz und Informationsfreiheit Nordrhein-Westfalen (DSFA-relevante Verarbeitungsvorgänge), 2018.

[589] Bundesministerium für Wirtschaft und Energie (BMWi).

[590] Vgl. Industrie- und Handelskammer Stuttgart (Datenschutzfolgeabschätzung), 2021.

der Durchlaufzeit zeigt sich, dass ein solches Verständnis in vielen Werkzeugbaubetrieben heute nur wenig verbreitet ist[591]. Da verschiedene Definitionen jedoch nur teilweise in korrekt und nicht korrekt differenziert werden können, muss eine unternehmensindividuelle Standardisierung des Begriffsverständnisses des Informationsbedarfs im Rahmen der Formulierung der geforderten Informationsqualität erfolgen. Dabei ist darauf zu achten, dass eine solche Definition nicht nur im Kontext des Anwendungsfalls standardisiert wird, sondern unternehmensweit Gültigkeit besitzt. Die Dokumentation eines definierten standardisierten Verständnisses kann bspw. in einem bestehenden Wissensmanagementsystem oder in der Prozessdokumentation im Rahmen des Qualitätsmanagementsystems erfolgen. Damit sind alle Tätigkeiten zur Sicherstellung der Informationsqualität in der Dimension standardisiertes Verständnis abgeschlossen. Zum anderen ist für eine eindeutige Auslegung die Kenntnis über die die Information charakterisierenden Rahmenbedingungen erforderlich. Dies erfolgt während der Individualisierung des Datenmodells durch Hinzufügen der relevanten Kontextinformationen.

Im Zusammenhang mit der Interpretierbarkeit ist darüber hinaus die *mögliche Bearbeitbarkeit* der Information relevant. Diese wird durch die Art der geplanten Datenverarbeitung determiniert und kann in manuelle oder automatische Verarbeitung differenziert werden. Außerdem wird die mögliche Bearbeitbarkeit direkt durch die formulierten Anforderungen an den Datenschutz beeinflusst, muss aufgrund der rechtlichen Bedeutung des Datenschutzes jedoch nachrangig behandelt werden.

Die abschließende Dimension der Verlässlichkeit setzt sich aus der benötigten Exaktheit der Information sowie der akzeptierten Fehlertoleranz zusammen. Die *benötigte Exaktheit* beschreibt die Genauigkeit, mit der die betrachtete Information oder die dahinter liegenden Daten benötigt werden. Die *akzeptierte Fehlertoleranz* beschreibt den Bereich innerhalb dessen falsche Daten oder Informationen durch den Nutzer dennoch toleriert werden können. Die Einheit, in der die beiden Kriterien formuliert werden, basiert auf der Einheit des betrachteten Informationsobjekts und kann daher an dieser Stelle nicht allgemeingültig angegeben werden.

Abschließend sind die Ergebnisse des Methodikschritts in einer aggregierenden Darstellung zusammenzuführen, um diese im weiteren Verlauf der Methodik effizient verwerten sowie innerhalb des Werkzeugbaubetriebs transparent darstellen und kommunizieren zu können. Abbildung 5.10 zeigt die beispielhafte Darstellung einer solchen Darstellung.

In einer solchen aggregierenden Darstellung sind für den betrachteten Anwendungsfall zunächst alle identifizierten Teilsysteme abgebildet. Innerhalb dieser Teilsysteme sind die relevanten Stakeholder mit ihren Haupttätigkeiten enthalten. Die Verknüpfungen zwischen den Haupttätigkeiten folgen den in Kapitel 5.1.1.1 dargelegten Grundlagen. Für jede der Haupttätigkeiten ist wiederum der erarbeitete objektive und subjektive Informationsbedarf zu visualisieren, der anschließend jeweils um die formulierten Anforderungen an die Informationsqualität zu ergänzen ist.

[591] Vgl. Boos; Hensen (Forschungsbericht 2019), 2019, S. 18-19.

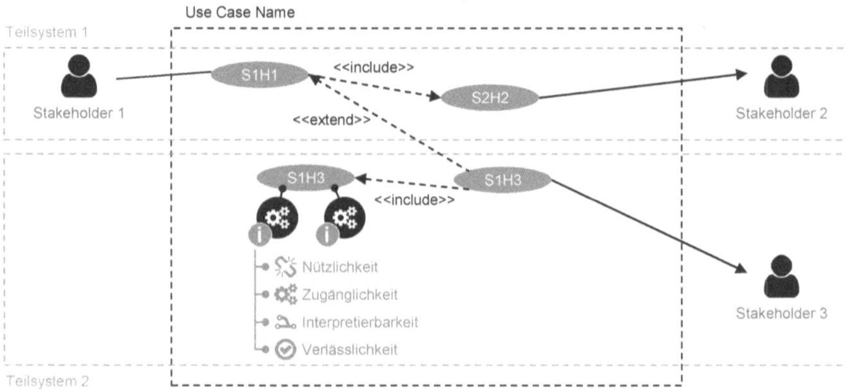

Abbildung 5.10: Aggregierende Darstellung der Ergebnisse des Methodikschritts[592]

Zusammenfassend liegen dem Anwender nach Abschluss der Aufgabe *Analyse des Anwendungsfalls* folgende Ergebnisse vor:

- Charakterisierter Anwendungsfall des digitalen Schattens.
- Identifizierter und beschriebener Informationsbedarf aller Stakeholder des Anwendungsfalls.

5.1.2 Schritt A.2 – Bildung Zielsystem

Im zweiten Methodikschritt erfolgt die Bildung eines Zielsystems für den digitalen Schatten. RITTSTIEG leitet in seiner Arbeit die Notwendigkeit der Identifizierung einer übergeordneten Zielsetzung her, um nachfolgende Schritte auf Basis einer validen Bewertung und Priorisierung durchführen zu können[593]. Dies ermöglicht die Formulierung von Kerneinflusstätigkeiten, die eine wesentliche Relevanz hinsichtlich des Anwendungsnutzens des digitalen Schattens aufweisen. Im Kontext der Operationalisierung digitaler Schatten setzt sich ein solches Zielsystem aus zwei Elementen zusammen. Zum einen bedarf es eines anwendungsfallspezifischen Datenmodells, das die im digitalen Schatten grundsätzlich abzubildenden Datenattribute beschreibt. Dieses wird im Rahmen der ersten Teilaufgabe dieses Methodikschritts durch die Individualisierung des in der Literatur bereits bestehenden Datenmodells nach KELZENBERG erzeugt. Die dafür erforderlichen Grundlagen zur Modellierung werden einleitend in Kapitel 5.1.2.1 dargelegt. Zum anderen bedarf es einer Bewertung der Relevanz der im Datenmodell abgebildeten Datenattribute für den Anwendungsnutzen des digitalen Schattens, um die lediglich hinreichende Genauigkeit garantieren zu können. Dies erfolgt in der zweiten Aufgabe des Methodikschritts.

---

592 Eigene Darstellung.

593 Vgl. Rittstieg (Prozesssynchronisierung im Werkzeugbau), 2012, S. 93.

5.1.2.1 Grundlagen der Modellierung von Datenstrukturen

Für die Verwertung des bestehenden Ansatzes nach KELZENBERG ist es von besonderer Relevanz, dass die Modellierung der zusätzlichen Tätigkeiten und der späteren Datenattribute demselben Vorgehen entspricht. Folglich ist für die Erweiterung des Datenmodells um die fehlenden Elemente auf das durch KELZENBERG verwendete Entity-Relationship-Modell (ERM) zurückzugreifen. Eine ausführliche Herleitung und Bewertung der Einsetzbarkeit von ERM für die Modellierung im Werkzeugbau ist ebenfalls KELZENBERG zu entnehmen[594]. Die zentralen Modellierungselemente des ERM sind Entitys, Beziehungen, Kardinalitäten und Datenattribute, die in Abbildung 5.11 anhand eines Beispiels dargestellt sind. Das Beispiel sowie die nachfolgende Beschreibung sind an KELZENBERG angelehnt.

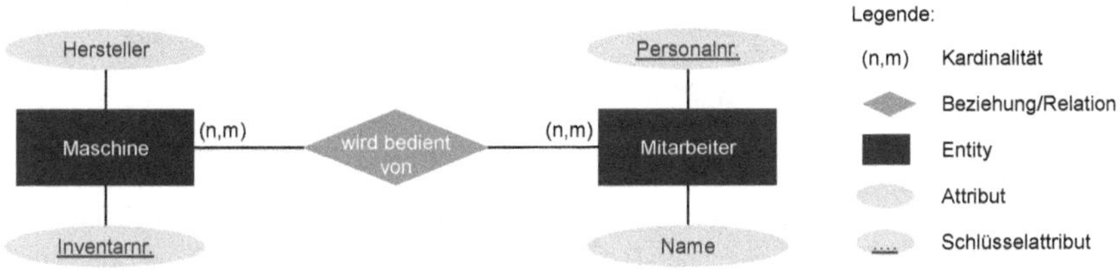

Abbildung 5.11: Zentrale Elemente des Entity-Relationship-Modells[595]

Eine Entity beschreibt einen realen Gegenstand, der durch Eigenschaften zu charakterisieren ist, wie eine Maschine oder einen Mitarbeitenden. Ähnliche Entitys können in Entitytypen aggregiert werden. Bspw. können Fräsmaschinen zum Entitytypen Maschine zusammengefasst werden. Zwischen verschiedenen Entitys oder Entitytypen können sogenannte Beziehungen in Form von logischen Verknüpfungen bestehen. Diese Beziehungen können ebenfalls zu Beziehungstypen zusammengefasst werden. Beziehungen und Beziehungstypen werden als Raute dargestellt. Die Verknüpfung von Entitytypen und Beziehungstypen ist durch die Kardinalität charakterisiert, die drei unterschiedliche Arten annehmen kann:

- (1:1)-Beziehung: Jedem Objekt der Menge A ist in Menge B genau ein Objekt zugeordnet. Gleiches gilt für die Beziehung der Objekte aus Menge B zur Menge A.
- (1:m)-Beziehung: Jedem Objekt der Menge A können in Menge B m Objekte zugeordnet werden. Die Objekte der Menge B können in Menge A jedoch nur einem Objekt zugeordnet sein. Dies gilt analog für eine (m:1)-Beziehung.
- (n:m)-Beziehung: Die Objekte der Menge A können m Objekten aus der Menge B zugeordnet sein. Die Objekte der Menge B können wiederum ebenfalls n verschiedenen Objekten aus Menge A zugeordnet sein.

Alle Entity- und Beziehungstypen weisen Eigenschaften auf, die durch Attribute beschrieben

[594] Vgl. Kelzenberg (Datenstrukturmodell), 2020, S. 151.

[595] Vgl. Kelzenberg (Datenstrukturmodell), 2020, S. 153.

und spezifiziert werden. Sie werden durch Ovale grafisch dargestellt. Ferner besitzen Entitys und Entitytypen ein Schlüsselattribut, das sie eindeutig beschreibt und welches durch Unterstreichen zu kennzeichnen ist.

5.1.2.2 Individualisierung des Datenmodells

Als Eingangsgröße für die erste Teilaufgabe im Rahmen des zweiten Methodikschritts dient das in Kapitel 3.2.2.10 bereits detailliert beschriebene Datenmodell für die industrielle Auftragsabwicklung von Werkzeugbaubetrieben nach KELZENBERG. Dieses leitet aus Tätigkeiten, die entlang des Auftragsabwicklungsprozesses anfallen, die zugehörigen Datenattribute ab[596]. Für die Individualisierung dieses Datenmodells bedarf es des in Abbildung 5.12 dargestellten vierschrittigen Vorgehens.

Abbildung 5.12: Vorgehen zur Individualisierung des Datenmodells[597]

Zunächst erfolgt durch eine Betrachtung der im Anwendungsfall vertretenen Stakeholder eine Reduzierung um die nicht erforderlichen Datenmodelle. Anschließend werden die Sub-Datenmodelle angepasst. Dies umfasst die Reduzierung um die nicht erforderlichen Tätigkeiten sowie die Bildung neuer Sub-Datenmodelle für die bisher im Gesamtdatenmodell nicht abgebildeten Tätigkeiten. Dies ermöglicht die beiden abschließenden Schritte, in denen zunächst die von KELZENBERG verwendeten Entitytypen für den spezifischen Anwendungsfall detailliert und anschließend die den formulierten Informationsbedarf bedienenden Datenattribute reduziert und ergänzt werden.

Die Anpassung der Stakeholder ermöglicht eine erste, grobe Individualisierung des gesamten Datenmodells. Da die in dieser Arbeit verwendeten Stakeholder auf den Prozesselementen aufbauen, die KELZENBERG für seine Datenmodelle verwendet, können schlicht solche Datenattribute aus dem Datenmodell herausgelöst werden, deren Stakeholder im charakterisierten Anwendungsfall nicht enthalten sind. Dabei obsolet gewordene Integrationselemente zwischen den Datenmodellen sind auch in den beibehaltenen Datenmodellen zu entfernen. Gleichfalls sind bisher im Datenmodell nicht enthaltene Stakeholder mit separaten Prozesselementen zu integrieren.

Im nächsten Schritt sind die im Datenmodell enthaltenen *Sub-Datenmodelle* zu *reduzieren* und zu *ergänzen*. Zunächst kann dazu ein simpler Abgleich, zwischen den im charakterisierten Anwendungsfall durchgeführten Tätigkeiten und den in den verbliebenen Datenmodellen enthaltenen Tätigkeiten, erfolgen. Die Sub-Datenmodelle aller Tätigkeiten, die für den Anwendungsfall nicht erforderlich sind, können aus den Datenmodellen entfernt werden. Nachdem das Datenmodell um die im digitalen Schatten nicht abzubildenden Tätigkeiten reduziert

[596] Für eine detaillierte Beschreibung sei auf Kapitel 3.2.2.10 verwiesen.

[597] Eigene Darstellung.

wurde, müssen anschließend die im Datenmodell bisher nicht enthaltenen Tätigkeiten ergänzt werden. Diese bilden innerhalb des Datenmodells des jeweiligen Stakeholders ein neues Sub-Datenmodell, welches wiederum aus Entitys, Beziehungen, Kardinalitäten sowie Attributen besteht. Die Attribute beschreiben den aus dem Informationsbedarf resultierenden Datenbedarf und werden folglich im letzten Schritt der Individualisierung des Datenmodells hinzugefügt. Die übrigen Elemente werden in der dargelegten Reihenfolge definiert. Die Integrationselemente eines neuen Sub-Datenmodells resultieren aus den im Use-Case-Diagramm dargestellten Verknüpfungen zu anderen Tätigkeiten. Die Identifizierung der relevanten Entitys erfolgt als Workshop gemeinsam mit den die Tätigkeit später durchführenden Mitarbeitenden.

Als vorgehensstrukturierend zur Charakterisierung der bisher nicht abgebildeten Tätigkeiten dienen die Dimensionen *Prozess*, *Ressource*, *Ergebnis* und *Dokumente* nach HARLAND[598]. In der Dimension *Prozess* werden alle Entitys beschrieben, die der Teilmenge aus betrachteter Tätigkeit und dem Auftragsabwicklungsprozess des Werkzeugbaus zuzurechnen sind[599]. Hierzu zählt neben fertigungsauftrags- und prozessschrittbezogenen Aspekten ebenfalls der aktuelle Status der betrachteten Tätigkeit als mögliche Entity. Der Status einer Tätigkeit charakterisiert deren aktuellen Zustand als Resultat eines Ereignisses, das zu einer Veränderung im Lebenszyklus der Tätigkeit führt[600]. Um eine einheitliche Interpretation des Status über alle Tätigkeiten hinweg sicherzustellen, sind die möglichen Ausprägungen des Status dem Transaktions-Lebenszyklus-Modell nach VAN DER AALST zu entnehmen. Dieser definiert die in der nachfolgenden Abbildung 5.13 dargestellten Status. Dabei ist nicht zwingend ein vollständiges Durchschreiten aller Status erforderlich, sondern vielmehr ist die Auswahl relevanter Status tätigkeitsspezifisch als Teilmenge der dargestellten Grundgesamtheit zu treffen. Außerdem ist dieser Status nicht mit im Werkzeugbau häufig verwendeten Kennzahlen, wie bspw. der aktuellen Auftragsabarbeitung als Quotienten aus Ist- und Soll-Stunden einer geplanten Tätigkeit, zu verwechseln.

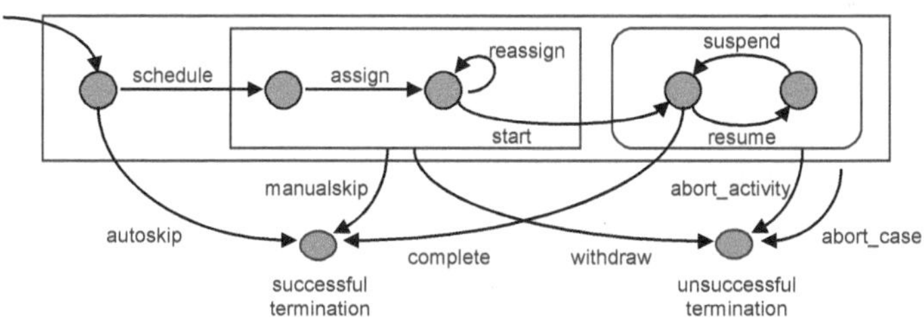

Abbildung 5.13. Status im Transaktions-Lebenszyklus-Modell nach VAN DER AALST[601]

[598] Vgl. Harland (Digitaler Schatten für die Instandhaltung), 2019, S. 124.

[599] Eine Beschreibung aller relevanten Elemente des Auftragsabwicklungsprozesses des Werkzeugbaus, die als detaillierterer Handlungsleitfaden bei der Identifizierung der Entitys der Dimension Prozess dienen kann, ist Kapitel 2.3.4.1 zu entnehmen.

[600] Vgl. van der Aalst (Process mining), 2016, S. 130-132.

[601] I. A. a. van der Aalst (Process mining), 2016, S. 131.

Die Dimension *Ressource* umfasst alle Entitys, die an der Erbringung der jeweiligen Tätigkeit des Sub-Datenmodells beteiligt sind. Entsprechend der in Abbildung 2.22 vorgenommenen Kategorisierung sind hierfür sowohl materielle als auch immaterielle Ressourcen zu betrachten. Im Fokus stehen die physischen Ressourcen, in Form der verwendeten Fertigungsressourcen, Betriebsmittel etc., die IT-basierten Ressourcen mit der Hard- und Software, die bei der Tätigkeit verwendet werden, sowie die Humanressourcen, die die Tätigkeit durchführen oder unterstützen. Bei der Erfassung der Ressourcen sind diese mit einer eindeutigen Bezeichnung und ihrer Anzahl zu charakterisieren. Außerdem sind bereits bekannte Beziehungen zwischen den bestehenden Entitys und den neu erfassten Ressourcen zu dokumentieren.

Ergebnisse stellen die dritte zu betrachtende Dimension für die Identifizierung relevanter Entitys der neuen Sub-Datenmodelle dar und umfassen den durch die betrachtete Tätigkeit erzeugten Output. Hierbei kann es sich sowohl um materielle Ergebnisse handeln wie z. B. ein bearbeitetes Bauteil oder um immaterielle Ergebnisse wie etwa eine erbrachte Dienstleistung. Hierbei ist zu erfassen, um welche Art des Ergebnisses es sich handelt und an welchem Ort dieses verfügbar gemacht wird. Darüber hinaus ist das Ergebnis weiter zu detaillieren. Für materielle Ergebnisse umfasst dies die Größe, die Menge, das Gewicht, die Mobilität des Ergebnisses und die weitere Verwendung. Bei immateriellen Ergebnissen sind dies der Erbringer und der Konsument der Leistung sowie die Bindung an ein physisches Objekt.

Die abschließende Dimension *Dokumente* umfasst alle Dokumente, die zur Dokumentation der Tätigkeit und ihrer Ergebnisse dienen sowie zur Informationsbereitstellung verwendet werden. Folglich können Schnittmengen mit den zwei vorangegangen Dimensionen Ressource und Ergebnis bestehen. Für diese Dokumente ist weitergehend zu erfassen, in welcher Form sie vorliegen, welche Aufbewahrungsfristen vorgesehen sind und wem sie zugänglich gemacht sind.

Die weitere Individualisierung des Datenmodells bedarf einer *Detaillierung der Entitys und Entitytypen* des Datenmodells nach KELZENBERG entsprechend des Anwendungsfalls. Diese erfolgt durch eine Differenzierung der Entitys sowie deren Anpassung an die Unternehmenscharakteristika. Eine solche Differenzierung ist erforderlich, um eine hinreichende Homogenität innerhalb der jeweiligen Entity im Sinne der beschreibenden Datenattribute im Kontext des Anwendungsfalls sicherzustellen. Hierzu kann bspw. die Differenzierung von Fertigungstechnologien, physischer Leistungen des Werkzeugbaubetriebs oder der Projektart zählen. Die erforderlichen Differenzierungen lassen sich durch den Anwender identifizieren, indem die im bestehenden Datenmodell enthaltenen Entitys mit dem formulierten objektiven Informationsbedarf abgeglichen werden. Anleitend hierzu können erneut die im Anhang dargestellten Zusammenhänge zwischen den Entitys nach KELZENBERG und den eingeführten Dimensionen des objektiven Informationsbedarfs verwendet werden. Ebenfalls stellt das entwickelte Use-Case-Diagramm eine wesentliche Informationsgrundlage für die Detaillierung dar. Diese Differenzierung befähigt außerdem im Schritt der Reduzierung und Ergänzung der Datenattribute die vollständige und korrekte Individualisierung entsprechend dem Anwendungsfall. Dies geht einher mit der Konkretisierung der im Datenmodell enthaltenen Entitys entsprechend den Unternehmenscharakteristika. Dabei ist sowohl eine Individualisierung der konkreten Benennungen der Entitys vorzunehmen als auch insbesondere eine Anpassung der Kardinalitäten des Datenmodells an die im Unternehmen bestehenden Rahmenbedingungen.

Im Anschluss an die Individualisierung der Sub-Datenmodelle sind die in diesen abgebildeten Datenattribute an die Charakteristika des Anwendungsfalls anzupassen. Wesentliches Hilfsmittel für eine vollständige Betrachtung aller relevanten Datenattribute stellt eine Informationslandkarte dar. Diese beschreibt die Bedienung der Informationsbedarfe der Tätigkeiten durch die verschiedenen Datenattribute. Die Struktur einer solchen Informationslandkarte ist in Abbildung 5.14 dargestellt.

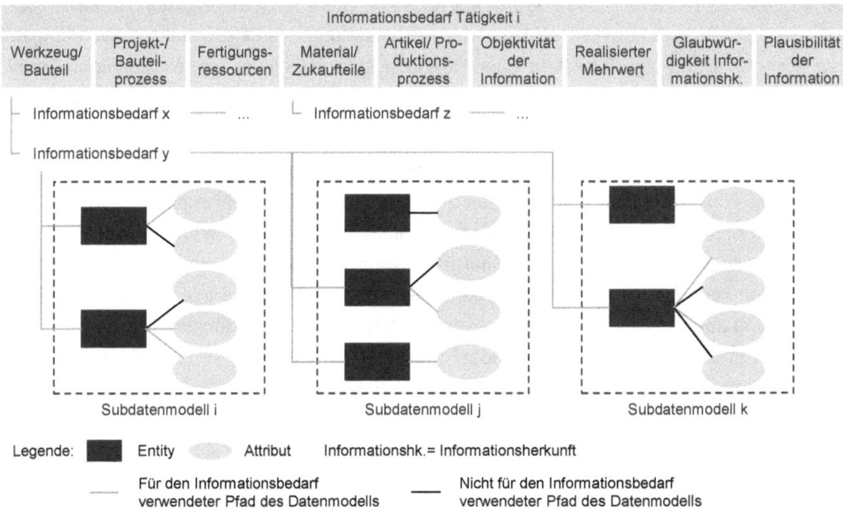

Abbildung 5.14: Prinzipdarstellung der zu erstellenden Informationslandkarte[602]

Eine solche Informationslandkarte zeigt für jeden Informationsbedarf durch welche Datenattribute aus welchen Subdatenmodellen dieser bedient wird. Die Abbildung zeigt dies exemplarisch anhand der gelb markierten Verbindungen des Informationsbedarfs y. Die Herstellung der Informationslandkarte erfolgt ausgehend von den konkreten Informationsbedarfen, über die bereits identifizierte Verknüpfung zwischen Informationsbedarf und Entitys hin zu den relevanten Datenattributen der Entitys. Der Informationsbedarf kann entweder durch ein einzelnes Datenattribut bedient werden oder setzt sich aus mehreren Datenattributen zusammen. Handelt es sich bei dem Informationsbedarf um ein Zahlenformat, leiten sich die verschiedenen relevanten Datenattribute häufig aus der Berechnungsvorschrift des Informationsbedarfs ab. In Fällen in denen der Informationsbedarf nicht als Formel ausdrückbar ist, hat die Praxis gezeigt, dass der effizienteste Weg zur Identifizierung des zugehörigen Datenbedarfs eine workshopbasierte Erarbeitung mit den Verwendern der Information ist. Insbesondere durch die

[602] Eigene Darstellung.

systematische Erarbeitung der zugrundeliegenden Wirkzusammenhänge sind die jeweiligen Fachexperten häufig in der Lage den erforderlichen Datenbedarf abzuleiten. Dieses Vorgehen hat sich bspw. im BMBF-geförderten Forschungsprojekt „WerkPrima“ als sehr erfolgreich erwiesen, wo auf diese Weise die erforderlichen Datenattribute für den digitalen Schatten eines Umformprozesses für eine Predictive Maintenance Anwendung identifiziert werden konnten.[603]

In Fällen, in denen eine betrachtete Entity Teil eines neu erstellten Subdatenmodells ist, müssen die zugeordneten Datenattribute neu bestimmt werden. In diesem Fall ist die Zuweisung einer ID zur eindeutigen Identifizierung obligatorisch. Die weitere Ergänzung folgt der identischen Vorgehensweise wie bei bereits bestehenden Subdatenmodellen. Die Darstellungsart der Information, bspw. als Diagramm[604], soll an dieser Stelle nicht weitergehend detailliert werden, da sie im Verständnis dieser Arbeit der Ausgestaltung des betrachteten Anwendungsfall zuzurechnen sind. Folglich besteht keine Relevanz für den Gestaltungsbereich dieser Arbeit.

Neben dem betrachteten objektiven und subjektiven Informationsbedarf sind dem Datenmodell darüber hinaus die Attribute hinzuzufügen, die für die Abbildung der Anforderungen an die Informationsqualität in der Dimension *„Interpretierbarkeit – Rahmenbedingungen“* erforderlich sind. Diese Rahmenbedingungen werden durch den Kontextinformationsbedarf bedient. Dey & Abowd definieren den Kontextbegriff basierend auf einer strukturierten Literaturrecherche allgemein als „Informationen, die zur Charakterisierung der Situation einer Entität herangezogen werden kann“[605]. Kontextinformationen besitzen für die korrekte Interpretation und Nutzbarmachung der im digitalen Schatten gespeicherten Daten eine exponierte Position[606]. Daher ist zunächst der Kontextinformationsbedarf und anschließend die diesen bedienenden Datenattribute herzuleiten. Die Kontextdatenattribute sind dabei entweder einer Entity zuzuordnen, wenn sie im direkten Kontext dieser zu verstehen sind, oder werden direkt der Tätigkeit zugeordnet, falls sie übergeordnet den Kontext dieser beschreiben. In Anlehnung an Korpipää et al. erfolgt die Formulierung des Kontextinformationsbedarfs in den fünf Elementen Ort, Zeit, Umwelt, Anwender und Erfassungsobjekt, wie in Abbildung 5.15 dargestellt[607].

Abbildung 5.15: Elemente zur Sicherstellung der geforderten Informationsqualität in der Dimension Interpretierbarkeit – Rahmenbedingungen[608]

Die fünf Elemente des Kontextinformationsbedarfs sind durch die Betrachtung der sie beschreibenden Datenattribute zu detaillieren. Die Beschreibung kann dabei an dieser Stelle

603 Vgl. Schuh et al. (Predictive Maintenance), 2020, S. 17-18.

604 Eine Übersicht von Darstellungsformen von Informationsarten sowie deren Implikationen kann bspw. Vgl. Stary (Informationsarten), 1996, S. 66-75. entnommen werden.

605 o. V. (Context and Context-Awareness), 2000, S. 4-5.

606 Vgl. Schuh et al. (Effizientere Produktion mit Digitalen Schatten), 2020, S. 106.

607 Vgl. Korpipaa et al. (Managing context information), 2003, S. 46.

608 Eigene Darstellung.

noch nicht mit einem Anspruch auf Vollständigkeit erfolgen. Weiterer Informationsbedarf entsteht, sobald die erfassten Datenattribute vor dem Hintergrund des Anwendungsfalls zu Informationen verarbeitet wurden. Darüber hinaus werden auch im weiteren Verlauf der Methodik zusätzliche Informationen erzeugt, bspw. die Auswahl der konkreten Sensorik in Kapitel 4.5.2.2 sowie der Gestaltung der User-Schnittstelle in Kapitel 5.3.2.2. Die zur Darstellung dieses Kontextinformationsbedarfs erforderlichen Datenattribute werden im weiteren Verlauf der Methodik zunächst identifiziert und anschließend in das Datenmodell integriert. Die an dieser Stelle bereits benennbaren Datenattribute mit Bezug zu den fünf eingeführten Dimensionen Ort, Zeit, Umwelt, Anwender und Erfassungssubjekt sind Abbildung 5.16 zu entnehmen.

Abbildung 5.16: Datenattribute der Kontextinformationen in den Dimensionen Ort, Zeit, Umwelt, Anwender und Erfassungssubjekt[609]

In dem Element *Ort* können als relevante Kontextdaten sowohl der Ort, an dem die Datenaufnahme erfolgt ist, einem Datenmodell hinzugefügt werden als auch der Ort des Ereignisses, das dokumentiert wird. Neben absoluten oder relativen Positionsdaten ist auch die Hinterlegung definierter Bereiche, wie bspw. den Schruppbearbeitungsmaschinen möglich.

Das *zeitliche Element* bezieht sich ebenfalls auf die Datenaufnahme an sich und das dokumentierte Ereignis. Die zeitliche Situation der Datenaufnahme wird durch einen Zeitstempel zum Zeitpunkt der Datenaufnahme beschrieben sowie die mit der Datenaufnahme verbundene Zeitdauer. Außerdem wird der Zeitpunkt, zu dem das dokumentierte Ereignis stattgefunden hat, hinzugefügt. In vielen Fällen entsprechen sich der Zeitstempel der Datenaufnahme sowie der Zeitpunkt des dokumentierten Ereignisses. Insbesondere bei manueller Datenaufnahme ist für die spätere Interpretierbarkeit der erhobenen Daten Kenntnis über eine entstandene Differenz zwischen Auftreten und Dokumentation eines Ereignisses relevant. Dies wird nachfolgend im Zusammenhang mit dem Datenattribut „Art der Datenaufnahme" detaillierter beschrieben.

Unter dem Element *Umwelt* werden alle Datenattribute zusammengefasst, welche direkt die Bedingungen oder das Verhalten der Umgebung während der Datenaufnahme beschreiben. Hierzu zählen die Temperatur und die Luftfeuchtigkeit zum Zeitpunkt der Aufnahme des Da-

609 Eigene Darstellung.

tenattributs. Anwendungsfallspezifisch können diese noch um weitere Attribute ergänzt werden, wie bspw. die Luftströmungsgeschwindigkeit oder die Beschleunigung bestimmter Elemente. Außerdem können über weitere Kontextdatenattribute im Rahmen der Tätigkeit tatsächlich verwendete Dokumente und Ressourcen erhoben werden.

Bezüglich des *Anwenders* ist zum einen der die Dokumentation bzw. die zu dokumentierende Tätigkeit zu verantwortende Anwender relevant. Vor dem Hintergrund, dass ein digitaler Schatten per Definition stets Anwendungsfallspezifisch ist, ist durch die Kontextinformationen sicherzustellen, dass nachvollziehbar ist, welchem Anwendungsfall ein erhobenes Datenattribut zuzuordnen ist. Nur so kann die jeweils lediglich hinreichende Genauigkeit der Datenaufnahme garantiert und gleichzeitig eine etwaige Integration eines erhobenen Datenattributs in einen weiteren digitalen Schatten ermöglicht werden. Hierfür ist sowohl die definierte Nutzendimension als auch die Bezeichnung des betrachteten Anwendungsfalls zu hinterlegen. Darüber hinaus ist zur Nachverfolgung der tatsächlichen Nutzung eines Datenattributs eine Empfangs- oder Lesebestätigung als Kontextdatenattribut zu integrieren.

Abschließend müssen Kontextinformationen zum *Erfassungssubjekt* verfügbar gemacht werden. Dies umfasst zunächst Zustandsinformationen über das Erfassungssubjekt selbst. Da diese abhängig vom Subjekt sind, kann eine weitergehende Detaillierung mit konkreten Datenattributen erst im Rahmen der Auslegung der Datenerfassung im nachfolgenden Methodikschritt erfolgen. Außerdem ist für die Interpretation erhobener Datenattribute die Art der Datenaufnahme relevant. Diese kann mit acht diskreten Ausprägungen beschrieben werden, von denen zwingend eines ausgewählt werden muss. Die Auswahl einer Ausprägung kann zwar erst nach Abschluss des nächsten Methodikschritts erfolgen, dennoch kann bereits zu diesem Zeitpunkt das entsprechende Datenattribut in das Datenmodell integriert werden. Es wird unter folgenden Ausprägungen differenziert[610]:

- *Manuell eingegeben*: Der Wert eines Attributs wird durch den Mitarbeitenden händisch in ein Freitextfeld eingegeben, das maximal grundlegende Regeln der Eingabe überwacht und reglementiert.
- *Manuell ausgewählt*: Der Wert eines Attributs wird durch den Mitarbeitenden manuell erfasst, jedoch kann dieser bei seiner Eingabe lediglich aus einer endlich definierten Menge vorgegebener Eingaben auswählen.
- *Automatisiert erfasst, manuell bestätigt*: Der Wert eines Attributs wird automatisiert erfasst und die Korrektheit durch den Mitarbeitenden anhand definierter Vorgaben validiert. Anschließend wird die Durchführung dieser Prüfung durch den Mitarbeitenden explizit bestätigt.
- *Automatisiert erfasst, ohne Kontrolle*: Der Wert eines Attributs wird automatisiert erfasst und ohne manuelle oder automatisierte Prüfung weiterverarbeitet.
- *Multimodal erfasst*: Der Wert eines Attributs wird multimodal erfasst und validiert.

[610] Für eine detaillierte Beschreibung der Verfahren zur Datenerhebung und -validierung sei auf die nachfolgenden Schritte der Methodik verwiesen.

- *Stammdaten, nicht validiert*: Bei dem betrachteten Attribut handelt es sich um ein Stammdatenattribut, dessen Wert seit der letzten Anpassung jedoch nicht hinsichtlich seiner Korrektheit validiert wurde.
- *Stammdaten, manuell validiert*: Bei dem betrachteten Attribut handelt es sich um ein Stammdatenattribut, dessen Wert seit der letzten Anpassung manuell hinsichtlich seiner Korrektheit validiert wurde.
- *Stammdaten, automatisiert validiert*: Bei dem betrachteten Attribut handelt es sich um ein Stammdatenattribut, dessen Wert seit der letzten Anpassung mithilfe automatisierter Methoden validiert wurde.

Die Glaubwürdigkeit setzt die im Rahmen des subjektiven Informationsbedarfs formulierten Anforderungen um. Dazu bedarf es einer Bewertung der Verlässlichkeit der durch eine verwendete Datenquelle bestimmten Informationen. Hierzu eignet sich in besonderem Maße eine historische Betrachtung der in Kapitel 5.2.1.2 erfolgenden Bestimmung der Korrektheit erhobener Daten. Die Darstellung des Anteils der als korrekt bewerteten Daten kann helfen die Glaubwürdigkeit eines Datenattributs aus einer bestimmten Datenquelle abzuschätzen. Als abschließende Kontextdatenattribute sind die Art und die Versionierung des Datenattributs zu berücksichtigen. Die Art des Datenattributs beschreibt, ob es sich dabei um bisher unverarbeitete Primär- oder bereits verarbeitete Sekundärdaten handelt[611]. Die Versionierung bezieht sich hingegen darauf, ob der Wert des Datenattributs seit seiner erstmaligen Aufnahme automatisiert oder manuell verändert wurde.

Abschließend ist für das entstandene Datenmodell des betrachteten Anwendungsfalls zu validieren, ob der eingangs formulierte Informationsbedarf anforderungsgerecht gedeckt werden kann. Hierzu ist das entwickelte Use-Case-Diagramm synchron zum finalen Datenmodell zu durchlaufen. Jeder der im Diagramm geforderten objektiven und subjektiven Informationsbedarfe ist hinsichtlich seiner Bedienung durch die Attribute des Datenmodells rückzuversichern. Nur wenn für jeden Informationsbedarf aller Tätigkeiten die Bedienung bestätigt werden kann, ist das Datenmodell als Vollständig im Sinne des Anwendungsnutzens zu betrachten. Andernfalls ist ein erneutes Durchlaufen des Methodikschritts für die noch als defizitär zu bewertenden Tätigkeiten erforderlich. Sollte die Validität der Informationsbedarfsbedienung nicht mit hinreichender Sicherheit festgestellt werden können, ist es möglich durch die bereits im Rahmen der Identifizierung des Informationsbedarfs beschriebenen Simulation der Tätigkeit die Genauigkeit zu erhöhen.

Zusammenfassend liegen dem Anwender nach Abschluss der Aufgabe *Individualisierung des Datenmodells* folgende Ergebnisse vor:

- Anwendungsfallspezifisches Datenmodell für den digitalen Schatten.
- Validierte datenbasierte Deckung des formulierten Informationsbedarfs des Anwendungsfalls.

[611] Vgl. Schach (Nutzung von Sekundärdaten), 1981, S. 29.

5.1.2.3 Relevanzbewertung der Datenattribute

Nachdem durch die Reduzierung und Ergänzung des Datenmodells alle erforderlichen Datenattribute zur Bedienung des Informationsbedarfs bekannt sind, ist für ein vollständiges Zielsystem die Relevanz der einzelnen Datenattribute zu bewerten. Die Relevanzbewertung verfolgt dabei zwei bedeutende Ziele: Zum einen bildet sie die Bedeutung der dem Datenattribut zugeordneten Tätigkeit für den Anwendungsnutzen ab. Zum andere bildet sie die Grundlage für die Definition der hinreichenden Genauigkeit des digitalen Schattens. Da die Relevanz folglich auf Tätigkeitsebene bestimmt werden soll, auch um der Anforderung der Praktikabilität gerecht zu werden, erhalten alle Datenattribute einer Tätigkeit dieselbe Relevanz. Entsprechend dem in Theorie und Praxis etablierten Pareto-Prinzip soll die Relevanz der Datenattribute basierend auf Ihrem Anteil am Gesamtnutzen bestimmt werden[612]. Folglich werden solche Tätigkeiten mit einer hohen Relevanz bewertet, die bei einer kumulierten Betrachtung zu den 80 % gehören. Um eine objektive Bewertung der Relevanz sicherzustellen, bedarf es Methoden, die mit einer hohen Wiederholgenauigkeit eine Quantifizierung des Beitrags einer Tätigkeit zum Anwendungsnutzen ermöglichen. Hierfür soll auf die in Abbildung 5.2 formulierten Nutzenpotenziale zurückgegriffen werden. Diesen sollen, unabhängig von der Quantifizierbarkeit der Nutzenpotenziale selbst, quantitative und qualitative Kenngrößen zugewiesen werden, die den Anwender der Methodik dazu befähigen eine prozentuale Bedeutung einer Tätigkeit für den Anwendungsnutzen in Form der Relevanz zu bestimmen. Abbildung 5.17 zeigt für die eingeführten Nutzenpotenziale die entsprechenden Kenngrößen zur Bestimmung der Relevanz einer Tätigkeit für das entsprechende Nutzenpotenzial. Grundsätzlich gilt dabei, dass vor der Anwendung der nachfolgend vorgestellten Kenngrößen vor dem Hintergrund eines konkreten Anwendungsfalls zu validieren ist, ob die bei der Bewertung verwendeten Parameter ggf. individuell anzupassen sind, um eine optimale Erfassung der Relevanz zu garantieren. Eine detailliertere Darstellung, die zusätzliche Formeln zur Berechnung der quantitativen Kenngrößen bietet, ist Abbildung 8.11 im Anhang zu entnehmen.

Die Bewertung der Relevanz einer Tätigkeit für das Nutzenpotenzial *Umsatz* erfolgt entweder über den Wertschöpfungsanteil der Tätigkeit an der durch den Anwendungsfall erzeugten Gesamtwertschöpfung oder dem Umsatzanteil am Gesamtumsatz. Die finanzielle Bewertung der Tätigkeiten, kann dabei basierend auf der vorgesehenen Tätigkeitsdauer sowie deren Stundensatz erfolgen. Zwar wird bei dieser Betrachtung davon ausgegangen, dass die geleisteten Stunden vollständig an den Kunden verrechnet werden, jedoch erscheint diese Annahme vor dem Hintergrund einer Verrechnungsquote der geleisteten Stunden zwischen 75 % im Projektmanagement und 92 % in der mechanischen Fertigung hinreichend genau[613].

Der Beitrag einer Tätigkeit zum Nutzenpotenzial *(Durchlauf-)Zeit* wird anhand von drei quantifizierbaren Kenngrößen bestimmt. Der Anteil der Tätigkeitsdauer an der Gesamtdurchlaufzeit der Tätigkeit beschreibt die grundsätzliche Bedeutung für den Anwendungsfall aus zeitlicher

[612] Vgl. Russell-Walling (Das 80/20-Prinzip), 2011, S. 68.

[613] Vgl. WZL/IPT (Benchmarkingdatenbank), 2020.

Sicht. Hinsichtlich einer Optimierung der Durchlaufzeiten sind außerdem die beiden Kenngrößen Anteil Liegezeit an Tätigkeitsdurchlaufzeit sowie Anteil Liegezeit an Gesamtdurchlaufzeit relevant. Diese beschreiben einmal bezogen auf die Tätigkeit selbst und einmal bezogen auf den gesamten Anwendungsfall, den Anteil der Liegezeit und sind folglich geeignet die Bedeutung einer Tätigkeit für eine mögliche Optimierung zu quantifizieren. Als Liegezeit wird an dieser Stelle die Summe der Zeiten entlang der Auftragsabwicklung, in denen der Auftrag auf seine weitere Durchführung wartet verstanden[614]. Folglich eignet sich die Betrachtung für jede Art von intern oder extern zu erbringender Leistung.

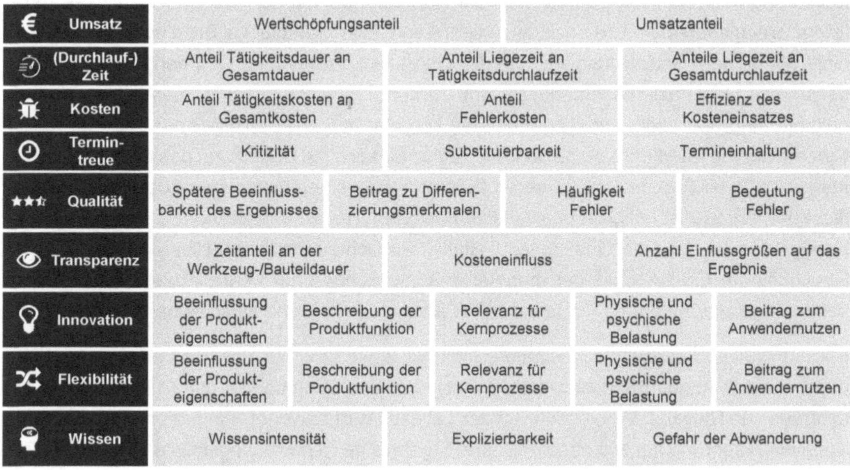

Abbildung 5.17: Kenngrößen zur Bestimmung der Tätigkeitsrelevanz für die eingeführten Nutzenpotenziale[615]

Für einen Anwendungsfall, der das Nutzenpotenzial *Kosten* adressiert, erfolgt die Bewertung der Relevanz der Tätigkeiten basierend auf dem Anteil der Tätigkeitskosten an den Gesamtkosten des Anwendungsfalls, dem Anteil an den Fehlerkosten, der durch die Tätigkeit verantwortet wird sowie der Effizienz des Kosteneinsatzes. Die Effizienz des Kosteneinsatzes bezeichnet dabei den Quotienten aus dem Wertschöpfungsanteil der Tätigkeit und ihrem Anteil an dem Gesamtkosten. Außerdem ist hervorzuheben, dass sich die Betrachtung der Kosten des Anwendungsfalls entweder auf die laufenden, die initialen oder die Summe aus beiden Kosten bezieht und diese nicht über die verschiedenen Tätigkeiten hinweg vermischt werden dürfen.

In Bezug auf die Relevanz einer Tätigkeit für das Nutzenpotenzial *Qualität* erfolgt die Bewertung mit den vier Kenngrößen spätere Beeinflussbarkeit der Tätigkeitsergebnisses, Fehlerhäufigkeit, Fehlerbedeutung sowie Beitrag der Tätigkeit zu Differenzierungsmerkmalen. Die spätere Beeinflussbarkeit des Tätigkeitsergebnisses wird verwendet, um Tätigkeiten mit einem

614 Vgl. REFA (Durchlaufzeit), 2020.

615 Eigene Darstellung.

besonderen Einfluss auf die Qualität des Objekts der Tätigkeit identifizieren zu können. Die Bewertung dieser Kenngröße kann lediglich qualitativ erfolgen. Hierfür soll eine fünfstufige Skala verwendet werden, wie sie in Kapitel 3.1.1 bereits eingeführt worden ist. Das exakte Anforderungssystem ist anwendungsfallspezifisch zu erstellen. Dieses Vorgehen gilt für alle Kenngrößen, die im weiteren Vorlauf vorgestellt und qualitativ bewertet werden. In diesem Fall ist bei der Konkretisierung des Anforderungssystems wesentlich der Aufwand zur späteren Beeinflussung entstandener Fehler während der Tätigkeit sowie der zeitliche Abstand zwischen Tätigkeit und dem berücksichtigten Punkt zu berücksichtigen. Weitergehend ist für die Bewertung der Tätigkeitsrelevanz in diesem Zusammenhang der Beitrag der Tätigkeit zu Differenzierungsmerkmalen zu bewerten. Hiermit wird eine marktseitige Sicht eingenommen, die nicht primär dem Betrachtungsbereich dieser Arbeit entspricht. Es wird daher angenommen, dass seine Differenzierungsmerkmale am Markt dem Werkzeugbetrieb aus seiner Strategie bekannt sind und direkt verwendet werden können, um den Einfluss einer Tätigkeit auf die Differenzierungsmerkmale zu bestimmen. Dabei ist auch die Bedeutung des Differenzierungsmerkmals Qualität gegenüber anderen Differenzierungsmerkmalen zu berücksichtigen. Auch diese Kenngröße ist lediglich qualitativ zu bewerten. Neben den beiden bereits vorgestellten Kenngrößen ist auch die Qualität der Tätigkeit an sich zu bewerten. Hier sind der Anteil der Häufigkeit der Fehler sowie der monetären Auswirkungen der Fehler an der jeweiligen Gesamtmenge aller Fehler im Kontext der Tätigkeiten des Anwendungsfalls berechnet werden.

Für das Nutzenpotenzial *Termintreue* erfolgt die Bewertung der Relevanz einer Tätigkeit anhand der drei Kenngrößen Kritizität der Tätigkeit, Substituierbarkeit der Tätigkeit sowie Termintreue der Tätigkeit. Mit der Kritizität der Tätigkeit wird bewertet, wie groß der Einfluss einer Terminverzögerung auf das abschließende Ergebnis des Anwendungsfalls ist. Da es im Werkzeugbau schwierig ist einen expliziten kritischen Pfad, als die durchlaufzeitbestimmende Prozesssequenz, zu definieren, soll diese Bedeutung auf diesem Weg qualitativ berücksichtigt werden[616]. Ergänzend zu dieser Kenngröße bewertet quantitativ die Substituierbarkeit der Tätigkeit inwieweit Handlungsfähigkeit auf eventuelle Terminverzüge bei dieser Tätigkeit besteht. Abschließend ist außerdem mit der Termintreue der jeweiligen Tätigkeiten auch der Status quo der Leistungsfähigkeit in diesem Bereich quantitativ zu bewerten.

Für die Bewertung der Tätigkeitsrelevanz für das Nutzenpotenzial *Transparenz* muss der Transparenzbegriff entsprechend den Zielen von Produktionssystemen in Zeit-, Kosten- und Qualitätstransparenz unterteilt werden[617]. Die Erzeugung von Zeittransparenz beschreibt die Transparenz über den aktuellen Fortschritt der Auftragsabwicklung auf Werkzeug- oder Bauteilebene. Folglich ist der Anteil der Tätigkeitsdauer an der Werkzeug- bzw. Bauteilherstellungsdauer zu betrachten. Dabei kann es sich als sinnvoll erweisen, einzelne Tätigkeiten aggregiert zu berücksichtigen. Kostentransparenz hingegen umfasst die verursachungsgerechte Allokation von Kosten auf die Tätigkeiten. Als Tätigkeit mit großem Kosteneinfluss ist dabei eine Tätigkeit zu bewerten, die einen hohen Stundensatz aufweist, lange Durchführungszeiten

[616] Vgl. Jakoby (Projektmanagement für Ingenieure), 2019, S. 404.

[617] Vgl. Westkämper; Löffler (Strategien der Produktion), 2016, S. 203.

aufweist oder mit der Verwendung preisintensiver Materialien verbunden ist. Qualitätstransparenz als abschließende Kategorie bezieht sich auf die Transparenz über das Ergebnis einer Tätigkeit oder einer Summe mehrerer Tätigkeiten. Folglich ist für die Bewertung der Relevanz einer Tätigkeit die Anzahl potenzieller Einflussfaktoren auf das betrachtete Ergebnis entscheidend.

Die Bewertung der Relevanz einer Tätigkeit für das Nutzenpotenzial *Innovation* erfolgt differenziert nach den Innovationsarten Produkt-, Prozess-, Organisations- und Geschäftsmodellinnovation[618]. Für Produktinnovationen ist die Beeinflussung der Produkteigenschaft durch die Tätigkeit, bzw. die Beschreibung der Produktfunktion relevant. Für Prozessinnovationen erfolgt die Bewertung auf Basis der Bedeutung der betrachteten Tätigkeit für die Kernprozesse des Unternehmens. Im Zusammenhang mit Organisationsinnovationen, die auch Sozialinnovationen inkludieren, sind die physischen und psychischen Belastungen der Tätigkeiten zu bewerten. Die abschließende Betrachtung von Geschäftsmodellinnovationen bewertet den Beitrag der betrachteten Tätigkeit zum formulierten Anwendernutzen. Insgesamt ist hervorzuheben, dass insbesondere im Zusammenhang mit Produkt- und Geschäftsmodellinnovationen eine hohe Relevanz von Tätigkeiten während der Forschungsaktivitäten des Werkzeugbaubetriebs, der Produktentwicklung des Kunden sowie des Serieneinsatzes des Werkzeugs besteht. Diese werden aufgrund des Betrachtungsbereichs dieser Arbeit nicht dargestellt.

Die Bewertung der Relevanz einer Tätigkeit für das Nutzenpotenzial *Flexibilität* erfolgt basierend auf der Kategorisierung des Flexibilitätsbegriffs nach SETHI & SETHI. Dort wird Flexibilität in Maschinen-, Material- und Ablaufflexibilität differenziert[619]. Im Kontext des Betrachtungsbereichs dieser Arbeit soll das Verständnis der Maschinenflexibilität um die Mitarbeitenden ergänzt und als Ressourcenflexibilität bezeichnet werden. Die Bewertung der Relevanz für die Ressourcenflexibilität erfolgt anhand der Anzahl alternativer Ressourcen, die die Tätigkeit ohne zeitliche, kosten- und qualitätsseitige Verluste durchführen können. Die Bewertung der Materialflexibilität erfolgt durch eine Betrachtung der während der Tätigkeit verwendeten Materialien. Darunter sind nicht nur verwendete Rohmaterialien zu verstehen, sondern gleichfalls auch alle weiteren Verbrauchsmaterialien und C-Teile, die der Werkzeugbaubetrieb verwendet. Für diese sind die Größen Wiederbeschaffungszeit und Mindestlagermenge zu betrachten. Die Ablaufflexibilität wird für Tätigkeiten in der mechanischen Fertigung durch die Verfügbarkeit adaptiver Prozessketten bewertet[620]. Für die Bewertung sonstiger Tätigkeiten sind die in den definierten Vertretungsregelungen hinterlegten Ablaufalternativen zu betrachten.

Die Bewertung der Relevanz einer Tätigkeit für das Nutzenpotenzial *Wissen* erfolgt in den drei qualitativ zu bewertenden Kenngrößen Wissensintensität, Explizierbarkeit sowie Gefahr der Abwanderung. Wissensintensität bewertet den Grad an Know-how, der für die erfolgreiche Durchführung der Tätigkeit erforderlich ist. Tätigkeiten, die besonders viel Know-how erfordern, werden höher und somit als relevanter bewertet. Die Explizierbarkeit beschreibt das Maß

[618] Vgl. Franken; Franken (Innovationsmanagement), 2011, S. 193.

[619] Vgl. Sethi; Sethi (Flexibility in manufacturing), 1990, S. 297.

[620] Vgl. Bergs et al. (Individuelle Prozessketten), 2020, S. 60-61.

in dem implizites, also an einen persönlichen Träger gebundenes, Wissen in eine sprachliche Form gebracht und somit transferiert werden kann[621]. Eine Tätigkeit, die ein besonders hohes Maß ein Explizierbarkeit aufweist, ist mit einer geringeren Relevanz zu bewerten als eine Tätigkeit, die nur schwierig explizierbar ist. Die dritte Kenngröße, die Gefahr der Abwanderung, beschreibt die Gefahr, dass Wissen das Unternehmen verlässt. Im Wesentlichen handelt es sich dabei um Mitarbeitende, die das Unternehmen verlassen und ihr implizites Wissen mitnehmen. Diese Gefahr ist in Teilen zwar verknüpft mit der Explizierbarkeit, da explizierbares Wissen, einer geringeren Gefahr unterliegt, abzuwandern, jedoch werden hier weitere Einflussgrößen bei der Bewertung berücksichtigt. Hierzu zählen neben dem Alter der Wissensträger auch deren Anzahl.

Nachdem die Bestimmung der einzelnen Kenngrößen einer Tätigkeit für alle adressierten Nutzenpotenziale eines Anwendungsfalls durchgeführt wurde, müssen sowohl die verschiedenen Kenngrößen eines Nutzenpotenzials als auch eventuelle unterschiedliche Nutzenpotenziale zu einer Bewertung aggregiert werden. Dies erfolgt, entsprechend dem in Abbildung 5.18 dargestellten Vorgehen, nacheinander durch die Betrachtung der Kenngrößen sowie der Nutzenpotenziale.

Abbildung 5.18: Vorgehen zur aggregierten Nutzenbestimmung[622]

Zunächst werden separat für alle Nutzenpotenziale des Anwendungsfalls die Kenngrößen betrachtet. Diese werden normiert, gewichtet und gemittelt, sodass abschließend für jedes Nutzenpotenzial ein Nutzwert bekannt ist. Anschließend erfolgten die Gewichtung und Mittelung der verschiedenen Nutzenpotenziale. Die Anwendung der Methoden zur Durchführung des eingeführten Vorgehens ist für Kenngrößen und Nutzenpotenziale identisch. Daher wird das Vorgehen nachfolgend für die Kenngrößen erläutert, besitzt jedoch analog für die Nutzenpotenziale Gültigkeit und ist im Anschluss entsprechend durchzuführen.

Die Normierung macht die unterschiedlichen Skalen der Kenngrößen vergleichbar. Neben den verschiedenen Skalen ist dies insbesondere auf für die Berücksichtigung eines einheitlichen Verständnisses für gute und schlechte Werte relevant. Bspw. ist eine geringe Substituierbarkeit einer Tätigkeit schlecht, während ein geringer Anteil der Liegezeit an der Durchlaufzeit einer Tätigkeit als gut zu bewerten ist. Normierung bezeichnet allgemein die Umformung einer Gleichung, sodass diese einzig nicht dimensionsbehaftete, bezogene Größen enthält[623]. Im Kontext der beschriebenen Motivation der Normierung ist daher sowohl ein Vorgehen für eine

---

621 Vgl. Schewe; Nienaber (Explikation von implizitem Wissen), 2011, S. 41-42.

622 Eigene Darstellung.

623 Vgl. Giloi; Lauber (Normierung und Maßstabsfaktoren), 1963, S. 32.

Gleichrichtung aller Kenngrößen erforderlich als auch für die Vergleichbarmachung der verwendeten Skalen an sich. Für ersteres soll nachfolgendes Verständnis gelten: Mit Zunahme des Betrags einer Kenngröße ist dieser als positiver im Sinne des Anwendungsnutzens des digitalen Schattens zu bewerten. Folglich werden alle Kenngrößen, die originär einem gegensätzlichen Verständnis folgen mit Formel (1) normiert.

$$X_i = 1 - x_i \tag{1}$$

X_i = normierter Wert der Kenngröße i

x_i = Wert der Kenngröße i

Für alle sonstigen Kenngrößen erfolgt im Vorfeld der Gleichrichtung der Kenngrößen die Vergleichbarmachung der Skalen. Diese soll durch eine Normierung auf den für die jeweilige Kenngröße maximalen Betrag bezogene erfolgen. Hierzu ist die nachfolgende Formel (2) anzuwenden.

$$X_i = \frac{x_i}{x_{max}} \tag{2}$$

X_i = normierter Wert der Kenngröße i

x_i = Wert der Kenngröße i

x_{max} = Maximaler Betrag der Kenngröße für alle Tätigkeiten

Die auf diese Weise normierten Anteile der Einflusstätigkeiten am Anwendungsnutzen können nun miteinander verglichen werden. Dazu bedarf es zusätzlich einer Gewichtung der Kenngrößen gegeneinander. Der paarweise Vergleich stellt eine etablierte Methode dar, um Bewertungskriterien, die nicht den gleichen Einfluss auf den zu bewertenden Nutzen haben, gegeneinander zu gewichten[624]. Abbildung 5.19 zeigt das grundsätzliche Vorgehen zur Durchführung des paarweisen Vergleichs für die Kenngrößen.

In Anlehnung an BINNER kommt dabei für die Abstufung des paarweisen Vergleichs eine Skala von 0 (wesentlich weniger wichtig) bis 4 (sehr viel wichtiger) zum Einsatz[625]. Diese Skala wird verwendet, um jede Kenngröße mit jeweils allen anderen Kenngrößen bilateral hinsichtlich ihrer vergleichsweisen Bedeutung zu bewerten. Die dabei entstehende Bewertung ist komplementär zueinander.

---

[624] Vgl. Binner (Methoden-Baukasten), 2016, S. 43.

[625] Vgl. Binner (Methoden-Baukasten), 2016, S. 43.

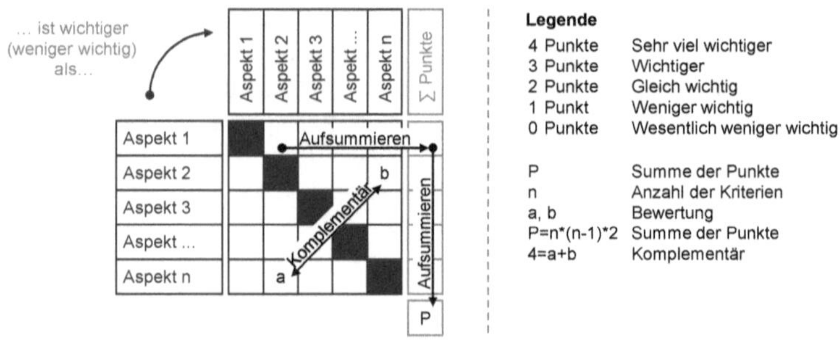

Abbildung 5.19: Prinzipdarstellung des paarweisen Vergleichs zur Gewichtung der Kenngrößen[626]

Alsbald die Bewertung der einzelnen Kenngrößen abgeschlossen ist, sind diese zu aggregieren. Die Bestimmung der Gesamtrelevanz einer Tätigkeit erfolgt durch die Bestimmung des Betrags eines gewichteten Nutzenvektors. Dieser nutzt die ermittelten Gewichtungen der Kenngrößen und berechnet sich basierend auf Formel (3).

$$R_i = \sqrt{\sum_{1}^{n} g_n * P_{n,i}^2} \tag{3}$$

R_i = Gesamtrelevanz der Tätigkeit i

n = Anzahl der verschiedenen Kenngrößen der Tätigkeit

g_n = Gewichtungsfaktor der Kenngröße n

P_n = Wert der Kenngröße n für die Tätigkeit i

Abschließend sind alle bestimmten Gesamtrelevanzen den zugeordneten Datenattributen dieser Tätigkeiten zuzuweisen. Dadurch entsteht das finale Zielsystem, das auf der einen Seite die durch den digitalen Schatten abzubildenden Datenattribute beschreibt und auf der anderen Seite eine Bewertung der Bedeutung und Anforderungen ermöglicht.

Die operative Durchführung der Bewertung kann sich in Abhängigkeit der bestehenden Datenverfügbarkeit und -qualität in den anwendenden Unternehmen unterschiedlich aufwändig gestalten. Zum einen handelt es sich nicht in allen Fällen um Tätigkeiten, die zum Zeitpunkt der Operationalisierung eines digitalen Schattens bereits bestehen. Zum anderen können auch die erforderlichen Daten zur Quantifizierung der Kenngrößen nicht oder nicht in ausreichender Datenqualität vorliegen. Hier ist im Sinne des Pareto-Prinzips eine geeignete Lösung zu finden. Im Falle, dass die Tätigkeit bereits durchgeführt oder prototypisch und hinreichend genau nachgebildet werden kann, können fehlende Daten durch repräsentative Stichprobenerhebungen für die Bewertung gesammelt werden. Für eine solche Stichprobe sind zunächst

[626] Eigene Darstellung.

Ähnlichkeitsfaktoren zu bestimmen, die die Repräsentativität der Stichprobe sicherstellen. Etablierte Ähnlichkeitsfaktoren sind u. a. Werkzeugtypen, Material- und Toleranzangaben oder Hauptprozessfolgen. Darauf basierend können dann Daten auch für wenige Objekte jeder Klassifizierung händisch erhoben werden. Da die Erzeugung von Stichproben häufig jedoch mit unverhältnismäßig hohem Aufwand verbunden wäre, kann ersatzweise auch eine qualitative anstatt der dargestellten quantitativen Bewertung erfolgen oder Annahmen zu den fehlenden Daten getroffen werden. Für eine solche qualitative Bewertung ist die bereits vorangehend eingeführte Vorgehensweise zur Bewertung von qualitativen Kenngrößen und Nutzenpotenzialen anzuwenden.

Zusammenfassend liegt dem Anwender nach Abschluss der Aufgabe *Ableitung des Zielsystems* folgendes Ergebnis vor:

- Bewertete Bedeutung der Attribute des Datenmodells für die Nutzenrealisierung des Anwendungsfalls.

5.2 Phase B – Multimodale Datenaufnahme

Das als Ergebnis der ersten Phase der Methodik resultierende Zielsystem für die Operationalisierung eines digitalen Schattens im Werkzeugbau wird in Phase B – Multimodale Datenaufnahme um eine anforderungsgerechte Erhebung der erforderlichen Datenattribute ergänzt. Eine solche Zielsetzung lässt sich in zwei Schritte zerlegen. Zunächst muss bekannt sein, um welche Erfassungsobjekte es sich handelt. Anschließend können die die Erfassung durchführenden Subjekte definiert werden.

In Schritt B.3 werden die Erfassungsobjekte in Form des Datenerhebungsbedarfs definiert. Durch die Industrialisierung der Werkzeugbaubetriebe sind bereits verschiedene Datenattribute in unterschiedlichen Datensilos digital vorhanden. Insbesondere die Nutzung von CAD-, PPS- und BDE-Systemen ist weit verbreitet und bietet grundlegende Datenattribute entlang der Auftragsabwicklung. Die in den bestehenden Datenquellen enthaltenen Datenattribute sind mit dem definierten Datenbedarf abzugleichen und zu bewerten, ob die vorhandenen Datenattribute die definierten Datenqualitätsanforderungen bereits erfüllen. Aus der Differenz aus dem definierten Datenbedarf mit den kombinierten Datenqualitätsanforderungen sowie den verfügbaren Datenattributen mit anforderungsgerechter Datenqualität ergibt sich der Datenerhebungsbedarf.

Für einen bekannten Datenerhebungsbedarf kann anschließend in Schritt B.4 die operative Datenerfassung ausgelegt werden. Abweichend von den in der Empirie etablierten Vorgehen zur Auslegung von Datenerfassungssystemen sind hierbei die Potenziale der multimodalen Datenaufnahme zu realisieren. Für die vollständige Realisierung der Potenziale ist es von besonderer Bedeutung den Anwendungsfall nicht isoliert zu betrachten, sondern die grundsätzlichen Zielsetzungen und Umsetzungsschritte der Digitalisierungsschritte des Unternehmens zu betrachten.

5.2.1 Schritt B.3 – Definition Datenerhebungsbedarf

Der Schritt B.3 zielt darauf solche Datenattribute des Datenmodells zu identifizieren, die zusätzlich oder in einer besseren Datenqualität erhoben werden müssen. Hierfür bedarf es zunächst der Definition der sich aus dem beschriebenen Informationsbedarf ergebenen Datenanforderungen. Diese können anschließend verwendet werden, um auf Basis einer Untersuchung der bereits im Werkzeugbaubetrieb vorhandenen Daten die zusätzlich zu erhebenden Datenattribute zu identifizieren.

5.2.1.1 Aufnahme der Datenanforderungen

Die formulierten Anforderungen an die Informationsqualität sind für alle datenbezogenen Anforderungen in Datenqualitätsanforderungen. Dem gegenüber stehen die systembezogenen Datenqualitätsanforderungen, die in Phase C der Methodik durch die Auslegung der erforderlichen Infrastruktur umgesetzt werden.[627]. Die Definition der datenbezogenen Anforderungen muss dabei für die verschiedenen Datentypen differenziert erfolgen. Vor dem Hintergrund der Charakteristika der Branche Werkzeugbau sind die Bewegungsdaten in Werkzeug-Auftrags- und Betriebsdaten zu differenzieren. Abgeleitet aus den Aufgaben des Auftragsmanagements nach WESTKÄMPER ET AL. umfassen Werkzeug-Auftragsdaten, im Verständnis dieser Arbeit, folgende Daten[628]:

- Daten aus der Konstruktion und Arbeitsvorbereitung, bspw. aus der Stückliste,
- Daten des Kunden, u.a. Serienprozessanforderungen, Freigabetermine Werkzeug, Lieferdatum Werkzeug oder Teile,
- Daten zu Zulieferern, die bereits zu Auftragsbeginn definiert sind, z. B. Liefertermine von Handlingsvorrichtungen, und die den Daten aus der Konstruktion und Arbeitsvorbereitung zuzurechnen sind.

Zuliefererdaten im Zusammenhang mit Fremdvergaben in der mechanischen Fertigung, die nicht der Konstruktion bzw. Arbeitsvorbereitung zugeordnet werden können, sind aufgrund deren hoher Dynamik im Werkzeugbau nicht Teil der Werkzeug-Auftragsdaten, sondern werdem den Betriebsdaten zugeordnet.

Die Elemente zur Sicherstellung der Datenqualität für Stamm- und Werkzeug-Auftragsdaten sind zwar identisch, jedoch ist es aufgrund der später unterschiedlichen Auslegung der Datenaufnahme dennoch sinnvoll bereits bei der Definition die Typen differenziert zu benennen. Abbildung 5.20 zeigt für die relevanten Anforderungen an die Informationsqualität die jeweilige Abbildung durch Elemente der Datenqualität, differenziert nach den drei Datentypen.

[627] Vgl. Schuh et al. (Data quality for digital shadows), 2019, S. 46.

[628] Vgl. Westkämper et al. (Organisation der Produktion), 2006, S. 179-181.

Abbildung 5.20: Elemente zur Sicherstellung der geforderten Informationsqualität in den datenrelevanten Dimensionen[629]

Für die *Stamm- und Werkzeug-Auftragsdaten* ist zur Sicherstellung des erforderlichen Informationsalters lediglich der jeweils aktuelle Revisionsstand zu berücksichtigen. Aufgrund der geringen Änderungsgeschwindigkeit der beiden Datentypen kann folglich pauschal die Bereitstellung des jeweils aktuellen Datenstands als Anforderung definiert werden.

Die Festlegung der Datenauflösung für Stamm- und Werkzeug-Auftragsdaten umfasst zum einen die Definition der Auflösung in Bezug auf das Gesamtprojekt. Neben einer Angabe der Daten auf Gesamtprojektebene sind weitere Abstufungen auf Werkzeug-, Baugruppen- oder Bauteilebene möglich. Zum anderen umfasst der Aspekt die Auflösung der Daten selbst. Dies ist jedoch nur für eine begrenzte Menge Daten relevant, da viele rein beschreibend sind und folglich keine Skalierung besitzen. Alle skalierten Datenattribute weisen der Definition von Stamm- und Werkzeugauftragsdaten folgend eine Auflösung auf Tages- bis Wochenbasis auf. Für kategorische Textdaten erfolgt die Definition der Datenauflösung darüber hinaus durch die Festlegung des Wertevorrats. Dieser wurde grundsätzlich bereits in Kapitel 5.1.1.2 definiert, ist jedoch an dieser Stelle hinsichtlich der damit realisierbaren Bedienung des Informationsbedarfs zu validieren.

Die Fehlertoleranz für Stamm- und Werkzeug-Auftragsdaten überträgt das Begriffsverständnis aus dem Bereich der Messkette auf die Dateneingabe in Softwaresysteme. Folglich ist darunter, die bei der Eingabe von Daten in die Softwaresysteme erlaubte Fehlertoleranz zu verstehen. Insbesondere bei Texteingaben kann pauschal eine 0 % Fehlertoleranz definiert werden, da die Eingaben ansonsten nur mit einem für die Werkzeugbaubetriebe unrealistisch hohen Aufwand automatisiert verarbeitbar gemacht werden können. Für numerische Daten gilt dies äquivalent, da hier für bspw. Toleranzen oder Liefertermine ebenfalls keine Abweichung zulässig ist, sondern ggfs. zulässige „Ungenauigkeiten" im Zusammenhang mit der Definition der Datenauflösung umgesetzt worden sind.

Die Betrachtung der *Betriebsdaten* hat im Vergleich zu den Stamm- und Werkzeugauftragsdaten insbesondere vor dem Hintergrund der hinreichenden Genauigkeit des digitalen Schattens bei der Abbildung der Realität zu erfolgen. Für die Definition der erforderlichen Erhebungsfrequenz der Betriebsdaten soll die Betrachtung in Anlehnung an das Modell zur Bestim-

629 Eigene Abbildung.

mung des Datenwerts, dass STRONGIN ET AL. entwickelt haben und das in Abbildung 5.21 dargestellt ist, erfolgen. Die im Modell dargestellte Steigerung der Datenmenge lässt sich in diesem Kontext durch eine Steigerung der Erhebungsfrequenz realisieren.

Zone 1 bezeichnet eine Datenmenge, die nicht ausreicht, um einen Mehrwert durch den digitalen Schatten für den Anwendungsfall realisieren zu können. In Zone 2 bedeutet eine Zunahme der Datenmenge im digitalen Schatten gleichzeitig auch eine Steigerung des realisierbaren Anwendungsnutzens. Mit Beginn der Zone 3 führt eine Steigerung der Datenmenge nicht mehr zu einer weiteren Zunahme des Anwendungsnutzens. Folglich sind für eine hinreichend genaue Abbildung des Betrachtungsbereichs des digitalen Schattens die Erhebungsfrequenzen der Datenattribute so festzulegen, dass jeweils der Übergang zwischen Zone 2 und Zone 3 erreicht wird. Die dafür erforderliche Definition der Erhebungsfrequenzen basiert auf einer genauen Kenntnis über die im Werkzeugbau üblichen Geschwindigkeit, mit der die Datenattribute ihren Zustand signifikant ändern.

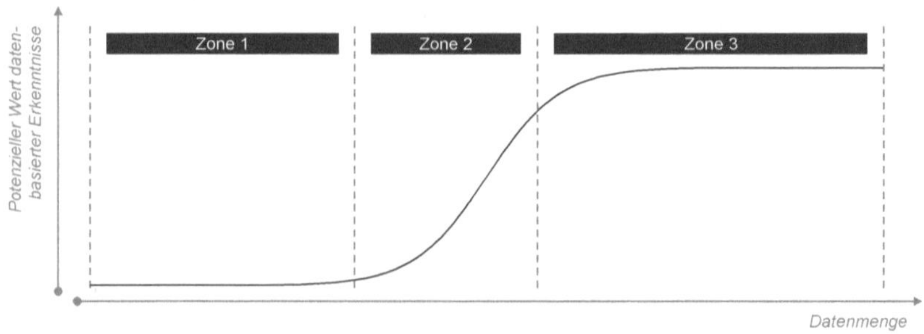

Abbildung 5.21: Datenwert als Funktion der Datenmenge[630]

Ausgehend von dieser Veränderungsfrequenz können die Anforderungen an die Erhebungsfrequenz der Betriebsdaten definiert werden. Dem Shannon-Nyquist-Abtasttheorem folgend, muss die Erhebungsfrequenz mindestens doppelt so groß sein, wie die höchste zu erfassende Frequenz, um den Datenverlauf korrekt abbilden zu können[631]. Im Sinne einer Limitierung der zu verarbeitenden Datenmengen sind neben einer starren, frequenzbasierten Erhebung außerdem dynamische Erhebungsintervalle möglich. Nach HENNES & WURSTHORN umfasst dies die Möglichkeiten einer ereignisorientierten sowie einer ereignisgesteuerten Erhebung der Datenattribute. Die ereignisgesteuerte sowie die ereignisorientierte Synchronisierung beschreiben jeweils eine triggerbasierte Synchronisierung. Infolge des Auslösens dieses Triggers wird durch die verschiedenen Datenquellen und Erhebungsmethoden der zu diesem Zeitpunkt anliegende Wert des Datenattributs bereitgestellt. Durch unterschiedliche Laufzeiten des Triggersignals zum Datenursprung entsteht eine geringe zeitliche Differenz zwischen den Erhebungszeitpunkten der einzelnen Datenattribute. Dies ist insbesondere für echtzeitrelevante

[630] Vgl. Strongin et al. (The Competitive Value of Data), 2019, S. 5.

[631] Vgl. Kotelnikow (Transmission capacity in electrocommunication), 1933, S. 2.

Datenerhebungen zu beachten. Unterschieden werden die ereignisgesteuerte sowie die ereignisorientierte Synchronisierung durch die Bedeutung des Triggersignals. Bei der ereignisgesteuerten Synchronisierung erfolgt die Gabe des Triggersignals durch einen Impulsgeber an alle Datenquellen, die daraufhin die jeweiligen Messwerte liefern. Die ereignisorientierte Synchronisierung beschränkt die Gabe des Impulses an ausgewählte Datenquellen. Vorteil dabei ist, dass die Menge der innerhalb eines Taktes erhobenen Daten entsprechend deutlich auf die Anzahl der limitierten Objekte reduziert wird.[632] Impulsgeber können im Kontext des Betrachtungsbereichs dieser Arbeit in beiden Fällen sowohl Objekte außerhalb der eigentlichen Messkette sein als auch innerhalb dieser. Zweiteres beschreibt insbesondere die Aufnahme von Messwerten in Abhängigkeit definierter Schwellwerte.

Neben der Definition der Datenanforderungen zur Bedienung des geforderten Informationsalters ist außerdem die geforderte Informationsgenauigkeit durch die Daten sicherzustellen. Diese wird durch den gewählten Messbereich sowie die Messauflösung definiert und ist im Kontext der AD-Wandlung von Sensorik von besonderer Bedeutung. Die Bit-Länge des digitalisierten Signals beschränkt die möglichen Kombinationen, sodass Messbereich und -auflösung für sensorbasierte Erfassung gemeinsam zu betrachten sind.[633]

Die Fehlertoleranz bildet das abschließende Element zur Sicherstellung der erforderlichen Datenqualität der Betriebsdaten. Diese ist für numerische Werte als synonym zum Begriff der Messabweichung zu verstehen. Die zu definierende Fehlertoleranz bezieht sich auf den Wert des Datenattributs, wie er abschließend gespeichert wird. Dies ist für die spätere Auslegung der Datenerfassung und des Datentransfers relevant, da entsprechend die systematische und unsystematische Messunsicherheit der gesamten Messkette zu berücksichtigen ist.[634]

Die Festlegung der definierten Anforderungen insbesondere für die Betriebsdaten stellt für viele Werkzeugbaubetriebe eine große Herausforderung dar und hat gleichzeitig einen signifikanten Einfluss auf die Realisierung des formulierten Anwendungsnutzens. Daher werden nachfolgend relevante Betriebsdaten der Branche Werkzeugbau erläutert, um Einflussfaktoren auf die Festlegung der Datenqualitätsanforderungen ableiten zu können. Die Kategorisierung der Datenattribute basiert dabei auf einer Auswertung von in der Literatur etablierten Kategorisierungen sowie deren Übertragung auf die Charakteristika der Branche Werkzeugbau[635]. Daraus ergeben sich die sieben Kategorien bauteil-, lagerbestands-, prozess-, arbeitsplatz-, fertigungshilfsmittel-, personal- und qualitätsbezogene Betriebsdaten.[636]

---

[632] Vgl. Hennes; Wursthorn (Synchronisierung von Multi-Sensor-Systemen), 2015, S. 5-7.

[633] Vgl. Lang (Auflösung ist nicht gleich Genauigkeit), 2002, S. 73-74.

[634] Vgl. DIN Deutsches Institut für Normung e. V. (DIN 1319-1: 1995), 1995, S. 12-13.

[635] Vgl. Deisenroth et al. (MES-Aufgaben), 2015, S. 115; Schmolling (Betriebsdaten in der Einzel- und Kleinserie), 1997, S. 8-14; Loos (Grunddatenverwaltung), 1999, S. 242-246.

[636] Bei den nachfolgenden Erläuterungen wird häufig auf eine Betrachtung des Messbereichs verzichtet. Dies resultiert aus dem bereits dargestellten Zusammenhang zwischen Messbereich und Messauflösung. In der Praxis kann der zu erwartende Messbereich häufig sehr

Zu den *bauteilbezogenen Betriebsdaten* zählen alle Daten, die den Status eines zu fertigenden Bauteils beschreiben. Hierzu zählen u. a. der aktuelle Lagerort, der Abarbeitungsgrad im aktuellen Prozessschritt oder die absolute und relative Termintreue des Bauteils. In der Regel ändern sich diese Datenattribute im Zusammenhang mit der Änderung des aktuellen Prozessschritts. Folglich resultiert die erforderliche Erhebungsfrequenz aus der Anzahl verschiedener Prozessschritte pro Tag, die die Arbeitsvorbereitung pro Tag vorsieht. Höhere Erhebungsfrequenzen können erforderlich sein, falls die Information auch während des Prozessschritts aktualisiert werden soll. Dies besitzt insbesondere für den Abarbeitungsgrad Relevanz. Eine besondere Rolle nehmen außerdem verkettete Automatisierungszellen ein, die deutlich geringere Durchlaufzeiten realisieren. Die Definition der Messauflösung hängt häufig im Wesentlichen von der Planungsgranularität ab, da eine höhere Auflösung beim Abgleich von Soll- und Ist-Werten keinen zusätzlichen Erkenntnisgewinn ermöglicht. Die Angabe einer Fehlertoleranz ist erneut nur für numerische Datenattribute relevant. Hier kann festgehalten werden, dass für Datenattribute auf Tagesbasis, wie die aktuelle Termintreue, häufig ebenfalls keine Abweichung zulässig ist. Für Informationen über den Bearbeitungsfortschritt reichen Fehlertoleranzen im Minutenbereich.

Die *lagerbestandsbezogenen Betriebsdaten* beschreiben die Bestände, die bisher nicht auftragsspezifisch verbucht worden sind. Typischerweise existieren in Werkzeugbaubetrieben verschiedene Lagerorte. Eine zentrale Materialausgabe dient häufig als zentraler Lagerort für Rohmaterial und Gebrauchsgegenstände. Im Kontext der Lean-Philosophie und der damit einhergehenden Reduzierung von Laufwegen für die Mitarbeitenden existieren darüber hinaus häufig weitere dezentrale Lager für C-Teile, Handwerkzeuge und Verbrauchsmaterialien. Darüber hinaus können weitere Lager für Halbzeuge, wie etwa vorbearbeitete Elektroden, oder Ersatzteile für die Werkzeuginstandhaltung bestehen. Bei Betrachtung der üblichen Lieferzeit von Lieferanten, kann festgestellt werden, dass lediglich Normteile innerhalb von 1-2 Tagen geliefert werden können. Folglich reicht es für die Erhebungsfrequenz aus lagerbestandsbezogenen Betriebsdaten ebenfalls tagesaktuell zu erheben. Der Messbereich ist in diesem Zusammenhang weniger relevant, da dieser sehr gut prognostiziert werden kann. Die Messauflösung ist jedoch von entscheidender Bedeutung, um auch Stangenmaterial korrekt erfassen zu können. Nähere Informationen dazu können der Beschreibung möglicher Risiken verschiedener Datenerhebungsmethoden in Kapitel 5.2.2.2 entnommen werden. Die zulässige Fehlertoleranz resultiert aus der regelmäßigen Verbrauchsmenge der Objekte sowie der Wiederbeschaffungszeit. Grundsätzlich kann festgehalten werden, dass insbesondere für standardisierte C-Teile keine engen Fehlertoleranzanforderungen verglichen mit anderen Betriebsdaten gelten.

Daten, die den Fertigungsprozess an sich charakterisieren, werden als *Prozessdaten* beschrieben. In der Literatur werden für alle relevanten Fertigungstechnologien detailliert Para-

---

gut prognostiziert werden, sodass der limitierende Einflussfaktor bei der späteren Auswahl der Erhebungsmethoden die Messauflösung darstellt.

meter beschrieben. WESTKÄMPER & WARNECKE können diese etwa für spanende und abtragende Verfahren entnommen werden[637]. Die für die Definition der Erhebungsfrequenz relevante Veränderungsgeschwindigkeit prozessbezogener Daten ist von einer Vielzahl verschiedener Größen abhängig. Bei spanenden Fertigungsverfahren ist dies u. a. die Vorschubbewegung.[638] Prototypische Anwendungen in der Praxis haben gezeigt, dass für die Nutzbarmachung von prozessbezogenen Daten für echtzeitfähige Anwendungen, wie Optimierungen des CNC-Programms, die Prozessdaten mit einer Erhebungsfrequenz von bis zu 1 kHz erhoben werden müssen[639]. Für solche Anwendungen sind ebenfalls die Auflösung und Fehlertoleranz sehr eng zu wählen. Für Anwendungen, die Prozessdaten lediglich visualisieren oder die deutlich weniger dynamische Maschinenzustände beschreiben, werden die Datenqualitätsanforderungen deutlich geringer formuliert.

Arbeitsstationsdaten beschreiben die Leistungsfähigkeit eines definierten Arbeitsbereichs im Werkzeugbau. In der mechanischen Fertigung ist dies häufig mit einer Bearbeitungsmaschine und zugehörigen Vorbereitungsbereichen gleichzusetzen, kann jedoch auch eine Maschinengruppe umfassen. Darüber hinaus inkludiert dies alle Hand- und Computerarbeitsplätze. Konkrete Beispiele für arbeitsplatzbezogene Daten sind u. a. Wartungsaufwände, Stillstandszeiten oder Fehlergründe. Abzugrenzen sind die arbeitsplatzbezogenen Daten von den bauteil- und prozessbezogenen Daten. Viele arbeitsplatzbezogenen Informationen, wie z. B. die Auslastung, lassen sich aus bauteil- und prozessbezogenen Daten bestimmen und sind folglich nicht erneut zu betrachten. Hier ist für die Definition der Datenanforderungen häufig von einer triggerbasierten Erfassung auszugehen, da durch den Nutzer der aktuelle Zustand zu charakterisieren ist.

Betriebsmitteldaten beschreiben die in mechanischer Fertigung, Montage und Try-out verwendeten Hilfsmittel. Neben der Geoposition der Hilfsmittel umfasst dies außerdem Daten, die den Zustand der Hilfsmittel sowie deren Einsatzinformationen beschreiben. Für die Definition der Veränderungsfrequenz sind erneut Veränderungen während und außerhalb von Fertigungsprozessen zu betrachten. Folglich sollte der Anwender bei der Betrachtung der Betriebsmitteldaten zunächst evaluieren, ob die Betriebsmitteldaten zur Beschreibung des Fertigungsprozesses dienen oder lediglich den Status der Betriebsmittel beschreiben sollen. Im ersten Fall ist die Definition der Datenqualitätsanforderungen an das Vorgehen bei den Fertigungsprozessdaten anzulehnen. Im zweiten Fall können die Datenqualitätsanforderungen deutlich toleranter ausgelegt werden.

Personaldaten umfassen insbesondere zeitliche Datenattribute, die nicht direkt Kostenträgern zugeordnet sind. Neben gestempelten Arbeitszeiten inkludiert dies u.a. auch Überstunden, gebuchte Stunden für Optimierungsprojekte oder besuchte Fortbildungen. Personalbezogene Betriebsdaten sind klar abzugrenzen von personalbezogenen Stammdaten, die z. B. die Qua-

[637] Vgl. Westkämper; Warnecke (Fertigungsverfahren), 2011, S. 120-147.

[638] Vgl. Westkämper; Warnecke (Fertigungsverfahren), 2011, S. 121-122.

[639] Vgl. Verl; Lechler (Steuerung aus der Cloud), 2014, S. 242.

lifizierungen des Personals oder bestehende Sicherheitsunterweisungen umfassen. Es ist ferner anzumerken, dass bei der Definition der Anforderungen personalbezogener Betriebsdaten die geltenden datenschutzrechtlichen Bestimmungen besonders zu beachten sind. An alle vier Dimensionen der Datenqualität werden in fast jedem Fall sehr geringe Anforderungen gestellt.

Die abschließende Dimension relevanter Betriebsdaten stellen die *qualitätsbezogenen Daten* dar. Diese umfassen, neben den eigentlichen Messergebnissen, die Durchführungsdokumentation der Prüfungen. Zu betrachten sind dabei sowohl explizite und in den Planungssystemen häufig berücksichtigten Qualitätsprüfungen von Bauteilen, Gesamtwerkzeug und Artikel auch die häufig nicht dezidiert abgebildeten Werkerselbstprüfungen. Eine tatsächliche Erhebungsfrequenz ist in diesem Fall nicht relevant, da die Daten triggerbasiert bei bzw. nach der Durchführung der Messung gespeichert werden müssen. Messauflösung und Fehlertoleranz dieser Daten müssen den Vorgaben der relevanten Messpläne entsprechen, sodass die geforderten Qualitätsanforderungen in den Daten des digitalen Schattens abgebildet werden.

Die dargestellten Charakteristika dienen dem Anwender der Methodik als Leitlinie für die Definition der anwendungsfallspezifischen Anforderungen an die Datenqualität. Falls bezüglich einer finalen Definition der Anforderungen Unsicherheit besteht, kann temporär mit einer möglichen Bandbreite für einzelne Datenattribute gearbeitet werden. Diese Bandbreite kann dann bei der Untersuchung der bereits vorhandenen Daten sowie insbesondere bei der Auslegung der Datenerfassung auf ihre Auswirkungen auf zusätzlich entstehende Aufwände hin untersucht und eine abschließende Aufwand-Nutzen-Entscheidung getroffen werden.

Für jede der eingeführten Anforderungsdefinitionen der drei betrachteten Datentypen gilt, über das Beschriebene hinaus, die Notwendigkeit einer Anwendungsfall-übergreifenden Betrachtung. Dies bezieht sich auf eventuell parallellaufende Aktivitäten zur Etablierung weiterer digitaler Schatten. In diesem Fall sind die Datenqualitätsanforderungen der einzelnen Anwendungsfälle nicht einzig vor dem Hintergrund der jeweiligen Informationsbedarfe zu formulieren, sondern der Anwender sollte das Ziel der Realisierung von Synergien zwischen den verschiedenen Anwendungsfällen hinsichtlich der nachfolgenden Datenerfassung fokussieren. Konkret bedeutet dies, dass die zur Bedienung des Informationsbedarfs formulierten Datenbedarfe zu vergleichen sind. Werden hierbei Überdeckungen festgestellt, sind die resultierenden Anforderungen an die Datenqualität zu vergleichen. Lässt sich auch für diese eine hinreichende Ähnlichkeit feststellen, ist eine Vereinheitlichung der Anforderungen anzustreben. Unterscheiden sich die Anforderungen deutlich, besteht die Möglichkeit die höherwertigen Datenanforderungen für den Anwendungsfall mit den niederwertigeren Anforderungen nutzbar zu machen. So kann der Aufwand, der aus einer doppelten Datenerfassung resultiert, vermieden werden und die Wirtschaftlichkeit der digitalen Schatten in der Gesamtheit gesteigert werden. Ist zu diesem Zeitpunkt noch keine definitive Entscheidung über die Vereinheitlichung der Datenanforderungen mehrerer Anwendungsfälle möglich, sind die entsprechenden Datenattribute zu markieren und im Rahmen der Untersuchung der vorhandenen Daten sowie der Auslegung der Datenerfassung erneut zu untersuchen.

Zusammenfassend liegt dem Anwender nach Abschluss der Aufgabe *Aufnahme der Datenanforderungen* folgendes Ergebnis vor:

- Definierte Qualitätsanforderungen an alle für den Anwendungsfall relevanten Datenattribute.
- Realisierte Synergien zwischen parallel im Aufbau befindlichen digitalen Schatten.

5.2.1.2 Untersuchung der vorhandenen Daten

Nachdem die Datenanforderungen zur Bedienung des Eingangs formulierten Informationsbedarfs definiert wurden, sind die bereits im Unternehmen vorhandenen Daten hinsichtlich ihres Erfüllungsgrads dieser Anforderungen zu untersuchen. Hierzu ist das in Abbildung 5.22 dargestellte Vorgehen anzuwenden.

Abbildung 5.22: Vorgehen zur Untersuchung der vorhandenen Daten[640]

Zunächst sind die im Werkzeugbaubetrieb bereits erhobenen Daten zu identifizieren. Anschließend müssen diese charakterisiert werden, um einen Abgleich mit den vormals definierten Datenqualitätsanforderungen des digitalen Schattens zur ermöglichen. Aufbauend auf diesen Ergebnissen kann abschließend die weitere Verwendung der verfügbaren Daten definiert werden.

Die Identifizierung der verfügbaren Daten erfordert sowohl eine Betrachtung der vorhandenen Systemlandschaft als auch des Berichtswesens entlang der Informationskaskade. Ausgangspunkt für die Betrachtung der Systemlandschaft stellt eine Erarbeitung einer Systemlandkarte dar, wie sie in Abbildung 5.23 dargestellt ist.

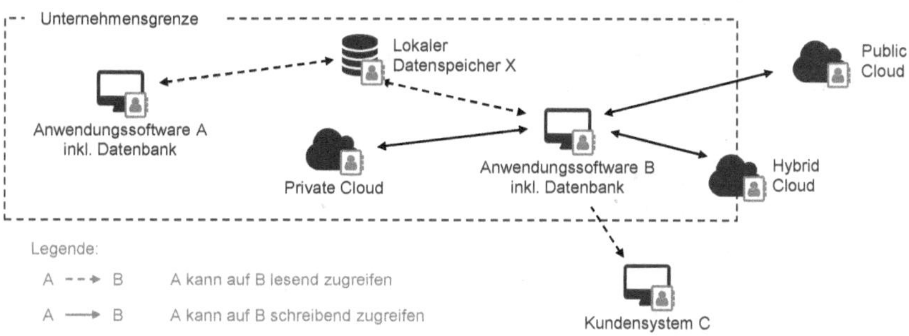

Abbildung 5.23: Struktur einer Karte der Systemlandschaft[641]

Ziel einer solchen Karte ist es, einen Überblick über die im Unternehmen vorhandenen Systeme und deren Beziehungen untereinander zu schaffen, um die anschließende Identifizierung

640 Eigene Darstellung.

641 Eigene Darstellung.

bereits vorhandener Datenattribute vorzubereiten. Den ersten Schritt der effizienten Erstellung einer Systemlandkarte stellt die Identifizierung der Key User dar. Als Key User eines Systems versteht man eine Person, die ein detailliertes Verständnis sowohl für den durch das System unterstützten Geschäftsprozess als auch den Systemprozess aufweist[642]. Insbesondere in kleineren Werkzeugbaubetrieben kann es vorkommen, dass sich nicht immer zentrale Key User identifizieren lassen. Daher bietet es ich an, die Aufnahme der Systemlandschaft gemeinsam mit einem Mitarbeitenden der IT sowie erfahrenen Vertretern der einzelnen Fachabteilungen und deren Hierarchiestufen durchzuführen. Die Teilnahme der Mitarbeitenden der IT ist besonders relevant, da die betriebliche Praxis zeigt, dass die anwendenden Mitarbeitenden zwar mit der Oberfläche eines Softwaresystems vertraut sind, jedoch nur bedingt aussagefähig hinsichtlich der zugrundeliegenden Beziehungen zwischen den Systemen sind. Mit den Beteiligten der Erstellung der Systemlandkarte ist neben der Klassifizierung als Anwendungssoftware, lokaler Datenspeicher, Cloud oder externem Kundensystem, auch die Lese- und Schreibberechtigung jedes Objekts zu erarbeiten. Außerdem sind die Einsatzszenarien der jeweiligen Systeme detailliert zu beschreiben. Die beschriebene Erstellung einer Systemlandkarte ist dabei völlig unabhängig vom konkreten Anwendungsfall. Folglich handelt es sich bei diesem Schritt um eine lediglich initial durchzuführende Tätigkeit. Bei nachfolgenden Anwendungsfällen kann diese Karte nach einer Validierung hinsichtlich ihrer Aktualität erneut verwendet werden.

Im Anschluss an die Erstellung der Systemlandkarte werden die in den identifizierten Systemen bereits verfügbaren Daten systematisch identifiziert, um für ihre Verwendung zur Bedienung des formulierten Datenbedarfs validiert zu werden. Dazu werden zunächst die Tätigkeiten aus der erarbeiteten Use Case Darstellung den Systemen der Systemlandkarte zugeordnet. Innerhalb der verbleibenden, relevanten Systeme ist anschließend das vorhandene, relevante Datenangebot zu identifizieren. Abbildung 5.24 zeigt hierfür eine Zuordnung der in Kapitel 5.2.1.1 eingeführten Datenkategorisierung zu den Softwaresystemen, die wesentlich im Werkzeugbau verwendet werden. Die dargestellte und bisher nicht eingeführte Kategorisierung der Stammdaten beruht auf KELZENBERG[643].

Die Darstellung der verschiedenen Softwaresysteme kann nicht als vollständig trennscharf betrachtet werden. Insbesondere das ERP-, PPS- und das BDE-System sind in vielen Softwarelösungen, die spezielle für die Branche Werkzeugbau entwickelt worden sind, integriert. Die Abbildung 5.24 dient dem Anwender der Methodik jedoch dazu, die Ergebnisse der erstellen Softwarelandkarte mit dem Datenbedarf der Anwendungsfalls zu verknüpfen und so eine systematische Identifizierung der bereits digital erhobenen Datenattribute zu ermöglichen. Die bei der Betrachtung der Softwaresysteme identifizierten, relevanten Datenattribute sind zunächst als Datenangebot aufzunehmen und werden nachfolgend weiter charakterisiert.

[642] Vgl. Sekatzek; Krcmar (Betriebliche Standardsoftware), 2009, S. 281.

[643] Vgl. Kelzenberg (Datenstrukturmodell), 2020, S. 144.

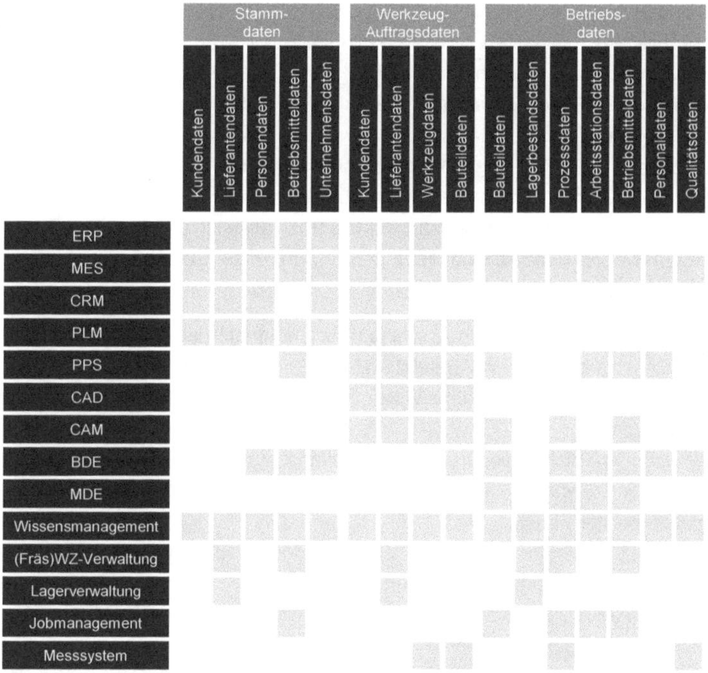

Abbildung 5.24: Zuordnung typischer Daten zu den im Werkzeugbau verwendeten Softwaresystemen[644]

Neben der Systemlandschaft sind weitere Informationen außerdem in den im Werkzeugbaubetrieb etablierten Regelterminen und dem Berichtwesen zu finden. Da dies traditionell nicht vollständig digital erfolgt, sind diese gesondert von der Betrachtung der Softwarelandschaft zu behandeln. Gemeinhin erfolgt die Regelkommunikation im Kontext der Auftragsabwicklung die Hierarchieebene aufsteigend, wie in Abbildung 5.25 dargestellt.

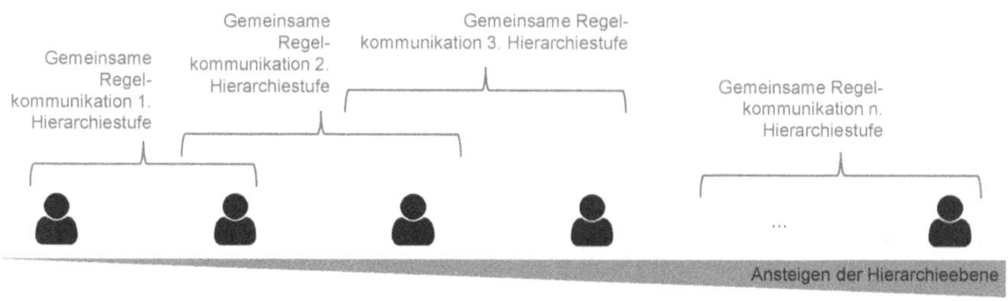

Abbildung 5.25: Regelkommunikation entlang der Hierarchiebenene

[644] Eigene Darstellung.

Dabei konferiert der Teamleiter mit seinen Mitarbeitenden und berichtet anschließend mit allen übrigen Teamleitern dem Abteilungsleiter. Daher stellt die Hierarchie der Organisationsstruktur die zweite Gliederungsdimension der Analyse dar. Alternative Organisationsformen, wie agile Projektteams, die z. B. bei RITTSTIEG[645] beschrieben werden und die eine abweichende Gestaltung der Informationskaskade aufweisen, werden an dieser Stelle aufgrund ihrer aktuell und in absehbarer Zukunft geringen Relevanz nicht näher betrachtet. Die systematische Identifikation der Regeltermin und Berichte erfolgt durch die Betrachtung repräsentativer Tagesabläufe von Vertretern der in der Informationskaskade dargestellten Hierarchien. Die identifizierten Regeltermine und Berichte sind durch den Anwender auf Basis von sieben wesentlichen Merkmalen zu charakterisieren:

- *Bezeichnung*: Eindeutige Bezeichnung für die Identifizierung des Regeltermins bzw. des Berichts im weiteren Verlauf der Methodik.
- *Periodizität*: Zeitliche Regelmäßigkeit, mit der der Termin stattfindet, bzw. der Bericht erstellt wird.
- *Struktur*: Inhaltliche Gliederung des Termins bzw. des Berichts.
- *Informationsbedarfe*: Mit dem Termin bzw. Bericht bediente Informationsbedarfe, abgleitet aus der Struktur.
- *Quellen*: Digitale oder analoge Quellen aus denen die erforderlichen Daten für die Erstellung der Informationen bezogen werden.
- *Konsumenten*: Adressaten des erzeugten Informationsflusses in Form von Teilnehmern bzw. Empfängern.
- *Produzenten*: Besitzer des Termins oder Berichts, der für die Vorbereitung und Leitung bzw. Erstellung verantwortlich ist.
- *Speichermedium*: Format in und Ort an dem die Ergebnisse des Termins bzw. die Inhalte des Berichts gespeichert und zugänglich gemacht werden.

Die Ergebnisse der Analyse der Softwarelandschaft sowie der Regeltermine und des Berichtswesens müssen anschließend charakterisiert werden, um daraus abschließend den zusätzlichen Datenbedarf ableiten zu können. Die dazu erforderlichen Tätigkeiten sind in Abbildung 5.26 dargestellt.

Zunächst ist eine Verknüpfung des formulierten Datenbedarfs (DB) mit den im Werkzeugbaubetrieb bereits vorhandenen Daten (DA) durchzuführen, mit dem Ziel die formulierten Informationsbedarfe bedienen zu können. Die reine Verknüpfung ist an dieser Stelle trivial, da sie durch die bereits beschriebene Beziehung zwischen Daten und Informationen befähigt wird. Dieser Schritt kann mit der Identifizierung parallelisiert werden, indem entsprechende Daten direkt in der Darstellung des Datenbedarfs vermerkt werden. Dabei ist es möglich, dass ein Datenbedarf durch mehrere verschiedene Datenangebote bedient werden kann.

[645] Vgl. Rittstieg (Ambidextre Organisation im Werkzeugbau), 2020.

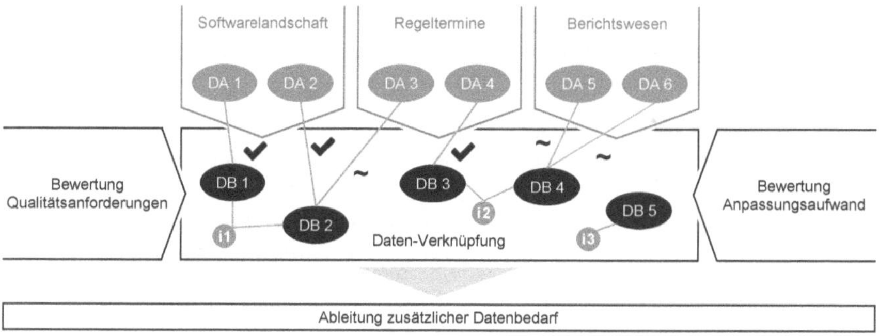

Abbildung 5.26: Handlungsfelder zur Nutzbarmachung[646]

Um aus dieser Verknüpfung die passenden Datenquellen auswählen zu können, muss die aus den jeweiligen Datenqualitäten resultierende Erfüllung der Anforderungen an die Informations- und die Datenqualität validiert werden. Eine alleinige Validierung der Datenqualität ist nicht ausreichend, da abhängig von der Art der Informationserzeugung, neben der Datenqualität, weitere Einflussgrößen auf die Informationsqualität bestehen können. Entsprechend würden trotz Erfüllung aller Datenanforderungen ggf. Abweichungen vom geforderten Informationsbedarf entstehen. Für die Validierung sind die in Abbildung 5.9 angeführten Anforderungen an die Informationsqualität zu betrachten. Dafür sind zunächst die jeweiligen Informationsbedarfe auf Basis der zugeordneten Datenangebote zu bestimmen, soweit der Zusammenhang bereits klar bestimmbar ist. Bei der Bestimmung der Informationen ist darauf zu achten, dass die verwendeten Datenangebote zusammenpassen. Dazu werden die Abbildung 5.20 eingeführten Anforderungen an die Datenqualität überprüft.

Die Bewertung der Anforderungserfüllung darf dabei keinesfalls aus einer limitierten, statischen Perspektive erfolgen. Zunächst sind bei der Bewertung nicht lediglich einzelne, aktuelle Werte der erhobenen Datenattribute zu betrachten, sondern ebenfalls, ob die Erfüllung der Anforderungen konstant über einen im Vergleich zur Durchführungsdauer des Anwendungsfalls langen Zeitraum erfolgt. Zusätzlich zur statischen Bewertung der Anforderungserfüllung muss darüber hinaus gehend für die Datenebene zusätzliche eine dynamische Perspektive betrachtet werden, die die Einhaltung der Qualitätsanforderungen für zukünftig zu erhebende Datenattribute sicherstellt. Bisher existieren in deutschen Werkzeugbaubetrieben wenige Lösungen zur gezielten Sicherstellung der Qualität erhobener Daten, wie in Kapitel 2.4 dargelegt worden ist. Am weitesten verbreitet sind die reaktive Bereinigung von Vergangenheitsdaten in unregelmäßigen Abständen sowie die regelmäßige Überwachung der Qualität ausgewählter Datenattribute. Dies erfolgt insbesondere bei gebuchten Mitarbeitenden- und Maschinenstunden und ist mit der anschließenden manuellen Bereinigung durch Team- und Abteilungsleiter verbunden. Herausfordernd im Kontext eines digitalen Schattens ist die Tatsache, dass diese Methoden lediglich a posteriori wirken. Folglich erscheint die Qualität von Datenattributen, die mit diesen Methoden bereinigt werden, in der statischen Analyse als ausreichend, zukünftig

646 Eigene Darstellung.

erhobene Datenattribute werden diese Anforderungen jedoch nicht erfüllen. Datenattribute, deren Qualität mit entsprechenden Methoden gesteigert wird, sind folglich als nicht ausreichend zu vermerken.

Wenn im Zuge der Datenverknüpfung festgestellt werden kann, dass die Abweichung zwischen Datenqualitätsanforderungen und deren Status quo lediglich geringfügig oder in einzelnen Parametern besteht, ist zu abzuschätzen, ob diese Defizite durch eine Anpassung der bisherigen Datenerhebung behoben werden können. Abbildung 5.27 zeigt mögliche Abstufungen des Anpassungsaufwand, die den Anwender bei der qualitativen Bewertung des Anpassungsaufwands unterstützen.

Anpassung sind ...

... nicht möglich.	***... sehr schwer möglich.***	***... schwer möglich.***	***... leicht möglich.***	***... sehr leicht möglich.***
Es sind grundlegende Veränderungen der IT-Infrastruktur erforderlich.	Es ist neue Hard- und Software erforderlich.	Es sind Anpassungen der Software, bzw. zusätzliche Digitalisierung erforderlich.	Es sind lediglich prozessuale Anpassungen erforderlich.	Es sind an Einzelelementen lediglich leichte Anpassungen erforderlich.

Abbildung 5.27: Einstufung der erforderlichen Anpassungen zur Nutzbarmachung bestehender Datenangebote[647]

Die dargelegten Erläuterungen der Abstufungen sollen die Werkzeugbaubetriebe dazu befähigen eine Bewertung des erforderlichen Anpassungsaufwands selbstständig durchzuführen. Insbesondere der resultierende Anpassungsaufwand für softwaretechnische Anpassungen ist häufig nur schwer möglich. In diesem Fall ist die Hinzunahme dezidierter IT-Experten erforderlich. Unabhängig von dem Ergebnis dieser Prüfung sind die bestehenden Datenangebote zu vermerken und im Rahmen der Auslegung ggf. im Kontext einer multimodalen Datenaufnahme erneut zu betrachten. Die aus der Einstufung resultierenden Maßnahmen sollten zu diesem Zeitpunkt der Methodik noch nicht umgesetzt werden, um die Realisierung maximaler Synergien sicherzustellen. Entsprechend sind die geplanten Anpassungen als weiterer Input bei der anschließenden Auslegung der Datenerfassung zu verwenden.

Darüber hinaus sind nicht nur solche Datenattribute zu bewerten, die bisher eine zu geringe Datenqualität aufweisen, sondern ebenfalls solche, deren Datenqualität in einigen der Qualitätsanforderungen höherwertige Ausprägungen aufweisen. Für solche Datenattribute sind die vorgestellten Anpassungen nicht durchzuführen, sondern Lösungen zur Vereinheitlichung der Datenqualitätsanforderungen innerhalb des betrachteten digitalen Schattens bei gleichzeitiger Beibehaltung der höheren Datenqualität anzustreben. Konkret betrifft dies die folgenden Qualitätsdimensionen:

- *Informationsalter*: Ist das abbildbare Informationsalter eines bereits digital verfügbaren Datenattributs geringer, als in den Datenqualitätsanforderungen des betrachteten digitalen Schattens gefordert, ist der Umgang mit den zusätzlich verfügbaren Datensätzen zu formulieren. Ohne weitere Maßnahmen würden im Rahmen der Synchronisierung

[647] Eigene Darstellung.

der Datenerhebung in Kapitel 5.3.1.2 die innerhalb der Aktualisierungsfrequenz zusätzlich vorhandenen Datensätze des Datenattributs aus der Betrachtung ausgeschlossen. In Abhängigkeit des Systemverhaltens kann es jedoch sinnvoll sein, stattdessen einen Mittelwert oder Median über die zusätzlich vorhandenen Datensätze zu bilden und diesen im digitalen Schatten zu verwenden.

- *Informationsgenauigkeit*: Eine im Vergleich zu den Anforderungen erhöhte Informationsgenauigkeit stellt für numerische Datenattribute keine Relevanz dar, da die daraus resultierenden mathematischen Herausforderungen im Zusammenhang mit der Datenfusion adressiert werden. In Fällen in denen textbasierte Variablen betrachtet werden, bedeutet eine höhere Informationsgenauigkeit jedoch, dass ein Matching der vorhandenen Daten auf das geforderte Datenmodell nicht mehr möglich ist. In diesem Fall sind Synchronisationstabellen zu erstellen, die beschreiben, wie die vorhandene Auflösung des Datenattributs auf die formulierte Datenauflösung übersetzt werden kann.

Abschließend ist auf Basis der bisherigen Teilergebnisse der zusätzlich zu erhebende Datenbedarf zu bestimmen. Dies umfasst sowohl Datenattribute, die bisher nicht digital erfasst worden sind, als auch Datenattribute, die bisher nicht in einer ausreichenden Qualität erhoben wurden und die erforderlichen Anpassungen zur Nutzbarmachung nicht mit vertretbarem Aufwand umsetzbar sind. Dazu muss der Anwender zunächst für alle Informationsbedarfe auswählen, ob auf Basis der durchgeführten Qualitätsbewertungen bestehende Datenattribute zur Bedienung des Informationsbedarfs verwendet werden können. Anschließend kann daraus der zusätzlich zu erhebende Datenbedarf als Differenz aus Datenbedarf und bestehenden Datenangebot abgeleitet werden. Außerdem können in diesem Schritt ebenfalls eventuell identifizierte Datenattributsdubletten gelöscht werden, soweit die doppelte Datenhaltung nicht durch besondere Rahmenbedingungen begründet ist.

Zusammenfassend liegen dem Anwender nach Abschluss der Aufgabe *Untersuchung der vorhandenen Daten* folgende Ergebnisse vor:

- Definierte Verwendung der im Werkzeugbaubetrieb bereits vorhandenen Daten im Kontext des betrachteten Anwendungsfalls.
- Identifizierter Datenbedarf, der durch eine zusätzliche Datenerfassung für den digitalen Schatten verfügbar gemacht werden muss.

5.2.2 Schritt B.4 – Auslegung Datenerfassung

Das identifizierte Defizit, der im Werkzeugbaubetrieb bestehenden Datenverfügbarkeit, bezogen auf den Informationsbedarf des Anwendungsfalls, ist im Rahmen der Auslegung der Datenerfassung zu adressieren. Dafür werden zunächst die Grundlagen der künstlichen Intelligenz eingeführt. Darauf aufbauend können die Konzepte für die zusätzliche Datenerhebung erarbeitet werden, bevor die konkrete Auslegung der Gesamtdatenerhebung erfolgt.

5.2.2.1 Grundlagen der künstlichen Intelligenz

Für künstliche Intelligenz (KI) existiert in der Literatur keine kohärente Definition. Dies ist mit den unterschiedlichen fachlichen Bereichen zu begründen, aus deren Kontext heraus die jeweiligen Autoren ihre Definitionen formulieren. Der Begriff der künstlichen Intelligenz geht auf McCarthy et al. zurück, der künstliche Intelligenz 1955 als die Erschaffung intelligenter Maschinen, insbesondere Computerprogrammen, definiert hat[648]. Diese Definition wurde im weiteren Verlauf durch verschiedene Autoren um zusätzliche Eigenschaften ergänzt. Kreutzer & Sirrenberg nennen bspw. die Möglichkeit zur Wahrnehmung, die Fähigkeit zur Argumentation, selbstständiges Lernen und das eigenständige Finden von Problemlösungen[649]. Mainzer ergänzt dies um eine Bewertung des Grads der Intelligenz – basierend auf dem Grad der Selbstständigkeit, der Problemkomplexität und der Effizienz des Lösungsverfahrens[650]. Eine Betrachtung der verschiedenen Definitionen in der Literatur zeigt, dass die selbstständige Bearbeitung von Aufgaben den überschneidenden Aspekt aller Definitionen darstellt. Daraus hat sich insbesondere im Kontext konkreter Anwendungen die Definition künstlicher Intelligenz als intelligenter Agent etabliert[651]. Ein solcher intelligenter Agent beobachtet seine Umgebung im Hinblick auf eine spezifische Aufgabenstellung. Basierend auf einem Vor- und Erfahrungswissen sowie definierten Zielen und Prioritäten führt reagiert er auf die Beobachtungen mit definierten Aktionen.[652] Diesen Ausführungen folgend soll für den weiteren Verlauf dieser Arbeit gelten, dass KI die Erzeugung computationaler Agenten mit dem Ziel intelligenten Agierens bezeichnet.

In Abgrenzung zu künstlicher Intelligenz handelt es sich bei *maschinellem Lernen* (ML) um eine Teildisziplin künstlicher Intelligenz[653]. Grundsätzlich bezeichnet maschinelles Lernen die Generalisierung von Zusammenhängen durch einen Agenten[654]. Dafür verwendet der Agent klassifizierte Eingangsdaten zur Bildung einer Funktion über den abzubildenden Zusammenhang innerhalb des Datensatzes[655]. Folglich wird die Arbeitsweise des Agenten nicht programmiert, sondern entsteht während der Lernphase auf Basis der im verwendeten Trainingsdatensatz vorhandenen Zusammenhänge[656]. Für diese Arbeit soll die Definition nach Mitchell Anwendung finden, die maschinelles Lernen als das Forschungsfeld über Algorithmen definiert, die sich selbstständig aus Erfahrungswerten heraus optimiert[657].

---

[648] Vgl. McCarthy et al. (Proposal on Artificial Intelligence), 1955, S. 2.
[649] Vgl. Kreutzer; Sirrenberg (Künstliche Intelligenz), 2019, S. 3.
[650] Vgl. Mainzer (Künstliche Intelligenz), 2016, S. 3.
[651] Vgl. Kwok; Norrie (Intelligent agent systems), 1993, S. 285.
[652] Vgl. Schmidt-Schauß; Sabel (Einführung in die Künstliche Intelligenz), 2013, S. 4.
[653] Vgl. Russell; Norvig (Artificial intelligence), 2016, S. 25.
[654] Vgl. Ertel (Maschinelles Lernen), 2016, S. 192.
[655] Vgl. Ertel (Maschinelles Lernen), 2016, S. 193.
[656] Vgl. Ertel (Maschinelles Lernen), 2016, S. 194.
[657] Vgl. Mitchell (Machine learning), 2010, S. 4-5.

Abbildung 5.28 zeigt eine Übersicht der Analyseaufgaben, die durch KI und ML bearbeitet werden können und welche relevanten Methoden dabei Verwendung finden.

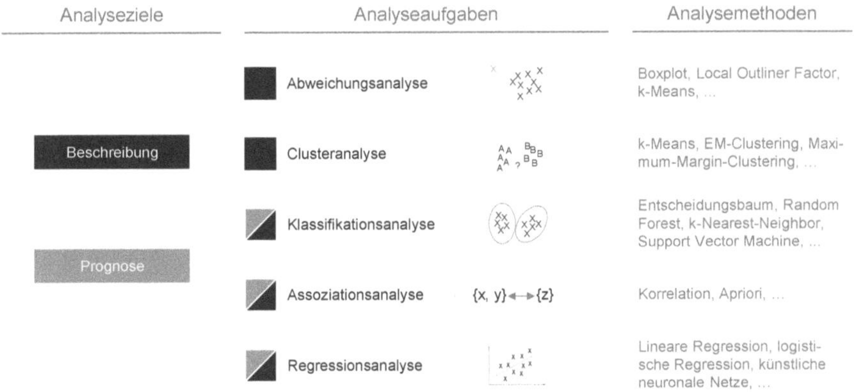

Abbildung 5.28: Übersicht relevanter Data Mining Aufgaben und Methoden[658]

Demnach lassen sich die Analyseziele wesentlich in die Beschreibung von Zusammenhängen in einem Datensatz und der Verwendung des Datensatzes zur Prognose differenzieren. Diesen Analysezielen lassen sich fünf wesentliche Analyseaufgaben zuordnen. Die *Abweichungsanalyse* dient der Identifikation von signifikanten Abweichungen definierter Größen zu deren Soll-Wert oder einem anderen festgelegten mathematischen Zusammenhang[659]. *Clusteranalysen* finden Anwendung, wenn innerhalb einer Menge von Objekten Gruppen mit ähnlichen Eigenschaften identifiziert werden sollen. Mit diesem Charakteristikum nimmt die Clusteranalyse häufig den ersten Schritt in der Analyse einer Datenmenge ein.[660] Aufbauend auf einer solchen Analyse kann bspw. eine *Klassifizierung* durchgeführt werden. Diese ordnet Objekte aufgrund ihrer Eigenschaften bereits bekannten Gruppen, Klassifizierungen genannt, zu. Entsprechend kann eine Klassifizierungsanalyse neben der Beschreibung einer vorhandenen Datenmenge auch zur Prognose zukünftiger Zustände eines Objekts genutzt werden.[661] Die *Assoziation* stellt die vierte Analyseaufgabe von Data Mining dar. Dabei werden auf Basis der Häufigkeit des Auftretens von Objekten und Ereignissen Implikationsregeln aufgestellt, die die Zusammenhänge in dem Verhalten verschiedener Objekte darstellen[662]. Mit Hilfe einer *Regressionsanalyse* können gerichtete und gewichtete Einflüsse sogenannter unabhängiger Variablen auf eine definierte abhängige Variable abgebildet werden[663]. Den verschiedenen Ana-

[658] Vgl. Alpar (Data Mining), 2000, S. 13.
[659] Vgl. Farkisch (Data Mining), 2011, S. 99.
[660] Vgl. Farkisch (Data Mining), 2011, S. 101.
[661] Vgl. Farkisch (Data Mining), 2011, S. 103-104.
[662] Vgl. Farkisch (Data Mining), 2011, S. 109.
[663] Vgl. Berk (Data Mining within a Regression Framework), 2005, S. 209-210.

lyseaufgaben können jeweils eine Vielzahl von konkreten Methoden, bzw. Algorithmen, zugeordnet werden[664]. Die Auswahl eines konkreten Algorithmus stellt einen wesentlichen Erfolgsfaktor für die Anwendung dar und basiert wesentlich auf der Zielsetzung der Datenanalyse, den Eigenschaften der zu analysierenden Daten sowie der Darstellungsform der zu ermittelnden Beziehungsmuster[665].

5.2.2.2 Erarbeitung der Erhebungskonzepte

Die Erhebungskonzepte für den identifizierten zusätzlichen Datenbedarf leiten sich aus den definierten Anforderungen an die Datenattribute ab und bilden die Basis für eine aufwandseffiziente, hinreichend genaue Datenerhebung. Entsprechend ist ein solches Konzept zunächst für jedes zu erhebendes Datenattribut zu erstellen. Die Erarbeitung der Erhebungskonzepte folgt dabei dem in Abbildung 5.29 dargestellten Vorgehen.

Abbildung 5.29: Vorgehen zur Erarbeitung der Erhebungskonzepte[666]

Zunächst sind für die betrachteten Datenattribute die grundsätzlich möglichen Erhebungsmethoden zu identifizieren. Anschließend ist für jedes der Datenattribute die Datenbedarfskomplexität zu bestimmen. Diese beschreibt die Komplexität der Erhebungssituation des Datenattributs. Dazu ist die Sensitivität des Erhebungsergebnisses auf äußere Einflüsse zu ermitteln. Die Datenbedarfskomplexität dient gemeinsam mit der Bedeutung der Datenattribute als Eingangsgröße zur Auswahl des grundlegenden Erhebungsprinzips im abschließenden Schritt.

Die *Identifizierung der Erhebungsmethoden* hat zum Ziel, eine Übersicht der möglichen, effizienten Methoden zur Erhebung der betrachteten Datenattribute zu erzeugen. Dabei ist zwischen einer systemseitigen, einer IKT-basierten sowie einer sensorbasierten Erfassung zu differenzieren. Systemseitige Erhebungsmethoden beschreiben die im Werkzeugbau verwendeten Softwaresysteme, aus denen über Schnittstellen darin enthaltene Werte in den digitalen Schatten integriert werden können. IKT umfassen alle Technologien, wie sie in Kapitel 2.2.3 als wesentliche Befähiger der digitalen Vernetzung eingeführt worden sind. Hierzu zählen Human-Machine-Interfaces, aber auch drahtlose Kommunikations- und Erfassungstechnologie, wie bspw. Near Field Communication (NFC). Das Verständnis für sensorbasierte Erfassung basiert auf den in Kapitel 2.1.2 dargestellten Grundlagen. Abbildung 5.30 unterstützt den Anwender der Methodik bei der Auswahl, indem die Zuordnung der Datenkategorien zu den drei übergeordneten Erhebungsmethoden dargestellt wird.

---

664 Vgl. Alpar (Data Mining), 2000, S. 13.

665 Vgl. Gluchowski (Business Analytics), 2016, S. 278.

666 Eigene Darstellung.

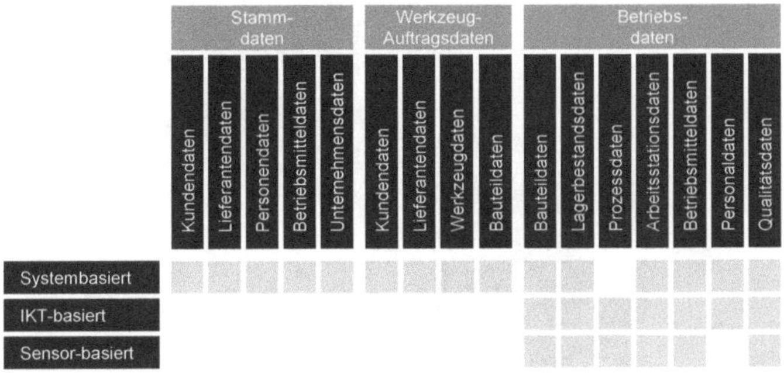

Abbildung 5.30: Zuordnung der Datenkategorien zu den übergeordneten Erhebungsmethoden[667]

Grundsätzlich kann festgehalten werden, dass, wie in Kapitel 2.2.2.3 beschrieben, das Detaillierungsniveau und die betrachtete Änderungsgeschwindigkeit der Datenattribute für die dargestellten Erhebungsmethoden von oben nach unten ansteigend ist. Entsprechend eignen sich systembasierte Erhebungsmethoden insbesondere für Stamm- und Werkzeug-Auftragsdaten. Betriebsdaten erfordern hingegen in der Regel den Einsatz von IKT oder Sensorik. Die Softwarelandschaft der Werkzeugbaubetriebe in Deutschland, die häufig durch ein integriertes ERP- und PPS-System geprägt ist, neben dem nur selten weitere Softwaresysteme, wie ein separates MES-System, eingesetzt werden, führt dazu, dass einzelne Datenattribute der Betriebsdaten ebenfalls im ERP-/PPS-System gespeichert werden. Darüber hinaus kann festgehalten werden, dass IKT besonders für die Erfassung solcher Datenattribute geeignet sind, die durch diskrete, standardisierte Werte auszudrücken sind. Begründet ist dies mit einem deutlichen Anstieg der Fehlerhäufigkeit bei durch die Mitarbeitenden abgeschriebenen Daten im Vergleich zum lediglich Auswählen der Daten. Kontinuierliche Datenattribute, wie die aktuelle Schnittkraft während der Fräsbearbeitung, sind hingegen tendenziell durch Sensorik zu erheben.

Die damit vorgenommene erste Differenzierung zwischen den übergeordneten Erhebungsmethoden ist anschließend für die IKT- und Sensor-basierte Erfassung zu detaillieren. Als relevanteste IKT im Zusammenhang mit der Erfassung von Daten im Werkzeugbau können die manuelle Betriebsdatenerfassung (BDE), das Scannen von 1D- und 2D-Barcodes, bzw. äquivalent Matrix- und Strichcodes, die automatische Maschinendatenerfassung (MDE), die Nutzung von Radio-Frequency Identification (RFID), NFC, Bluetooth Low Energy (BLE), Real Time Locating Services (RTLS) sowie GSM/WLAN benannt werden. Abbildung 5.31 ordnet diese IKT den eingeführten Kategorien der Betriebsdaten zu.

[667] Eigene Darstellung.

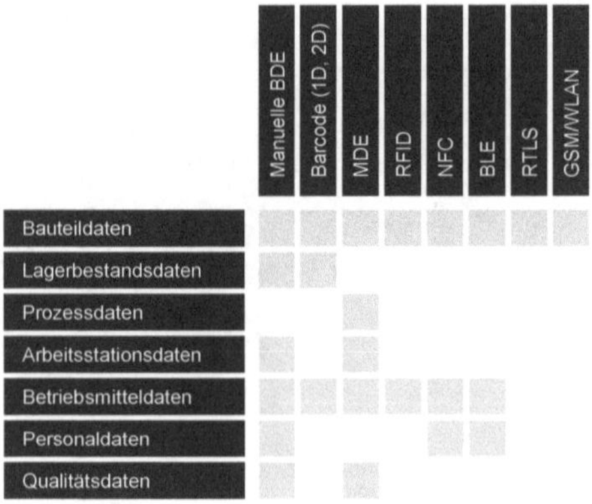

Abbildung 5.31: Zuordnung relevanter IKT zu den Kategorien der Betriebsdaten[668]

Traditionell beschreibt die BDE im Werkzeugbau lediglich die Rückmeldung von Stundenbuchungen an einigen wenigen Terminals auf dem Shopfloor. Mit der zunehmenden Digitalisierung des Shopfloors hat sich dieses Verständnis erweitert und beschreibt heute die Erfassung einer Vielzahl verschiedener Betriebsdaten durch die Mitarbeitenden. Häufig findet diese mit Tablets direkt am Ort der Datenentstehung statt, etwa bei der Dokumentation von Fertigungsfehlern. In diesem Verständnis eignet sich die manuelle BDE daher nicht mehr ausschließlich für die Erfassung von Bauteildaten, sondern ebenfalls für die Verfolgung von Lagerbeständen, Arbeitsstations-, Betriebsmittel- Personal- und Qualitätsdaten. Die verschiedenen Technologien zur Identifizierung von Objekten, die Nutzung von Barcodes, RFID, NFC und BLE, eignen sich insbesondere zur Ermittlung der Anwesenheit eines spezifischen Objekts an einem definierten Ort. Allgemein kann festgehalten werden, dass sich diese Technologien in der Regel aufgrund von Größe und Menge nicht für die Datenaufnahme im Zusammenhang mit C-Teilen eignen, sondern eher für auftragsspezifische Bestände aber auch für Mitarbeitende relevant sind. Die Maschinendatenerfassung eignet sich durch die große Bandbreite an verfügbaren Datenattributen als hochqualitative Datenquelle für die Datenerzeugung aus dem Produktionsprozess. Häufig kann damit bereits der Notwendigkeit weiterer Sensorik innerhalb der Fertigungsmaschine begegnet werden. Erst im Falle sehr spezialisierter digitaler Schatten oder älterer Maschinen ohne digitale Schnittstelle wird in der Regel zusätzliche Sensorik erforderlich. RTLS sowie GSM/WLAN dienen einzig zur Erfassung von Positionsdaten. Im Gegensatz zur Nutzung von Barcodes etc. erfolgt die Positionserfassung hierbei automatisch.

Für alle Datenattribute, die unter Verwendung von Sensorik erhoben werden sollen, sind die potenziellen Messgrößen zu identifizieren. Messgrößen charakterisieren die zu erfassenden Datenattribute anhand ihrer physikalischen Eigenschaften und bilden folglich die Grundlage zur Auswahl konkreter Sensoren. Für die Kategorisierung von Messgrößen bestehen in der Literatur verschiedenste Ansätze. Die in der Abbildung verwendete Visualisierung leitet sich aus dem Arbeiten von FLEISCHER ET AL. sowie CZICHOS & DAUM ab, da diese auf der einen

[668] Eigene Darstellung.

Seite einen hohen Praxisbezug aufweisen und auf der anderen Seite als Standardwerke der Literatur gelten[669]. Abbildung 5.32 unterstützt den Anwender der Methodik bei seiner Auswahl, indem die Zuordnung potenziell passender Messgrößen zu den relevanten Betriebsdaten dargestellt wird.

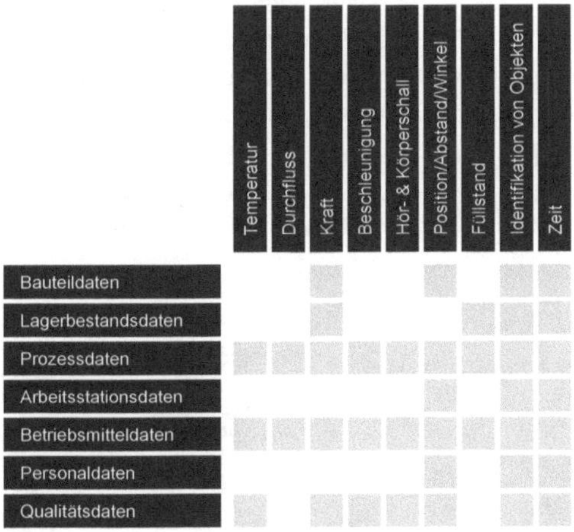

Abbildung 5.32: Zuordnung der Messgrößen zu den relevanten Betriebsdaten[670]

Grundsätzlich ist festzuhalten, dass insbesondere die Aufnahme von Prozess-, Betriebsmittel- und Qualitätsdaten aufgrund ihrer engen Verbindung mit den Fertigungsverfahren sowie den verschiedenen Charakteristika und Zielsetzungen, die mit ihrer Erhebung verbunden sein können, durch vielfältige Messgrößen beschrieben werden können. Für alle Datenkategorien, die nicht direkt mit dem Fertigungsprozess verknüpft sind, gilt, dass insbesondere die Kraftmessung, die Erfassung der Position eines Objekts auf dem Shopfloor oder innerhalb spezifischer Bereiche des Shopfloors sowie die Identifikation von Objekten sowie der Zeit in Form des Andauerns eines Zustands von Relevanz sind.

Für Sensoren sind abschließend die konkreten Erfassungsgrößen auszuwählen. Hierzu wird bspw. auf FLEISCHER ET AL. die in ihrer Darstellung eine Zuordnung möglicher Messprinzipien und Sensortypen zu den zuvor ausgewählten Messgrößen umsetzen. Dieses Vorgehen wird an dieser Stelle nicht detaillierter beschrieben, da es in Empirie und Forschung hinreichend genau erläutert ist sowie ohne produktionstechnischen Bezug durchgeführt werden kann.

Nach der Erarbeitung der potenziellen Erhebungsmethoden und Messgrößen erfolgt die *Bestimmung der Datenbedarfskomplexität.* Motivation dieser Tätigkeit ist die Tatsache, dass die Einflussgrößen auf die Erfassung zusätzlich zu den Datenqualitätsanforderungen wesentli-

[669] Vgl. Fleischer et al. (Leitfaden Sensorik für Industrie 4.0), 2018, S. 11; Czichos; Daum (Messgrößen und Messverfahren), 2020, S. 694.

[670] Eigene Darstellung.

chen Einfluss auf die zu wählende Erfassungsprinzipien und -methoden haben. Um diese Einflussgrößen systematisch erfassen zu können, sind die Dimensionen Mensch-Technik-Organisation zu betrachten, an denen sich die Auslegung cyberphysischer Systeme orientiert[671]. Im Sinne der Praktikabilität der Methodik können die Einflussgrößen für die in Kapitel 5.1.1.2 eingeführten Teilsysteme aggregiert beantwortet werden. Abbildung 5.33 zeigt die wesentlichen Einflussgrößen auf die Datenbedarfskomplexität entlang des Auftragsabwicklungsprozesses einer Neuwerkzeugherstellung. Kapitel A.3 ist eine detaillierte Beschreibung jeder einzelnen Einflussgröße sowie eine Erläuterung der damit verbundenen Komplexität zu entnehmen.

	Mensch	Technik	Organisation
Auftrags-akquise	Verwendung von Erfahrungswerten bei der Kalkulation	Nutzung individueller Excel-kalkulationsvorlagen	Kalkulation auf Werkzeugebene
	Nicht-standardisierte Kalkulationsmethode	Verwendung analytischer Kalkulationssoftware	Für alle Gewerke einheitliche Stundensätze
	Nachkalkulation nicht zuortenbar	Keine Dokumentation von Kundenkontakten und Erfolgen	Kunden mit mehreren Standorten werden als ein Kunde verstanden
Werkzeug-entwicklung	Unterschiedliche Angabe von Toleranzen	Einsatz unterschiedlicher CAD-Systeme	Fehlende Standardisierung von Werkzeugen und Bauteilbenennung
	Unterschiedliche Angabe von Materialien	Keine Verwendung von Farbtoleranzen	Fehlende Standardisierung der Fertigungsprozesse und -benennungen
	Keine Berücksichtigung von Platz für QR-Codes	Keine Beplanung der Konstruktion	Keine Mitarbeiter/Werkzeug-zuordnung durch agile Teams
Arbeits-planung	Unterschiedliche CAM-Strategien	Keine Standardisierung von Fräswerkzeugen und Werkzeugwechsler	Bestandsführung von Stangenmaterial
	Unterschiedliche Aufspannungen	Keine Nutzung von Featureerkennung im CAM	Planung nicht auf Bauteil- und Prozessschrittebene
	Anpassungen des Fertigungsprozesses werden nicht abgebildet	Härten erfolgt nach Volumen	Externe Prozessschritte nicht explizit eingeplant
Werkzeug-produktion	Stundenbuchungen nicht zuortenbar/Blockbuchungen	Interferenzen zwischen den Maschinen	Breite Varianz möglicher Materialeingänge pro Maschine
	Keine Möglichkeit zur automatischen Zuordnung CAM-Programm/Bauteil	Nacharbeiten nicht von normaler Buchung differenzierbar	Zuordnung Bauteil/Kiste
	Weitreichende Priorisierungsbefugnisse	Keine Verwendung maschinenlesbarer Bauteilbeschriftung	Fotos auf dem Shopfloor verboten

Abbildung 5.33: Relevante Einflussgrößen auf die Datenbedarfskomplexität entlang der Auftragsabwicklung[672]

In der Dimension *Mensch* ist zu bewerten, wie standardisiert die Durchführung der Tätigkeit, der das betrachtete Datenattribut zuzuordnen ist, erfolgt. Standardisierte Tätigkeiten reduzieren den menschlichen Einfluss auf die Ausgestaltung und folglich die Sensitivität des Werts des Datenattributs auf den menschlichen Einfluss. Die Bewertung des Einflusses erfolgt nach KUHLMANN in den Kategorien kreativ, nicht-standardisiert, teilweise standardisiert und standardisiert[673].

671 Vgl. Deuse et al. (Produktionssysteme im Kontext von Industrie 4.0), 2015, S. 107.

672 Eigene Darstellung.

673 Vgl. Kuhlmann (Geschäftsprozesse im Werkzeugbau), 2013, S. 116.

Die im Zusammenhang mit der betrachteten Tätigkeit verwendeten *technischen Hilfsmittel* sind ebenfalls hinsichtlich ihrer standardisierten Verwendung zu untersuchen. Dabei ist es von besonderer Relevanz, wie eindeutig das verwendete Hilfsmittel hinsichtlich seiner Entity aber auch seiner ID beschrieben werden kann. Hier soll eine dreistufige qualitative Bewertung erfolgen. Im Zusammenhang mit dem Rüstvorgang einer Fräsbearbeitung ist es bspw. als positiv zu bewerten, wenn über die gesamte Maschinengruppe hinweg die Werkzeugpositionen mit den gleichen, standardisiert benannten, Fräswerkzeuge belegt werden.

Die Dimension *Organisation* umfasst alle organisatorischen Rahmenbedingungen, unter denen die Tätigkeit durchgeführt wird und ist ebenfalls dreistufig, qualitativ zu bewerten. Unter organisatorischen Rahmenbedingungen werden die Standardisierungsgrade aller weiteren prozessualen Aspekte subsummiert. Dies umfasst die (Zwischen-)Lager- & Speicherorte von (Teil-)Ergebnissen der Tätigkeit, die Standardisierung der Vor- und Nachfolgeprozesse der betrachteten Tätigkeit sowie die sonstigen Informationsflüsse, die zur Durchführung der Tätigkeit erforderlich sind.

Die Bewertung der drei Kategorien muss abschließend aggregiert werden. Dazu kann auf Formel (1) aus Kapitel 5.1.2.3 zurückgegriffen werden. Daraus ergibt sind eine qualitative Einschätzung der Sensitivität. Die Aggregation der bereits erfolgten Bewertung der Bedeutung der Datenattribute für den betrachteten Anwendungsfall aus Kapitel 5.1.2.3 sowie der Komplexität des Datenbedarfs ermöglicht anschließend die Festlegung der Erhebungsprinzipien für die Datenattribute. Die zwei beschriebenen Entscheidungsdimensionen spannend dazu eine Matrix mit den vier, in Abbildung 5.34 dargestellten, Erhebungsprinzipien auf. Die Darstellung hat dabei keinen ausschließenden Charakter, sondern dient dem Anwender als Leitfaden für die Auswahl und verzichtet daher bewusst auf die explizite Ausweisung einer Skalierung der Achsen.

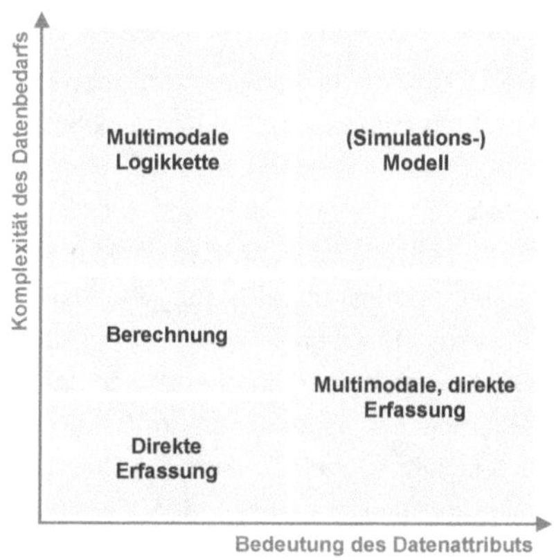

Abbildung 5.34: Erhebungsprinzipien für die Datenattribute[674]

[674] Eigene Darstellung.

Die *direkte Erfassung des Datenattributs* beschreibt die Bestimmung des im Datenbedarf enthaltenen Datenattributs unmittelbar durch eine einzelne Erhebungsmethode. Folglich ist im nächsten Schritt lediglich eine einzelne Erhebungsmethode auszuwählen.

Die *Berechnung des Datenattributs* beschreibt die Bestimmung eines betrachteten Datenattributs durch einen mathematischen Zusammenhang aus einem oder mehreren anderen Datenattributen. Dabei ist bei der weiteren Auswahl der Erhebungsmethode zu beachten, dass die formulierten Anforderungen an die Datenqualität nicht analog für die zur Berechnung verwendeten Datenattribute angewendet werden können. Vielmehr stellt dies, aus der klassischen Konstruktionslehre übertragen, die Summentoleranz dar. Diese fordert, dass die Einzeltoleranzen der zur Berechnung erforderlichen Datenattribute so formuliert sind, dass diese in jedem Fall die Einhaltung der geforderten Qualität des zu erhebenden Datenattributs realisieren.[675]

Die m*ultimodale, direkte Erfassung* fordert eine redundante Erhebung des Datenattributs durch eine oder mehrere verschiedene Messgrößen. Die entsprechende Auslegung des erforderlichen Redundanzgrads erfolgt im Zusammenhang mit der Gestaltung der Gesamtdatenerhebung. Bezugnehmend auf die in Kapitel 2.1.3 eingeführten möglichen Zielsetzungen einer multimodalen Datenaufnahme, eignet sich die multimodale, direkte Erfassung insbesondere, um Datenattribute zu erheben, an die hohe Anforderungen hinsichtlich ihrer inhaltlichen Verfügbarkeit, also Ausfallsicherheit, gestellt werden. Diese Zielsetzung wird als Redundanz bezeichnet. Darüber hinaus bedient die multimodale, direkte Erfassung auch die zwei Zielsetzungen Zeit und Kosten. Für echtzeitkritische Anwendungen kann durch die phasenverschobene Erfassung der Messgrößen die Verarbeitungszeit deutlich reduziert werden. Für die Realisierung des Kostenvorteils werden Datenattribute, an die hohe Qualitätsanforderungen hinsichtlich ihrer Exaktheit gestellt werden, durch verschiedene Erfassungsmethoden bestimmt, die in ihrer Grundgesamtheit diese Anforderungen günstiger erfüllen können, als es eine einzelne Erfassungsmethode realisieren kann.

Für Datenattribute, denen eine exponierte Bedeutung für den betrachteten Anwendungsfall zugeordnet ist, und die sich durch eine besondere Komplexität auszeichnen, eignet sich die Aufstellung von *(Simulations-)Modellen*. Neben konventionellen Verfahren der Modellbildung, wie u. a. physikalische Modelle, ein Kalman-Filter oder statistische Modelle, wie ein lineares Regressionsmodell, eignen sich hierfür auch Methoden der künstlichen Intelligenz. Hierzu zählen bspw. Entscheidungsbäume und Random Forrest Algorithmen, die insbesondere für die Klassifizierung und Prognose verwendet werden können, oder künstliche neuronale Netze, die für nahezu alle der in den Grundlagen eingeführten Analyseaufgaben genutzt werden können. Die Verwendung von Modellen besitzt insbesondere im Bereich der Fertigungstechnologien eine hohe Bedeutung. Dies resultiert zum einen aus der hohen Datenverfügbarkeit, die durch die hohen Bearbeitungsgeschwindigkeiten resultieren. Auf der anderen Seite sind die zugrundeliegenden Zusammenhänge aufgrund der Vielzahl verschiedener Prozessparameter und Einflussgrößen vielschichtig und schwierig durch alternative Methoden abzubilden. Da die Erstellung von (Simulations-)Modellen in der Literatur hinlänglich beschrieben ist wird an dieser

[675] Vgl. Bender et al. (Grundlagen technischer Systeme), 2020, S. 46.

Stelle auf eine detailliertere Beschreibung des Vorgehens zur Auslegung dieser Modelle verzichtet und auf HERING ET AL. und RABE ET AL. verwiesen[676]. Außerdem müssen die Eingangsgrößen eines solchen Modells als Attribute im Datenmodell abgebildet werden und sind folglich wiederum unter Verwendung der übrigen Erhebungskonzepte zu erfassen.

Die Bildung *multimodaler Logikketten* beschreibt die logische Verknüpfung zueinander komplementärer Datenattribute, mit dem Ziel den Zustand des zu erhebenden Datenattributs zu charakterisieren. Auf diese Weise können insbesondere sehr komplexe Zusammenhänge valide abgebildet werden. Hierzu sind die Einflussfaktoren zu bestimmen und dann die logischen Verknüpfungen zu formulieren. Grundsätzlich können zur Verknüpfung der Einflussfaktoren die acht verschiedenen logischen Beziehungen verwendet werden, die in Abbildung 5.35 dargestellt sind.

Logische Beziehung	Sprechweise	Logische Beziehung	Sprechweise
Negation	Nicht A	NOR-Verknüpfung	Nicht (A oder B)
Konjunktion	A und B	Implikation	A Pfeil B
Adjunktion	A oder B	Äquivalenz	A Doppelpfeil B
NAND-Verknüpfung	Nicht (A und B)	Antivalenz	A xor B

Abbildung 5.35: Übersicht der möglichen logischen Beziehungen[677]

Die komplexen Zusammenhänge, die durch multimodale Logikketten abgebildet werden können, finden sich insbesondere auf dem Shopfloor der Werkzeugbaubetriebe. Abbildung 5.36 zeigt verschiedene Methoden, die zur Identifizierung der logischen Zusammenhänge genutzt werden können, um eine multimodale Logikkette erfolgreich definieren zu können.

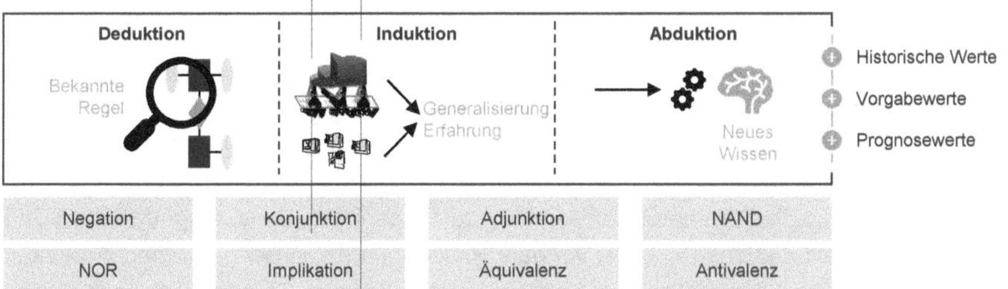

Abbildung 5.36: Methoden zur Bildung multimodaler Logikketten[678]

Zunächst bedarf es einer Identifizierung der bestehenden logischen Zusammenhänge des betrachteten Datenattributs. Hierbei nutzt der Anwendende sowohl das Datenmodell des digitalen Schattens als auch die in der Literatur etablierten logischen Denkformen. Das *deduktive*

676 Vgl. Hering et al. (Vorgehensweise zur Modellbildung), 1989, S. 183-185; Rabe et al. (Simulation in der Produktion), 2008, S. 4-8.

677 Vgl. Woitowitz et al. (Digitaltechnik), 2012, S. 27.

678 Eigene Darstellung.

Vorgehen verwendet eine bekannte Regel, um diese in einer Betrachtungsmenge identifizieren und Aussagen über das identifizierte Objekt treffen zu können[679]. Für die Bildung einer Logikkette bedeutet dies, dass Werkzeugbaubetriebe für das betrachtete Datenattribut bekannte Regeln suchen, die dieses charakterisieren. Dies kann für die gebuchte Bearbeitungszeit bspw. die Zusammensetzung nach REFA sein. Anschließend wird diese Regel versucht mit den Attributen des Datenmodells abzubilden. So kann etwa die Rüstzeit implizit bestimmt werden, indem die durch das MDE-System erfasst Maschinenlaufzeit eines Auftrags von der durch den Mitarbeitenden im BDE-System gebuchte Gesamtbearbeitungsdauer abgezogen wird. Das *induktive Vorgehen* hingegen generalisiert Beobachtungen und Erfahrungen und wendet diese auf eine neue Betrachtungsmenge an. Zum einen ist es möglich, dass gewisse Merkmale für ein beobachtetes Objekt angenommen werden, da in der Vergangenheit diese Merkmale immer mit einem bestimmten Status des Objekts verknüpft waren. Zum anderen kann aus beobachteten Merkmalen auf ein dezidiertes Objekt geschlossen werden.[680] Für die Bildung von Logikketten bedeutet dies, dass das vorhandene betriebliche Erfahrungswissen dazu genutzt wird, logische Zusammenhänge zu formulieren. Abbildung 5.37 zeigt exemplarisch, wie durch eine logische Äquivalenz aus der Bauteilposition auf den Bearbeitungszustand geschlossen werden kann.

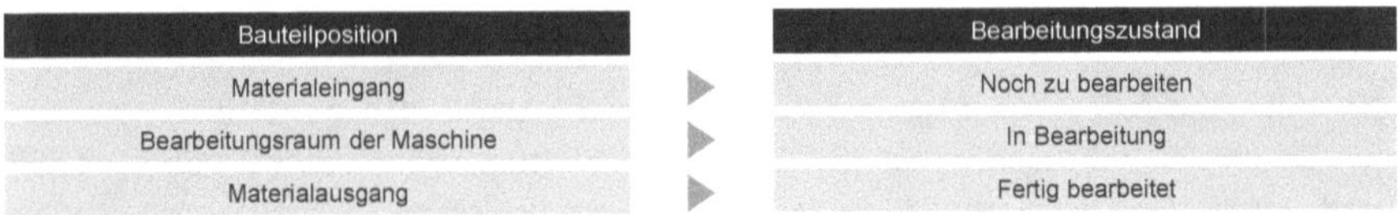

Abbildung 5.37: Exemplarischer Zusammenhang zwischen Bauteilposition und Bearbeitungszustand[681]

Als dritte Methode können Werkzeugbaubetriebe die *Abduktion* nutzen. Die Abduktion unterscheidet sich von der Induktion insofern, dass die Merkmalskombination durch bestehendes Wissen nicht beschrieben werden kann, sondern durch geistige Anstrengung neu zu erzeugen ist. Die zu generalisierende Erkenntnis bedarf folglich der Generierung neuen Wissens.[682] Für die Bildung von Logikketten besitzt diese Methode die geringste Bedeutung, da sie die Aufwändigste darstellt und das Potenzial vor dem Hintergrund der in der deutschen Werkzeugbaubranche bestehenden Prozessbeherrschung relativ gering ist. Grundsätzlich bedarf es zur abduktiven Herleitung der logischen Zusammenhänge einer intensiven Analyse der Tätigkeit, der das betrachtete Datenattribut zugeordnet ist. Hierbei kann es sich um klassische Methoden der qualitativen und quantitativen Prozessanalyse handeln, jedoch auch um Methoden aus dem Bereich der künstlichen Intelligenz. Ziel ist es in jedem Fall Einflussgrößen auf das Datenattribut zu finden, die bisher nicht bekannt waren.

679 Vgl. Reichertz (Qualitative und interpretative Sozialforschung), 2016, S. 129-130.

680 Vgl. Reichertz (Qualitative und interpretative Sozialforschung), 2016, S. 130-131.

681 Eigene Darstellung.

682 Vgl. Reichertz (Qualitative und interpretative Sozialforschung), 2016, S. 131-132.

Zusätzlich zu den logischen Zusammenhängen kann eine multimodale Logikkette außerdem um historische Werte, Vorgabewerte oder Prognosewerte ergänzt werden. *Historische Werte* können überall dort zusätzlichen Nutzen generieren, wo ein hoher Standardisierungsgrad der Entity besteht, der das Datenattribut zuzurechnen ist. Dies umfasst insbesondere Bearbeitungs- und Durchlaufzeiten für standardisierte Produkte und Prozesse. In einer Logikkette werden dann jedoch nicht einzelne historische Werte verarbeitet, sondern gleitende oder absolute Mediane und Mittelwerte. *Vorgabewerte* bestehen für eine Vielzahl der Prozesse entlang der Auftragsabwicklung. Insbesondere aus der Feinplanung sind Vorgabewerte für Bearbeitungszeiten und geplante Aufenthaltsorte an den einzelnen Bearbeitungstechnologien vorhanden. Dies umfasst jedoch ebenso Vorgabewerte zum Gewicht einzelner Bauteile aus dem CAD-System oder von C-Teilen. *Prognosewerte* können überall dort verwendet werden, wo auf Basis von historischen Werten und den damit verbundenen und oben beschriebenen Implikationen, oder Modellen Aussagen über die zu erwartende zukünftige Entwicklung eines Datenattributs getroffen werden können. Dies kann bspw. die verbleibende Bearbeitungszeit oder ein prognostiziertes Fertigstellungdatum sein.

Nach Abschluss der, ggf. iterativen, Auswahl der Erhebungsprinzipien und -methoden muss der Anwender die wesentlichen Risiken der ausgewählten Erhebungsprinzipien und -methoden identifizieren, um diese frühzeitig und proaktiv bei der anschließenden Auslegung der Sensornetzwerke und Datenquellen sowie der Datenfusion adressieren zu können. Hierzu sind die erarbeiteten Erfassungskonzepte mit den später anwendenden Mitarbeitenden entweder in gemeinsamen partizipativen Workshops zu diskutieren oder in Form von Minimum Viable Products abzubilden. Abbildung 5.38 zeigt die wesentlichen Risiken bei der Ausgestaltung der Datenerfassung in den MTO-Dimensionen. Die dargestellten Risikoarten basieren auf ROMEIKE[683].

	Mensch	Technik	Organisation
Strategische Risiken	Internes Know-how zur Bewertung fehlt	Externe Datenattribute nicht verfügbar	Digitalisierungsstrategie wird kurzfristig angepasst
Operative Risiken	Tätigkeit ist nicht ausreichend standardisiert	Datenqualität nicht verlässlich erreichbar	Rahmenbedingungen der Tätigkeit ändern sich
Regulatorische Risiken	Datenschutzrechtlich relevant	System nicht datenschutzkonform	Betriebsvereinbarung betroffen
Finanzielle Risiken	Wartung zu personalaufwändig	Umsetzung der Lösung zu teuer	Zu viel externe Leistungen erforderlich
Personelle Risiken	Mitarbeiter akzeptieren Erfassungslösung nicht	Bedienung der Erfassungslösung ist zu komplex	Keine Kompetenz zur internen Wartung

Abbildung 5.38: Risiken für die erfolgreiche Operationalisierung der Datenerfassung[684]

Den identifizierten Risiken kann durch unterschiedliche Strategien und Maßnahmen begegnet werden. *Strategische Risiken* sind im Kontext der Operationalisierung des digitalen Schattens

[683] Vgl. Romeike (Risikomanagement), 2018, S. 60. – die von Romeike ebenfalls benannten Reputations- und politischen Risiken werden aufgrund fehlender Relevanz für die Operationalisierung des Digitalen Schattens an dieser Stelle nicht betrachtet.

[684] Eigene Darstellung.

nur schwer zu adressieren. Insbesondere bei der Verwendung externer Datenattribute im digitalen Schatten sollte der Zugriff auf diese jedoch frühzeitig und verlässlich sichergestellt werden. Aufgrund der häufig geringen Verhandlungsmacht der Werkzeugbaubetriebe in der Wertschöpfungskette, besteht heute noch ein großes Problem bei der Beschaffung externer Daten. Hier eignen sich für die weitere Ausgestaltung insbesondere Lösungen, die eine Speicherung der Daten beim externen Partner und lediglich einen anlassbezogenen Zugriff des Werkzeugbaubetriebs vorsehen. Außerdem besitzen viele Werkzeugbaubetriebe aktuell noch keine explizite Digitalisierungsstrategie und damit verbundene Kompetenzen. Dies kann dazu führen, dass die Rahmenbedingungen der Operationalisierung des digitalen Schattens, insbesondere im Kontext der verwendeten Infrastruktur, deutlich verändert werden, wenn parallel eine Digitalisierungsstrategie neu entwickelt oder angepasst wird. In einem solchen Fall sind spätestens bei der Ausgestaltung des Erfassungskonzepts die Auswirkungen der späteren Umsetzung einer sich in der Entwicklung befindlichen Digitalisierungsstrategie zu untersuchen.

Operative Risiken wirken sich direkt auf die Durchführung des Erfassungsvorgangs aus. Insbesondere eine fehlende Prozessbeherrschung und -standardisierung, verhindert eine effektive Datenbereitstellung und sollten vor der weiteren Ausgestaltung der Datenerhebung obligatorisch vollständig umgesetzt werden[685]. Aufgrund der in den nächsten Jahren deutlich schneller voranschreitenden Digitalisierung, ist außerdem ein Abgleich mit aktuell geplanten Prozessveränderungen durchzuführen, um die entwickelte Erfassungslösung langfristig nutzbar zu machen.

Regulatorische Risiken umfassen vor allem datenschutz-bezogene Herausforderungen. Neben einer höheren Granularität sollten auch technische Möglichkeiten für eine stärkere Anonymisierung der Daten in Betracht gezogen werden. Ferner ist in diesem Zusammenhang auch die Datensicherheit der verwendeten Systeme zu nennen. Dies gilt zunächst für die Sicherstellung des Datenschutzes der eigenen, intern erhobenen Daten. Darüber hinaus besitzt die Datensicherheit insbesondere objektiven wie auch subjektiven Einfluss, wenn im digitalen Schatten auch externe Daten von Kunden oder Lieferanten verarbeitet werden sollen.

Finanzielle Risiken können im Rahmen der Sensorauswahl adressiert werden, indem die dort berücksichtigten Rahmenbedingungen entsprechend spezifiziert werden. Dennoch stellt es ein schwer vermeidbares Risiko dar, dass im Bereich der cyber-physischen Systeme nur wenige Experten am Markt verfügbar sind, zu denen die Werkzeugbaubetriebe häufig noch keine engen Beziehungen unterhalten. Gleichzeitig besteht häufig nur wenig relevantes Know-how intern, sodass in großem Umfang auf externe Expertise zurückgegriffen werden muss und ein starkes Abhängigkeitsverhältnis zum Partner entsteht. Ferner sehen sich Werkzeugbaubetriebe bei der Entwicklung von cyber-physischen Systemen mit dem iterativen Entwicklungsvorgehen der Softwareindustrie einem Vorgehen gegenüber, mit dem sie bisher nur wenig Erfahrung haben. Daraus entsteht ein hohes Risiko für die Kosteneinhaltung.

---

[685] Vgl. Boos et al. (Erfolgreich Automatisieren im Werkzeugbau), 2017, S. 13.

Personelle Risiken beschreiben wesentlich den Umgang der Mitarbeitenden mit der Erfassungslösung. Neben einer engeren Einbeziehung der Mitarbeitenden in die weitere Auslegung, nimmt insbesondere die Auslegung der Datenfusion eine besondere Rolle ein, um die Akzeptanz der Lösung sicherzustellen. Diese wird außerdem durch das vorhandene Verständnis für die Funktionsweise der Anwendung wesentlich beeinflusst. Zwar sind extern zugekaufte Anwendungen mit entsprechenden Schulungen des Anbieters verbunden, dennoch stellt das Fehlen eigener Kompetenzträger ein wesentliches Risiko dar. Denn in einem solchen Fall fehlt eine interne Instanz, die auch nach Abschluss der Schulungen technische Zusammenhänge erklären und somit Verständnis erzeugen kann. Außerdem ist man in einem solchen Fall auch bei kleinen Fehlfunktionen auf externe Unterstützung angewiesen, was schnell zu Frustration und abschließend zur ausbleibenden Verwendung der Lösung führt.

Aus der Darstellung der Störgrößen sowie der wesentlichen Erhebungsrisiken kann abgeleitet werden, dass neben direkt digitalisierungsbezogenen Aspekten, wie z. B. der Qualifizierung der Mitarbeitenden, eine vollständige Industrialisierung des Werkzeugbaubetriebs die weitere Operationalisierung des digitalen Schattens deutlich unterstützt. Konkret umfasst dies insbesondere die Standardisierung der Werkzeuge und Fertigungsprozesse, ein vollständig eingeführtes und gelebtes Lean-Management, eine anforderungsgerechte Kalkulation sowie Planung und Steuerung und ein materialflussorientiert ausgelegtes Fertigungslayout[686].

Zusammenfassend liegen dem Anwender nach Abschluss der Aufgabe *Erarbeitung des Erhebungskonzepts* folgende Ergebnisse vor:

- Unter Synergiegesichtspunkten ausgewählte Erhebungskonzepte für alle Attribute des zusätzlichen Datenbedarfs.
- Identifizierte und detaillierte Erhebungsmethoden zur Realisierung der Erhebungskonzepte.

5.2.2.3 Ausgestaltung der Gesamtdatenerhebung

Aufbauend auf den identifizierten Erhebungskonzepten, erfolgt im Schritt Ausgestaltung der Gesamtdatenerhebung die konkrete Auswahl aller Erhebungsmethoden vor dem Hintergrund der formulierten Anforderungs-Tupel. Übergeordnet ergibt sich das in Abbildung 5.39 dargestellte Vorgehen.

Für die im vorherigen Schritt erarbeiteten Erhebungskonzepte sind Erhebungskonzeptvarianten zu bilden, die mit ausgewählten Datenquellen für die unterschiedlichen Datenbedarfe die erforderliche Datenerhebung konkret beschreiben. Anschließend ist der Betrachtungsbereich von den einzelnen Erhebungskonzepten auf den gesamten digitalen Schatten zu erweitern,

[686] Für die konkrete Ausgestaltung dieser Handlungsfelder sei bspw. auf folgende Literatur verwiesen: Vgl. Klotzbach (Industrieller Werkzeugbau), 2007; Schuh et al. (Operative Exzellenz), 2010; Boos (Modulare Werkzeuge), 2008; Boos et al. (Erfolgreich Kalkulieren im Werkzeugbau), 2015; Boos et al. (Erfolgreich planen und steuern im Werkzeugbau), 2019; Boos et al. (Erfolgreich Layout Gestalten im Werkzeugbau), 2020.

sodass aus Gesamtsystemperspektive eine aufwandsoptimale Auswahl der jeweiligen Erhebungskonzeptvarianten für die Datenattribute des digitalen Schattens erfolgen kann. Abschließend sind für die Datenattribute, die aus bestehenden Systemen entnommen werden sollen, die Bereinigung der bestehenden Stammdaten durchzuführen sowie die Sicherstellung der Data Governance, der zukünftigen Einhaltung der geforderten Datenqualität, erforderlich.

Abbildung 5.39: Vorgehen zur Ausgestaltung der Erhebungskonzepte[687]

Die *Bildung der verschiedenen möglichen Erhebungskonzeptvarianten* erfordert, dass für die in der vorherigen Aufgabe des Methodikschritts beschriebenen Erhebungsmethoden und Messgrößen konkrete Erfassungslösungen ausgewählt und deren Anforderungserfüllung bewertet werden. Zu unterstützen ist dies durch eine Analyse der bereits im Werkzeugbaubetrieb bestehenden Erhebungsinfrastruktur. Den Ausgangspunkt hierfür bildet jedoch nicht das identifizierte Datenangebot, da bewusst über die Grenzen des betrachteten Anwendungsfall hinaus analysiert werden muss. Die bestehenden Erhebungsmethoden müssen dabei entsprechend der in der vorherigen Aufgabe des Methodikschritts verwendete Struktur der Erhebungsmethoden, Messgrößen und -prinzipien beschrieben werden. Das Vorgehen zur Durchführung der Analyse nutzt das eingeführte Zielbild des Werkzeugbaus 4.0, um eine systematische Identifizierung und Bewertung der Erhebungsinfrastruktur zu ermöglichen. Abbildung 5.40 zeigt die daraus resultierende Vorgehensweise.

Zunächst sind im ersten Schritt entlang der Auftragsabwicklung alle Anwendungsfälle sowie deren Nutzen zu identifizieren, in denen digital vorhandene Daten und Informationen verwendet werden. Primärer Fokus sollte auf den Teilsystemen liegen, die auch für den digitalen Schatten relevant sind, dennoch generiert auch eine darüber hinaus gehende Betrachtung zusätzlichen Mehrwert und sollte durchgeführt werden. Für eine qualitative Einschätzung der potenziellen Eignung der mit dem Anwendungsfall verbundenen Erhebungsmethoden ist außerdem eine Bewertung der für den Anwendungsfall geforderten Datenqualität erforderlich. Entsprechend der eingeführten Erhebungsmethoden sowie den ggf. zugeordneten Messgrößen und -prinzipien sind diese für die Anwendungsfälle zu benennen. Alle systembasierten Erhebungsmethoden müssen nicht explizit betrachtet werden, da diese bereits mit ihren jeweiligen Schnittstellen im Rahmen der Erstellung der Systemlandkarte identifiziert und dokumentiert worden sind. Abschließend sind die technologischen Befähiger der Erhebungsmethoden zu betrachten, indem die konkret verwendete Erhebungshardware, wie Tablets oder RTLS, hinsichtlich ihrer Leistungsfähigkeit beschrieben werden.

[687] Eigene Darstellung.

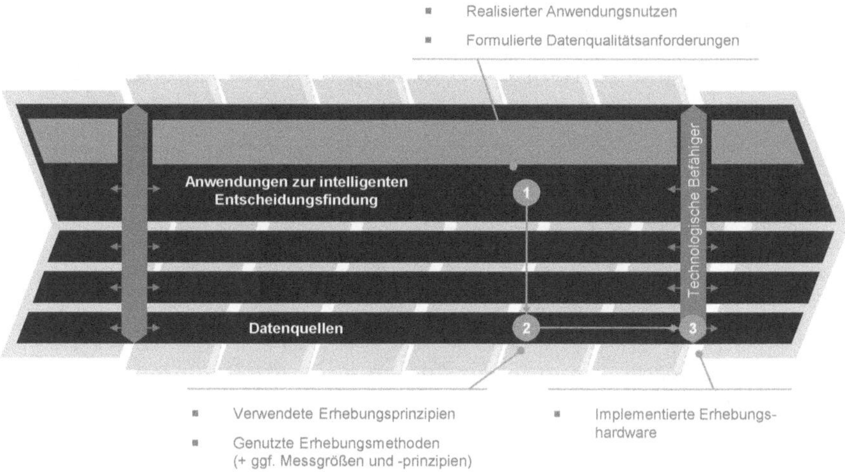

Abbildung 5.40: Vorgehen zur Identifizierung der bestehenden Erhebungsinfrastruktur[688]

Mit dem Wissen über die bereits vorhandene Erhebungsinfrastruktur können die Varianten der Erhebungskonzepte erzeugt werden. Das Vorgehen dabei ist angelehnt an die klassische Erarbeitung von Variantenbäumen, wie sie in der Literatur bspw. bei BUCHHOLZ hinreichend beschrieben ist[689]. Die Bildung der konkreten Erhebungskonzeptvarianten erfolgt, analog zur Bestimmung der externen Einflussgrößen, nicht für jedes Datenattribut einzeln, sondern aggregiert für die identifizierten Teilsysteme. Auf diese Weise wird sichergestellt, dass vorhandene Synergien, insbesondere bei der Bildung von Logikketten, (Simulations-)Modellen und Berechnungen, die dadurch entstehen, dass identische Erhebungsmethoden verwendet werden können, realisiert werden. Abbildung 5.41 zeigt einen exemplarischen Variantenbaum sowie drei darin ausgearbeitete Erhebungskonzeptvarianten.

Die Struktur des zu erstellenden Variantenbaums leitet sich aus den bisherigen Aktivitäten zur Auswahl der Erhebungsmethoden ab. Entsprechend stellen die ausgewählten Erhebungsprinzipien eines betrachteten Datenattributs die erste Ebene der Variantenbildung dar. Diese können aufgrund der teilsystemweiten Betrachtung ebenfalls Beziehungen zu weiteren Datenattributen innerhalb des Teilsystems aufweisen. Die zweite variantenbildende Ebene stellen die Erhebungsmethoden dar. Für sensorbasierte Erhebungsmethoden sind darüber hinaus die Messgrößen und -prinzipien zuzuordnen.

---

[688] I. A. a. Boos et al. (Auftragsabwicklung 4.0), 2020, S. 33.

[689] Vgl. Buchholz (Theorie der Variantenvielfalt), 2012, S. 29-32.

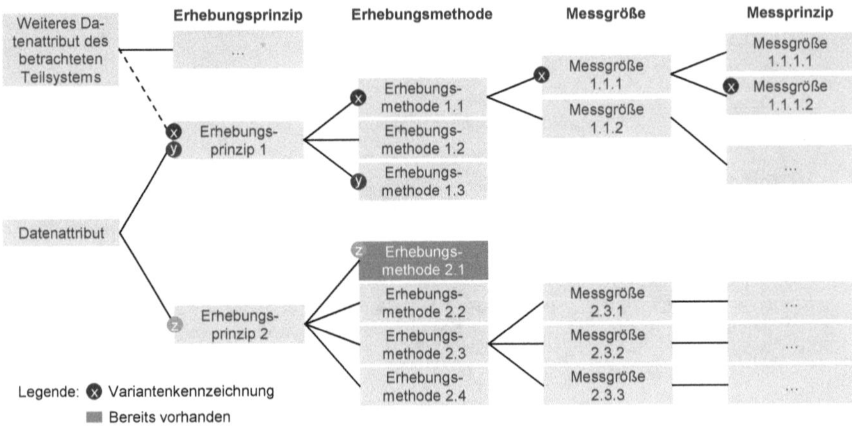

Abbildung 5.41: Variantenbildung der Erhebungskonzepte[690]

Ausgehend von dieser vollständigen Übersicht möglicher Varianten, sind Varianten zu bilden, die mit den ihnen zugeordneten Elementen eine Erhebung des betrachteten Datenattributs in der geforderten Qualität sicherstellen. Die Erarbeitung dieser Varianten sollte aus Gründen der Praktikabilität und Effizienz auf Basis der praktischen Erfahrung des Anwenders der Methodik erfolgen. Den Rahmen hierfür kann bspw. ein Workshop bieten, der neben dem Anwender außerdem Mitarbeitenden, die im betrachteten Teilsystem des Datenattributs tätig sind, umfasst sowie Experten aus dem Bereich Datenaufnahme und Sensorik. Hierbei handelt es sich um ein teilweise iteratives Vorgehen. Da in dieser Teilaufgabe der Methodik keine vollständige Kenntnis über die Anforderungserfüllung der verschiedenen Varianten besteht, kann es sein, dass nach Bestimmung dieser im nächsten Schritt, die Erarbeitung neuer, zusätzlicher Erhebungskonzeptvarianten erforderlich ist.

Im Anschluss an die Bildung der Varianten sind diese in ihrer Erfüllung der Erhebungsanforderungen zu bewerten. Dies muss in Abhängigkeit des jeweiligen Erhebungskonzepts erfolgen und ist auf das betrachtete Datenattribut zu beziehen. Dies ins insbesondere bei der Verwendung von multimodalen Logikketten und (Simulations-)Modellen relevant, bei denen das Datenattribut indirekt durch andere Messgrößen erfasst wird. Die wesentliche Herausforderung stellt dabei dar, dass die Anforderungserfüllung nicht in jedem Fall quantifizierbar ist und außerdem quantifizierbare mit nicht quantifizierbaren Lösungen vergleichbar sein muss. Daher sind alle Lösungen anhand einer vierstufigen Skalierung zu bewerten:

- Wird nicht erfüllt.
- Wird nicht sicher erfüllt.
- Wird erfüllt.
- Wird deutlich übererfüllt.

690 Eigene Darstellung.

Abbildung 5.42 zeigt, wie diese Skalierung für die unterschiedlichen Erhebungskonzepte anzuwenden ist.

	Informationsalter	Informationsgenauigkeit	Fehlertoleranz
Direkte Erfassung	Direkte Bewertung	Direkte Bewertung	Direkte Bewertung
Berechnung	Direkte Bewertung	Direkte Bewertung	Direkte Bewertung + ggf. zusätzliche Fehlertoleranz
Multimodale, direkte Erfassung	Phasenabhängig	Wurzelfunktion	Wurzelfunktion
Multimodale Logikkette	min (f_n)	Anzahl formulierter Status	$\Pi(Er_n)$
(Simulations-) Modell	-	-	-

Abbildung 5.42: Vorgehensweisen zur Bewertung der Anforderungserfüllung in Abhängigkeit des Erhebungsprinzips[691]

Bei der direkten Erfassung kann die Erfüllung direkt für alle drei Anforderungsdimensionen bewertet werden. Dies gilt analog auch für Datenattribute, die mit dem Erhebungsprinzip Berechnung erfasst werden. Hier muss lediglich berücksichtigt werden, dass nicht die Erfüllung der geforderten Fehlertoleranz des betrachteten Datenattributs bewertet wird, sondern die abweichende geforderte Fehlertoleranz für das erhobene Datenattribut, wie es in der Definition der Datenqualitätsanforderungen in Kapitel 5.2.1.1 beschrieben worden ist.

Bei der multimodalen, direkten Erfassung beeinflusst die gewählte Redundanz wesentlich die Realisierbarkeit der Informationsqualität. Das Informationsalter wird durch die Phasenverschiebung zwischen den einzelnen Sensoren determiniert. Erfolgt die Datenerfassung synchron, entspricht das Informationsalter der gemeinsamen Erhebungsfrequenz. Eine Verschiebung um 180° halbiert das Informationsalter bei gleicher Erhebungsfrequenz. Die abbildbare Informationsgenauigkeit sowie die Fehlertoleranz sind nicht trivial bestimmbar. Aus der Empirie abgeleitet, kann für die beiden Anforderungsdimensionen jedoch angenommen werden, dass diese mit zunehmendem Redundanzgrad einer Wurzelfunktion folgend ansteigen, bzw. sich reduzieren.

Die multimodale Logikkette zeichnet sich dadurch aus, dass erst durch Kombination verschiedener Status, eine Aussage über den Status des betrachteten Datenattributs abgeleitet wird. Entsprechend wird das abbildbare Informationsalter durch die niedrigste Erhebungsfrequenz innerhalb der Logikkette determiniert. Die Informationsgenauigkeit resultiert aus der Anzahl Status, die die Logikkette durch die formulierten Bedingungen annehmen kann. Die realisierbare Fehlertoleranz einer solchen Logikkette bestimmt sich aus dem Produkt der jeweiligen Einzelfehlertoleranzen der eingesetzten Erhebungsmethoden. Die Bewertung der Anforderungserfüllung eines (Simulations-)Modells ist nicht trivial und kann erst mit Fertigstellung des Modells validiert werden. Es ist einzig möglich die formulierten Anforderungen der für das (Simulations-)Modell zu erhebenden Datenattribute anhand der an sie gestellten Anforderungen zu überprüfen.

691 Eigene Darstellung.

Entsprechend der vorgestellten Vorgehensweisen erfolgt die konkrete Bewertung. Hierzu sind für die IKT- und Sensor-basierten Erhebungsmethoden unterschiedliche Aspekte zu betrachten. Während für Sensoren die Erfüllung der geforderten Datenqualität quantitativ auf Basis der Eigenschaften der Sensoren bewertbar ist, erfordert die Bewertung der Anforderungserfüllung durch die IKT zum einen eine qualitative Betrachtung und zum anderen außerdem teilweise eine Berücksichtigung des Einflusses des Mitarbeitendenverhaltens auf das Erhebungsergebnis. Entsprechend bildet sich die mit den entsprechenden IKT realisierbare Erhebungsfrequenz sowie die Fehlertoleranz aus der Multiplikation der Technologiebewertung mit einem Faktor des Mitarbeitendeneinflusses. Abbildung 5.43 zeigt für die bereits eingeführten relevanten IKT im Werkzeugbau eine qualitative Bewertung der realisierbaren Erfüllung der formulierten Anforderungsdimensionen Informationsalter, Informationsgenauigkeit und Fehlertoleranz sowie eine Einschätzung zur Abhängigkeit der Datenqualität von den Mitarbeitenden.

	Manuelle BDE	Barcode (1D, 2D)	MDE	RFID	NFC	BLE	RTLS	GSM/ WLAN
Erhebungsfrequenz	Grob	Mittel	Fein	Mittel	Mittel	Fein	Fein	Fein
Informationsgenauigkeit	Grob	Mittel	Fein	Fein	Fein	Mittel	Fein	Fein
Fehlertoleranz	Mittel	Mittel	Mittel	Mittel	Mittel	Mittel	Fein	Mittel
Mitarbeitendeneinfluss	Hoch	Hoch	Gering	Mittel	Mittel	Mittel	Gering	Gering

Abbildung 5.43: Charakterisierung der relevantesten IKT auf dem Shopfloor[692]

Die hier dargestellten Charakterisierungen können entsprechend eingesetzt werden, um die in Abbildung 5.42 dargestellten Vorgehensweisen zur Bewertung für jedes Erhebungskonzept anzuwenden.

Dem Einfluss der Mitarbeitenden kommt bei der Betrachtung der realisierbaren Datenqualität von IKT eine besondere Bedeutung zu. Dieser Einfluss setzt sich zusammen aus der grundsätzlichen Funktionsweise der Technologie sowie der Konsequenz der Mitarbeitenden bei der Benutzung der Technologie. Ersteres beschreibt die grundsätzliche Abhängigkeit der Technologie von den Tätigkeiten der Mitarbeitenden. Dies lässt sich allgemeingültig formulieren und ist in der Abbildung dargestellt. Bspw. ist der Mitarbeitendeneinfluss auf die Datenqualität der manuellen BDE sehr hoch, während dieser auf die automatisiert arbeitende MDE gering ist. Der zweite Aspekt lässt sich jedoch nicht allgemeingültig formulieren und ist folglich durch das jeweilige Unternehmen bei der Anwendung der Methodik zu bestimmen. Betriebe, in denen die Mitarbeitenden bisher nur wenig mit digitaler Technologie Kontakt hatten, durch eine hohe Altersstruktur geprägt sind oder eine zurückhaltende Einstellung gegenüber Veränderungen besteht, werden sich in der Verwendung eher zurückhalten. Dies ist als Faktor bei der Bestimmung der Erhebungsfrequenz sowie der Fehlertoleranz zu berücksichtigen.

Mit der Auswahl der konkreten Messprinzipien zur Realisierung der erarbeiteten Erfassungskonzepte im vorherigen Schritt bestehen alle erforderlichen Vorarbeiten, um die konkreten

692 Eigene Darstellung.

Sensoren auswählen zu können. Zusätzlich bestehen für die verschiedenen Sensortypen teilweise weitere spezifische Anforderungs- und Auswahlkriterien. Dies umfasst u. a. Umwelteinflüsse, statisches und dynamisches Verhalten, die notwendige Versorgungsspannung oder die Montageart. Auf diese kann vor dem Hintergrund der Allgemeingültigkeit der Methodik jedoch nicht detailliert eingegangen werden. Werkzeugbauspezifisch kann jedoch sowohl für IKT-basierte als auch für die sensor-basierte Erfassung festgehalten werden, dass die Energieversorgung der Sensoren von besonderer Bedeutung ist sowie die Abschirmung durch den bestehenden Maschinenpark. Für Sensorik, die bauteilbezogene Daten liefert, ist sicherzustellen, dass bei Akkubetrieb der gesamte Auftragsdurchlauf ohne weiteren Tausch der Energieversorgung begleitet werden kann.

Hinsichtlich der abschirmenden Wirkung des Maschinenparks ist zu untersuchen, ob die angegebene Genauigkeit auch in der Praxis auf dem Shopfloor erreicht werden kann. Auf Basis dieser Informationen kann ich frei verfügbaren Datenbanken, wie sie u. a. TEXAS INSTRUMENTS oder DIRIBO anbieten, nach entsprechender Sensorik gesucht werden[693]. In Fällen, in denen mehrere Datenattribute innerhalb eines Teilsystems durch Sensorik zu erheben sind, sollten neben klassischen Sensoren außerdem universelle Sensorgeräte, wie bspw. Bosch XDK, betrachtet werden[694].

Nachdem die Charakterisierung aller Erhebungskonzeptvarianten abgeschlossen worden ist, kann die *Auswahl und Optimierung der Gesamtdatenerhebung* erfolgen. Hierzu sind die ermittelten Informationen in der vormals beschriebenen Bewertungssystematik zu verwenden. Die dabei erzielten Ergebnisse sind in der in Abbildung 5.44 gezeigten Darstellung zu visualisieren.

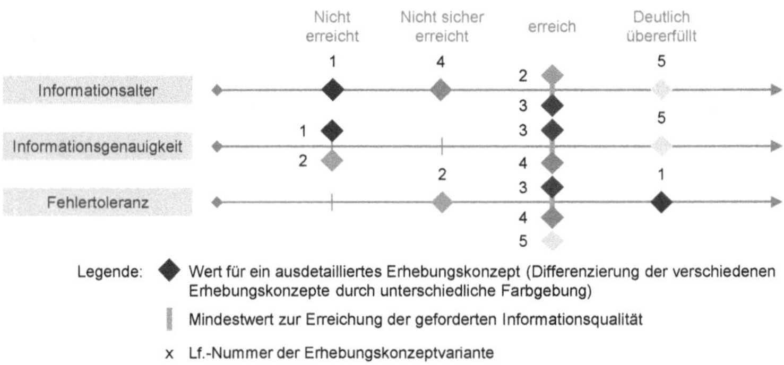

Abbildung 5.44: Exemplarische Darstellung der Vorauswahl der ausdetaillierten Erhebungskonzeptvarianten[695]

---

693 Vgl. Texas Instruments (Guidline sensor selection), 2021; diribo Sensors Market (Sensorikauswahl), 2021.

694 Vgl. Bosch Connected Devices and Solutions (Cross Domain Development Kit), 2021.

695 Eigene Darstellung.

Dies bildet die Grundlage, um für jedes Datenattribut eine Vorauswahl solcher Erhebungskonzepte durchzuführen, welche die Anforderungen an die Datenqualität mindestens erfüllen. Lediglich solche Erhebungskonzeptvarianten, welche alle Mindestwerte der Anforderungen erfüllen, werden nachfolgend weiter betrachtet. Sollte für eines der betrachteten Datenattribute keine der Varianten alle Anforderungen erfüllen, sollte auf der einen Seite die Möglichkeit der Reduzierung der Anforderungen bei gleichbleibender Nutzenstiftung der Datenerhebung diskutiert werden und auf der anderen Seite der vollständige Variantenbaum erneut betrachten werden, um zusätzliche, sinnvolle Varianten zu erzeugen. Im Falle der Verwendung einer direkten, multimodalen Datenaufnahme als Erhebungskonzept kann außerdem eine Erhöhung der Redundanz entsprechend der eingeführten Formel zur Berechnung der Genauigkeitssteigerung in Betracht gezogen werden. Gleiches gilt für die direkte Erfassung, die im Falle von nicht ausreichender Genauigkeit, bzw. nicht wirtschaftlicher Erhöhung der Sensorfähigkeiten, durch eine multimodale, direkte Erfassung ersetzt werden kann.

Da der Aufbau der erforderlichen Erfassungsinfrastruktur nicht allein aus einer Effektivitätsperspektive erfolgen darf, sondern gleichfalls auch die Effizienz der möglichen Erhebungsmethoden berücksichtigen muss, ist im Sinne einer vollständigen Aufwand-Nutzen-Betrachtung anschließend der mit der jeweiligen Lösung verbundene initiale und kontinuierliche Aufwand zu bestimmen. Dies stellt den finalen Schritt dar, um aus den vorausgewählten Erhebungskonzepten das zu Implementierende zu definieren. Dafür sind die in Abbildung 5.45 dargestellten Dimensionen zur Bewertung des quantitativen und qualitativen Aufwands zu betrachten.

	Quantitativer Aufwand	Qualitativer Aufwand
Initialer Aufwand	Beschaffungskosten Hardware	Technischer Implementierungsaufwand
	Beschaffungskosten Software	Integrationsfähigkeit in bestehende Infrastruktur
	Infrastrukturkosten	
	Schulungskosten	
Kontinuierlicher Aufwand	Wartungskosten	Lock-in-Effekt/Technologieoffenheit
	Lizenzkosten Software	Einfachheit der Bedienung

Abbildung 5.45: Dimensionen des quantitativen und qualitativen Implementierungsaufwands[696]

Der quantitative Aufwand beschreibt die Kosten, die initial und kontinuierlich mit der Auswahl eines Erfassungskonzepts verbunden sind. Hierzu sind die Beschaffungskosten für Hard- und Software zu bewerten sowie die Kosten für den Aufbau eventuell erforderlicher weiterer Infrastruktur. Dies umfasst u. a. Lademöglichkeiten für BLE-Sender an den Materialeingängen der Maschinen, Stromversorgung für NFC-Lesegeräte oder zusätzliche Wlan-Access-Points. In den Beschaffungskosten zu inkludieren sind außerdem die Kosten für den ggf. erforderlichen Aufwand und die Installation der jeweiligen Hard- bzw. Software. Darüber hinaus sind Schulungskosten der Mitarbeitenden für die Nutzung der Erhebungslösung sowie selbstständig

[696] Eigene Darstellung.

durchzuführende Wartungen zu berücksichtigen. Dies inkludiert explizit auch die internen Aufwände, da externe Weiterbildungsmöglichkeiten in diesem Kontext häufig nicht angeboten werden[697]. Als kontinuierlicher Aufwand sind insbesondere Wartungs- und Lizenzkosten zu kalkulieren.

Der qualitative Aufwand ist für jede Dimension mit einer vierstufigen Skala zu bewerten, wie sie bereits im Verlauf eingeführt wurde. Darüber hinaus sind die verschiedenen Dimensionen anhand des ebenfalls eingeführten Verfahrens gegeneinander zu gewichten, sodass abschließend ein Wert für die Praktikabilität des Erfassungskonzepts bei Inbetriebnahme und Nutzung gebildet werden kann. Der technische Implementierungsaufwand bewerten den über die quantitative Bewertung hinausgehenden Aufwände für die Installation der Hard- und Software. Hierzu zählt neben Einflüssen auf die laufende Werkzeugherstellung insbesondere eine Risikobewertung der Implementierungstätigkeiten hinsichtlich zeitlicher und technischer Machbarkeit. Die Integrationsfähigkeit in bestehende Infrastruktur bewertet ein Erhebungskonzept vor dem Hintergrund der bisher bereits im Werkzeugbaubetrieb bestehenden digitalen Infrastruktur, aber auch der erforderlichen Infrastruktur für die Erhebung der übrigen Datenattribute. Ziel dabei ist es, eine möglichst homogene Infrastruktur langfristig sicherzustellen. Die Dimension Lock-in-Effekt/Technologieoffenheit beschreibt die Abhängigkeit für zukünftige Veränderungen, die aus der Wahl eines Erhebungskonzepts resultiert. Insbesondere der Aspekt der Integrationsfähigkeit in bestehende Infrastruktur kann in manchen Teilen dem Lock-in-Effekt konträr gegenüberstehen. In diesem Fall ist eine Betrachtung der langfristigen Digitalisierungsstrategie erforderlich. Die Einfachheit der Bedienung beschreibt den Umgang der Mitarbeitenden mit den Erhebungskonzepten hinsichtlich Intuitivität der Bedienung sowie Schulungsbedarf. Dies umfasst sowohl die direkte Interaktion als auch den Aufwand im Zusammenhang mit Wartungen.

Die Bewertung der qualitativen Dimensionen erfolgt nach dem bereits mehrfach genutzten Vorgehen mit einer vierstufigen Skala, einer Gewichtung der vier qualitativen Dimensionen sowie einer abschließenden Normierung der Einzelwerte. Anschließend ist die Summe aus den Einzelbewertungen der Dimensionen zu bilden. Abbildung 5.46 zeigt die aufgetragenen Ergebnisse der quantitativen und qualitativen Aufwandsbewertung mit dem Ziel der finalen Auswahl eines Erhebungskonzepts.

Die Abwägung zwischen der Bedeutung des quantitativen und dem qualitativen Implementierungsaufwand basiert auf der einen Seite auf einer unternehmensindividuellen Gewichtung der beiden Dimensionen und auf der anderen Seite auch dem mit den Erhebungskonzepten verbundenen Mehrwert, der durch die Größe der Raute dargestellt wird. Durch diese Auswahl für alle Datenattribute entsteht die vollständige Datenaufnahme für den Datenbedarf des digitalen Schattens.

[697] Vgl. Schuh et al. (Kompetenzprofile in einer digital vernetzten Produktion), 2020, S. 79-83.

Abbildung 5.46: Finale Auswahl des Erhebungskonzepts auf Basis des Implementierungsaufwands[698]

Nach Abschluss der Auslegung der Gesamtdatenerfassung hat a-posteriori die Bereinigung der in den Softwaresystemen gespeicherten Stammdaten sowie a-priori die Sicherstellung der zukünftigen Data Governance zu erfolgen. Eine Bereinigung ist, soweit nicht bereits bestehend, erforderlich, um die geforderte Datenqualität initial sicherzustellen. Im Vergleich mit den beiden anderen Datentypen, den Werkzeug-Auftragsdaten sowie den Betriebsdaten, ist hierzu die umfängliche Bereinigung bestehender Daten erforderlich. Bereinigung bezeichnet dabei die „einmalige oder wiederholte, aber nicht permanente Aktion zur Widerherstellung einer korrekten Datenbasis“[699]. Für alle übrigen Datenattribute sollte die Bereinigung historischer, also bereits bestehender Daten nur in Ausnahmefällen erfolgen, sollten diese nicht den Datenqualitätsanforderungen entsprechend[700]. Eine korrekte Bereinigung dieser Daten ist mit einem effizienten Ressourceneinsatz nicht umsetzbar, da in der betrieblichen Praxis häufig die entsprechenden Kontextinformationen fehlen, um die Daten korrekt bereinigen zu können. Für die Bereinigung der Stammdaten müssen zunächst die Ursachen für die identifizierte, geringe Datenqualität bestimmt werden. Diese können durch Gegenüberstellung mit den identifizierten Qualitätsmängeln der einzelnen Datenattribute aus Kapitel 5.2.1.2 für die effiziente Bereinigung der mangelhaften Stammdatenattribute verwendet werden. Abbildung 5.47 zeigt anhand der in Kapitel 2.1.1.1 eingeführten Elemente der Semiotik, Syntax, Semantik und Pragmatik, die häufigsten Ursachen für mangelhafte Stammdatenqualität im Werkzeugbau. Die Inhalte wurden im Rahmen des Konsortialprojekts „Praktische Befähigung zur datenbasierten Performancesteigerung“ erarbeitet. Dafür wurden anhand der dargestellten Strukturierung und den relevantesten Stammdatenattributen der Auftragsabwicklung im Werkzeugbau typische Fehlerbilder in den bestehenden Stammdaten identifiziert und mit Ursachen hinterlegt.

In der *Syntax* begründete Fehlerursachen sind insbesondere Rechtschreib- und Eingabefehler sowie im historischen Vergleich oder für ähnliche Datenattribute unterschiedliche Wertebereiche. Diese finden sich insbesondere überall dort, wo die Erfassung der Werte der Datenattribute nicht vorgaben-, sondern freitextbasiert erfolgt.

---

698 Eigene Darstellung.

699 Vgl. Zwirner (Datenbereinigung), 2021, S. 102.

700 Vgl. Zwirner (Datenbereinigung), 2021, S. 102.

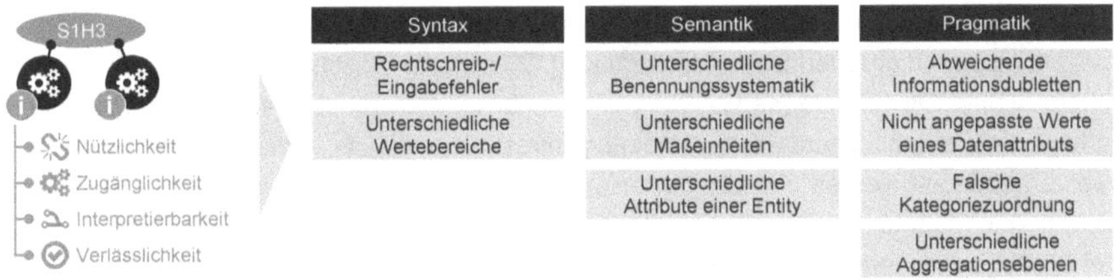

Abbildung 5.47: Ursachen für mangelhafte Stammdatenqualität im Werkzeugbau[701]

Semantische Fehlerursachen sind heute aufgrund einer noch nicht vollständig umgesetzten Standardisierung im Werkzeugbau weit verbreitet. Insbesondere die unterschiedliche Benennungssystematik beschreibt einen signifikanten Anteil der Fehlerursachen in der Praxis, die insbesondere die Benennung von Werkzeugtypen, -modulen und -bauteilen betrifft. Unterschiedliche Maßeinheiten als Fehlerursache finden sich insbesondere außerhalb der Charakterisierung von Bauteilen, wo sich die Nutzung der Einheit Millimeter etabliert hat. Als abschließende Fehlerursache, die der Semantik zuzuordnen ist, ist die Nutzung unterschiedlicher Attribute einer Entity zu betrachten. Dies beschreibt die nicht standardisierte und bekanntgemachte Verwendung von Stammdatenattributen, sodass der Anwender Daten oder Informationen in Stammdatenfelder einträgt, die für diese nicht vorgesehen sind.

Bezogen auf die *Pragmatik* finden sich insgesamt vier wesentliche Fehlerursachen. Dies ist zunächst das Vorhandensein voneinander abweichender Informationsdubletten an unterschiedlichen Speicherorten. Vor allem interne Werkzeugbaubetriebe müssen neben ihrem eigenen ERP-/PPS-System für buchhalterische Informationen zusätzlich das ERP-System der internen Serienproduktion verwenden. Wenn diese beiden Systeme nicht schnittstellenbasiert kommunizieren, entsteht häufig eine doppelte Datenhaltung, die nur schwierig durchgängig fehlerfrei gehalten werden kann. Außerdem findet sich auch innerhalb der Werkzeugbaubetriebe nur selten eine durchgängige CAx-Prozesskette. Dies führt dazu, dass bspw. Fräserinformationen im CAM-Programm einen abweichenden Stand zum Einkaufsmodul im ERP-System aufweisen. Außerdem kann ein Datenattribut einen nicht angepassten Wert aufweisen, bspw. aufgrund einer nicht vorgenommenen Aktualisierung. Die falsche Kategoriezuordnung umfasst zunächst die fehlerhafte Eingruppierung bspw. einer Ressource oder eines Kunden. Neben der tatsächlich falschen Zuordnung beschreibt diese Fehlerursache ebenfalls die nicht hinreichend genaue Kategoriebildung. In diesem Fall ist die Homogenität innerhalb der Kategorie nicht ausreichend gering, um Wissen aus den bereitgestellten Informationen generieren zu können. Abschließend sind unterschiedliche Aggregationsebenen als Fehlerursache zu benennen. Dies betrifft insbesondere die Regelungen, wann neue Stammdaten anzulegen sind und wann Erweiterungen in bestehende Stammdatenentitys integriert werden können.

Die Maßnahmen zur Adressierung der beschriebenen Fehlerursachen resultieren einerseits direkt aus den zugeordneten Fehlerursachen und können andererseits durch die exakte Umsetzung des entwickelten Datenmodells unterstützt werden. Alle darüber hinaus gehenden

701 Eigene Darstellung.

Maßnahmen beschreiben nicht mehr die initiale Bereinigung, sondern die kontinuierliche Beibehaltung der geforderten Stammdatenqualität. Diese ist im Anschluss an die Bereinigung sicherzustellen. Da die Veränderung von Stammdaten im Werkzeugbau an Desktop-Computern erfolgt, ist die dafür erforderliche Erhebungsinfrastruktur bereits vorhanden und muss nicht weiter behandelt werden. Für die Sicherstellung der geforderten Datenauflösung sind keine dezidierten Maßnahmen erforderlich, da diese durch die Definition des Wertevorrats in Kapitel 5.2.1.1 bereits erfolgt ist. Für die Sicherstellung der geforderten Aktualität sowie der Fehlertoleranz sind Mechanismen zu entwickeln, die garantieren, dass auftretende Änderungen zeitnah und korrekt in die Stammdaten übernommen werden. Dies ist Aufgabe der Data Governance, welche das qualitätsorientierte Management von Stammdaten eines Unternehmens beschreibt. WEBER ET AL. definieren für einen Ordnungsrahmen, der die Umsetzung von Data Governance im Unternehmen strukturiert die Elemente Rollen, Aufgaben und Zuständigkeiten.[702] Übertragen auf die Anforderungen der Stammdaten des Werkzeugbaus resultiert daraus der in Abbildung 5.48 dargestellte Ordnungsrahmen. Im unteren Teil der Abbildung sind die im Ordnungsrahmen hergeleiteten Aufgaben den durch KELZENBERG kategorisierten Stammdatenattributen im Werkzeugbau zugeordnet.

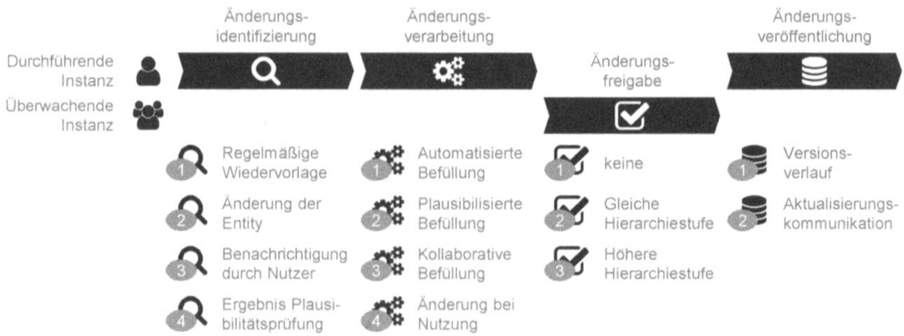

Abbildung 5.48: Ordnungsrahmen für die Data Governance im Werkzeugbau[703]

Die von WEBER ET AL. geforderten Rollen werden im Ordnungsrahmen zunächst allgemein durch eine durchführende sowie eine überwachende Instanz abgebildet. Diesen können anschließend die eingeführten Bereiche der Ablauforganisation im Werkzeugbau zugeordnet werden. Als Struktur für die Definition der relevanten Aufgaben wurde ein vierschrittiger Prozess entwickelt, der sich in die Aufgaben Änderungsidentifizierung, -verarbeitung, -freigabe und -veröffentlichung unterteilt.

Die durchführende Instanz beschreibt die Person, welche die Änderung des Werts eines Stammdatenattributs operativ vornimmt. Zusätzlich dazu bedarf es einer klar definierten Verantwortlichkeit für die Pflege und Korrektheit des Werts eines Stammdatenattributs. Im Zusammenhang mit der ISO 9001 Zertifizierung ist bereits für die Prozesse des Unternehmens eine

[702] Vgl. Weber et al. (Data Governance), 2021, S. 274.

[703] Eigene Darstellung.

entsprechende Verantwortlichkeit definiert. Diese kann als Ausgangspunkt für die Formulierung des jeweiligen Stammdatenverantwortlichen verwendet werden. Aufbauend auf dieser Definition, können entsprechend den Charakteristika des Umgangs des Verantwortlichen mit dem betrachteten Stammdatenattribut die Auslegung der weiteren Methoden erfolgen.

Für die *Identifizierung erforderlicher Änderungen* der Werte von Stammdatenattributen kann der Werkzeugbaubetrieb aus fünf grundsätzlichen Prinzipien wählen – die Kombination verschiedener Prinzipien ist dabei nicht ausgeschlossen. Die regelmäßige Wiedervorlage beschreibt den bspw. aus dem Wissensmanagement bekannten Prozess, dass ein Dokument nach einer definierten Zeitperiode der verantwortlichen Rolle zur Kontrolle und ggf. Überarbeitung vorgelegt wird. Das Anstoßen einer Änderung durch eine Änderung innerhalb der Entity nutzt hingegen die Potenziale, die sich durch das Datenmodell bieten. Durch die Strukturierung des Datenmodells anhand der Verknüpfung der Datenattribute mit deren Entitys kann für Entitys deren Datenattribute inhaltlich miteinander zusammenhängen automatisiert auf eine eventuell erforderliche Anpassung eines Stammdatenattributs hingewiesen werden, wenn ein anderes Datenattribut der Entity verändert worden ist. Die Benachrichtigung durch den Nutzer nimmt insbesondere eine hohe Bedeutung ein, in Fällen, in denen welchen die durchführende Instanz nicht dem Nutzer der Stammdaten entspricht. Hierfür muss der Nutzer aktiv in den Prozess der Data Governance eingebunden sein. Dies wird insbesondere durch die Auslegung der Nutzerintegration in den Prozess der Datenerfassung und -nutzung, die in Kapitel 5.3.1.3 erfolgt, umgesetzt. Die abschließende Methode zur Änderungsidentifizierung stellt die Plausibilitätsprüfung dar. Die dabei zugrunde liegenden Regeln und Methoden werden im nachfolgenden Methodikschritt der Datenfusion detailliert eingeführt.

Die *Verarbeitung von Änderungen* beschreibt die Umsetzung eines identifizierten Änderungsbedarfs. Diese Verarbeitung kann automatisiert, plausibilisiert oder manuell sowie im Zusammenhang mit der Änderung bei der konkreten Nutzung eines Datenattributwerts. Die automatisierte Befüllung führt Änderungen der Stammdatenattribute selbstständig durch. Insbesondere in Fällen, in denen ein fester 1:1 Bezug zwischen den Werten verschiedener Stammdatenattribute besteht, kann dies sogar ohne Änderungsfreigabe umgesetzt werden. Dies gilt exemplarisch für den Namen des Ortes einer vorgegebenen Postleitzahl. Aufbauend auf der Änderungsidentifizierung durch eine Plausibilitätsprüfung ist gleichfalls auch eine plausibilitätsbasierte Verarbeitung der Änderung möglich. Hierbei wird die Änderung selbst durch die durchführende Instanz vorgenommen, jedoch durch automatisierte Plausibilisierungsregeln hinsichtlich ihrer Korrektheit überwacht. Neben der Übernahme der bereits zur Änderungsidentifizierung verwendeten Plausibilisierungsregeln, können weitere Regeln bspw. zur semantischen Korrektheit angewendet werden. Eine detaillierte Beschreibung erfolgt ebenfalls im nachfolgenden Methodikschritt. Die manuelle Befüllung beschreibt das traditionelle Vorgehen, bei dem die für das Stammdatenattribut verantwortliche Instanz die Änderung nach entsprechender Identifizierung des Änderungsbedarfs einpflegt. Dies eignet sich insbesondere für Stammdatenattribute, die sich nur sehr selten verändern und eine geringe Bedeutung für den Anwendungsnutzen des digitalen Schattens aufweisen. Während die bisher beschriebenen Methoden der Änderungsverarbeitung jeweils im Zusammenhang mit der für das jeweilige Stammdatenattribut verantwortlichen Instanz zu verstehen sind, ist im Falle der Änderung bei

Nutzung die durchführende Instanz der Nutzer des Stammdatenattributs. Dabei steht die Methode in direktem Zusammenhang mit der Änderungsidentifizierung durch einen Nutzer. In diesem Fall kann dem Nutzer die Möglichkeit gegeben werden, die von ihm händisch und außerhalb des Systems vorgenommene Änderung für das Stammdatenattribut zu übernehmen. In diesem Fall ist die Integration einer Änderungsfreigabe in viele Fällen als sinnvoll zu bewerten.

Die Gestaltung der *Änderungsfreigabe* resultiert aus der Bedeutung eines Stammdatenattributs für den Nutzen des betrachteten Anwendungsfall sowie der grundsätzlichen Verteilung der Verantwortung in der Organisationsstruktur des Werkzeugbaubetriebs. Einzig im Falle einer Änderungsidentifizierung durch Nutzer, welcher nicht mit der durchführenden Instanz übereinstimmt, kann festgehalten werden, dass in diesen Fällen zwingend eine Änderungsfreigabe vorzusehen, um fälschlicherweise durchgeführte Änderungen zu vermeiden.

Im Kontext der *Änderungsveröffentlichung* ist sicherzustellen, dass in einer Änderungshistorie bisherige Werte erhalten bleiben, auf die weiterhin referenziert werden kann. Dies ist erforderlich, um Vergangenheitsinformationen nicht durch die Nutzung anderer Stammdatenwerte zu verändern, bzw. deren Interpretation durch andere Kontextinformationen zu erschweren. Außerdem kann für Datenattribute, die manuell weiterverarbeitet werden, eine aktive Änderungskommunikation hilfreich sein, die den entsprechenden Nutzer davon abhält mit veralteten, außerhalb des digitalen Schatten vorgehaltenen, Werten zu arbeiten.

Damit ist abschließend sichergestellt, dass sowohl die bestehenden Stammdatenattribute der geforderten Datenqualität in den Dimensionen Datenaktualität, Datenauflösung sowie Fehlertoleranz entsprechen als auch zukünftige Änderungen und Neueinträge.

Zusammenfassend liegen dem Anwender nach Abschluss der Aufgabe *Ausgestaltung und Detaillierung des Erhebungskonzepts* folgende Ergebnisse vor:

- Ausgelegte Datenerhebung für den anwendungsfallspezifischen Datenbedarf entsprechend den formulierten Datenqualitätsanforderungen.
- Bereinigte Qualität der relevanten Stammdaten.

5.3 Phase C – Multimodale Datenfusion

Die multimodal erhobenen Daten müssen fusioniert werden, um im digitalen Schatten nutzbar gemacht zu werden. Die Struktur der multimodalen Datenfusion leitet sich aus der Arbeit von KLAUS her. Dieser postuliert ein zweischrittiges Fusionsvorgehen. Zunächst bedarf es eines funktionalen Fusionsmodells, das die „Primärfunktionen und Verbindungswege“ beschreibt. Anschließend ist ein architektonischen Fusionsmodell zu entwickeln, das die Hard- und Softwarekomponenten spezifiziert.[704]

[704] Vgl. Klaus (Einführung in die Multisensor-Datenfusion), 2006, S. 20.

Die Teilschritte in Phase C gliedern sich daher in die Auslegung des funktionalen Fusionsmodells und die Auslegung des architektonischen Fusionsmodells. Das funktionale Fusionsmodell beschreibt die Zusammenführung der verschiedenen Datenquellen sowie die Methoden, die zur Plausibilisierung und Fusionsentscheidung verwendet werden. Das architektonische Fusionsmodell charakterisiert die technische Infrastruktur, die für die Umsetzung des architektonischen Fusionsmodell erforderlich ist.

5.3.1 Schritt C.5 – Auslegung funktionales Fusionsmodell

Für die Auslegung des funktionalen Fusionsmodells sollen zunächst relevante Grundlagen der Datenfusion eingeführt werden. Diese werden insbesondere dazu genutzt, den Methodikschritt inhaltlich in seinen Teilaufgaben zu strukturieren. Anschließend erfolgt die werkzeugbauspezifische Ausgestaltung der beiden Teilaufgaben entsprechend den Anforderungen des Betrachtungsbereichs dieser Arbeit.

5.3.1.1 Grundlagen der Datenfusion

Die Ausgestaltung eines funktionalen Fusionsmodells muss sicherstellen, dass Elemente von unterschiedlichen Ebenen der Wissenspyramide fusioniert werden können. Dabei reduziert sich mit fortschreitender Prozessierung der Daten in der Fusionsarchitektur die Datenmenge sowie die enthaltenen Informationen.[705] Ein in der produktionstechnischen Praxis durch JANßEN ET AL. validiertes Vorgehensmodell zur Durchführung einer solchen Fusion ist der Ansatz nach BLEIHOLDER & SCHMID[706]. Dieser ist in Abbildung 5.49 dargestellt.

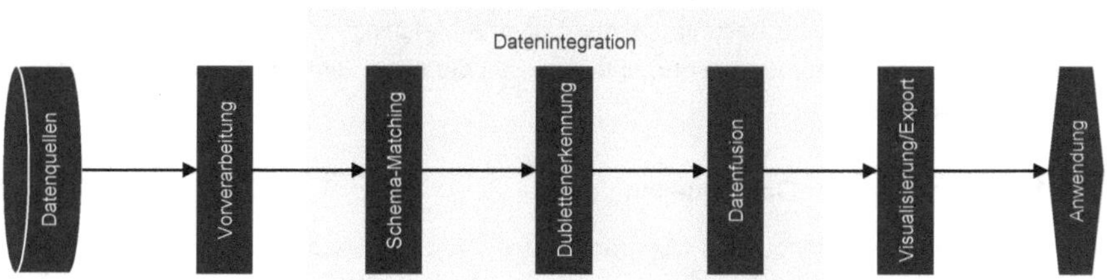

Abbildung 5.49: Prozess der Datenintegration nach BLEIHOLDER & SCHMID[707]

Die tatsächliche Fusionierung von vorhandenen Daten erfordert verschiedene vorbereitende Tätigkeiten. Zunächst ist eine Vorverarbeitung der gespeicherten Daten erforderlich. HABERJAHN beschreibt die damit verbundenen Tätigkeiten als Kalibrierung, Transformation der verwendeten Koordinatensysteme sowie Filterung der Rohdaten[708]. Anschließend müssen die Attribute der Datenmodelle der unterschiedlichen Datenquellen durch ein Schema Matching

[705] Vgl. Haberjahn (Multilevel Datenfusion), 2013, S. 14-16.

[706] Vgl. Janßen et al. (Anwendung der Datenfusion), 2021, S. 7-10.

[707] Vgl. Bleiholder; Schmid (Datenintegration und Deduplizierung), 2021, S. 125.

[708] Vgl. Haberjahn (Multilevel Datenfusion), 2013, S. 19-35.

einander zugeordnet werden. Ziel ist es, trotz des unterschiedlichen Aufbaus der Datenmodelle, identische Datenattribute zu identifizieren, anhand derer die Datensätze zusammengeführt werden können. Für die einander zugeordneten Attribute der unterschiedlichen Datenquellen sind eventuell vorhandene Dubletten zu identifizieren. Als Dubletten bezeichnen JANßEN ET AL. zwei oder mehr Datensätze, die dasselbe Objekt beschreiben[709]. Diese Dubletten sind zu markieren und deren Konflikt durch die Datenfusion aufzulösen. Die Konzeptionierung und Durchführung der Datenfusion stellt entsprechend den abschließenden Tätigkeitsumfang dar, bevor die erzeugte Datenbasis dem betrachteten Anwendungsfall zur Verwertung zugeführt werden kann[710].

Wesentlicher Schwachpunkt des Ansatzes ist die Fokussierung auf bestehende Datenbanksysteme als einzige Datenquellen. Folglich eignen sich die im Ansatz beschriebenen Methoden nicht zur Durchführung des Datenfusion im fokussierten Betrachtungsbereich, sondern es sind die grundsätzlichen Schritte zu übertragen. Die Vorverarbeitung muss aufgrund der unterschiedlichen zu betrachtenden Datenquellen einen deutlich erweitertes Aufgabenspektrum umfassen. Dies gilt ebenso für das Schema Matching, dessen wesentliche Herausforderung die Integration von Zeitreihen, wie sie bspw. von MDE- oder Mess-Systemen erzeugt werden. Die Dublettenerkennung besitzt indes keine Relevanz, da bereits im Zusammenhang mit der Auswahl der zu verwendenden Datenquelle in Phase B der Methodik eindeutige Datenquellen ausgewählt worden sind. Bei den jetzt noch vorhandenen Dubletten handelt es sich um bewusst erzeugte Redundanzen, die jedoch erst mit der tatsächlichen Fusionierung der Daten aufgelöst werden. Folglich gliedert sich die nachfolgende Beschreibung des Methodikschritts Auslegung funktionales Fusionsmodell in die zwei Teilaufgaben Integration der Datenquellen, die die Schritte der Vorverarbeitung und des Schema-Matchings umfasst, und Gestaltung der Datenfusion, die die anforderungsgerechte Auswahl der Methoden zur Durchführung der Datenfusion beschreibt.

5.3.1.2 Integration der Datenquellen

Die Integration der Datenquellen überträgt die von HABERJAHN beschriebenen Schritte der Vorverarbeitung auf den produktionstechnischen Kontext und führt Integration der unterschiedlichen Datenquellen durch. Hierzu ist das in Abbildung 5.50 dargestellte Vorgehen durch den Anwender der Methodik durchzuführen.

Abbildung 5.50: Vorgehen zur Vorbereitung der Datenfusion[711]

Zunächst bedarf es einer Vorverarbeitung der Datenerhebung. Dies umfasst zum einen den Schritt der Vereinheitlichung des Koordinatensystems nach HABERJAHN und zum anderen die

[709] Vgl. Janßen et al. (Anwendung der Datenfusion), 2021, S. 8.

[710] Vgl. Bleiholder; Schmid (Datenintegration und Deduplizierung), 2021, S. 125-135.

[711] Eigene Darstellung.

Beherrschung der Implikationen echtzeitfähiger Datenverarbeitung auf die Datenerhebung. Anschließend muss der Anwender die Synchronisation der Datenquellen durchführen, um die operative Integration im Zuge der Datenfusion vorzubereiten.

Die Vorverarbeitung der Datenerhebung erfordert zunächst die Vereinheitlichung der Koordinatensysteme der verschiedenen Datenerhebungsmethoden. Dies betrifft logischerweise solche Methoden, die geometrische Koordinaten erheben. Die Komplexität der Vereinheitlichung der Koordinatensysteme im Schritt der Synchronisierung der Datenerhebung resultiert aus der räumlichen Dynamik der Datenerhebung. Dies umfasst zum einen können die Sensoren zur Datenerhebung und zum anderen das beobachtete Teilsystem selbst. Daraus resultieren die drei in Abbildung 5.51 dargestellten relevanten Ausprägungen.

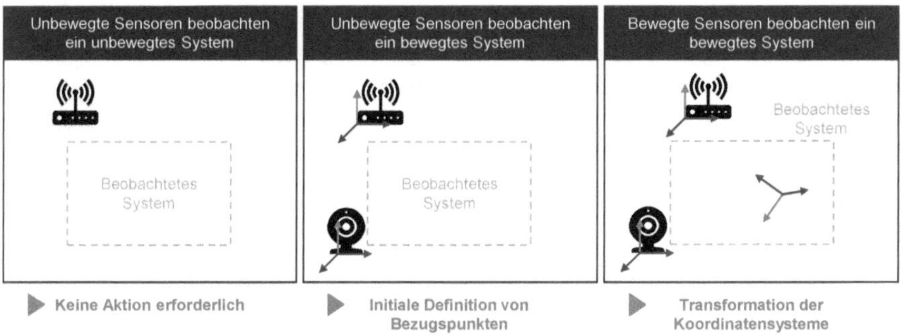

Abbildung 5.51: Ausprägungen der Koordinatensysteme[712]

In Anwendungsfällen, in denen sich weder das beobachtete System noch der einzelne verwendete Sensor bewegen, ist keine Vereinheitlichung der Koordinatensysteme erforderlich, da keine geometrischen Koordinaten Teil der Datenerhebung sind.

Wenn die Sensoren keine Bewegung ausführen, sich jedoch das beobachtete System bewegt, sind initial Bezugspunkte zu definieren. Dies tritt bspw. bei der Zuordnung von Positionsdaten eines RTLS zu bestimmten Bereichen des Shopfloors auf. Im Falle multimodaler, direkter Erfassung kann in Abhängigkeit der verwendeten Sensortypen außerdem eine Harmonisierung der Koordinatensysteme der verschiedenen Sensoren erforderlich sein.

Für mehrachsig bewegte Sensorsysteme, wie bspw. bei der Erfassung des Verfahrwegs des Fräskopfs, ist eine aufwändige Koordinatentransformation erforderlich. Die Auswahl einer konkreten Transformationsmethode wird durch die verschiedenen Arten der Bewegungen determiniert und bezieht sich auf die klassischen Methoden der Mathematik, wie der Drehung, Skalierung, Scherung oder Polartransformation. Die Durchführung der Transformation bedarf eines hohen manuellen Aufwands. Insbesondere ist eine solche Transformation bei sich ändernden Rahmenbedingungen, wie bspw. einer 3-Achs- im Vergleich zu einer 5-Achs-Bearbeitung, erneut durchzuführen.

[712] Eigene Darstellung.

Neben der Vereinheitlichung der Koordinatensysteme ist für Anwendungsfälle des digitalen Schattens, die eine echtzeitfähige Datennutzung fordern, außerdem die Beherrschung der daraus resultierenden Implikationen auf die Datenerhebung sicherzustellen [713]. Da dies zwar Auswirkungen auf die Operationalisierung des digitalen Schattens hat, die wesentlichen Lösungsbestandteile dieser Herausforderungen jedoch innerhalb des Anwendungsfalls zu implementieren sind, soll an dieser Stelle nur auf das Kooperationsproblem, als wesentliche zu berücksichtigende Herausforderungen bei der Operationalisierung eingegangen werden. Das Kooperationsproblem beschreibt die Herausforderung der Sicherstellung einer definierten Reihenfolge, in der verschiedene Operationen durchgeführt werden[714]. Andernfalls kann bei beliebigem Zugriff auf eine Ressource, deren Gültigkeit nicht eindeutig definiert werden[715]. Für die Durchführung der Datenfusion bedeutet dies, dass Synchronisationsmethoden zu definieren sind, die für echtzeitfähige Anwendungsfälle sicherstellen, dass vor Verwendung eines Datensatzes des digitalen Schattens durch den Anwendungsfall die erhobenen Daten korrekt fusioniert und plausibilisiert worden sind. Abgeleitet aus den Kriterien nach DIJKSTRA lassen sich die Anforderungen an die informationstechnische Umsetzung einer Lösung zur Realisierung dieses Ziels formulieren[716]:

- Es dürfen keine Annahmen über die Abarbeitungsgeschwindigkeit der Datenfusionierung getroffen werden.
- Die Nutzung gespeicherter Daten darf die Durchführung der Datenfusion nicht blockieren.
- Der Prozess, der die gespeicherten Daten nutzen möchte, darf nicht ewig zu Gunsten der Datenfusion auf den Datenzugriff warten müssen.

Die informationstechnische Umsetzung dieser Anforderungen kann durch verschiedene Methoden erfolgen, die u. a. durch die Charakteristika der Speicher- und Recheneinheit bedingt werden. Neben der aufwandsärmsten Lösung, der Verwendung eines Sperrbits, sind außerdem die Nutzung von Semaphoren oder sogenannter Monitore möglich sowie eine bedingungsgesteuerte Synchronisation[717]. Eine genaue Charakterisierung und Auslegung dieser Methoden obliegt nach Formulierung der Anforderungen der IT und ist entsprechend nicht mehr Teil des Betrachtungsbereichs dieser Arbeit.

Um die erhobenen Daten aus unterschiedlichen Datenquellen miteinander fusionieren und verarbeiten zu können, sind Möglichkeiten zu evaluieren, die eine Integration verschiedener Datenquellen des digitalen Schattens ermöglichen. Dies erfolgt im Schritt der Synchronisation

[713] Vgl. Benra et al. (Synchronisation und Konsistenz in Echtzeitsystemen), 2009, S. 49.

[714] Vgl. Benra et al. (Synchronisation und Konsistenz in Echtzeitsystemen), 2009, S. 50.

[715] Vgl. Koß (Dynamische Betriebsmittelverwaltung in Echtzeitsystemen), 2017, S. 123.

[716] Vgl. Dijkstra (Co-operating sequential processes), 1968, S. 52-82. – Dijkstra formuliert als erstes Kriterium die bereits formulierte Zielsetzung einer solchen Lösung, daher wird diese Anforderung in der Aufführung nicht erneut aufgegriffen.

[717] Vgl. Benra et al. (Synchronisation und Konsistenz in Echtzeitsystemen), 2009, S. 50-65.

der Datenerhebung. Diese beschreibt die korrekte Zusammenführung der erhobenen Datenattribute in der zeitlichen Dimension. Die Auflösung des digitalen Schattens ist bereits grundsätzlich durch die Definition der erforderlichen Erhebungsfrequenzen determiniert. Außerdem ist die Synchronisation auch Voraussetzung, um im Falle einer multimodalen Datenaufnahme die Auflösung der Redundanzen der multimodalen Datenaufnahmen zu befähigen. Dazu ist sicherzustellen, dass die denselben Objektzustand abbildenden Datenattributswerte miteinander verglichen werden. Folglich müssen die Daten aus den unterschiedlichen Datenquellen der multimodalen Datenaufnahme integriert werden, um anschließend zum Wert des Datenattributs im Datenmodell verarbeitet werden können.

Die wesentliche Herausforderung bei der Auslegung der Synchronisierung ist die Tatsache, dass häufig kein triviales Merkmal besteht, dass eine Integration ermöglicht. Die zusätzlich häufig im Zusammenhang mit der Integration auftretende Herausforderung der Speicherung eines Datenattributs in verschiedenen Datenquellen und folglich potenziell abweichenden Werten dieses Datenattributs in den Datenquelle besitzt für den Betrachtungsbereich dieser Arbeit hingegen keine Relevanz. In Kapitel 5.2.1.2 sind die Datenquellen für die verschiedenen Datenattribute bereits eindeutig benannt worden, sodass diese Aufgabe entfällt. Basierend auf den Charakteristika des Anwendungsfalls können für die Integration verschiedener Datenquellen drei unterschiedliche Methoden verwendet werden:

- Zeitstempel-basierte Synchronisation
- Trigger-basierte Synchronisation
- ID-basierte Synchronisation

Eine Durchführung der Integration der Datenquellen auf Basis von Zeitstempeln ist nur in solchen Systemen möglich, in denen alle verwendeten Erhebungsmethoden auf denselben Taktgeber zurückgreifen. DARMS bezeichnet dies als synchronisierte Datenaufnahme[718]. Dies ist bspw. der Fall, wenn alle verwendeten Sensoren an einer einzelnen Messbox angeschlossen sind. In allen sonstigen Fällen ist eine Synchronisierung von unterschiedlichen Datenquellen über einen Zeitstempel nur sinnvoll umzusetzen, wenn der digitale Schatten nicht höher auflösend ist als auf Tagesbasis.

Der synchronisierten Datenaufnahme gegenüber steht die unsynchronisierte Datenaufnahme[719]. Diese bedarf eines synchronisierenden Elements, das die Integration der Datenquellen ermöglicht. Diese Funktion kann entweder ein definiertes Trigger-Signal übernehmen oder eine eindeutige ID, die in allen zu integrierenden Datenquellen vorhanden ist. Die Verwendung des Trigger-Signals eignet sich besonders für solche Erhebungsmethoden, für die in Kapitel 5.2.1.1, keine feste Erhebungsfrequenz definiert worden ist, sondern eine ereignisgesteuerte oder ereignisorientierte Erhebung. Die dabei festgelegten Trigger dienen an dieser Stelle dazu, die Daten aus unterschiedlichen Quellen integrieren zu können.

[718] Vgl. Darms (Fusion umfelderfassender Sensoren), 2015, S. 448.

[719] Vgl. Darms (Fusion umfelderfassender Sensoren), 2015, S. 448.

Die ID-basierte Integration der Datenquellen besitzt insbesondere in Anwendungsfällen ohne Echtzeitanforderungen eine hohe Relevanz. Im aufgestellten Datenmodell in Kapitel 4.5.1.2 identifiziert sich jede Entity durch eine individuelle ID. Diese IDs können nun primär zur Integration genutzt werden. Für alle Datensätze, die aufgrund fehlender gemeinsamer IDs, nicht direkt integriert werden können, müssen zusätzliche IDs dem Datenmodell hinzugefügt werden. Abbildung 5.52 zeigt in Abhängigkeit der Granularität des digitalen Schattens gängige Datenattribute, die zur Integration verwendet werden können.

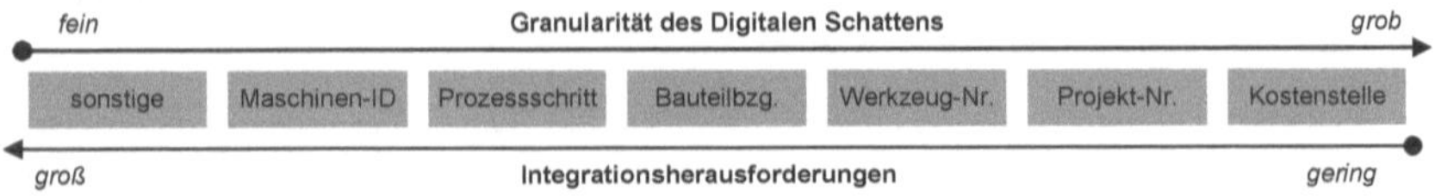

Abbildung 5.52: Relevante IDs zur Vorbereitung der Integration[720]

Die relevanten IDs leiten sich aus den wesentlichen Charakteristika ab, die den Auftragsdurchlauf eines Werkzeugprojekts determinieren. Diese IDs sind in der Regel in allen Prozessschritten bekannt und verfügbar, sodass sie effizient dem Datenmodell hinzugefügt und zusätzlich erhoben werden können. Darüber hinaus kann es erforderlich sein, dass anwendungsfallspezifisch zusätzliche IDs generiert werden. Diese sind unter „sonstige" zusammengefasst. Denn insbesondere bei der Datenbereitstellung durch Sensorik oder IKT, kann sich die Synchronisation deutlich komplexer gestalten. Diese Datenquellen liefern häufig zunächst einmal lediglich Zeitreihen, die neben dem Zeitstempel keine weitere eindeutige ID besitzen, und denen aufgrund der automatisierten und häufig hochfrequenten Datenerhebung die dargestellten IDs nur sehr aufwändig hinzugefügt werden können. Entsprechend bedarf es zusätzlicher, durch den Anwender erzeugte oder zugeordnete IDs, die eine Integration ermöglichen. Diese können etwa als zusätzliche Code-Zeilen in CNC-Programme eingebracht oder als visuelle Marker für Kamerasysteme auf Bauteilen platziert werden.

Für eine automatisierte Erzeugung dieser IDs, bedarf es einer Klassifizierung der Datensätze. Eine Klassifizierung ordnet Objekte aufgrund ihrer Eigenschaften bereits bekannten Gruppen zu. Entsprechend kann eine Klassifizierungsanalyse neben der Beschreibung einer vorhandenen Datenmenge auch zur Prognose zukünftiger Zustände eines Objekts genutzt werden.[721] Die Eigenschaften, anhand derer die Klassifizierung durchgeführt werden kann, gilt es durch den Anwender der Methodik zu identifizieren. Besonders geeignet ist dieses Verfahren für Geodaten, die aufgrund definierter Cluster automatisiert klassifiziert werden können. In einem solchen Cluster werden definierte Geodaten zu bestimmten Bereichen zugeordnet. Dieses Vorgehen gilt ebenso für charakteristische Prozessdatenverläufe, die mithilfe von Pattern Recognition klassifiziert werden können, oder Rückschlüsse hinsichtlich standardisierter Werkzeugtypen oder Bauteiltypen etc., die aus standardisiert aufgebauten Benennungen resultieren.

[720] Eigene Darstellung.

[721] Vgl. Farkisch (Data Mining), 2011, S. 103-104.

Für viele Anwendungsfälle ist die automatische Erzeugung von IDs jedoch nicht effizient umsetzbar. Stattdessen müssen die IDs durch den Anwender manuell erzeugt und in den Erfassungsprozess eingebracht werden. Abbildung 5.53 stellt das zugrunde liegende Prinzip dieses Vorgehens dar.

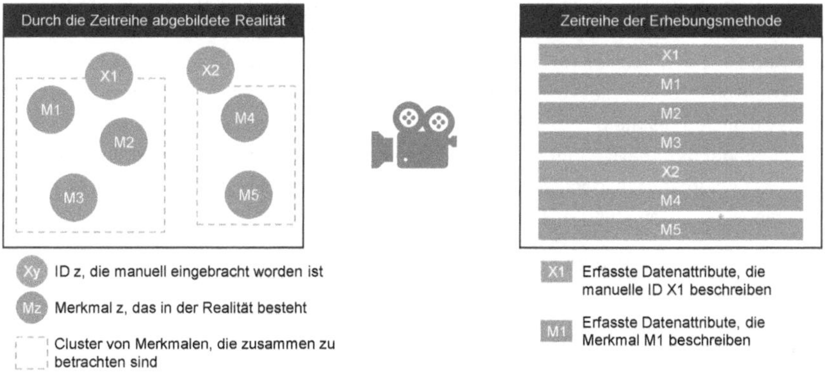

Abbildung 5.53: Prinzip der Einbringung manueller IDs in den Erfassungsprozess[722]

Der Anwender muss in der realen Welt das Subjekt identifizieren, das die erhobenen Werte der Datenattribute in der Zeitreihe determiniert. Im Fall von Maschinendaten ist dies bspw. das CAM-Programm oder für Messdaten die Geometrie des Bauteils. Anschließend sind geeignete Marker erforderlich, die dem identifizierten Subjekt in der Realität hinzugefügt und anschließend in der Zeitreihe mit erhoben werden können. Im CAM-Programm eignen sich etwa zusätzlich eingebrachte Zeilen, die den Anfang und das Ende bestimmter Bauteilbereiche definieren. Für Messdaten können explizite Marker auf die Bauteile aufgebracht werden, die durch das Messverfahren erkannt werden. Die auf diese Weise dem Datenmodell hinzugefügten IDs befähigen die Middleware dazu die Integration im Schritt der Fusion operativ durchzuführen.

Zusätzlich zur Identifizierung anforderungsgerechter Methoden für die Vorbereitung der Integration ist außerdem der Umgang mit eventuell entstehenden Konflikten bei der Integration zu definieren. Nach STUCKENSCHMIDT können bei der Integration unterschiedlicher Datenquellen syntaktische, semantische und strukturelle Konflikte differenziert werden[723]. Syntaktische Konflikte entstehen durch die Verwendung unterschiedlicher Datenmodelle in den Speicherorten. Durch standardisierte Austauschformate, wie XML, sowie das in den vorherigen Methodikschritten bereits erarbeitete Datenmodell des digitalen Schattens stellt dies in der Praxis keine forschungsrelevante Herausforderung dar[724]. Semantische Konflikte umfassen Heraus-

[722] Eigene Darstellung.

[723] Vgl. Stuckenschmidt (Datenintegration), 2011, S. 211-212.

[724] Vgl. Stuckenschmidt (Datenintegration), 2011, S. 212.

forderungen bei der Interpretation von Datenattributswerten aus unterschiedlichen Datenquellen[725]. Diese wurden im Wesentlichen bereits durch die Definition und den Abgleich der Anforderungen an die einheitliche Darstellung der Datenattribute in den Dimensionen Format und Wertevorrat abgesichert. Auch für Datenattribute, die ursprünglich für andere digitale Schatten erhoben wurden, erfolgte die Absicherung bereits durch die Umsetzung der identifizierten Anpassungsbedarfe aus Kapitel 5.2.1.2. Dennoch sollte die vollständige und korrekte Umsetzung dieser Anpassungen noch einmal durch den Anwender validiert werden, da insbesondere semantische Konflikte, wie die Verwendung unterschiedlicher Einheiten, bei der späteren Nutzung des digitalen Schattens nur sehr schwierig identifizierbar sind und gleichzeitig signifikanten Einfluss auf den realisierbaren Anwendungsnutzen aufweisen. Strukturelle Konflikte entstehen, wenn semantisch identische Informationen in den verschiedenen Datenquellen durch unterschiedliche Datenattribute abgebildet werden[726].

Zusammenfassend liegen dem Anwender nach Abschluss der Aufgabe *Vorbereitung der Datenfusion* folgende Ergebnisse vor:

- Synchronisierte Datenquellen als Vorbereitung für die erforderliche Integration zur Auflösung der vorhandenen Redundanzen und die Durchführung der Plausibilisierung.

5.3.1.3 Gestaltung der Datenfusion

Ziel der Gestaltung der Datenfusion ist es, die vereinheitlichten und synchronisieren Rohdaten aus der verwendeten Sensorik sowie den HMI-Schnittstellen zusammen mit den systembasierten Daten zu einer redundanz- und fehlerfreien Datenbasis zu aggregieren. Abbildung 5.54 zeigt das Vorgehen zur Gestaltung der Datenfusion und somit zur Erreichung der formulierten Zielsetzung.

Abbildung 5.54: Vorgehen zur Gestaltung der Datenfusion[727]

Zunächst sind entsprechend des ausgestalteten Erfassungskonzepts sowie der formulierten Datenqualitätskriterien die anforderungsgerechten Fusions- und Plausibilisierungsmethoden auszuwählen. Anschließend erfolgt die Definition des Automatisierungsgrads der Datenplausibilisierung, bevor abschließend die Interaktion des Mitarbeitenden mit dem Plausibilisierungsprozess auszugestalten ist.

Die Wahl des zu verwendenden Fusionsprinzip basiert auf dem verwendeten Erhebungskonzept. Die Darstellung der entsprechenden Zusammenhänge erfolgt in Abbildung 5.55.

---

[725] Vgl. Stuckenschmidt (Datenintegration), 2011, S. 217.

[726] Vgl. Stuckenschmidt (Datenintegration), 2011, S. 214.

[727] Eigene Darstellung.

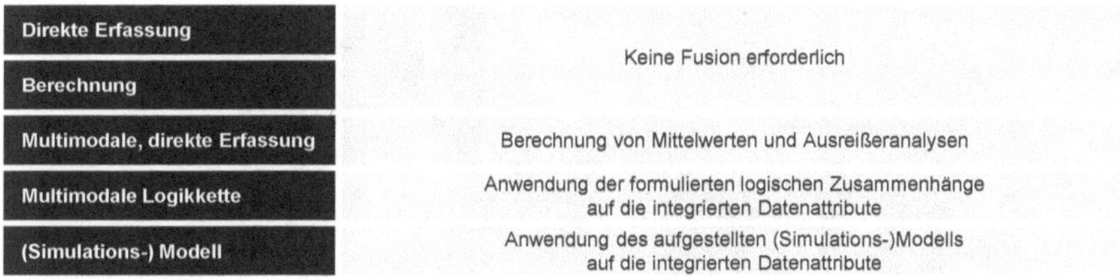

Abbildung 5.55: Zusammenhang zwischen Erhebungskonzept und Fusionsmethode[728]

Für die Datenattribute, die direkt erfasst oder aus einem direkt erfassten Wert berechnet werden, ist keine Fusion erforderlich. Lediglich die Plausibilität der Werte ist zu überprüfen. Für die multimodal, direkt erfassten Datenattribute erfolgt die Fusion eng verbunden mit der Anwendung der Plausibilisierungsregeln. Die Fusion erfolgt durch die Bildung von Mittelwert oder Median über die Redundanzen. Dabei können einzelne Messwerte ausgeschlossen werden, die durch die Plausibilitätsprüfung als Ausreißer klassifiziert worden sind. Für das Erhebungskonzept der multimodalen Logikkette werden die erhobenen Datenattribute durch die Anwendung der logischen Zusammenhänge fusioniert. Dabei kann die Plausibilisierung für den so bestimmten Wert des Datenattributs des digitalen Schattens durchgeführt werden oder bereits initial für die in der Logikkette abgebildeten Attribute. In diesem Fall folgt das Vorgehen zur Plausibilisierung den nachfolgend beschriebenen Plausibilisierungsmethoden der direkten Erfassung, Berechnung oder multimodal, direkten Erfassung, in Abhängigkeit der Erhebung der einzelnen Attribute. Für das Erhebungskonzept des (Simulations-)Modells stellt die Anwendung des Modells auf die erhobenen Daten die Fusion dar. Mit dem Modell ist bereits eine Abschätzung der Genauigkeit verbunden. Zusätzlich kann jedoch, analog zur multimodalen Logikkette, eine Plausibilisierung der erhobenen Eingangsgrößen des Modells erfolgen sowie der durch das Modell erzeugten Datenattribute.

Im Anschluss an die Fusion, bzw. je nach Erhebungskonzept als operative Umsetzung der Fusion, erfolgt die Definition der anforderungsgerechten Plausibilisierungsmethoden. Diese basieren auf der gewählten Erhebungsmethode, der definierten Bedeutung des Datenattributes für den Anwendungsnutzen sowie des identifizierten Einflusses externer Störgrößen auf den Wert des Datenattributs. Ziel ist es, dass die Plausibilisierung möglichst automatisiert erfolgt, um die Ablenkung der Mitarbeitenden von ihren wertschöpfenden Tätigkeiten minimal zu halten. Um dies umsetzen zu können, bedarf es für jede Plausibilisierungsmethode eines Qualitätsmaßes, welches die Wahrscheinlichkeit einer korrekten Plausibilitätsbewertung angibt und somit die Grundlage für eine erforderliche Integration der Mitarbeitenden in den Plausibilisierungsprozess bildet. Abbildung 5.56 zeigt die grundsätzliche Zuordnung möglicher Plausibilisierungsmethoden zu den erarbeiteten Erfassungskonzepten sowie eine qualitative Bewertung der Komplexität und Genauigkeit der Methoden.

[728] Eigene Darstellung.

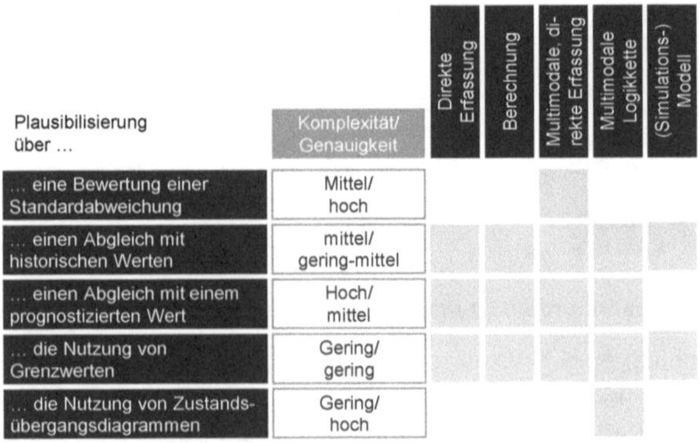

Abbildung 5.56: Charakterisierung relevanter Plausibilisierungsmethoden[729]

Die Plausibilisierung über die *Bewertung einer Standardabweichung* ist lediglich für multimodal, direkt erfasste Datenattribute geeignet, da bei dieser Methode die Abweichungen zwischen verschiedenen Messwerten bestimmt wird, die dasselbe Datenattribut erfasst haben. Als Maß der Abweichung ist neben der Berechnung des Medians und der Standardabweichung alternativ eine prozentuale Differenz der verschiedenen Messwerte zu einem Referenzwert geeignet. Das berechnete Abweichungsmaß ist im Anschluss zu interpretieren, um bewerten zu können, ob auf dieser Basis ein Datenwert als plausibel oder nicht plausibel zu klassifizieren ist. Die Komplexität des Methodeneinsatzes ist als Mittel zu bewerten, da die Umsetzung einer verlässlichen Interpretation detailliertes Wissen über die Zusammenhänge innerhalb des betrachteten Teilsystems und deren Auswirkungen auf die Werte eines Datenattributs erfordert. Eine weitere Limitierung der Anwendbarkeit der Plausibilisierungsmethode besteht nicht.

Darüber hinaus kann die Plausibilisierung der erhobenen Daten außerdem über den *Abgleich mit historischen Werten* erfolgen. Dieses Verfahren eignet sich grundsätzlich für alle Erhebungsmethoden, wird jedoch durch die Charakteristika der Datenattribute weiter eingeschränkt. Durch den Unikatcharakter der Werkzeugherstellung können historische Werte nur dort herangezogen werden, wo eine hinreichende Homogenität innerhalb des historischen Datensatzes garantiert ist. Wie bereits im Kontext der Risikobewertung beschrieben, wirkt sich eine weitreichende und langfristig implementierte Standardisierung deutlich unterstützend aus. Jedoch sind auch hierbei die weiteren möglichen Einflüsse, bspw. durch unterschiedliche Maschinen oder Lieferanten, zu berücksichtigen. Dies führt dazu, dass eine bestehende Datenmenge teilweise stark eingeschränkt wird, sodass zu überprüfen ist, ob die resultierende Datenmenge verlässliche Aussagen ermöglicht. Außerdem müssen die zu verwendenden historischen Daten in einer ausreichenden Qualität vorliegen. Zwar müssen für sie nicht zwingend die gleichen Datenqualitätsanforderungen angewandt werden, wie sie für den Datenbedarf des digitalen Schattens formuliert wurden, jedoch müssen insbesondere die Anforderungen

729 Eigene Darstellung.

hinsichtlich der geforderten Genauigkeit äquivalent angewendet werden. Da historische Werkzeug-Auftrags- und Betriebsdaten nicht um fehlerhafte Daten bereinigt werden, wie in Kapitel 5.2.2.3 beschrieben, stellt dies insbesondere bei der initialen Entwicklung eines digitalen Schattens eine Herausforderung dar. Zusammenfassend lässt sich festhalten, dass einer mittleren Komplexität lediglich eine geringe bis mittlere Genauigkeit gegenübersteht.

Eine Plausibilisierung über einen *Abgleich mit einem prognostizierten Wert* beschreibt die Vorhersage eines zu erwartenden Werts für ein Datenattribut sowie dessen anschließenden Abgleich mit dem tatsächlich gemessen Wert. Für die Durchführung einer solchen Prognose bestehen verschiedene Methoden, die sich in ihrer Komplexität teils deutlich unterscheiden. BLUM differenziert diese Methoden in konventionelle Verfahren, maschinelle Lernverfahren und modellbasierte Verfahren[730]. Konventionelle Verfahren besitzen die höchste Praxisrelevanz für den Werkzeugbau. Zu den konventionellen Verfahren zählt BLUM bspw. die Expertenschätzung sowie die Inter- und Extrapolation. Die maschinellen Lern- und die modellbasierten Verfahren beruhen auf den gleichen Prinzipien, die bereits in Kapitel 5.2.2.2 für die Nutzung von Modellen als Erfassungskonzept beschrieben worden sind. In Summe ist jedoch festzuhalten, dass die Prognose von Datenattributen in der Regel mit einer hohen Komplexität bei gleichzeitig nur mittlerer Genauigkeit verbunden ist. Wesentliche Ursache hierfür ist die geringe Wiederholhäufigkeit im Werkzeugbau und der daraus resultierenden schwierigen Übertragbarkeit von Ursache-Wirkungs-Zusammenhängen auf andere Ressourcen, Prozesse oder Bauteile. Daher beschränkt sich die Anwendung dieser Methoden aktuell vor allem auf Planungsdaten. Angelehnt an das 3-Ebenen-Modell der Planung nach BOOS ET AL. erfolgt die Beschreibung nachfolgend für die Ebenen Grobplanung, Feinplanung und Steuerung[731]. Auf Ebene der Grobplanung besitzen Prognosemethoden insbesondere für den Zeitpunkt des Durchschreitens eines Meilensteins Bedeutung. In der Feinplanung eignen sich Prognosemethoden zur Validierung zurückgemeldeter Fertigstellungszeitpunkte einzelner Arbeitsschritte der Bauteilfertigung. Plausibilisierung durch Prognose auf Steuerungsebene kann im Wesentlichen für die Restlaufzeit von Maschinen, bzw. CAM-Programmen verwendet werden. Im Sinne einer Aufwand-Nutzen-Abschätzung wird in den wesentlichen Einsatzgebieten der Plausibilisierung durch Prognose die Extrapolation angewandt werden. Zukünftig wird auch die Bedeutung von Predictive Quality als Anwendungsfeld von Prognosemodellen zunehmen.

Während die Prognose eines fallspezifisch zu erwartenden Werts eines Datenattributs einen hohen Aufwand erfordert, kann die Verwendung *definierten Grenzwerte* in ähnlichen Anwendungsfällen mit deutlich reduziertem Aufwand verwendet werden. Dabei werden für ein Datenattribut Grenzwerte definiert, die auf Basis von Erfahrungswissen der Mitarbeitenden formuliert werden. Auf diese Weise können häufig lediglich geringe Genauigkeiten erreicht werden, sodass sich diese Methode insbesondere für eine Identifizierung unrealistischer Werte eignet. Auch eine Kombination mit einer anderen Plausibilisierungsmethode ist häufig sinnvoll, um die

[730] Vgl. Blum (Digitaler Schatten in der Einzel- und Kleinserie), 2019, S. 157.

[731] Vgl. Boos et al. (Erfolgreich planen und steuern im Werkzeugbau), 2019, S. 12.

Genauigkeit einer zweiten Methode mit geringem Aufwand steigern zu können oder Falscheingaben bei manueller Datenerhebung zu verhindern.

Die Nutzung von *Zustandsübergangsdiagrammen* basiert auf den in Kapitel 5.1.2.2 formulierten Status. Die dort abgebildeten Zusammenhänge zwischen den unterschiedlichen Status können als Zwangsbedingungen bei der Auswahl der Status hinterlegt werden. In diesem Fall ist bereits die initiale Eingabe falscher Status ausgeschlossen. Alternativ können die Zusammenhänge zur Plausibilisierung der Status verwendet werden. Anforderung an die Anwendung dieser Methode ist trivialerweise das Vorhandensein von Status für die betrachtete Tätigkeit. Dies trifft insbesondere auf die Fertigungsprozessketten der Bauteile in der Fertigung zu, kann jedoch gleichermaßen auch auf Meilensteine oder Maschinenzustände angewandt werden. Da bereits alle Zusammenhänge verfügbar sind, ist die Umsetzung dieser Methode als geringkomplex zu bewerten.

Neben den bisher vorgestellten Methoden zur Plausibilisierung, bestehen weitere Ansätze zur Sicherstellung der erforderlichen Datenqualität. Insbesondere für manuelle Datenaufnahmen kommt der Überwachung der Korrektheit und eine Abschätzung der Datenqualität eine signifikante Bedeutung zu. Ursächlich hierfür ist zum einen, dass der Zeitpunkt der Dateneingabe nicht mit dem Zeitpunkt des Auftretens des Datenwerts in der Realität übereinstimmt, sondern zeitlich versetzt erfolgt. Folglich kann eine Überwachung dieses Zeitabstandes ein Maß für die Qualität der Rückmeldung darstellen. Insbesondere bei Stundenbuchungen ist heute häufig festzustellen, dass diese durch die Mitarbeitenden gebündelt nach Ende der Schicht erfolgen und lediglich abgeschätzt werden. Außerdem ist vor dem Hintergrund der Anforderungsdimension der vollständigen Verfügbarkeit sicherzustellen, dass Daten überhaupt erhoben werden. In Fällen, in denen eine Entity durch mehrere Datenattribute beschrieben wird, kann auf einfache Weise die Vollständigkeit überprüft werden.

Es ist festzuhalten, dass neben den vorgestellten Plausibilisierungsmethoden ebenfalls ein Verzicht auf zusätzliche Plausibilitätsprüfungen möglich ist. Dies ist insbesondere für solche Datenattribute relevant, die vollständig automatisiert erhoben werden und eine geringe Relevanz für den formulierten Anwendungsnutzen des digitalen Schattens aufweisen. Exemplarisch kann dies bspw. für die Datenattribute aus der Maschinendatenerfassung gelten.

Neben der Auswahl der anzuwendenden Plausibilisierungsmethoden ist darüber hinaus der Automatisierungsgrad der Methodenanwendung zu definieren. Eine vollständige Automatisierung der Plausibilisierung erfordert eine hinreichend genaue Validität der Bewertung, welche jedoch nicht mit jeder Methode und in jedem Bewertungsfall realisierbar ist. Folglich sind zusätzlich zu den automatisierten Arbeitsschritten der Plausibilisierung ebenfalls die Mitarbeitenden in den Plausibilisierungsprozess zu integrieren. Abbildung 5.57 zeigt die dabei wählbaren Stufen der Mitarbeitendenintegration.

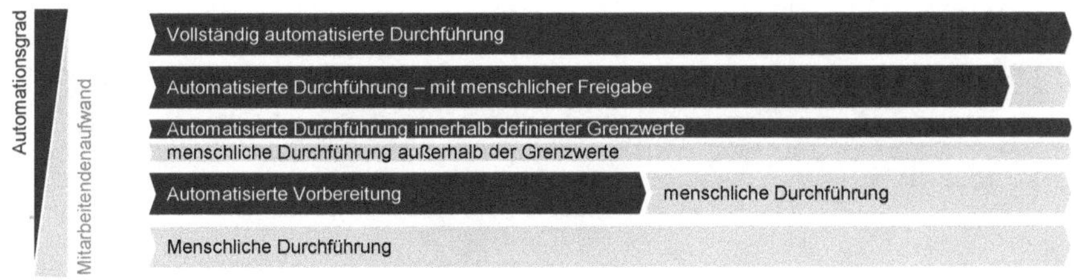

Abbildung 5.57: Stufen der Mitarbeitendenintegration[732]

In der maximal automatisierten Ausprägung findet der Plausibilisierungsprozess vollständig automatisiert statt, ohne, dass ein Mitarbeitender diesen überwachen muss. Im nächstgeringeren Automatisierungsgrad übernimmt der Mitarbeitende eine zusätzliche Freigabefunktion. Dabei erfolgt die Plausibilisierung vollständig automatisiert, das Ergebnis daraus, in Form des Werts eines Datenattributs, sowie zusätzliche Kontextinformationen über die durchgeführte Plausibilisierung werden dem Mitarbeitenden des betrachteten Teilsystems oder einem alternativen, definierten Mitarbeitenden, zur Freigabe vorgelegt. Erst nach erfolgter Freigabe, wird der Wert als plausibilisiert betrachtet und im digitalen Schatten verfügbar gemacht. Dieses Prinzip der menschlichen Freigabe kann erweitert werden, um das Prinzip der dritten Integrationsstufe. Dabei erfolgt die Freigabe innerhalb definierter Grenzwerte automatisiert und wird außerhalb dieser Grenzwerte durch einen Mitarbeitenden durchgeführt. Als mögliche Grenzwerte lassen sich sowohl Werte für das Datenattribut selbst als auch für Kontextinformationen der Datenaufnahme oder des Plausibilisierungsprozesses definieren. Eine erhöhte Mitarbeitendenintegration ist in der vierten Stufe erforderlich. Dort erfolgt lediglich eine automatisierte Vorbereitung der Plausibilisierung, bspw. durch die Bereitstellung von historischen Daten oder Berechnung von Mittelwerten und Standardabweichungen. Die eigentliche Durchführung und somit Definition des validen Werts des Datenattributs erfolgt aufbauend auf den automatisiert bereitgestellten Informationen jedoch durch den Mitarbeitenden. Abschließend ist außerdem eine vollständig manuelle Durchführung der Plausibilisierung des Werts eines Datenattributs möglich.

Ausgangspunkt für die Auswahl der Stufe der Mitarbeitendenintegration für eine Plausibilisierungsmethode ist die Bewertung der mit einer vollständig automatisierten Durchführung der Methode erzielbaren Validität. Basierend auf einer konkreten Methode können dabei quantitative, aber auch qualitative Messgrößen Anwendung finden. Diese Messgrößen sind von den zuvor beschriebenen Größen zur Durchführung der Plausibilisierung zu differenzieren. Vielmehr bedarf es Messgrößen, die bereits im Vorfeld des Aufbaus der Datenerhebung bestimmt werden können. Abbildung 5.58 ordnet den vormals eingeführten Plausibilisierungsmethoden entsprechende Kenngrößen zur Bewertung deren Validität zu.

[732] Eigene Darstellung.

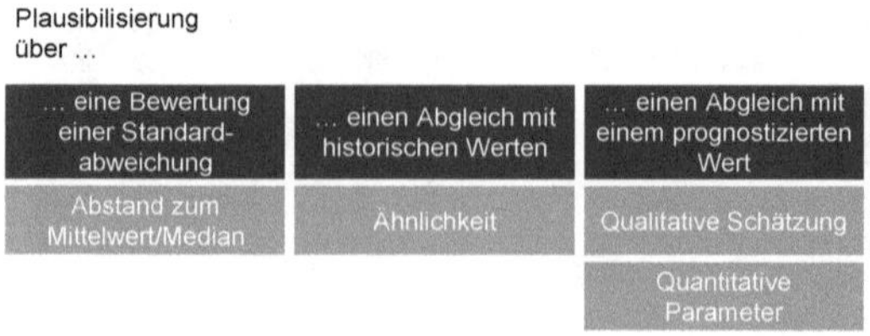

Abbildung 5.58: Bewertung der Validität automatisierter Plausibilitätsprüfungen[733]

Die realisierbare Genauigkeit der Plausibilisierung bei der Nutzung von Standardabweichungen kann durch eine Betrachtung der einzelnen multimodal erfassten Messwerte erfolgen. Durch eine Betrachtung der Abstände der einzelnen Messgrößen zum Mittelwert oder dem Median, können Ausreißer zuverlässig erkannt werden. Mögliche Bewertungsgrundlagen können folglich sowohl Grenzwerte für die Abstände als auch für die Anzahl verschiedener Erhebungsmethoden mit einer definierten Abweichung darstellen.

Beim Abgleich mit historischen Werten ist zu bewerten, welche Ähnlichkeit zwischen den zu plausibilisierenden und den historischen Daten besteht. Hierzu sind charakterisierende Parameter zu bestimmen, anhand derer die Ähnlichkeit bestimmt werden kann. Abbildung 5.59 zeigt für die in Kapitel 2.3.4 eingeführten Dimension eines Wertschöpfungssystems im Werkzeugbau, Produkt, Prozess, Ressource und Organisation Parameter zur Bestimmung der Ähnlichkeit. Zu beachten ist, dass die dargestellten Parameter nicht nur eine exemplarische Auswahl darstellen, sondern insbesondere auch vor dem Hintergrund des Detaillierungsniveaus des digitalen Schattens ausgewählt werden müssen.

Produkt	Prozess	Ressource	Organisation
Geometrische Ähnlichkeit Artikel/Bauteil	Fokussierung/ Wertschöpfungstiefe	Maschinenpark	Anzahl FTEs
Gleichteilquote	Meilensteinpläne	Leistungsfähigkeit des Maschinenparks	Mitarbeiterfluktuation
Werkzeugaufbau	Fertigungsprozessfolgen	Fertigungsstrategien	Mitarbeiterverteilung
Verwendete Materialien	Toleranzanforderungen	Verwendete Betriebsmittel	Qualifizierungsmatrix

Abbildung 5.59: Exemplarische Parameter zur Bestimmung der Ähnlichkeit[734]

Die Bewertung der Ähnlichkeit in der Dimension *Produkt* basiert im Wesentlichen auf dem Grad der vorliegenden Produktstandardisierung. Für CAD-Daten wird bereits in der Praxis die geometrische Ähnlichkeit verwenden[735]. Zusätzlich kann eine produktseitige Ähnlichkeit an-

[733] Eigene Darstellung.

[734] Eigene Darstellung.

[735] Vgl. Simus Systems (classmade CAD), 2021.

hand der verwendeten Gleichteilquote oder dem Standardisierungsgrad des Werkzeugaufbaus innerhalb eines Werkzeugtyps bestimmt werden. Bei der Betrachtung einzelner Bauteile können darüber hinaus auch die verwendeten Materialien betrachtet werden.

Für die Dimension *Prozess* ist eine Betrachtung aus Auftragsabwicklungs-, Werkzeugprojekt- und auf Bauteilperspektive möglich. Die Auftragsabwicklungsperspektive bewertete die grundsätzliche Ähnlichkeit der Auftragsabwicklungsprozesses. Hierbei sind etwa grundsätzliche Entscheidungen zur Fokussierung und Wertschöpfungstiefe zu berücksichtigen. Aus Sicht des Werkzeugprojekts eignet sich insbesondere die zugrundeliegende Projektstruktur in Form der Meilensteinpläne für eine Bewertung der Ähnlichkeit. Dies umfasst die Meilensteine selbst jedoch auch die Durchlaufzeiten zwischen den Meilensteinen sowie die dahinterliegenden Kapazitätsbedarfe. Die Bauteilperspektive kann bspw. anhand der Fertigungsprozessfolgen und deren Standardisierungsgrad sowie der verwendeten Toleranzanforderungen bewertet werden.

Die Dimension *Ressourcen* beschreibt primär die Fertigungsressourcen des Werkzeugbaubetriebs. Dies umfasst zum einen den verfügbaren Maschinenpark sowie die Leistungsfähigkeit der einzelnen Maschinen. Für die konkrete Umsetzung der Bewertung sei bspw. auf PRÜMMER oder BILSING verwiesen[736]. Darüber hinaus können auch die gewählten Fertigungsstrategien in Form von bspw. Abwägungsparametern zwischen Fräs- und Senkerodierbearbeitung oder Frässtrategien sowie die verwendeten Betriebsmittel für die Bewertung der Ähnlichkeit verwendet werden.

Als abschließende Dimension ist die Bewertung der Ähnlichkeit innerhalb der *Organisation* zu betrachten. Hierbei ist zunächst die grundsätzliche Veränderung der Mitarbeitendenzahl relevant. Diese kann bspw. auf Basis der Anzahl der Full Time Equivalent (FTE) oder der Mitarbeitendenfluktuation bewertet werden. Darüber hinaus ist auch die Verteilung der FTE zwischen den einzelnen Bereichen im Werkzeugbau relevant sowie die verfügbaren Qualifizierungen der Mitarbeitenden.

Insbesondere für mittelfristig konstante Kenngrößen, wie bspw. die Leistungsfähigkeit des Maschinenparks, kann die Bewertung manuell durchgeführt werden. In jedem Fall ist jedoch eine digitale Speicherung des aktuellen Werts des ähnlichkeitsbestimmenden Parameters als Teil der Kontextdaten umzusetzen, um eine nachträgliche Interpretation der Daten zu ermöglichen.

Neben dem Abgleich mit historischen Werten stellt die Nutzung prognostizierter Werte die nächste Plausibilisierungsmethode dar, deren Validität zu bewerten ist. Hierbei ist zwischen konventionellen sowie maschinellen und modellbasierten Ansätzen zu differenzieren. Erstere können hinsichtlich ihrer Validität häufig nur abgeschätzt werden. Für den Abgleich mit geplanten Bearbeitungszeiten kann bspw. eine Betrachtung der Soll-/Ist-Abweichung der Vorgabezeiten aus der Vergangenheit erfolgen. Inter- und Extrapolationen können anhand des Ver-

[736] Vgl. Prümmer (Leistungsfähigkeit verketteter Fertigungssysteme), 2020; Bilsing (Kennzahlengestützte Bewertung im Werkzeugbau), 2007.

hältnisses von Abstand zu Gesamtmessbereich bewertet werden. Bei der Nutzung modellbasierter Ansätze, bestehen in der Literatur vielfältige quantitative Messgrößen, die die Genauigkeit der Prognosen eindeutig definieren. Exemplarisch seien an dieser Stelle das R^2 für die regressive Prognose oder die Bestimmung von ROC-Kurven für KI-basierte Prognosen angeführt. Für weitere Messgrößen und andere Methoden wird aufgrund des Umfangs sowie der geringeren Relevanz für den Betrachtungsbereich dieser Arbeit auf die etablierte Literatur verwiesen. Für die Bewertung der realisierbaren Genauigkeit der Plausibilisierung durch die Nutzung von Grenzwerten ist die Prozessstabilität der betrachteten Tätigkeit zu bewerten. Prozesse, die gegenüber externen Störeinflüssen unabhängig und kontinuierlich innerhalb prognostizierbarer Grenzwerte verlaufen sind, sind als geeignet für diese Methode zu bewerten. Die Eignung von Statusgraphen für die Plausibilisierung von Datenattributen basiert auf einer Bewertung der erwarteten Genauigkeit der Statusmeldungen. Hierbei stellt der manuelle Grad der Datenaufnahme sowie der typische Zeitraum zwischen tatsächlicher und aufgenommener Statusänderung die wesentliche Bewertungsgrundlage dar. Sollen mehrere verschiedene Methoden zur Durchführung der Plausibilitätsprüfung für ein Datenattribut angewendet werden, ist für die endgültige Bewertung nicht der Mittelwert der beiden Methoden zu bilden. Zur Abbildung der Steigerung der Genauigkeit durch die Verwendung mehrerer Methoden ist stattdessen von einer logarithmischen Steigerung der erzielten Genauigkeit mit zunehmender Anzahl Plausibilisierungsmethoden auszugehen.

Die Anwendung der Plausibilisierungsprüfung auf die erhobenen Datenattribute resultiert entweder in einem als plausibel klassifizierten Wert für ein Datenattribut, welcher folglich in den digitalen Schatten integriert werden kann, oder in einem als nicht-plausibel, bzw. fehlerhaft klassifizierten Wert. In diesem Falle sind weitere Methoden zu definieren, die den Umgang mit diesen fehlerhaften Daten definieren. Abbildung 5.60 zeigt das entsprechende Vorgehen und Ordnen den jeweiligen Pfaden die relevanten Umgangsmethoden zu.

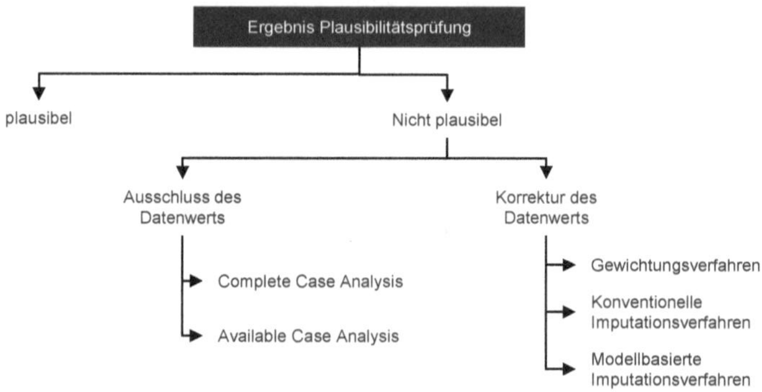

Abbildung 5.60: Vorgehen zum Umgang mit nicht-plausiblen Datenwerten[737]

[737] Vgl. Blum (Digitaler Schatten in der Einzel- und Kleinserie), 2019, S. 156.

Zunächst lassen sich diese Methoden in den Ausschluss oder die Korrektur der als fehlerhaft klassifizierten Daten differenzieren. Auszuschließen sind solche Daten, die weder automatisiert noch manuell korrigiert werden können. Grundsätzlich erfordert ein Ausschluss eines Datenwerts einen Ausschluss aller Datenattributswerte von der Analyse, die zu dem betrachteten Synchronisierungselement gehören. Ein Synchronisierungselement ist bspw. ein Zeitstempel oder ein Trigger. Ein solches Vorgehen ist in der Literatur als Complete Case Analysis beschrieben. Grund für diesen grundsätzlichen Ausschluss ist die Tatsache, dass viele Analysen mit einem unvollständigen Datensatz nicht möglich sind, bzw. nicht vergleichbar sind mit den Ergebnissen anderer Zeitstempel oder Trigger.[738] Im Rahmen der Operationalisierung des digitalen Schattens muss der Anwender daher eruieren, ob es vor dem Hintergrund des Anwendungsfall sinnvoll ist, eventuell auch nur für einzelne Datenattribute, wie bspw. Kontextdatenattribute, eine Available Case Analysis zuzulassen. Dies bedeutet, dass lediglich der als nicht plausibel gekennzeichnete Datenwert gelöscht wird und alle übrigen Werte in den digitalen Schatten integriert werden.

Aufgrund des hohen Informationsverlusts, der insbesondere mit der Complete Case Analysis verbunden ist, sollte das primäre Umgangsziel mit nicht-plausiblen Daten deren Korrektur darstellen. Hierfür finden Gewichtungs- sowie konventionelle und modellbasierte Imputationsverfahren Anwendung. Bei Gewichtungsverfahren wird zwar, analog zur Complete Case Analysis, der gesamte Datensatz ausgeschlossen, jedoch wird er durch einen neuen, repräsentativen Datensatz ersetzt. Dieses Vorgehen kann überall dort Anwendung finden, wo auf der einen Seite eine ausreichend hohe Datenmenge aufgenommen wird, um einen repräsentativen Datensatz bestimmen zu können, und auf der anderen Seite der Fokus des digitalen Schattens auf einer langfristigen Analyse liegt. Für die Bewertung eines individuellen Status oder Bauteils ist dieses Verfahren nicht geeignet. Verfahren, die sich für deutlich geringere Datenmengen eignen, sind die klassischen Imputationsverfahren. Dies umfasst insbesondere das Ersetzen nicht-plausibler Datenwerte durch Mittelwerte oder Mediane sowie durch ähnliche, historische oder interpolierte Werte. Die Expertenschätzung gehört ebenfalls zu den klassischen Verfahren und stellt die einzige Methode dar, die es ermöglicht einen nicht-plausiblen Wert durch den tatsächlichen, korrekten Datenwert zu ersetzen. Darüber hinaus können, ebenfalls nur für große Datenmengen, auch modellbasierte Imputationsverfahren verwendet werden. Dabei handelt es sich um dieselben Methoden, die bereits im Rahmen der Plausibilisierung auf Basis von Prognosen beschrieben worden sind. Daher wird auf diese Methoden nicht noch einmal detaillierter eingegangen.

Für die Auswahl der jeweiligen Bereinigungsmethode sind verschiedene Einflussfaktoren zu berücksichtigen und im Rahmen der Operationalisierung zu formulieren. Darüber hinaus sind jedoch nicht nur Regeln für den Umgang mit einem einzelnen Datenwert zu definieren, sondern ebenso eine Betrachtung aus einer zeitlichen Perspektive erforderlich. So kann bei einer kontinuierlichen Detektion fehlerhafter Werte eines Datenattributs der Anwendungsnutzen des digitalen Schattens negativ beeinflusst werden. Dies kann insbesondere auch eine eventuelle Echtzeitfähigkeit umfassen, die aufgrund des Bereinigungsaufwands nicht mehr gegeben ist.

[738] Vgl. Göthlich (Umgang mit fehlenden Daten), 2007, S. 123.

Daher ist ein Regelwerk zu definieren, wann etwa auch ein Prozess zu unterbrechen ist, um die Ursachen für die konstant nicht-ausreichende Datenqualität evaluieren zu können.

Die erfolgreiche Operationalisierung eines digitalen Schattens erfordert nicht nur eine technologische, sondern gleichfalls eine mitarbeiterbezogene Perspektive. KLAUS folgend bedarf es eines Mensch-Maschine-Interfaces, das dem Mitarbeitenden genau die Informationen zum Fusionsprozess bereitstellt, die dieser zu einem betrachteten Zeitpunkt tatsächlich benötigt, um in seinen Tätigkeiten unterstützt zu werden. Die wesentliche Herausforderung sieht KLAUS in der intuitiven Gestaltung des Interfaces sowie der Auswahl der relevanten Anzeigeinhalte. Außerdem muss dem Mitarbeitenden die Möglichkeit gegeben werden, bei Bedarf über Steuerelemente aktiv mit dem Prozess zu interagieren.[739] Entsprechend stellt die *Ausgestaltung der Mitarbeiterinteraktion* den abschließenden Schritt der Gestaltung der Datenfusion dar. Dies umfasst zum einen die Darstellung der automatisiert durchgeführten Fusion- und Plausibilisierungsschritte zur Sicherstellung der Mitarbeitendenakzeptanz sowie die Einbindung der Mitarbeitenden für alle Plausibilisierungsschritte, für die vormals eine manuelle Plausibilisierung definiert wurde. Analog zu vorherigen Schritten erfolgt die Ausgestaltung der Mitarbeitendeninteraktion nicht separiert für die einzelnen Datenattribute, sondern aggregiert für die identifizierten Teilsysteme. Zum anderen bedarf es eines Schulungskonzepts, das die Mitarbeitenden auf den Umgang mit den Erfassungstechnologien vorbereitet.

Kern der Mitarbeitendeninteraktion im Zusammenhang mit der automatisierten Fusion und Plausibilisierung stellt das digitale Transparenzboard dar, das für relevante Teilsysteme individuell zu erarbeiten ist. Das digitale Transparenzboard dient als Instrument, um dem Mitarbeitenden die, durch die in seinem Teilsystem aufgenommenen Datenattribute, erzeugten Informationsflüsse sowie die automatisiert ablaufenden Vorgänge zu visualisieren. Ziel ist es, dem Mitarbeitenden den für ihn nicht direkt wahrnehmbaren Nutzen der Datenerhebung zu visualisieren sowie Vertrauen in die automatisierten Vorgänge zu erzeugen. Folglich dient das digitale Transparenzboard der Bedienung der in Kapitel 5.1.1.2 formulierten subjektiven Informationsbedarfe. Abbildung 5.61 zeigt ein exemplarisches digitales Transparenzboard mit allen relevanten Bestandteilen.

Das digitale Transparenzboard baut auf dem tatsächlichen Layout des Werkzeugbaubetriebs, bzw. des durch den digitalen Schatten abgebildeten Bereichs des Werkzeugbaus auf. Das eigene Teilsystem sowie die durch den Anwendungsnutzen des digitalen Schattens wesentlich profitierenden Teilsysteme sind exponiert dargestellt. Zum einen werden zur Vertrauensbildung in die Datenaufnahme und -nutzung alle relevanten Datenströme für das betrachtete Teilsystem dargestellt. Dies umfasst zum einen Daten, die aus anderen Teilsystemen, bspw. zur Durchführung der Plausibilisierung genutzt werden. Für diese ist neben ihrem Ort der Datenerzeugung außerdem die Art der Erhebung und Plausibilisierung sowie der Zeitpunkt der Erzeugung und aktuelle Wert des Datenattributs darzustellen. Für das betrachtete Teilsystem sind insbesondere die Werte aller erhobenen Datenattribute darzustellen. Dies umfasst neben

[739] Vgl. Klaus (Einführung in die Multisensor-Datenfusion), 2006, S. 30.

dem jeweils aktuellen Wert ebenfalls einen historischen Verlauf. Außerdem sind alle Informationen zum Plausibilisierungsprozess darzustellen. An dieser Stelle lassen sich außerdem die Interaktionsmöglichkeiten entsprechend der gewählten Mitarbeitendenintegration in den Plausibilisierungsprozess abbilden. Folglich bedient dieser Teil des digitalen Transparenzboards die Dimensionen Objektivität der Information, Glaubwürdigkeit der Informationsherkunft sowie Plausibilität der Information, wie sie für den subjektiven Informationsbedarf durch die Mitarbeitenden definiert worden sind.

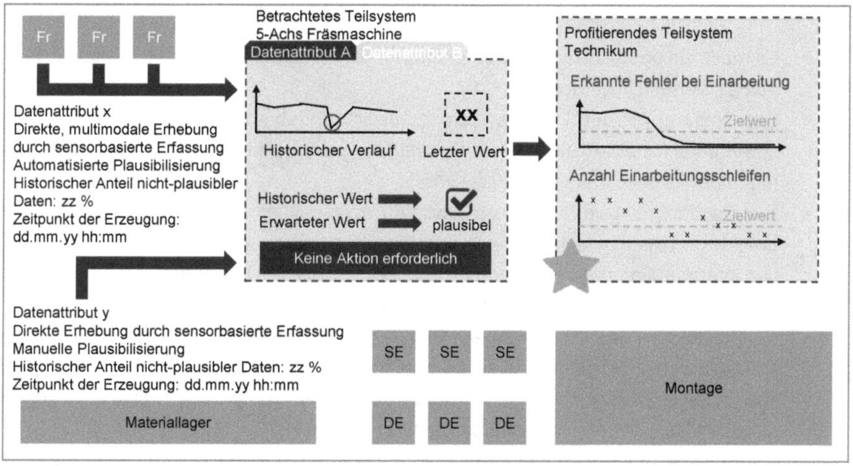

Abbildung 5.61: Exemplarischer Aufbau eines digitalen Transparenzboards[740]

Das zweite exponierte Element der digitalen Transparenzboards bildet das durch den digitalen Schatten profitierende Teilsystem ab und setzt die Anforderungen an den subjektiven Informationsbedarf hinsichtlich des realisierten Mehrwerts um. Hier sind neben dem Anwendungsnutzen insbesondere die durch den digitalen Schatten realisierten Optimierungen in Form konkreter Kennzahlen darzustellen. Außerdem können die Auswirkungen dieser Optimierungen auf das betrachtete Teilsystem textlich oder kennzahlenbasiert beschrieben werden.

Die Anzeige des digitalen Transparenzboards muss möglichst nah am Ort der Leistungserbringung des Mitarbeitenden des betrachteten Teilsystems erfolgen. Für Mitarbeitende mit dezidierten Computerarbeitsplätzen, wie sie bspw. in der Auftragsakquise, der Werkzeugentwicklung oder der Arbeitsplanung zu finden sind, ist die Auswahl des Anzeigeorts trivial. Eine Betrachtung des Status quo der Digitalisierung auf dem Shopfloor der Werkzeugbaubetriebe zeigt, dass auch für die Mitarbeitenden der Werkzeugproduktion bereits eine hohe Anzahl möglicher Anzeigeorte besteht. Sollten auch nach Ausgestaltung zukünftiger Datenerhebungsmethoden keine Möglichkeit zur Visualisierung in einem der Teilsysteme bestehen, ist eine Synchronisierung der weiteren Aktivitäten mit der Integration des Mitarbeitenden in den Plausibilisierungsprozess erforderlich, da auch dort entsprechende Hardware benötigt wird.

[740] Eigene Darstellung.

Bei der konkreten Ausgestaltung der digitalen Transparenzboards sind die Grundlagen der Gestaltung von Benutzeroberflächen zu berücksichtigen, wie sie bspw. REUTER oder THESMANN entnommen werden können[741].

Das zu entwickelnde Schulungskonzept muss auf der einen Seite die Fähigkeiten zum Umgang mit der Hard- und Software vermitteln, auf der anderen Seite jedoch auch ein grundlegendes Verständnis für die Technologien vermitteln. Denn Verständnis ist erste Voraussetzung für die Akzeptanz der Lösung und außerdem erforderlich, um die Werte des HMI interpretieren zu können[742]. Dabei müssen folgende Aspekte berücksichtigt werden:

- Es muss ein grundsätzliches Verständnis für die Funktionsweise von Informationstechnologie vermittelt werden.
- Der Umgang mit ggf. im Teilsystem zusätzlich angebrachter Erfassungstechnologie sowie deren Implikationen für die Durchführung der sonstigen Tätigkeiten im Teilsystem müssen beschrieben werden.
- Die Durchführung von Wartungsaktivitäten eventuell im Teilsystem zusätzlich angebrachter Erfassungstechnologien muss diskutiert und erlernt werden.
- Die Interpretation der gezeigten Werte auf dem digitalen Transparenzboard sowie der manuellen Plausibilisierung muss erlernt werden.
- Eventuelle Konflikte der Datenplausibilisierung mit der mit dem Erfahrungswissen der Mitarbeitenden müssen diskutiert werden.
- Die prozessuale Einbindung der Datenerhebung und -plausibilisierung in die Tätigkeiten des Mitarbeitenden müssen dargestellt werden.

Die konkrete Ausgestaltung der beschriebenen Weiterbildungsinhalte obliegt den berufspädagogischen Disziplinen und soll aufgrund des produktionstechnischen Fokus dieser Arbeit nicht weiter detailliert werden. Ein solches Konzept muss jedoch die aus der Operationalisierung des digitalen Schattens resultierenden Anforderungen an das Schulungskonzept umsetzen.

Zusammenfassend liegen dem Anwender nach Abschluss der Aufgabe *Gestaltung der Datenfusion* folgende Ergebnisse vor:

- Plausibilisierte Datenerhebung für alle Attribute des formulierten Datenbedarfs.
- Ausgestaltete Integration der Mitarbeitenden in die Datenerhebung und -nutzung.

5.3.2 Schritt C.6 – Auslegung architektonisches Fusionsmodell

Die Auslegung des architektonischen Fusionsmodells realisiert die erforderliche Infrastruktur für die Umsetzung des entwickelten funktionalen Fusionsmodells und bildet gleichzeitig den

---

741 Vgl. Reuter (Sicherheitskritische Mensch-Computer-Interaktion), 2018; Thesmann (Interface Design), 2016.

742 Vgl. Schuh et al. (Kompetenzprofile in einer digital vernetzten Produktion), 2020, S. 73-74.

Abschluss der Operationalisierung des digitalen Schattens. Hierzu ist zunächst die erforderliche Vernetzungsstruktur auszulegen und anschließend die Datenspeicherung sowie der Datenzugriff.

5.3.2.1 Grundlagen des Edge Computings und der Datenspeicherung

Die inhaltlich detaillierte Beschreibung der Auslegung des architektonischen Fusionsmodells erfordert zunächst die beschreibende Einführung einiger Grundlagen des Edge Computings und der Datenspeicherung.

Die Edge bezeichnet im Kontext des IoT eine Infrastruktur, die sich nahe am Ort der Datenquelle befindet und somit dezentral angesiedelt ist, im Gegensatz etwa zu einem zentralen Server oder einer Cloud[743]. Ein Edge Device bildet somit einen der technologischen Befähiger, um die klassische Automatisierungspyramide zu flexibilisieren[744]. Dabei kann ein Edge Device in Form eines Edge Servers auftreten, jedoch auch als Embedded System, als Gateway oder in Form eines sehr performanten Sensors. So wird es möglich, die aufgenommenen Daten direkt am Ort der Datenerzeugung in Informationen oder Wissen zu transformieren. Dabei kann das Edge Device unterschiedliche Aufgaben übernehmen. Es kann entweder lediglich der Datenfilterung dienen, um die Datentransfermenge zu reduzieren, oder als selbstständiger Logikträger agieren, der aus den Daten autonome Steuerungsreaktionen erzeugt.[745] Nach APPIUS ET AL. sind die wesentlichen Vorteile einer solchen Architektur in den Bereichen Datennutzung, Energiebedarf und Datensicherheit zu finden. Im Bereich der Datennutzung reduziert die Verarbeitung der Daten direkt am Ort der Datenerzeugung insbesondere die erforderlichen Bandbreiten zum Transfer der erhobenen Daten sowie die entstehenden Latenzen zwischen Datenerhebung und Datennutzung. Dies führt dazu, dass Echtzeitanforderungen deutlich besser erfüllt werden können und gleichzeitig die erforderliche Rechenkapazität zentraler Rechenzentren gesenkt wird. Bezüglich des Energiebedarfs kann festgehalten werden, dass eine dezentrale Positionierung der Rechenkapazität den Gesamtenergiebedarf um bis zu 25 % senkt, da u. a. auf große Kühlsysteme zentraler Rechenzentren verzichtet werden kann. Abschließend ist hinsichtlich der Sicherheit von Edge Computing festzuhalten, dass durch die dezentrale Vernetzung und dabei mögliche lokale Verschlüsselung die Sicherheit des Datenaustausches deutlich gesteigert werden kann.[746]

Neben dem Edge Computing ist außerdem ein detailliertes Verständnis für die Speicherung erhobener Daten von Relevanz, da dies signifikante Einfluss auf die Realisierung der Potenziale datenbasierter Performancesteigerungen besitzt. Die Eignung spezifischer Datenbanktypen resultiert zuallererst aus dem Grad der Strukturiertheit der Datenattribute. Darüber hinaus bestehen jedoch weitere relevante Charakteristika von Datenbanken, die Einfluss auf den in diesem Methodikschritt zu beschreibenden Auswahlprozess haben. Hierzu zählt insbesondere

[743] Vgl. Shi et al. (Edge Computing: Vision and Challenges), 2016, S. 638.

[744] Vgl. Brecher et al. (Edge Computing und digitaler Schatten), 2018, S. 314.

[745] Vgl. Appius et al. (Edge Computing und Industrie 4.0), 2021, S. 315.

[746] Vgl. Appius et al. (Edge Computing und Industrie 4.0), 2021, S. 312.

das CAP-Theorem. Dieses beschreibt den Zusammenhang zwischen den drei Eigenschaften Verfügbarkeit, Ausfalltoleranz und Konsistenz und besagt, dass jedes Datenbanksystem lediglich zwei dieser drei Eigenschaften zur gleichen Zeit erfüllen kann[747]. Konsistenz beschreibt die Sicherstellung des Zugriffs auf die jeweils aktuellen Daten im Falle einer verteilten Datenbank[748] unabhängig über welchen Knoten der Datenbank der Zugriff erfolgt. Die Eigenschaft Verfügbarkeit beschreibt den ununterbrochenen Betrieb des Datenbanksystems und die Fähigkeit zur Bearbeitung aller Anfragen mit einer anforderungsgerechten Latenz. Die dritte Eigenschaft eines Datenbanksystems ist die Ausfalltoleranz. Diese stellt sicher, dass in einem verteilten System trotz Ausfall eines einzelnen Knoten das Gesamtsystem weiterhin vollständig funktionsfähig ist.[749] Aus den möglichen Kombinationen dieser drei Eigenschaften resultieren die zwei Prinzipien ACID (Atomicity, Consistency, Isolation, Durability) und BASE (Basically Available, Soft State, Eventually Consistent), deren Vergleich in Abbildung 5.62 dargestellt ist.

ACID	BASE
Konsistenz hat oberste Priorität	Konsistenz wird verzögert etabliert
Meistens pessimistische Synchronisationsverfahren mit Sperrprotokollen	Meistens optimistische Synchronisationsverfahren mit Differenzierungsoption
Verfügbarkeit bei überschaubaren Datenmengen gewährleistet	Hohe Verfügbarkeit bei massiv verteilter Datenhaltung
Einige Integritätsregeln sind im Datenbankschema gewährleistet	Einige Integritätsregeln sind im Datenbankschema gewährleistet

Abbildung 5.62: Vergleich zwischen ACID und BASE[750]

Das ACID-Prinzip weist Konsistenz als oberstes Prinzip aus, während im BASE-Prinzip Konsistenz lediglich verzögert etabliert wird. Beim Vergleich des Synchronisationsverhaltens zeigt sich, dass ACID-Systeme Sperrprotokolle einsetzen, um eine korrekte Synchronisation zu ermöglichen, wohingegen BASE-Systeme Differenzierungsoptionen nutzen. Die Verfügbarkeit kann nach dem ACID-Prinzip lediglich bei überschaubaren Datenmengen gewährleistet werden. Hier weist das BASE-Prinzip durch seine verteilte Datenhaltung höhere Verfügbarkeiten auf. Im Hinblick auch die Integritätsregeln unterscheiden sich die Prinzipien nicht pauschal. Relationale Datenbanken arbeiten in jedem Fall nach dem ACID-Prinzip, während NoSQL-Datenbanken darauf häufig verzichten.[751]

[747] Vgl. Brewer (Towards robust distributed systems), 2020, S. 14.

[748] Ein verteiltes Datenbanksystem beschreibt die Nutzung dezentraler Datenspeicherorte, die durch ein gemeinsames Datenbankmanagementsystem als wahrgenommene einzelne Datenbank verwaltet werden. Die einzelnen dezentralen Orte werden dabei als Knoten bezeichnet. Vgl. Conrad (Föderierte Datenbanksysteme), 1997, S. 38.

[749] Vgl. Meier; Kaufmann (Konsistenzsicherung), 2016, S. 148-149.

[750] I. A. a. Meier; Kaufmann (Konsistenzsicherung), 2016, S. 154.

[751] Vgl. Meier; Kaufmann (Konsistenzsicherung), 2016, S. 154-155.

5.3.2.2 Gestaltung der Datenverarbeitung und -speicherung

Die Gestaltung der Datenverarbeitung und -speicherung beschreibt die hardwaretechnische Realisierung der Datenfusion sowie die Speicherung der zusätzlich aufgenommenen Daten. Hierfür bedarf es dem in Abbildung 5.63 dargestellten Vorgehen.

Abbildung 5.63: Vorgehen zur Gestaltung der Datenverarbeitung und -speicherung[752]

Zunächst sind aus den Charakteristika des Anwendungsfalls sowie der entwickelten funktionalen Fusionsmodelle die Fusionsarchitekturen abzuleiten. Anschließend sind für die zusätzlich erhobenen Datenattribute die anforderungsgerechten Datenspeicherungstypen zu identifizieren. Sind diese bekannt, sind abschließend die Orte der Datenspeicherung auszuwählen.

Die *Ableitung der Fusionsarchitektur* beschreibt den Grad der direkt durch die Datenerhebungsmethoden stattfindende Datenverarbeitung sowie den Ort der Durchführung der Datenfusion[753]. Die Ableitung der Fusionsarchitekturen erfolgt durch Übertragung der Arbeit von DARMS auf die Produktionstechnik. DARMS hat aus der Literatur drei unterschiedliche Architekturen für die Fusion von Sensoren von Fahrerassistenzsystemen im Bereich der Automobilindustrie identifiziert: Die zentrale, dezentrale und hybride Fusion. Daraus ergeben sich die in Abbildung 5.64 dargestellten charakteristischen Konzepte für die Fusionsarchitektur digitaler Schatten im Werkzeugbau.

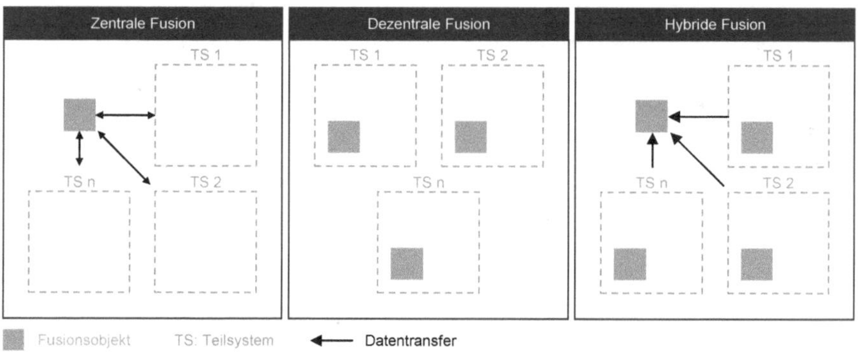

Abbildung 5.64: Übertragene Fusionsarchitekturen von DARMS[754]

Die *zentrale Fusion* beschreibt die Nutzung eines zentralen Objekts, wie bspw. einer Cloud oder einem Server, in dem alle Rohdaten, die durch die Erhebungsmethoden in den Teilsys-

---

[752] Eigene Darstellung.

[753] Vgl. Klein (Sensor and data fusion concepts and applications), 1999, S. 68-69.

[754] I. A. a. Darms (Sensordatenfusion), 2007, S. 16-19.

temen erfasst werden, zusammengeführt und anschließend fusioniert werden. Sollten die fusionierten Daten anschließend wieder im Teilsystem genutzt werden, müssen sie nach der Fusion zurück in das Teilsystem transferiert werden. Vorteil dieses Konzepts ist es, dass sowohl Daten aus unterschiedlichen Teilsystemen als auch Daten von unterschiedlichen Zeitpunkten bei der Fusion einfacher verwendet werden können. Außerdem kann das zentrale Fusionsobjekt kosteneffizient und flexibel mit einer signifikanten Speicher- und/oder Rechenkapazität ausgestattet werden. Eine ***dezentrale Fusionsarchitektur*** führt die Fusion direkt am Ort der Datenaufnahme durch. Dazu werden die in den einleitenden Grundlagen eingeführten Edge-Devices als Fusionsobjekte in jedem Teilsystem benötigt. Vorteil ist, dass die Datenfusion deutlich schneller nach der erfolgten Datenaufnahme erfolgen kann. Folglich ist die Latenz, bis die fusionierten Daten für die Nutzung im Teilsystem verfügbar sind, signifikant geringer als bei einer zentralen Fusion. Eine *hybride Fusionsarchitektur* kombiniert den zentralen mit dem dezentralen Ansatz, indem sowohl ein zentrales Fusionsobjekt als auch in ausgewählten Teilsystemen Edge-Devices verwendet werden.[755]

Wesentliche Einflussgrößen auf die Entscheidung bezüglich der Fusionsarchitekturen für einen digitalen Schatten im Werkzeugbau sind die entstehende Datenmenge sowie die Echtzeitanforderung des Anwendungsfalls. In Kapitel 2.2.3.3 wurden im Zusammenhang mit der Einführung des Begriffs der Smart Data die Herausforderungen für die Verwertbarkeit von Daten und Informationen erläutert. Insbesondere die Aufnahme sehr großer Datenmengen ohne eine Betrachtung des damit realisierbaren Datenwerts erschwert die Nutzbarmachung der Daten und führt gleichzeitig zu einem signifikanten Anstieg der Anforderungen an die erforderliche Infrastruktur hinsichtlich Datentransfer und -speicherung. Die Betrachtung in Kapitel 5.2.1.1 hat gezeigt, dass insbesondere die Erhebung von Prozessdaten aufgrund der hohen notwendigen Erhebungsfrequenz häufig zu einer großen Menge erhobener Daten führt. Die Erfüllung der Echtzeitanforderungen des Anwendungsfalls werden außerdem wesentlich durch den Ort der Datenfusion determiniert. Die Bewertung der beiden Einflussfaktoren sowie die Auswahl der Fusionsarchitekturen muss differenziert für die identifizierten Teilsystem erfolgen, wie sie in Kapitel 5.1.1.2 definiert worden sind. Abbildung 5.65 stellt den Zusammenhang zwischen den zwei beschriebenen Einflussfaktoren sowie den drei Fusionskonzepten dar.

Aus den dargestellten Vorteilen der Fusionsarchitekturen resultiert, dass die zentrale Fusion sich insbesondere für geringe Datenmengen im Teilsystem eignet sowie für Anwendungsfälle ohne Echtzeitanforderungen. Für die Realisierung von Echtzeitanforderungen sind in jedem Fall Edge-Devices in den entsprechenden Teilsystemen erforderlich. Die Differenzierung zwischen der Wahl einer dezentralen und einer hybriden Architektur basiert in dem Fall auf einer detaillierten Betrachtung der Datennutzung im Anwendungsfall. Eine reine dezentrale Architektur ist zu wählen, wenn die Verwendung der erhobenen Daten lediglich im Rahmen der echtzeitfähigen Steuerung des Teilsystems erfolgen soll.

[755] Vgl. Darms (Sensordatenfusion), 2007, S. 16-19.

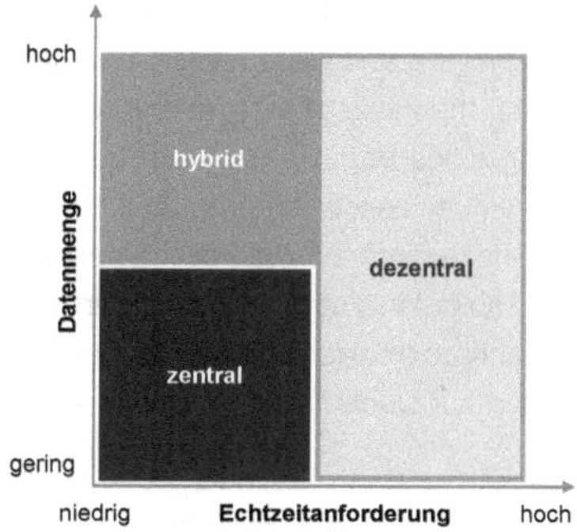

Abbildung 5.65: Darstellung erforderlicher Fusionsortkonzepte[756]

Eine hybride Architektur hingegen ist erforderlich, wenn der Anwendungsfall die Nutzung der Daten zusätzlich zur echtzeitnahen Steuerung auch zur langfristigen Optimierung weiterer Zielgrößen vorsieht. In diesem Fall fusioniert und verarbeitet das Edge-Device die steuerungsrelevanten Datenattribute und transferiert anschließend die für die langfristige Optimierung erforderlichen Datenattribute an das zentrale Fusionsobjekt. Unabhängig von den Echtzeitanforderungen des Anwendungsfalls bedarf es außerdem eines Edge-Devices und somit einer dezentralen oder hybriden Architektur, wenn in einem Teilsystem große Datenmengen erhoben werden, um diese effizient verarbeiten und speichern zu können[757]. Hierzu sind durch den Werkzeugbau im Vorfeld der Datenerhebung Kriterien zu definieren, anhand derer bestimmt werden kann, ob die Daten werthaltig und folglich zu verarbeiten und zu speichern sind. Abbildung 5.66 zeigt verschiedene Methoden, die verwendet werden können, um werthaltige Daten zu identifizieren.

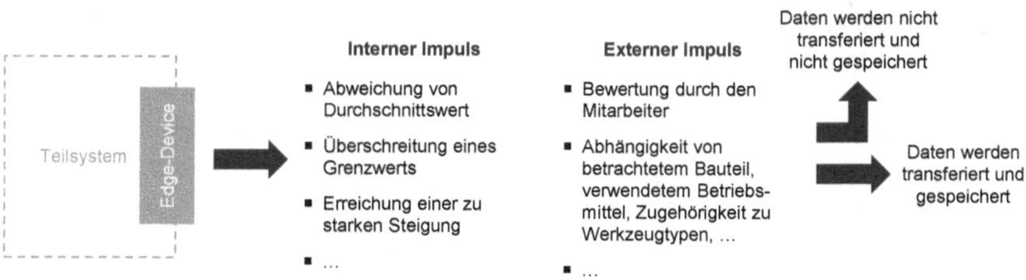

Abbildung 5.66: Methoden zur Bestimmung der Werthaltigkeit von Daten[758]

Grundsätzlich können die Methoden danach differenziert werden, ob die Bestimmung der Werthaltigkeit durch Informationen aus der Datenaufnahme selbst oder einen externen Impuls erfolgt. Als interne Impulse können bspw. Abweichungen vom historischen Durchschnitt eines

[756] Eigene Darstellung.

[757] Vgl. Shi et al. (Edge Computing: Vision and Challenges), 2016, S. 637.

[758] Eigene Darstellung.

Datenattributs, die Überschreitung eines definierten Grenzwerts oder die Erreichung einer definierten Steigung in der zeitlichen Veränderung eines Datenattributs verwendet werden. Als externe Impulse kann bspw. die manuelle Impulsgabe durch den Mitarbeitenden bei festgestellten Qualitätsabweichungen eines Bauteils nach der Bearbeitung herangezogen werden oder die Datenaufnahme vom aktuell bearbeiteten Bauteil, einem verwendeten Betriebsmittel oder der Zugehörigkeit zu einem bestimmten Werkzeugtypen abhängig gemacht werden. Die Auswahl einer oder mehrerer konkreter Methoden muss durch eine Betrachtung der Charakteristika der jeweiligen Datenattribute erfolgen. Dabei kann das bereits generierte Wissen während der Auswahl der Methoden zur Durchführung der Plausibilitätsprüfung in Kapitel 5.3.1.3 verwendet werden.

Für die operative Umsetzung des entwickelten Fusionskonzepts sind insbesondere die vorgesehenen Edge-Devices zu konfigurieren und die Programmierung für die Durchführung der Fusionierung zu erstellen. Da es sich hierbei um detailliertes informationstechnisches Know-how handelt, das keinen weiteren Input von Seiten der produktionstechnischen oder werkzeugbauspezifischen Charakteristika benötigt, handelt es sich nicht mehr um Inhalte des Betrachtungsbereichs dieser Arbeit und es erfolgt keine weitergehende Beschreibung dieser Inhalte.

Neben der Auswahl der Fusionsarchitekturen sind in dieser Teilaufgabe außerdem die *Datenspeicherungstypen* auszuwählen. Aus den dargelegten Grundlagen zu den Datenspeicherungstypen in den Kapiteln 2.1.4 und 5.3.2.1 lässt sich ableiten, dass die Kriterien für die Auswahl des anforderungsgerechten Datenspeicherungstypen in den drei Dimensionen Daten, Systemanforderungen und unternehmensindividuelle Randbedingungen zu betrachten sind. Daraus resultieren in Anlehnung an Hecht folgende zehn konkrete Anforderungen[759]:

Daten:

- *Datenmenge*: Die in einer Datenbank gespeicherte Datenmenge beeinflusst wesentlich den effizienten Einsatz eines Datenbanktypen.
- *Datenwachstum*: Je nach Datenbanktyp ist die Skalierbarkeit der bereitgestellten Datenspeicherungskapazität unterschiedlich effizient möglich. Daher ist im Vorfeld der Auswahl eine Abschätzung des zukünftig zu erwartenden Wachstums des Kapazitätsbedarfs erforderlich. Dabei ist zu unterscheiden, ob es sich beim erwarteten Wachstum um ähnlich strukturierte Daten handeln wird oder nicht.

[759] Vgl. Hecht (NoSQL-Datenbanksysteme), 2014, S. 205-235. HECHT verwendet in seinen Ausführungen in Summe 29 Kriterien in den vier Dimensionen konzeptuelle Ebene, interne Ebene, verteilte Datenhaltung und sonstige Kriterien. Diese Kriterien wurden vor dem Hintergrund des produktionstechnischen Betrachtungsbereichs dieser Arbeit angepasst, sodass die in dieser Arbeit verwendeten zehn Kriterien, die durch die produktionstechnischen Charakteristika beeinflussten Kriterien darstellen, während die dadurch nicht beeinflussten Kriterien nicht dezidiert beschrieben werden.

- *Datentyp*: Das Kriterium des Datentyps differenziert nach den in Kapitel 2.1.4 eingeführten Dimensionen in strukturierte, semistrukturierte und unstrukturierte Datentypen.

Systemanforderungen:

- *Konsistenz*: Die erforderliche Konsistenz der Datenhaltung wird als ein Zustand verstanden, in dem alle Daten der Datenbank auf demselben Stand sind. Die vorgestellten Ausprägungen ACID und BASE stellen dabei die beiden Extrema des morphologischen Kastens dar, zwischen denen entsprechend des CAP-Theorems weitere Ausprägungen gewählt werden können.
- *Verfügbarkeit*: Die Verfügbarkeit stellt das zweite zentrale Element des CAP-Theorems dar und resultiert insbesondere aus den Anforderungen des Anwendungsfalls an die Echtzeitfähigkeit. Denn wenn für die Realisierung des Anwendungsnutzens nicht nur eine echtzeitfähige Verarbeitung der erhobenen Daten erforderlich ist, die in der Regel direkt auf dem Edge-Device erfolgt, bevor die Daten gespeichert werden, sondern auch vergangene Daten mit in die Verarbeitung einbezogen werden müssen, ist eine sofortige Datenverfügbarkeit relevant.
- *Ausfalltoleranz*: Die Ausfalltoleranz eines Datenbanksystems resultiert aus der Signifikanz, die ein Verlust eines Teils der gespeicherten Daten für den Anwendungsfall hätte. Die anspruchsvollste Ausprägung stellt die uneingeschränkte und dauerhafte Erreichbarkeit aller gespeicherten Daten dar. Dem konträr gegenüber steht die Zulässigkeit eines teilweisen Datenverlusts sowie einer zeitlichen Nicht-Verfügbarkeit einzelner Teile des Datenbanksystems.
- *Abfragemächtigkeit*: Die Abfragemächtigkeit beschreibt die Komplexität der erforderlichen Lese- und Schreibzugriffe auf das Datenbanksystem. Ein einfacher Zugriff ist durch das Lesen und Schreiben einzelner Datenattribute gekennzeichnet. Komplexe Zugriffe erfordern das Durchsuchen und Zusammenfügen verschiedener Strukturen und resultieren insbesondere aus der Anwendung komplexer Business Intelligence Anwendungen auf der Datenbank.

Unternehmensindividuelle Randbedingungen:

- *Fachwissen*: Viele Werkzeugbaubetriebe besitzen keine eigene IT-Abteilung, sondern greifen entweder auf Kapazitäten des Mutterunternehmens zurück oder nutzen externe IT-Dienstleister. Insbesondere bei kleinen Betrieben besteht häufig sogar kein Zugriff auf explizite IT-Kompetenzen. Folglich ist es für die Auswahl eines Datenspeicherungstypen essenziell, zu bewerten, welches erforderliche Fachwissen für den Anwender und die kontinuierliche Pflege des Speichersystems erforderlich sind.
- *Kosten*: Für eine valide Bewertung des Aufwand-Nutzen-Verhältnisses der verschiedenen Datenspeicherungstypen ist auch eine Betrachtung der Kosten durchzuführen. Hierzu sind die die initialen Beschaffungs- und Implementierungskosten zu berücksichtigen, genauso wie die kontinuierlichen Lizenzkosten sowie eventuelle Aufwände für externe IT-Betreuung.
- *Datenschutz*: Die Umsetzung der formulierten Anforderungen an den Schutz der erhobenen Datenattribute erfolgt auch durch das Datenspeicherungssystem. Da sich die

verschiedenen Typen in ihrem realisierbaren Datenschutz unterscheiden, müssen die formulierten Anforderungen den Datenspeicherungstypen zugeordnet werden.

Diese Kriterien sind mit Kenntnis über den Anwendungsfall zu bewerten und anschließend mit den Charakteristika der in der Praxis verfügbaren Datenbanktypen abzugleichen. Insbesondere die formulierten Anforderungen an die zeitliche Verfügbarkeit der Datenattribute sind durch entsprechende Ausprägungen der Anforderungen an das Datenspeichersystems abzubilden. Abbildung 5.67 zeigt hierzu eine qualitative Zuordnung der vier relevantesten Datenbanktypen, der SQL-Datenbank, der Dokumenten-Datenbank, der Schlüssel-Wert-Datenbank sowie der Spaltenfamilien-Datenbank, innerhalb der eingeführten Kriterien.

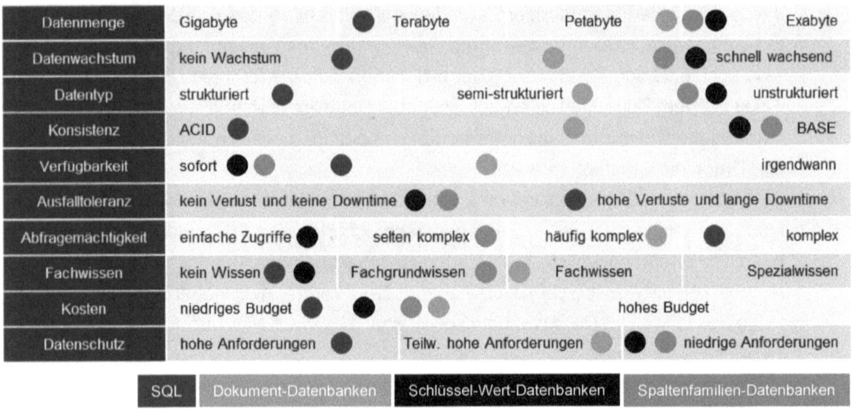

Abbildung 5.67: Morphologischer Kasten zur Auswahl neuer Speichersysteme[760]

Die Abbildung zeigt die deutlichen Unterschiede zwischen den relationalen und den nicht-relationalen Datenbanksystemen. Relationale Datenbanksysteme, die hier am Beispiel der SQL-Datenbanken dargestellt sind, eignen sich insbesondere für kleinere Datenmengen und sind durch einen geringen Wartungs- und Kompetenzbedarf charakterisiert. Für die Speicherung größerer und schnell wachsender Datenmengen sowie nicht-strukturierten Daten eigenen sich hingegen nicht-relationale Datenbanksysteme deutlich besser. Neben den hier dargestellten Kriterien sind für die Differenzierung der nicht-relationalen Datenbanksystemen zusätzlich deren spezifischen Charakteristika hinsichtlich der zu speichernden Datentypen zu berücksichtigen. Dokument-Datenbanken speichern insbesondere einzelne Dokumente, denen ein eindeutiger Identifikator zugeordnet wird. Bei den Dokumenten handelt es sich in den meisten Fällen um JSON oder XML-Dateien, wodurch Dokument-Datenbanken für die Erzeugung eines digitalen Schattens von exponierter Bedeutung sind. Schlüssel-Wert-Datenbanken hingegen bilden Schlüssel-Werte-Zuordnungen. Ein Schlüssel besteht aus beliebig viele Hashes, deren wiederum die entsprechenden Werte zugeordnet werden. Folglich eignen sich diese Systeme insbesondere zur Charakterisierung von Objekten. Die Spaltenfamilien-Datenbanken

[760] I. A. a. Hecht (NoSQL-Datenbanksysteme), 2014, S. 236.

erweitern das Konzept der Schlüssel-Wert-Datenbanken um eine zweite Dimension. Schlüssel, auf die gemeinsam zugegriffen werden sollen, werden durch eine identische Bezeichnung der Spaltenfamilie kenntlich gemacht.

Im Anschluss an die Auswahl des Datenspeicherungstypen erfolgt die *Auswahl des Datenspeicherungsorts*. Hierbei ist wesentlich zu entscheiden, ob die zu erhebenden Daten auf eigenen lokalen Servern gespeichert werden sollen oder eine Ausprägung einer Cloud-Lösung favorisiert wird. Folglich erfordert dieser Aspekt eine Berücksichtigung der Charakteristika der zusätzlich erhobenen Datenattribute. Für die Entscheidung bedarf es aufgrund der Grundsätzlichkeit zusätzlich einer Betrachtung, die über den einzelnen Anwendungsfall des digitalen Schattens hinausgeht und die grundsätzliche Digitalisierungsstrategie des Werkzeugbaubetriebs und seine Synchronisierung mit der vorgelagerten Produktentwicklung sowie der Serienproduktion fokussiert.

Den ersten Schritt zur Auswahl des Datenspeicherungsorts stellt die Berücksichtigung der Charakteristika der zu speichernden Datenattribute dar. Dazu ist zunächst festzuhalten, dass das am häufigsten angeführte Argument gegen die Nutzung einer Cloud die nicht ausreichende und nicht selbst kontrollierbare Datensicherheit ist[761]. Hierbei stellt sich zum einen die grundsätzliche Herausforderung der Sicherheit der Infrastruktur gegen bösartige Angriffe. Insbesondere in externen Werkzeugbaubetrieben, die häufig keine eigene IT-Abteilung besitzen, liegt die erreichbare Sicherheit der eigenen Netzwerkinfrastruktur und der darin gespeicherten Daten in den meisten Fällen deutlich unter der Sicherheit, die durch etablierte und zertifizierte Cloud-Anbieter geboten wird. Als zweite Herausforderung besteht der mögliche Zugriff des Cloudanbieters auf die gespeicherten Daten. Auch hierfür existieren heute jedoch technische Lösungen zur Client-seitigen Verschlüsselung gespeicherter Daten[762]. Da diese technischen Lösungen bisher im Werkzeugbau jedoch kaum verbreitet sind, bedarf es im Sinne des Risikomanagements einer Abschätzung des Schadenspotenzials, falls Unbefugte Zugriff auf gespeicherte Datenattribute erhalten. Eine solche Einschätzung zeigt Abbildung 5.68 indem eine qualitative Bewertung der eingeführten Datentypen hinsichtlich ihrer Eignung zur Speicherung in einer Cloud durchgeführt wird.

Die Datentypen, die der Kategorie der Stammdaten zuzuordnen sind, eignen sich in den meisten Fällen nicht, um in der Cloud gespeichert zu werden. Dies resultiert zum einen aus der geringen Datenmenge und zum anderen aus der geringen Schwankung der Datenmenge. Ähnliches gilt außerdem für Werkzeug-Auftragsdaten. Hier ist zusätzlich zu berücksichtigen, dass die Werkzeug-Auftragsdaten projektkritische Informationen darstellen, die potenziell die Geheimhaltungsinteressen des Kunden und des eigenen Unternehmens betreffen können. Insbesondere wenn die Werkzeug-Auftragsdaten jedoch mit den Kunden ausgetauscht werden sollen, kann eine Speicherung der Daten in der Cloud sinnvoll sein. Dies gilt äquivalent für die Herausforderung der Vernetzung mehrerer Standorte eines Werkzeugbaubetriebs. Daher werden die Attribute dieser Datenkategorie als teilweise geeignet eingestuft. Für beide

[761] Vgl. Herzwurm; Henzel (Cloud-Computing), 2020, S. 20-21.

[762] Vgl. Zwattendorfer et al. (Sicheres Speichern in der Cloud), 2013.

Datenkategorien gilt, dass die zugeordneten Datenattribute bisher häufig im ERP-/PPS-System des Werkzeugbaus gespeichert sind und folglich traditionell bei vielen Unternehmen auf lokalen Servern abliegen. Sollte der Trend hierbei dem sonstigen Markt folgen und Softwarelösungen vermehrt als SaaS[763] angeboten werden, werden sowohl die Stamm- als auch die Werkzeug-Auftragsdaten automatisch in die Cloud wandern.

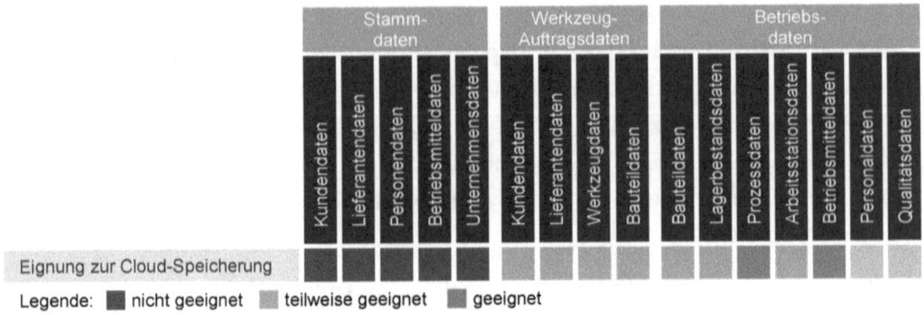

Abbildung 5.68: Qualitative Bewertung der Datentypen zur Speicherung in der Cloud[764]

Der wesentliche Anwendungsbereich für Cloudlösungen im Werkzeugbau ist aktuell im Bereich der Betriebsdaten zu finden. Dies gilt zum einen, aufgrund der hohen Datenmengen, die hierbei entstehen, und zum anderen aufgrund des bei den Rohdaten fehlenden Bezugs zu konkreten Werkzeugprojekten. Bei Prozessdaten besteht in diesem Zusammenhang bei einigen Unternehmen die Sorge, dass bspw. durch Analyse der Positionsdaten des Fräswerkzeugs die Verfahrwege rekonstruiert werden können und folglich die Geometrien formgebender Teile erzeugt werden können. Dies ist in der Praxis jedoch nur mit hohem Aufwand möglich, da aufgrund der Zeitreihen, die aus der Maschinensteuerung erhoben werden, ein Bezug zu konkreten Bauteilen und Projekten fast unmöglich herzustellen ist. In Summe können die Betriebsdaten als geeignet bis teilweise geeignet bewertet werden.

Zusammenfassend kann festgehalten werden, dass für die Bewertung der Eignung einzelner Datenattribut zur Speicherung in der Cloud zwei Aspekte entscheidend sind. Zum einen ist zu untersuchen, ob potenziell schützenswerte Interessen der Kunden des Werkzeugbaus vorliegen. Diese sind in bilateralen Kundenvereinbarungen zu adressieren. Zum anderen stellt für die Nutzung einer Cloud-Lösung die Schaffung von Vertrauen bei den Entscheidungsträgern einen relevanten Erfolgsfaktor dar[765]. Durch gezielte Weiterbildungsmaßnahmen dieser Personen sowie einem Austausch mit Kunden aus der Serienproduktion, in der Cloudlösungen bereits deutlich verbreiteter sind, können darüber hinaus die erforderlichen Grundlagen zur objektiven Entscheidungsfindung geschaffen werden.

---

763 SaaS steht für das Konzept des Software-as-a-Service. Dabei erwirbt der Anwender nicht die Software, sondern greift über einen Client auf die in der Cloud gehostete Anwendung zu. Die dabei verwendete Infrastruktur wird durch den Anbieter bereitgestellt und verwaltet. Vgl. Zurbriggen; Schellinger (Im Wandel der Digitalisierung), 2021, S. 222-223.

764 Eigene Darstellung.

765 Vgl. Herzwurm; Henzel (Cloud-Computing), 2020, S. 26-27.

Neben den Charakteristika der einzelnen zu speichernden Datenattribute ist darüber hinaus der Einfluss der Digitalisierungsstrategie[766] zu bewerten. Abbildung 5.69 zeigt relevante Einflussgrößen, die auf Basis der Digitalisierungsstrategie des Werkzeugbaubetriebs zu beantworten sind, um eine langfristig ausgerichtete Entscheidung bezüglich der Auswahl des Datenspeicherorts treffen zu können.

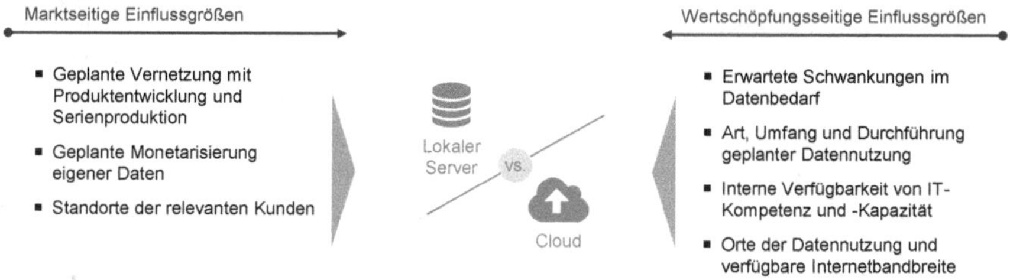

Abbildung 5.69: Einflussgrößen auf die Auswahl des Datenspeicherungsorts[767]

Im Fokus der *marktseitigen Einflussgrößen* stehen die monetarisierbaren, datenbasierten Leistungen, die am Markt angeboten werden sollen. Dies umfasst zum einen datenbasierte Dienstleistungen und Geschäftsmodelle, die durch die Vernetzung mit der Produktentwicklung und der Serienproduktion angeboten werden sollen. Für alle damit verbundenen Aktivitäten, bei denen Daten bereitgestellt oder mit externen Entitäten ausgetauscht werden müssen, eignen sich Cloudlösungen im Besonderen. Außerdem ist die Nutzung einer Cloudlösung von Vorteil, falls für die Zukunft geplant wird, eigene Daten, bspw. aus den Fertigungsprozessen, zu monetarisieren, indem diese an Lieferanten, wie Fräswerkzeug- oder Werkzeugmaschinenhersteller, zu verkaufen. Im Zusammenhang mit den derzeit geltenden Datenschutzgesetzen sind ferner die Standorte der Kunden, mit denen Daten ausgetauscht werden sollen, von Relevanz. Die damit verbundenen Anforderungen, die aus den Datenschutzgesetzen des eigenen Unternehmensstandorts sowie dem des beteiligten Kunden, sind zu untersuchen. Außerdem ist der Standort einer möglichen Cloud-Lösung zu betrachten sowie die in den Geschäftsbedingungen festgehaltenen Rahmenbedingungen des Cloud-Anbieters.

Wertschöpfungsseitig ist zum einem abzuschätzen, wie stark der Speicherplatzbedarf zeitlich schwanken wird. Anwendungsfälle die temporär eingesetzt werden oder wenn sich die Anzahl

[766] Die Struktur, Inhalte und Entwicklung einer Digitalisierungsstrategie für Werkzeugbaubetriebe sind nicht Teil des Gestaltungsbereichs dieser Arbeit. Der Begriff wird an dieser Stelle als strategische Formulierung der markt- und wertschöpfungsseitigen Aktivitäten zur Nutzung der Potenziale der Digitalisierung verstanden sowie der zu dieser Realisierung erforderlichen Strukturen und Verhalten. Weitergehend wird vorausgesetzt, dass ein Werkzeugbaubetrieb eine solche Digitalisierungsstrategie bereits besitzt. Unternehmen, die diese noch nicht besitzen, können die nachfolgend dargestellten Aspekte heranziehen, um die Notwendigkeit einer solchen Strategie zu erkennen oder die Bewertung der Einflussfaktoren als Initialisierung der Entwicklung einer solchen Strategie verwenden.

[767] Eigene Darstellung.

der Anwendungsfälle häufig ändert oder signifikant ansteigen wird, ist eine Cloud-Lösung aufgrund ihrer unkomplizierten Skalierbarkeit deutlich besser geeignet als eine lokale Serverlösung. Darüber hinaus ist zu bewerten, welche verschiedenen Arten der Datennutzung in der Digitalisierungsstrategie vorgesehen sind. Cloud-Lösungen bieten an dieser Stelle den Vorteil, dass häufig eine große Anzahl verschiedener Analysemethoden geboten wird und diese in einer Lösung mit der Datenspeicherung sowie anwenderfreundlich aufbereitet durchgeführt werden können. Außerdem beeinflusst die intern verfügbare IT-Kompetenz und -Kapazität wesentlich die Entscheidung über den Datenspeicherungsort. Aufgrund der geringen Mitarbeitendenzahl und den traditionellen Aktivitätsfeldern der Unternehmen besitzen insbesondere externe Werkzeugbaubetriebe häufig keine eigene IT-Abteilung. Im Zusammenhang mit der beschriebenen Datensicherheit sowie eventuellen Schwankungen im Datenspeicherungsbedarf, kann die Wahl einer Cloud-Lösung ebenfalls mit deutlichen Vorteilen behaftet sein. Als abschließender Bewertungsfaktor sei der Ort der Datennutzung sowie die dort verfügbare Internetbandbreite angeführt. Insbesondere bei Nutzung der Daten direkt auf dem Shopfloor, kann es aufgrund der entstehenden Interferenzen durch die Fertigungsmaschinen zu mangelnder Internetbandbreite kommen. Wenn in solchen Fällen große Datenmengen gespeichert und abgerufen werden sollen oder die Verarbeitung der Daten Echtzeitanforderungen unterliegt, kann es mit der heute in den Werkzeugbaubetrieben bestehenden Infrastruktur zu erhöhten Latenzen bei der Nutzung von Cloud-Lösungen kommen. Die dafür erforderliche 5G-Infrastruktur ist heute noch in keinem Werkzeugbaubetrieb zu finden.

Aus den erfolgten Bewertungen in den zwei dargestellten Entscheidungsdimensionen kann der Werkzeugbaubetrieb den für sich geeigneten Speicherungsort auswählen. Sollte das Ergebnis der Bewertung keine eindeutige Entscheidung ermöglichen, kann der Anwender auf die bereits beschriebenen Methoden der Gewichtung und des paarweisen Vergleichs der einzelnen Entscheidungsfaktoren zurückgreifen. Dabei kann es durchaus vorkommen, dass die Entscheidung keinen einzelnen Datenspeicherungsort umfasst, sondern für unterschiedliche Datenattribute unterschiedliche Speicherungsorte ausgewählt werden.

Zusammenfassend liegen dem Anwender nach Abschluss der Aufgabe *Gestaltung der Datenverarbeitung und -speicherung* folgende Ergebnisse vor:

- Ausgelegte Datenverarbeitungsinfrastruktur für die Datenfusion unter Berücksichtigung der erforderlichen Infrastruktur für die Datennutzung.
- Ausgewählte Speicherung zusätzlich erhobener Daten unter Einbeziehung der Digitalisierungsstrategie des Werkzeugbaus.

5.3.2.3 Auslegung der Middleware

Der digitale Schatten stellt nicht den primären Speicherort von Daten dar, sondern aggregiert die in der heterogenen Systemlandschaft des Werkzeugbaubetriebs vorhandenen Daten entsprechend den Anforderungen des Anwendungsfalls. Hierbei stellt sich die Herausforderung, dass der Datenaustausch zwischen verschiedensten Datenquellen, die uneinheitliche Kommunikationsformate nutzen, ermöglicht werden muss[768]. Folglich bedarf es abschließend der Auslegung einer Vernetzungsarchitektur, die die beschriebene Aggregation ermöglicht. Den Ordnungsrahmen zur vollständigen Beschreibung der erforderlichen Infrastruktur bildet der Manufacturing Service Bus, der mit Fokus auf die Schnittstellenkompatibilität in der produzierenden Industrie entwickelt worden ist und bereits in der Praxis Anwendung gefunden hat[769]. Abbildung 5.70 überträgt den allgemein formulierten Manufacturing Service Bus auf den Betrachtungsbereich dieser Arbeit.

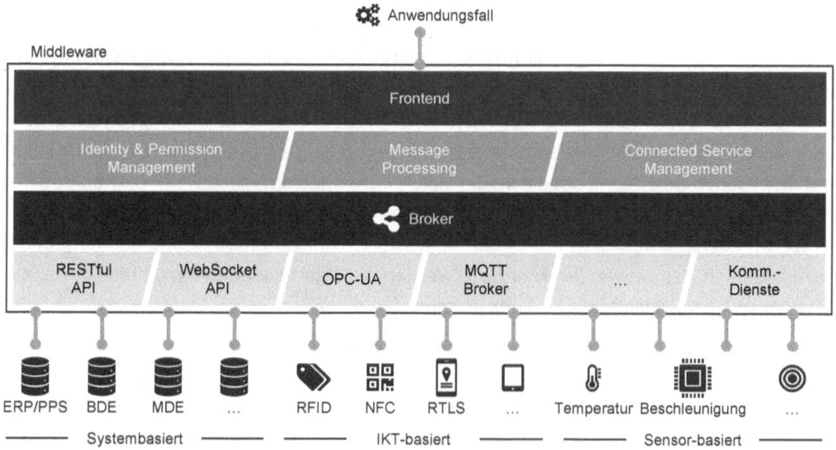

Abbildung 5.70: Übertragung des Manufacturing Service Bus auf den Betrachtungsbereich dieser Arbeit

Dem Internet of Production folgend stellt die Middleware die Verbindung zwischen der Datenbereitstellung und der Datenverwendung im Anwendungsfall dar[770]. Dazu besitzt die Middleware verschiedene Komponenten, die durch den Manufacturing Service Bus definiert werden. Zunächst bedarf es *Konnektivitätstechnologien*, die die erhobenen Daten zum Ort der Datenverarbeitung und -speicherung transferieren. Für diesen Transfer werden daneben verschiedene Schnittstellen mit ihren jeweiligen *Kommunikationsprotokollen* benötigt, die die unterschiedlichen Datenquellen miteinander verbinden[771]. Um die Gesamtanzahl der erforderlichen

[768] Vgl. Minguez (Der Manufacturing Service Bus), 2013, S. 271.

[769] Vgl. Stracke (Vernetzter und synchronisierter Serienanlauf), 2021, S. 210-212; Schel et al. (Manufacturing Service Bus), 2018, S. 181; Minguez (Der Manufacturing Service Bus), 2013, S. 276.

[770] Vgl. Schuh et al. (Internet of Production), 2017, S. 4.

[771] Vgl. Stracke (Vernetzter und synchronisierter Serienanlauf), 2021, S. 210; Abts; Mülder (Grundkurs Wirtschaftsinformatik), 2017, S. 93-94.

Verknüpfungen zwischen den Datenbereitstellern und den unterschiedlichen Datenverwendern zu reduzieren und Abhängigkeiten zu vermeiden, verwendet die Middleware einen *Broker*. Dieser steuert die Kommunikation zwischen Datenbereitstellern und -verwendern.[772] Mithilfe des *Identity & Permission Managements* wird der auf die aggregierten Daten zugreifende Personenkreis sowie dessen Zugriffsrechte eingegrenzt. Dies besitzt eine besondere Relevanz, wenn auch externe Stakeholder Zugriff auf die erhobenen Daten erhalten sollen. Den Kernbestandteil der Middleware stellt das *Message Processing* dar, indem es die Integrationsprozesse zwischen den verschiedenen Sendern und Empfängern umsetzt. Hierzu besteht es aus drei Diensten. Die Routingdienste identifizieren zunächst die Empfänger der durch den Broker bereitgestellten Daten. Die Transformationsdienste übersetzen anschließend unter Verwendung des aufgestellten Datenmodells die Unterschiede in Datenformaten und Kommunikationsprotokollen zwischen Sendern und Empfängern. Die Orchestrierungsdienste wiederum dienen zur Implementierung von Workflows zwischen den verschiedenen Systemen, um wiederkehrende Interaktionen automatisieren zu können. Das Connected Service Management konfiguriert den Zugriff auf die an die Middleware angebundenen Datenquellen und setzt folglich die definierten Charakteristika der Datenerhebung und -fusion, wie bspw. die Aktualisierungsfrequenz, um. Das Frontend der Middleware dient zur Modellierung der Integrationsprozesse durch den Anwender. Hierdurch werden die Mitarbeitenden dazu befähigt neue Informationsflüsse selbstständig zu konfigurieren.[773]

Aus produktionstechnischer Sicht sind aufbauend auf den dargestellten Erläuterungen der Struktur einer Middleware die Konnektivitätstechnologien und Kommunikationsprotokolle, das Identity & Permission Management sowie das Frontend auszugestalten. Die konkrete Umsetzung der drei beschriebenen Elemente sowie die gesamte Betrachtung des Brokers, des Message Processings sowie des Connected Service Managements umfassen im Wesentlichen informationstechnische Aufgabenstellungen und werden folglich aufgrund des Betrachtungsbereichs dieser Arbeit nicht detailliert beschrieben. Daraus resultiert das in Abbildung 5.71 gezeigte Vorgehen zur Auslegung der Middleware.

Abbildung 5.71: Vorgehen zur Auslegung der Middleware[774]

Die *Auswahl der Konnektivitätslösungen und der Kommunikationsprotokolle* schafft mit ersteren zunächst die Grundlage, dass die ausgewählten Erhebungsmethoden ihre Daten überhaupt transferieren können. Die Kommunikationsprotokolle formulieren anschließend die Re-

[772] Vgl. Minguez (Der Manufacturing Service Bus), 2013, S. 279.

[773] Vgl. Schel et al. (Manufacturing Service Bus), 2018, S. 182-184; Minguez (Der Manufacturing Service Bus), 2013, S. 277-279; Stracke (Vernetzter und synchronisierter Serienanlauf), 2021, S. 210-212.

[774] Eigene Darstellung.

geln, Syntax, Semantik und Synchronisation, damit die durch die unterschiedlichen Konnektivitätslösungen transferierten Daten durch die Middleware zusammengeführt werden können[775]. Die verfügbaren Konnektivitätslösungen sind zunächst in drahtgebundene und drahtlose Lösungen zu differenzieren. Drahtgebundene Lösungen wiederum können weitergehend in Bus- und Ethernetsysteme unterteilt werden. Die relevantesten drahtlosen Konnektivitätstechnologien stellen WLAN, Bluetooth, ZigBee und 5G dar. Zur Auswahl anforderungsgerechter Konnektivitätstechnologien schlagen SCHMITT ET AL. die Kategorien Mobilität, Echtzeitfähigkeit, Übertragungsbandbreite sowie Skalierbarkeit vor. Abbildung 5.72 bewertet die relevanten drahtgebundenen und drahtlosen Konnektivitätstechnologien in diesen Kategorien.

Kriterien	WLAN	Bluetooth	ZigBee	5G	Feldbus	Industrial Ethernet
Mobilität	+	o	o	+	-	-
Echtzeitfähigkeit	-	o	-	+	+	+
Übertragungsbandbreite	+/o	-	-	+	+	+
Skalierbarkeit	o	-	o	+	+	+

Abbildung 5.72: Bewertung drahtgebundener und drahtloser Konnektivitätstechnologien[776]

Es erscheint trivial, dass drahtgebundene Lösungen überall dort zum Einsatz kommen können, wo sich der Standort der Erhebungsmethode über die Zeit nicht verändert. Insbesondere an den Fertigungstechnologien sind heute bereits in Folge der Zentralisierung der CAM-Programmierung nahezu überall Netzwerkanschlüsse vorhanden.

Neben der Mobilität der Lösung stellt die Echtzeitfähigkeit das zweite Kriterium dar. Hier zeigt sich, dass insbesondere drahtgebundene Lösungen Vorteile aufweisen. Zwar besteht inzwischen mit 5G auch eine drahtlose Alternative zur Verfügung, jedoch ist diese im Werkzeugbau in der Praxis noch nicht anzutreffen. Betrachtet man jedoch die potenziellen Anwendungsfelder, in denen Echtzeitfähigkeit gefordert wird, handelt es sich hierbei im Wesentlichen um Anwendungen aus dem Bereich der Fertigungstechnologien. Da in diesem Bereich, wie beschrieben, nahezu immer drahtgebundene Konnektivitätstechnologien unkompliziert erreichbar sind, können diese als präferiert für die Bewertungskategorie Echtzeitfähigkeit betrachtet werden.

Die Charakterisierung der Konnektivitätstechnologien hinsichtlich ihrer Übertragungsbandbreite ähnelt der der Echtzeitfähigkeit. Mit der Einführung des neuen Standards Wifi 6, wird WLAN hinsichtlich seiner möglichen Bandbreite 5G jedoch sogar überlegen sein[777]. Dies ist insbesondere für die Nutzung von WLAN-Verbindungen in der Produktion relevant. Aktuell ist eine hohe Anzahl Router erforderlich, um trotz der Interferenzen zwischen den Maschinen, überall eine verlässliche Netzwerkverbindung garantieren zu können.

[775] Vgl. Sharp (Principles of Protocol Design), 2008, S. 1-3.

[776] Vgl. Schmitt et al. (Architektur einer vernetzten, adaptiven Produktion), 2020, S. 8; Krüger et al. (Daten, Information und Wissen in Industrie 4.0), 2017, S. 106.

[777] Vgl. Patel (Wi-Fi 6 vs. 5G), 2020.

Die Bewertung der Skalierbarkeit basiert stark auf den jeweiligen Topologien, die für die Technologien genutzt werden. Grundsätzlich kann jedoch festgehalten werden, dass drahtgebundene Lösungen am einfachsten erweiterbar sind.

An dieser Stelle sind ferner die vorhandenen Synergien mit den ausgewählten Datenerhebungsmethoden zu berücksichtigen. Einige der hier dargestellten Konnektivitätstechnologien, wie WLAN oder Bluetooth, können auch als Datenerhebungsmethode genutzt werden, indem Distanzen trianguliert oder Anwesenheit eines Senders in einem definierten Netzwerk verfolgt werden. Zur Realisierung von Synergieeffekten sollten daher bereits in der Phase der Auswahl der Erhebungsmethoden die möglichen Konnektivitätstechnologien mitgedacht werden.

Zwischen der Auswahl der Konnektivitätstechnologien sowie der Kommunikationsprotokolle besteht zunächst keine zwingende Abhängigkeit. Insbesondere die gewählte Netzwerkarchitektur kann jedoch Einfluss auf die Eignung der Protokolle nehmen. Grundsätzlich können die bestehenden Protokolle differenziert werden in Protokolle, die aus den Internettechnologien entwickelt worden sind und Protokollen, die aus der Automatisierungstechnik entwickelt worden sind. Zu Ersteren zählen bspw. Rest, HTTPS oder MQTT. Zu Zweiteren bspw. OPC UA.[778]

Die Anforderungen und die Auswahl anforderungsgerechter Kommunikationsprotokolle ist für Maschinendaten differenziert von sonstiger Sensorik zu betrachten. Insbesondere für drahtlose Sensoren, bzw. Empfänger, wie RTLS, stellt der Energieverbrauch der Datenübermittlung einen wesentlichen Entscheidungsfaktor dar. Daher sind hier insbesondere Protokolle wie LoRaWAN, Bluetooth Low Energy einzusetzen. Für drahtgebundene Sensoren bestehen eine Vielzahl etablierter Protokolle bereit, die häufig bereits in anderen Einsatzgebieten in den Betrieben verwendet und daher etabliert sind. Dies umfasst bspw. verschiedene Ethernet- oder USB-Protokolle.[779]

Für die Erfassung von Maschinendaten haben sich in den letzten Jahren deutliche Standards etabliert, die eine Vielzahl der Maschinenhersteller unterstützen. Abbildung 5.73 zeigt für die relevantesten Maschinenhersteller der Branche Werkzeugbau die von neuen Maschinen unterstützten Kommunikationsprotokolle.

Zusammenfassend kann festgehalten werden, dass in Europa sich der OPC UA Standard am stärksten etabliert hat. Darauf aufbauend haben Maschinenhersteller außerdem das Protokoll Umati entwickelt, das ebenfalls von nahezu allen Anbietern unterstützt wird. Großer Vorteil der beiden Protokolle ist die Tatsache, dass neben den eigentlichen Daten gleichzeitig auch die entsprechende Semantik übertragen werden kann, sodass die Interpretation der Daten, insbesondere bei der Nutzung verschiedener Maschinenhersteller, deutlich vereinfacht wird[780].

[778] Vgl. Brecher et al. (Holistic Automation), 2020, 27.

[779] Vgl. Friesen et al. (Leitfaden Retrofit für Industrie 4.0), 2020, S. 13.

[780] Vgl. OPC Foundation (OPC Unified Architecture), 2017, S. 23.

Für Werkzeugbaubetriebe mit Standorten in den USA kann zur Befähigung einer standortübergreifenden Vernetzung auch eine detaillierte Betrachtung des in den USA in vielen CNC-Maschinen weit verbreiteten Protokolls MTConnect Sinn ergeben[781].

Hersteller	OPC UA	Umati	MQTT	MTConnect	TCP/IP	XML
DMG Mori	+	+	+	+	-	-
Hermle	+	+	-	-	-	-
Röders	+	+	-	-	+	+
Makino	+	-	-	+	-	-
+GF+	+	+	+	-	-	-
Index	+	+	+	-	-	-
Studer	+	+	-	+	-	-

Abbildung 5.73: Übersicht angebotener Protokolle relevantester Maschinenhersteller[782]

Bei der erstmaligen Festlegung auf ein Kommunikationsprotokoll handelt es sich um eine stark strategisch geprägte Entscheidung. Die sehr heterogene Altersstruktur der verwendeten Maschinen führt jedoch notgedrungen zu einem gewissen Pluralismus der Protokolle[783]. Dennoch muss der Anwender in dem Bewusstsein handeln, dass eine steigende Anzahl verschiedener verwendeter Protokolle innerhalb des Unternehmens die Verwendung der mit den Protokollen übermittelten Daten für zukünftige digitale Schatten erschwert[784]. Folglich bedarf es einer detaillierten Analyse, die die beherrschten Kommunikationsprotokolle des vorhandenen Maschinenparks identifiziert. Außerdem sind solche Maschinen zu erfassen, die bisher keine Schnittstelle zur Kommunikation von Maschinendaten bereitstellen oder über keine Sensoren zur Datenerfassung verfügen. Für diese sind Möglichkeiten des Industrie 4.0-Retrofittings zu bewerten. Als Industrie 4.0-Retrofitting wird, in Abgrenzung vom klassischen Retrofitting, die Nachrüstung von Maschinen mit Sensoren und Kommunikationsschnittstellen bezeichnet[785]. Hervorzuheben ist hierbei, dass Retrofitting-Lösungen lediglich visualisierende, transparenzerzeugende oder prognostizierende Anwendungsfälle ermöglichen. Die aktive Einflussnahme (Adaptabilität) in den Fertigungsprozess ist nicht möglich. Da entsprechende Datenerhebungsmethoden in Kapitel 5.2.2.3 bereits ausgewählt worden sind, ist in diesem Schritt einzig die Auswahl passender Kommunikationsschnittstellen erforderlich. Hierzu dienen sogenannte IoT-Gateways, an denen die unterschiedlichen Sensoren angeschlossen werden können und

[781] Vgl. Klein et al. (Kommunikationsstandard für künftige Industrie 4.0-Fabriken), 2016.

[782] Vgl. DMG Mori (Durchgängige und prozess-übergreifende Digitalisierung), 2019; Hermle (Umati), 2019; Röders TEC (Job- oder Zellenmanagement RMSMAIN), 2021; Brown (Measures to Improve), 2020, S. 6; GF Machining Solutions (Konnektivität), 2021; Index (iX4.0 - die IoT-Plattform), 2020, S. 4; Fritz Studer AG (Digital Interfaces), 2021.

[783] Vgl. Plattform Industrie 4.0 (Sichere Kommunikation für Industrie 4.0), 2017, S. 13.

[784] Vgl. Trauth et al. (Monetarisierung von Fertigungsdaten), 2020, S. 349.

[785] Vgl. Friesen et al. (Leitfaden Retrofit für Industrie 4.0), 2020, S. 5-6.

die verschiedenen Protokolle in einen definierten Standard übersetzen[786]. Ergebnis dieser Analyse ist folglich die Definition einer möglichst geringen Anzahl Standardkommunikationsprotokolle, die sowohl innerhalb des eigenen Werkzeugbaubetriebs als auch über eventuell vorhandene weitere Standorte hinweg implementiert werden können. Außerdem sind, falls erforderlich, passende IoT-Gateways zum Retrofitting von Maschinen ausgewählt, die bisher über keine Kommunikationsschnittstelle verfügt haben.

Als Äquivalent zur Auswahl der Konnektivitätstechnologien & Kommunikationsprotokolle sind die Schnittstellen zu betrachten, die den Zugriff auf die in den Softwaresystemen gespeicherten Daten ermöglichen. Hier steht ebenfalls eine Vielzahl verschiedener Optionen zur Verfügung, wie u. a. XML, HTTPS, REST oder WebSocket. Deren Umsetzung wird aufgrund des produktionstechnischen Fokus dieser Arbeit jedoch nicht detaillierter thematisiert und ist bei entsprechender Kooperation des Softwareanbieters in der Regel problemlos umsetzbar.

Die *Gestaltung des Identity & Permission Managements* erfolgt primär zur Umsetzung der definierten Anforderungen in der Dimension *Geforderter Datenschutz*. Durch die Kombination verschiedener Datenquellen kann der realisierbare Informationswert deutlich gesteigert werden, jedoch werden in vielen Fällen direkte oder indirekte Rückschlüsse auf Einzelpersonen möglich[787]. Daher bedarf es bereits in der Phase der Operationalisierung des digitalen Schattens Maßnahmen, die während der späteren Nutzungsphase die datenrechtskonforme Verwendung der Daten sicherstellen. Neben der Einhaltung der rechtlichen Vorgaben unterstützt dies außerdem die Akzeptanz der Lösungen bei den Mitarbeitenden. Durch die Durchführung der DSFA im Rahmen der Formulierung der Anforderungen an die Datenqualität in der Dimension Geforderter Datenschutz wurden bereits alle Datenattribute identifiziert, für die nachfolgend Maßnahmen zu definieren sind. Die abzuleitenden Maßnahmen müssen der erfolgreichen Adressierung der bei der DSFA identifizierten Schwachstellen entsprechen. Die Maßnahmen, die den im Rahmen der DSFA identifizierten Risiken zuzuordnen sind, müssen der DSGVO folgend ein „dem Risiko angemessenes Schutzniveau" der Daten vor unberechtigter Nutzung sicherstellen. Dabei dürfen die Werkzeugbaubetriebe den aktuellen Stand der Technik mit den Implementierungskosten für die Schutzmaßnahme dem realisierbaren Schutz der Daten sowie dem mit den Daten verbundenen Risiko gegenüberstellen[788].

Die erste Dimension, in der entsprechend der formulierten Dimensionen der Informationsqualität der geforderte Datenschutz sicherzustellen ist, ist die *Vertraulichkeit*. Dies umfasst Maßnahmen, die bereits in vielen Werkzeugbaubetrieben ohne konkreten Bezug zu einem Anwendungsfall implementiert sind. Im Wesentlichen ist dabei der Umgang mit digitalen Endgeräten auf dem Shopfloor zu regeln, indem bspw. die Nutzung privater Geräte sowie die private Nutzung dienstlicher Geräte verboten wird. Die in allen gängigen Betriebssystemen bestehenden Möglichkeiten zur Verwendung von Kindersicherungssystemen bieten eine adäquate Möglichkeit, um die Nutzung über definierte Anwendungen hinaus zu unterbinden. Die Festlegung der

---

[786] Vgl. Friesen et al. (Leitfaden Retrofit für Industrie 4.0), 2020, S. 12-13.

[787] Vgl. VDMA; GvW Graf von Westphalen (Datenschutz & Industrie 4.0), 2016, S. 7.

[788] Bundesministerium für Wirtschaft und Energie (BMWi).

Nutzungsbedingungen der Endgeräte umfasst außerdem die Regelungen zur Aufnahme von Fotos und Videos auf dem Shopfloor. Hier sollten überwachte Verbote der Aufnahme von Menschen Vorrang haben, vor grundsätzlichen Foto- und Videoverboten, da andernfalls die Potenziale der Endgeräte zur Datenerfassung deutlich limitiert werden. Abschließend sind überall dort, wo personenbezogene Daten eingesehen werden können, Maßnahmen zur Vermeidung der Einsehbarkeit durch Dritte zu definieren. Dies umfasst bspw. die Nutzung von Rückmeldeterminals, die mit Blickschutzfolien oder Sichtschutze ausgestattet werden können.

Für die Sicherstellung der *Verbindlichkeit* sind die Zeitpunkte der Datenverwendung sowie die durchführenden Nutzer zu protokollieren. Hierbei handelt es sich um eine rein informationstechnische Umsetzung der Anforderungen, die folglich nicht näher detailliert werden.

Darüber hinaus bedarf es Maßnahmen zur Sicherstellung der geforderten *Transparenz* und *Intervenierbarkeit* im Zusammenhang mit dem geforderten Datenschutz. Transparenz über die erhobenen Daten sowie die Datenflüsse innerhalb und außerhalb des Unternehmens besteht bereits durch die Verfügbarkeit des Datenmodells sowie der digitalen Transparenzboards. Ergänzend bedarf es eines Prozesses, der es allen betroffenen Mitarbeitenden ermöglicht, gemeinsam mit dem Datenschutzbeauftragten, Zugang zu diesen Informationen zu erhalten. Darüber hinaus muss der Prozess es ermöglichen, dass Betroffene auf die Erhebung und die Nutzung der Daten Einfluss nehmen kann. Dies setzt die Methodik initial bereits durch die Integration der Mitarbeitenden aus den Teilsystemen in den Prozess der Operationalisierung um. Der Prozess bietet ergänzend die Möglichkeit bieten, dass betroffene Mitarbeitende auch nach Abschluss der Operationalisierung weiterhin Kontrolle über ihre Daten haben. Hierzu müssen sie die Möglichkeit haben, bei verantwortlichen Personen eine Veränderung der Datenerhebung und -nutzung fordern zu können. Im Falle einer solche Meldung ist zu überprüfen, ob der Anwendungsnutzen des digitalen Schattens weiterhin realisiert werden kann, wenn eine stärkere Anonymisierung der betroffenen Daten umgesetzt werden würde. Alternativ können die in Kapitel 5.2.2.2 entwickelten weiteren Erhebungsmethoden hinsichtlich der mit ihnen verbundenen Datenschutzcharakteristika und Implementierungskosten untersucht werden.

Abschließend sind Maßnahmen zur Sicherstellung der *Nicht-Verkettbarkeit* erforderlich. Dies ist insbesondere dort von Relevanz, wo Datenattribute verwendet werden, die mit den eindeutigen Personal-IDs der Mitarbeitenden verknüpft sind. Wenn in dieser Dimension zusätzliche Anforderungen bestehen, kann entweder eine höhere Granularität des Betrachtungsbereichs oder eine stärkere Anonymisierung der Daten umgesetzt werden. Bereits in Bereichen, in denen zwei Mitarbeitende zur gleichen Zeit tätig sind, kann bei einer Erhebung der Datenattribute auf Bereichs- anstatt Mitarbeitendenebene nur noch mit einem unverhältnismäßigen Aufwand Rückschluss auf konkrete Personen gezogen werden. Für die Anonymisierung der Daten eignet sich bspw. die Nutzung temporärer IDs oder zufällig generierter Hashwerte, die nicht konkreten Personen zugeordnet werden können. Dabei ist zu berücksichtigen, dass mit der Verwendung anonymisierter Datenattribute die Nutzung für andere Anwendungsfälle potenziell erschwert wird, da die Datenintegration mit anderen Datenquellen deutlich schwieriger wird. Außerdem wird mit temporären IDs eine detaillierte zeitliche Bewertung der Datenattribute in manchen Bereichen verhindert.

Zusätzlich müssen bei der Definition des Datenzugriffs jedoch auch die Interdependenzen zu der Entwicklung zukünftiger digitaler Schatten sowie der grundsätzlichen Art der geplanten Vorgehensweise zur Nutzung von Daten im Unternehmen berücksichtigt werden. Um die erhobenen Datenattribute für spätere Anwendungsfälle aufwandsarm nutzbar machen zu können, müssen die verfügbaren Datenattribute sowie deren Qualität transparent einsehbar sein. Außerdem besitzt die Präsentation der verfügbaren Datenattribute eine besondere Relevanz im Zusammenhang mit der proaktiven Einbindung von Mitarbeitenden in den Prozess der Datennutzung. Wenn Mitarbeitenden bspw. Business-Intelligence-Software oder Low-Code-Frameworks bereitgestellt werden, damit sie selbstständig Mehrwert aus den vorhandenen Daten erzeugen oder Anstoß zur Aufnahme zusätzlicher Daten geben können, benötigen die Mitarbeitenden Kenntnis über die verfügbaren Datenattribute[789]. Hierzu eigenen sich die in Kapitel 5.3.1.2 aufgestellten Datenmodelle, die alle erforderlichen Informationen enthalten und lediglich an einem Ort innerhalb der IT-Struktur abzulegen sind, auf den die gesamte Zielgruppe der Datennutzung Zugriff hat. Da in diesem Fall keinerlei Verwendung der tatsächlichen Werte der Datenattribute erfolgt, ist eine datenschutzrechtliche Diskussion nicht erforderlich.

Zum Abschluss dieser Teilaufgabe muss durch den Anwender der Methodik die *Auswahl des Frontends* erfolgen. Die Art des Frontends resultiert aus der Wahl der konkreten Software, in der die Middleware programmiertechnisch umgesetzt wird, kann jedoch allgemein in ein anwenderbezogenes und ein IT-bezogenes Frontend differenziert werden. Ein anwenderbezogenes Frontend beschreibt eine Lösung bei der der Anwender die Integration der Datenquellen sowie die Implementierung des entwickelten Datenmodells selbst durchführt. Ein IT-bezogenes Frontend setzt die erforderlichen Integrationsaktivitäten im Hintergrund der Anwendung um. Abbildung 5.74 spannt einen Ordnungsrahmen zur anforderungsgerechten Auswahl des Frontends auf.

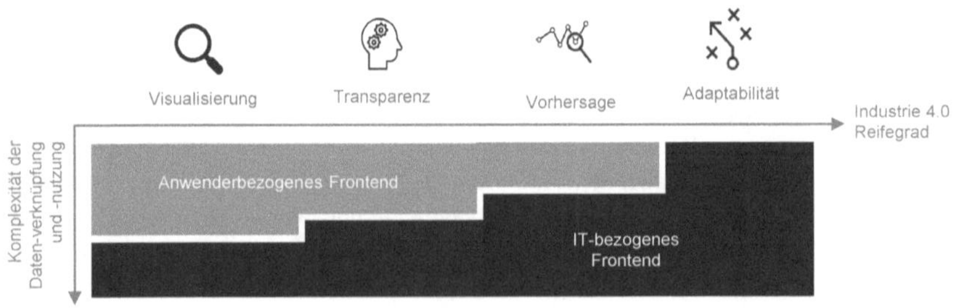

Abbildung 5.74: Ordnungsrahmen zur Auswahl des Frontends[790]

[789] Low-Code-Programmierung ermöglicht die Erstellung von Softwareanwendungen ohne detaillierte Programmierkenntnisse, da die Programmierung nicht in Form von Codezeilen erfolgt, sondern durch die Nutzung grafischer Funktionsbausteine. Vgl. Waszkowski (Low-code in manufacturing), 2019, S. 376-377.

[790] Eigene Darstellung.

Die horizontale Achse des Ordnungsrahmens wird durch den Industrie 4.0 Reifegrad bestimmt während die vertikale Achse auf der Bewertung der Komplexität der Datenverknüpfung und -nutzung basiert. Diese Komplexität resultiert aus der Art der erforderlichen Kommunikationsprotokolle sowie der benötigten Schreibrichtungen der Schnittstellen. Folglich wird hierbei zum Teil zusammenfassend auf die vorherigen Ergebnisse dieser Teilaufgabe zurückgegriffen. Anwendungsfälle, die durch einen geringen Industrie 4.0 Reifegrad und eine geringe Komplexität gekennzeichnet sind, können aufgrund der unidirektionalen Datennutzung häufig ein anwenderbezogenes Frontend nutzen. Bei gering-komplexen, visualisierenden Anwendungsfällen erfolgt die Verknüpfung sowie die operative Umsetzung des aufgestellten Datenmodells folglich mit Business-Intelligence Software, wie bspw. Microsoft PowerBI oder Qlik View. Für ähnlich komplexe Anwendungsfälle, die eine weitergehende Verarbeitung der Datenbasis erfordern (Transparenz und Vorhersage) können Software-Lösungen wie Orange oder Tableau verwendet werden. Mit erhöhtem Industrie 4.0 Reifegrad wird anstelle der unidirektionalen Datennutzung zunehmend eine bidirektionale Datennutzung erforderlich. Bei einem Anwendungsfall, der die Adaptabilität erreichen soll, müssen in jedem Fall Daten oder Erkenntnisse zurückfließen. Auch in Fällen, bei denen die Daten nicht über standardisierte Schnittstellen abgegriffen werden können, wird die Datenverknüpfung komplexer und kann folglich in beiden Fällen nicht mehr eigenständig durch den Anwender erfolgen. In diesem Fall ist das Frontend IT-bezogen zu gestalten. Solche Anwendungsfälle zeichnen sich folglich durch ein deutlich statischeres Verhalten aus, als es bei anwenderbezogenen Frontends möglich ist. Wenn vormals für die Speicherung der Daten die Cloud ausgewählt worden ist, ist dort häufig auch die Middleware integriert, wie bspw. beim Microsoft Azure Integration Service[791]. Die daraus resultierenden Einflüsse für die Auswahl des präferierten Speicherorts sind bereits in Kapitel 5.3.2.2 berücksichtigt worden und wirken sich entsprechend an dieser Stelle auf die Auswahl des Frontends aus. Für eine Übersicht der aktuell führenden Lösungen zur Umsetzung der Integration sei das Gartner Magic Quadrant for Enterprise Integration Platform as a Service (EiPaaS) angeführt[792]. In diesem werden unter dem Namen EiPaaS cloudbasierte Middleware-Lösungen vorgestellt.

Zusammenfassend liegen dem Anwender nach Abschluss der Aufgabe *Auslegung der Middleware* folgende Ergebnisse vor:

- Ausgelegte Vernetzungsinfrastruktur zur Bereitstellung der erhobenen Daten in der Middleware.
- Ausgestaltete Middleware zur Umsetzung einer uni- oder bidirektionalen Datennutzung des Anwendungsfalls.

5.4 Integration der Methodikbausteine und Zwischenfazit

Die vorherigen Unterkapitel haben die einzelnen Teilaufgaben zur Operationalisierung eines digitalen Schattens im Werkzeugbau beschrieben. Diese Teilschritte sind zur Ermöglichung

[791] Vgl. Microsoft Corporation (Azure Integration Services), 2019.

[792] Vgl. Gartner (Magic Quadrant for Enterprise Integration Platform as a Service), 2021.

einer geschlossenen wie auch einer teilweisen Anwendung der Methodik zu integrieren und in ihren Zusammenhängen zu diskutieren. Abbildung 5.75 zeigt die vollständige Methodik zur Operationalisierung von digitalen Schatten im Werkzeugbau.

Die Teilaufgaben der Phase A stellen die Verknüpfung zwischen den Anforderungen eines betrachteten Anwendungsfalls und dem eigentlichen digitalen Schatten her. Hierzu wird aus dem Informationsbedarf des Industrie 4.0-Anwendungsfalls ein Zielsystem für den digitalen Schatten abgeleitet. Dieses Zielsystem umfasst zum einen das Datenmodell des digitalen Schattens und zum anderen eine Relevanzbewertung der einzelnen Attribute des Datenmodells für die Realisierung des Anwendungsnutzens. Das Zielsystem definiert folglich für alle nachfolgenden Schritte die handlungsleitenden Rahmenbedingungen. Außerdem bildet das Zielsystem die Basis, um die hinreichende Genauigkeit des digitalen Schattens sowohl hinsichtlich der enthaltenen Datenattribute als auch der erforderlichen Qualität der erhobenen Werte der Datenattribute sicherzustellen.

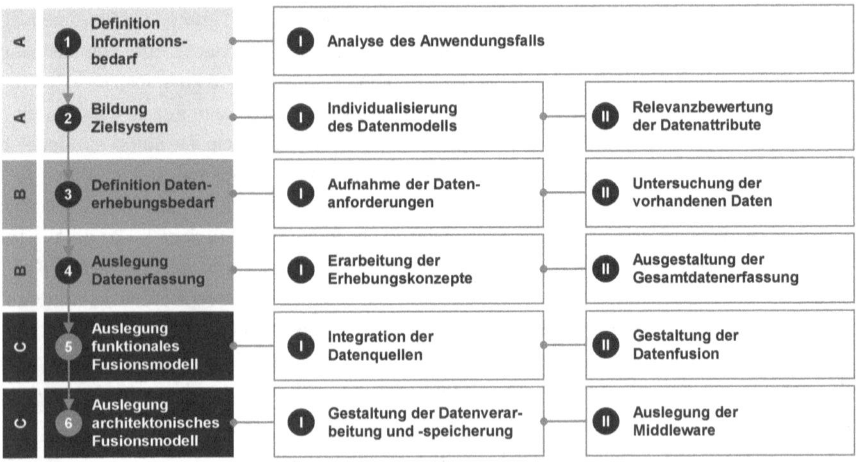

Abbildung 5.75: Methodik zur Operationalisierung von digitalen Schatten im Werkzeugbau[793]

In Phase B ist, dem Zielsystem der Operationalisierung entsprechend, die Datenerhebung auszulegen. Dies umfasst die Teilaufgaben zur Definition der erforderlichen Datenqualität sowie zur Auslegung einer diese Anforderungen erfüllende Datenerhebung. Die wesentliche Herausforderung besteht dabei in den entstehenden Abhängigkeiten zwischen den Methoden der Datenerhebung und den Teilaufgaben der Phase C. Zum einen wirkt sich die Auswahl der Datenerhebungsmethoden auf den erforderlichen Plausibilisierungsaufwand aus. Zum anderen entfällt der wesentliche Anteil des Investitionsbedarfes bei der erstmaligen Operationalisierung eines digitalen Schattens, bzw. der Digitalisierung des Werkzeugbaubetriebs auf die erforderliche Infrastruktur. Eben diese wird jedoch bereits wesentlich durch die Auswahl der

[793] Eigene Darstellung.

Erhebungsmethoden determiniert. Folglich müssen diese beiden Phasen in enger personeller und zeitlicher Verknüpfung miteinander ausgeführt werden.

Phase C sichert die Plausibilität der erhobenen Daten und legt die erforderliche Infrastruktur zur Vorverarbeitung, Speicherung und Nutzung des digitalen Schattens aus. Da in dieser Phase, wie bereits erläutert, die langfristigsten Auswirkungen auf die grundsätzliche Digitalisierung des Werkzeugbaubetriebs erzeugt werden, besitzt diese Phase nicht nur Interdependenzen zu den übrigen beiden Phasen der Methodik, sondern insbesondere auch zur grundsätzlichen Digitalisierungsstrategie des Werkzeugbaubetriebs, bzw. im Falle eines internen Betriebs auch seines Mutterunternehmens.

In Fällen, in denen während der Nutzungsphase des digitalen Schattens festgestellt wird, dass der avisierte Anwendungsnutzen nicht realisiert werden konnte, ist zu erarbeiten, ob die Ursachen in der Operationalisierung des digitalen Schattens liegen. Zum einen kann im formulierten Zielsystem nicht der vollständige Informationsbedarf des Anwendungsfalls abgebildet worden sein. Als zweite Option können die Qualitätsanforderungen an die erhobenen Daten zu gering formuliert und als dritte Option die formulierten Datenqualitätsanforderungen nicht erreicht worden sein. Entsprechend des Ergebnisses dieser Analyse muss in der entsprechenden Phase erneut in die Methodik eingestiegen werden. Ziel dabei ist es, die erforderlichen Anpassungen, die durch die Änderungen am digitalen Schatten erforderlich werden, möglichst minimal zu halten. Dies bedeutet, dass insbesondere die bereits bestehenden Erhebungsmethoden sowie die Infrastruktur auch für die Anpassungen verwendet werden können, um den zusätzlichen Investitionsbedarf gering zu halten.

Als Zwischenfazit kann festgehalten werden, dass die entwickelte Methodik Werkzeugbaubetriebe dazu befähigt, einen digitalen Schatten entsprechend der durch SCHUH ET AL. formulierten Charakteristika zu operationalisieren[794]:

- *Digitale Schatten müssen domänenspezifisches Wissen beinhalten*: Durch die Verwendung generischer Nutzenpotenziale als Ausgangspunkt der Methodik ist die Realisierung von Anwendungsfällen aus allen Domänen der Branche Werkzeugbau möglich.
- *Digitale Schatten sind stets kontextbezogen*: Die eindeutige Hervorhebung konkreter Kontextinformationsbedarfe sichert den geforderten Kontextbezug eines digitalen Schattens.
- *Digitale Schatten ermöglichen domänenübergreifende Analysen*: Die Berücksichtigung der gesamten Auftragsabwicklung inklusive Schnittstellen zu externen Partnern, befähigt die domänenübergreifende Informationsverfügbarkeit.
- *Digitale Schatten benötigen angepasste IT-Infrastrukturen im Fabrikbetrieb*: Für die Realisierung der Potenziale wurde eine
- *Digitale Schatten nehmen keinen Einfluss auf das reale Systemverhalten*: Die Gestaltung des digitalen Schattens sieht keinen steuernden oder regelnden Eingriff in das Produktionssystem vor. Die Datenaufnahme ist außerdem bewusst so ausgelegt, dass

[794] Vgl. Schuh et al. (Effizientere Produktion mit Digitalen Schatten), 2020, S. 106.

der Einfluss auf das Verhalten der Mitarbeitenden möglichst nicht beeinflusst wird und nur geringe zusätzliche Aufwände entstehen.

Gemäß der Vorgehensweise der angewandten Forschung nach ULRICH aus Kapitel 1.5 kann folglich die Phase fünf als abgeschlossen betrachtet werden.

6 Verifizierung der Methodik

Das Vorgehen zur Operationalisierung eines digitalen Schattens wurde in Kapitel 4 hinsichtlich der erforderlichen Methodikschritte konzeptioniert und in Kapitel 5 mit den zur Realisierung der Teilziele der Methodikschritte erforderlichen Methoden und Hilfsmittel detailliert.

Die Verifizierung der Methodik entspricht den beiden letzten Phasen der angewandten Forschung nach ULRICH und erfolgt durch deren Anwendung in zwei Praxisbeispielen. Diese sind mit dem externen Werkzeugbaubetrieb Werkzeugbau A GmbH[795] sowie dem Demonstrationswerkzeugbau der WBA Aachener Werkzeugbau Akademie GmbH zwei repräsentative Werkzeugbaubetriebe der Branche in Deutschland. Bezugnehmen zu der konkreten Ausgangssituation und Problemstellung der beiden Werkzeugbaubetriebe erfolgte die Anwendung der Methodik. Aufgrund der Komplexität der einzelnen Methodikschritte wurde dabei der Betrachtungsbereich teilweise zugunsten einer detaillierten Beschreibung der jeweiligen Kernelemente reduziert.

Alle Schritte der Methodik wurden im Rahmen der Validierung bei den beiden Werkzeugbaubetrieben mindestens einmal angewandt, sodass eine vollständige Validierung der Methodik sichergestellt ist. Die Heterogenität der beiden Unternehmen wird aus der Beschreibung der jeweiligen Ausgangssituation ersichtlich und bildet die Basis für eine Übertragbarkeit der Validierungsergebnisse auf die Branche Werkzeugbau in Deutschland.

6.1 Fallbeispiel 1: Werkzeugbau A GmbH

Die Werkzeugbau A GmbH (nachfolgend Werkzeugbau A genannt) ist ein in der Mitte des 20. Jahrhunderts gegründetes, international tätiges Werkzeug- und Maschinenbauunternehmen mit Sitz in Deutschland. Das Unternehmen, dessen Kunden vor allem aus der Automobil- und Haushaltsindustrie, der Medizin- und Verpackungsindustrie sowie dem Sportbereich kommen, ist Inhabergeführt und besitzt aktuell rund 400 Mitarbeitende. Durch Partner in Deutschland, der Türkei, Spanien und China bedient das Unternehmen Kunden aus mehr als 25 verschiedenen Ländern. Die Coronakrise seit 2020 und die Automobilkrise seit 2019 haben den wirtschaftlichen Druck und folglich die Notwendigkeit für Effizienzsteigerungen deutlich zunehmen lassen. Nach einem Umsatz von ca. 75 Mio. € im Jahr 2018 betrug der Umsatz 2019 nur noch ca. 60 Mio. € und sank 2020 um weitere 30 % auf lediglich ca. 40 Mio. €.[796]

Die Validierung erfolgte im Zusammenhang mit zwei Konsortialprojekten, die gemeinsam mit Werkzeugbau A und anderen Werkzeugbaubetrieben durchgeführt worden sind. Den Kern der Validierung bildet ein Konsortialprojekt, in dem untersucht worden ist, wie erhobene Daten für tatsächliche Performancesteigerungen in Werkzeugbaubetrieben verwendet werden können. Dabei wurde u. a. anhand des konkreten Anwendungsfalls von Werkzeugbau A die aktuelle Datenqualität bewertet sowie aktuelle Maßnahmen zur Steigerung der Datenqualität und zur

[795] Die Validierung des Fallbeispiels 1 wird zur Umsetzung der Geheimhaltungsanforderungen des Unternehmens anonymisiert beschrieben.

[796] Die Informationen sind den Jahresabschlüssen des Unternehmens entnommen.

Integration verschiedener Datenquellen diskutiert. Ziel war es zu bewerten, ob die aktuell im Anwendungsfall verwendete Datenbasis bereits alle Anforderungen eines digitalen Schattens erfüllt und welche Maßnahmen erforderlich sind, um eine anforderungsgerechte Datenbasis effizient und langfristig stabil zu erzeugen. Darüber hinaus wurde in einem weiteren Konsortialprojekt die Mitarbeitendenqualifizierung vor dem Hintergrund von Industrie 4.0 untersucht. Hierbei standen die zukünftigen Anforderungen, die die Konsortialteilnehmer an ihre Mitarbeitenden stellen sowie die aktuellen Aktivitäten der Unternehmen zur Vorbereitung der Mitarbeitenden auf Industrie 4.0 sowie zur Sicherstellung der Akzeptanz solcher Lösungen im Vordergrund. Ferner konnten durch die mehrmalige Begleitung von Vortragserstellungen der Geschäftsführung des Unternehmens sowie einen regelmäßigen Austausch zu Trendthemen ein detaillierter Einblick in die Abläufe und Rahmenbedingung des Unternehmens gewonnen werden. Dies bildet die Grundlage für die Validierung der vollständigen Methodik anhand dieses Fallbeispiels.

6.1.1 Ausgangssituation

Der wesentliche Fokus von Werkzeugbau A liegt auf der Entwicklung innovativer Lösungen, die komplexe Kundenherausforderungen adressieren. Daher bildet eine kontinuierliche Forschungs- und Entwicklungsarbeit die Grundlage für Werkzeugbau A zur Abhebung vom Wettbewerb. Für die langfristige Sicherung dieses Wettbewerbsvorteils setzt Werkzeugbau A außerdem auf eine innovative und hochqualifizierte Belegschaft, was sich in einer hohen Ausbildungsquote und einer eigenen großen Ausbildungswerkstatt zeigt sowie einem geringen Durchschnittsalter der Mitarbeitenden von 34 Jahren. Die aus diesen Bestrebungen resultierende erfolgreiche Positionierung im Wettbewerbsumfeld wird durch eine Vielzahl verschiedener Branchen- und Lieferanten-Auszeichnungen belegt, die Werkzeugbau A im Verlauf der Jahre erhalten hat.

Der für diese Validierung relevante Unternehmensteil von Werkzeugbau A, der Werkzeugbau, ist auf Spritzgießwerkzeuge mit der gesamten Bandbreite verschiedener Spritzgießtechnologien fokussiert. Dies umfasst neben dem Mehrkomponentenspritzguss verschiedene Methoden zur zielgerichteten Einstellung von Bauteiloberflächen sowie einer effizienteren Gestaltung des Spritzgießprozesses.

Wesentlich für die Realisierung der strategischen Fokussierung auf Werkzeuge für hochkomplexe Bauteile und Produktionsprozesse ist die qualitativ hochwertige mechanische Bearbeitung der einzelnen Bauteile, ohne signifikante Nacharbeiten durchführen zu müssen. Werkzeugbau A stellte jedoch bei Betrachtungen der Fertigungsfehler eine stark schwankende Bauteilqualität nach dem Senkerodieren fest. Konventionelle Problemlösungsmethoden konnten die Problemursache zunächst auf eine spezifische Senkerodiermaschine eingrenzen. Da diese jedoch baugleich zu anderen, nicht betroffenen Senkerodiermaschinen war und außerdem für alle der Maschinen dieselben CAM-Programme verwendet wurden, konnte keine konkrete Fehlerursache festgemacht werden.

Zur Identifizierung der Fehlerursache wurde entschieden, die umfangreiche Datenbasis, die bereits im Unternehmen bestand, zu nutzen. Infolge des strategischen Ziels der Technologieführerschaft war die Fertigung bereits umfangreich digital vernetzt. Neben einem ERP-/PPS-System, das gemeinsam mit einem Software-Partner entwickelt worden ist, sowie einem BDE-System waren insbesondere alle Fertigungsmaschinen mit einer Maschinendatenerfassung versehen.

6.1.2 Anwendung der Methodik

Die Anwendung der Methodik bei Werkzeugbau A erfolgte entlang der definierten Methodikschritte. Die dabei durchgeführten Tätigkeiten sind in Abbildung 6.1 zusammengefasst und werden nachfolgend detailliert erläutert.

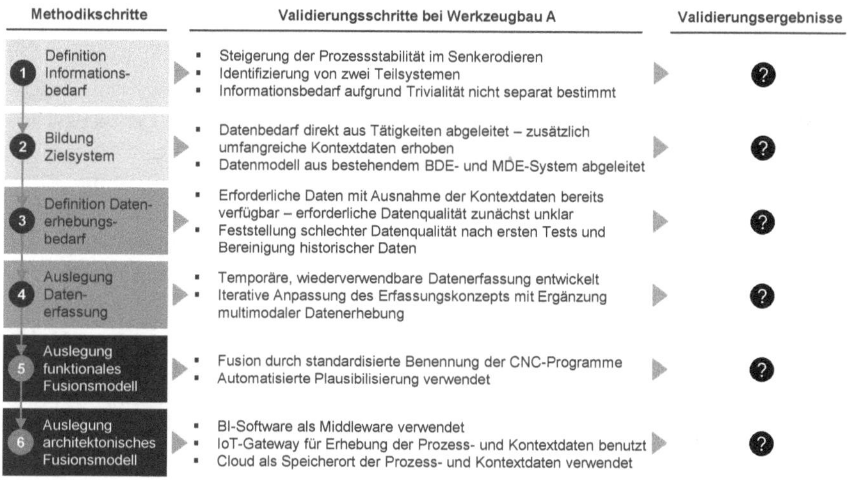

Abbildung 6.1: Validierungsschritte bei Werkzeugbau A[797]

Entsprechend des ersten Schritts der entwickelten Methodik, erfolgte zunächst die *Definition des Informationsbedarfs*, indem der Anwendungsfall analysiert wurde. Das grundsätzliche Optimierungsziel war mit der Steigerung der Prozessstabilität im Senkerodieren im Hinblick auf die Bauteilqualität durch eine erhöhte Transparenz bekannt. Folglich waren im ersten Schritt die relevanten Stakeholder sowie die daraus resultierenden Teilsysteme zu bestimmen. Direkte Stakeholder bestanden lediglich in den Mitarbeitenden, die die Senkerodiermaschine rüsten und bedienen sowie den Mitarbeitenden, welche die Vermessung des Bauteils im Anschluss an die Bearbeitung auf einer Koordinatenmessmaschine vornehmen. Folglich bestanden zwei zu betrachtende Teilsysteme, die Senkerodiermaschine sowie der Messraum. Im Sinne einer hinreichenden Genauigkeit des digitalen Schattens, wurde entschieden auf eine detaillierte Betrachtung des Teilsystems Messraum zunächst zu verzichten. Grund dafür war

[797] Eigene Darstellung.

die Annahme, dass die Tätigkeiten dort entsprechend der vorgegebenen Prüfnormen durchgeführt werden und ein systematische Falschmessung daher als unwahrscheinlich zu bewerten ist. Da die Qualitätsschwankungen auf keiner anderen Maschine aufgetreten sind, wurde außerdem ein Einfluss vorhergehender Bearbeitungsschritte ausgeschlossen, sodass diese nicht näher betrachtet wurden. Als indirekte Stakeholder, deren Input einen Einfluss auf die Bauteilqualität nehmen könnte, wurden daher lediglich die Mitarbeiter der Wartung & Reparatur der Maschine betrachtet.

Für *Definition des Informations- und Datenbedarfs* erfolgte eine Betrachtung und Charakterisierung der Tätigkeiten der Stakeholder. Die Tätigkeiten des Mitarbeitenden wurden in eine Rüst- und eine Bearbeitungstätigkeit differenziert. Für die Beschreibung des Rüstprozesses sollten die Rüstzeit, das gerüstete Bauteil sowie die verwendete Elektrode erhoben werden. Die Eingabe der Rüstzeit erfolgte durch den Mitarbeitenden in das BDE-System. Die Korrektheit des Bauteils sowie der Elektrode erfolgte durch Scannen des zugewiesenen QR- bzw. Data Matrix Codes. Die Charakterisierung der Bearbeitungstätigkeit wurde, neben der durch den Mitarbeitenden im BDE-System zurückgemeldeten Bearbeitungszeit, mit dem tatsächlichen Fertigungsprozess des Bauteils durch die Maschine zusammengefasst. Für die Beschreibung des Fertigungsprozesses wurden aus Praktikabilitätsgründen direkt die Datenattribute benannt, die der Maschinensteuerung durch das MDE-System entnommen werden. Damit wurde angenommen, dass auf diese Weise eine hinreichend genaue Beschreibung des Fertigungsprozesses erfolgt. Zusätzlich wurden, zur Erfüllung der Anforderungen an die Interpretierbarkeit der Bearbeitungstätigkeit, die Kontextinformationen des Fertigungsprozesses als relevant eingestuft. Neben dem Zeitpunkt der Bearbeitung, umfasste dies insbesondere die Raumtemperatur, die Luftgeschwindigkeit sowie Vibrationen des Bearbeitungsraums der Maschine. Außerdem wurde, als abhängige Größe des Optimierungsziels, das Ergebnis der Qualitätsprüfungstätigkeit als Informationsbedarf benannt. Als Wertevorrat hierfür war aus Praktikabilitätsgründen lediglich „in Ordnung" oder „nicht in Ordnung" vorgesehen. Da dies nicht direkt in ein Datenattribut im Zusammenhang mit der Prüftätigkeit überführt werden konnte, wurden Informationen aus dem PPS-System als Indikatoren der Prüfungsergebnisse verwendet. Bearbeitungsschritte zur Fehlerbeseitigung sind bei Werkzeugbau A aus Analysegründen durch die Benennung der Tätigkeit ersichtlich. Ein Auftreten einer solchen Tätigkeit im Nachgang zur Senkerosion wurde folglich als Indikator für eine nicht ausreichende Bearbeitungsqualität und vice versa bewertet.

Für die *Definition des Datenerhebungsbedarfs* wurden ein Abgleich der bereits vorhandenen Daten mit dem formulierten Datenbedarf vorgenommen. Daraus wurde abgeleitet, dass lediglich die Kontextinformationen des Produktionsprozesses zusätzlich zu erheben waren. Für diese Daten erfolgte anschließend die *Auslegung der Datenerfassung*. Wesentliche Anforderungen an die Erfassung war zum einen, dass kein Einfluss auf den Fertigungsprozess entstehen darf. Zum anderen sollte die Datenerhebung nur temporär erfolgen. Daher sollten die verwendeten Sensoren einen breiten Messbereich und eine feine Auslösung aufweisen, um für nachfolgende Anwendungsfälle erneut verwendbar zu sein.

Für einen Großteil des formulierten Datenbedarfs war die Bestimmung der Erhebungsfrequenz für den digitalen Schatten aufgrund der Datencharakteristika trivial. Einzig die Daten des MDE-

Systems sowie der zusätzlich zu erhebenden Kontextdaten sind daher zu betrachten. Die Frequenz der Datenübermittlung aus der Maschinensteuerung war im Rahmen der Implementierung der entsprechenden Schnittstelle im Vorfeld des betrachteten Anwendungsfalls auf 0,083 Hz[798] festgelegt. Dies sollte aus Gründen der entstehenden Datenmengen zunächst nicht angepasst werden, obwohl Zweifel über die hinreichend genaue Abbildung der Prozessparameter des Senkerodierprozesses bestanden. Die Frequenz der Datenaufnahme der zusätzlich aufzunehmenden Kontextdaten wurde nach Diskussion des Veränderungsverhaltens der Kontextinformationen auf 30 Hz festgelegt. Die dadurch entstehenden Fehlmengen an Daten aus der Maschinensteuerung wurden durch eine lineare Interpolation ausgeglichen.

Im Rahmen des Methodikschritts *Auslegung funktionales Fusionsmodell* musste Werkzeugbau A die Informationen des MDE-Systems mit den Daten aus den sonstigen Systemen integrieren. Hierzu wurde bereits im Vorfeld des betrachteten Anwendungsfalls die Benennung der NC-Programme angepasst. Diese setzt sich nun standardisiert aus der Projektnummer, der Werkzeugnummer, einer eindeutigen Bauteilbezeichnung sowie dem entsprechenden Prozessschritt des NC-Programms zusammen. Auf diese Weise können die Daten des MDE-Systems, die lediglich einen Zeitstempel als ID aufweisen, durch den Namen des aktuell laufenden NC-Programms integriert werden.

Um die verschiedenen Daten *architektonisch fusionieren* zu können und für die Auswertung verfügbar zu machen, wurde bei Werkzeugbau A die Business Intelligence Software QlikSense verwendet. In dieser wurden die verschiedenen Datenquellen verknüpft und das zu Beginn definierte Datenmodell operativ umgesetzt. Die verwendeten Sensoren waren alle an einem zentralen IoT-Gateway angeschlossen, dass die Daten über ein Standard-Ethernet-Protokoll in die verwendete Cloud transferiert hat. Die Daten des MDE-Systems wurden ebenfalls mittels OPC UA in die Cloud übertragen.

Erste Betrachtungen des digitalen Schattens in QlikSense haben gezeigt, dass die bisher vorhandene Datenqualität nicht ausreicht und der digitale Schatten folglich als nicht anforderungsgerecht zu bewerten war. Als ursächlich für die geringe Datenqualität wurden die im BDE-System manuell zurückgemeldeten Rüst- und Bearbeitungszeiten der Mitarbeitenden identifiziert. Für die Sicherstellung der erforderlichen Datenqualität wurden zwei Maßnahmen definiert. Zum einen wurde sich für eine Bereinigung der bereits vorhandenen Rückmeldungsdaten entschieden. Dies konnte jedoch nur für offensichtlich falsche Angaben manuell erfolgen: Wenn keine Start- oder Endzeit eingegeben wurde, die Bearbeitungsdauer offensichtlich zu lang oder zu kurz gebucht worden ist oder die Datenangabe fehlte. Zum anderen sollte durch eine Automatisierung der Datenerhebung sowie eine Plausibilisierung der Erhebung die Datenqualität zukünftig erhobener Daten gesteigert werden. Dafür wurde zunächst in der Rückmeldung der Mitarbeitenden nicht mehr zwischen der Bearbeitungs- und der Rüstzeit differenziert. Vielmehr erfolgte diese Segmentierung der Zeiten automatisiert. Dafür wurde die Rüstzeit des Mitarbeitenden als die Zeit festgelegt, in der der Mitarbeitende auf die Maschine gebucht war, diese jedoch keinen Bearbeitungsprozess ausgeführt hat. Diese Informationen

[798] ≙ einem Datenwert alle 2 Minuten

konnten aus der Maschinensteuerung extrahiert werden. Außerdem wurde für den Rückmeldewert der Mitarbeitenden ein Plausibilisierungsfaktor eingeführt. Dieser wurde auf Basis der Erfahrungswerte aus der Vergangenheit bestimmt und erforderte eine Bestätigung des eingegebenen Rückmeldewerts durch den Mitarbeitenden, falls die Zeit ein definiertes Verhältnis zur automatisiert erhobenen Bearbeitungszeit der Maschine überschreitet. Mit diesen Anpassungen wurde die Datenerhebung fortgesetzt.

Eine erneute Bewertung der Datenqualität hat anschließend gezeigt, dass der digitale Schatten nunmehr als anforderungsgerecht bewertet werden konnte und somit den Analysetätigkeiten zur Erreichung des formulierten Optimierungsziels zugeführt werden konnte. Erste Auswertungen ergaben signifikante, kurzzeitige Erschütterungen, die bei allen fehlerhaften Bauteilen und ausschließlich diesen festgestellt werden konnten. Da keine Aussage über die Herkunft dieser Erschütterungen getroffen werden konnte, wurde der digitale Schatten erneut in seinem Datenangebot erweitert. Der dazu formulierte zusätzliche Informationsbedarf wurde zunächst allgemein als „relevante Ereignisse im Umfeld der Senkerodiermaschine zum Zeitpunkt der Erschütterungen“ formuliert. Da eine Überführung dieses Informationsbedarfs in einen Datenbedarf nicht möglich war, wurde die Situationsbeschreibung den Mitarbeitenden übertragen. Diesen wurde auf ihren Tablets die Messung der Erschütterungen visualisiert. Sobald ein definierter Grenzwert überschritten worden ist, wurden die Mitarbeitenden automatisiert aufgefordert in einem Freitextfeld potenzielle Ursachen der Erschütterung zu dokumentieren.

Der somit erneut anforderungsgerecht verfügbare digitale Schatten des Senkerodierprozesses konnte anschließend durch die Mitarbeitenden von Werkzeugbau A verwendet werden, um datenbasiert Einflüsse auf die Bauteilqualität identifizieren zu können. Abschließend wurde ein zu nah an der Senkerodiermaschine verlaufender Fahrweg der Gabelstapler und die dadurch auf die Maschine wirkenden Schwingungen als ursächlich für die Qualitätsabweichungen identifiziert. Durch eine Reduzierung der Fahrgeschwindigkeit im Bereich der betroffenen Senkerodiermaschine konnten die Einflüsse beseitigt und die Prozessstabilität wiederhergestellt werden.

6.1.3 Fazit

Für die Operationalisierung des digitalen Schattens durchlief Werkzeugbau A die vollständige Methodik. Die dabei erzeugten Validierungsergebnisse bei Werkzeugbau A sind in Abbildung 6.2 zusammenfassend dargestellt.

Die Anwendung der Teilschritte zur *Definition des Informationsbedarfs* und zur *Bildung des Zielsystems* zeigen, dass die Methodik erfolgreich vor dem Hintergrund der hinreichenden Genauigkeit des digitalen Schattens die erforderlichen Datenattribute und deren Qualitätsanforderungen definiert. Außerdem ist insbesondere die hohe Bedeutung der Kontextdaten für die Interpretation der Daten im Anwendungskontext hervorzuheben. Es ist ferner festzuhalten, dass für triviale Zusammenhänge die Formulierung des Informations- und Datenbedarfs gemeinsam erfolgen kann.

Abbildung 6.2: Validierungsergebnisse bei Werkzeugbau A[799]

In den Teilschritte der *Definition des Datenerhebungsbedarfs* sowie der *Auslegung der Datenerfassung* zeigt sich, dass der Verzicht auf eine vorangehende Betrachtung der bereits vorhandenen Daten hinsichtlich deren Datenqualität eine effektive Nutzung des digitalen Schattens verhindert. Die Methoden der multimodalen Datenaufnahme führen dabei zu einer deutlichen Steigerung der Datenqualität. Es ist jedoch festzuhalten, dass die Erreichung der erforderlichen Datenqualität ein iterativer Prozess ist. Außerdem zeigt sich die hohe Relevanz eines Datenmodells, das basierend auf ersten Ergebnissen der Datennutzung, effizient um zusätzliche Informationsbedarfe erweitert werden kann.

Für die abschließenden Teilschritten zur *Auslegung des funktionalen und architektonischen Fusionsmodells* kann zusammengefasst werden, dass bereits aufwandsarme Methoden zur Datenplausibilisierung zu einer signifikanten Steigerung der Datenqualität führen. Außerdem ist die intuitive Bedienbarkeit der Benutzeroberflächen für die Akzeptanz bei den Mitarbeitenden von Bedeutung. Durch die Verwendung etablierter Business-Intelligence-Software kann die Middleware einfach umgesetzt werden.

Weitere Potenziale der Datenerhebung, die über den aktuellen Status quo des Anwendungsfalls bei Werkzeugbau A hinaus gehen, liegen insbesondere in der Ermöglichung einer höheren Frequenz der Datenaufnahme, um insbesondere Produktionsprozesse exakter abbilden zu können. Wesentlicher Befähiger hierfür wäre die Nutzung von Smart Data. Dies würde zum einen Veränderungen an der Hardwareinfrastruktur erfordern, da Edge-Devices direkt an der Maschine für die Entscheidung über den Nutzen der erhobenen Daten erforderlich wären. Zum anderen müsste eine deutlich intensiveres Frontloading der Datennutzung erfolgen, um die Bewertung des Datennutzens effektiv durchführen zu können.

[799] Eigene Darstellung

6.2 Fallbeispiel 2: WBA Aachener Werkzeugbau Akademie GmbH

Die WBA Aachener Werkzeugbau Akademie GmbH (nachfolgend WBA genannt) ist ein 2010 in Aachen gegründetes Unternehmen mit 37 Mitarbeitenden, das sich als selbst als führender Partner der deutschen Branche Werkzeugbau in den Bereichen Beratung, digitale Lösungen, Weiterbildung und Forschung betrachtet. Darüber hinaus besitzt das Unternehmen einen eigenen Demonstrationswerkzeugbau, in dem die gesamte Prozesskette der Werkzeugherstellung abgebildet wird. Als Vision formuliert das Unternehmen die Befähigung der deutschen Branche Werkzeugbau zur Beherrschung der Herausforderungen der Industrialisierung sowie zur Nutzung der Potenziale der Digitalen Vernetzung und nachhaltigen Handelns. Die Geschäftsfelder, in denen die WBA tätig ist, gründen auf einer Community mit mehr als 80 internen und externen Werkzeugbaubetrieben sowie verschiedenen Zulieferern der Branche.[800]

Die Validierung der Methodik erfolgt im Demonstrationswerkzeugbau der WBA und gliedert sich in zwei wesentliche Elemente. Zum einen basiert sie auf den umfangreichen persönlichen Erfahrungen, die durch die Tätigkeit für die WBA generiert werden konnten. Dies umfasst insbesondere die IT-Infrastruktur des Demonstrationswerkzeugbaus sowie die Funktionalitäten und Anforderungen der dort implementierten Anwendungsfälle. Zum anderen konnten in umfangreichen Gesprächen und Workshops mit den Führungskräften und Softwareentwicklern das Operationalisierungsvorgehen mit den Schritten der Methodik abgeglichen sowie die zugrundeliegenden strategischen Zielsetzungen evaluiert werden.

6.2.1 Ausgangssituation

Abgeleitet aus ihrer Vision verfolgt die WBA das Ziel in ihrem Demonstrationswerkzeugbau die Potenziale der digitalen Vernetzung zu realisieren und für die deutsche Branche Werkzeugbau erlebbar zu machen. Hierzu wurden und werden eine Vielzahl von Use Cases implementiert, die eine große Bandbreite verschiedener Optimierungszielgrößen fokussieren. Die Use Cases greifen auf die durch den realen Produktionsbetrieb des Demonstrationswerkzeugbaus generierten Daten zurück, sodass der Umfang der realisierten Potenziale nicht durch optimalisierte Laborbedingungen positiv beeinflusst wird, sondern in ähnlichem Maße auf die betriebliche Praxis anderen Werkzeugbaubetriebe übertragen werden kann. Dies inkludiert ebenfalls, dass die Umsetzung der Use Cases vor dem Hintergrund derselben Herausforderung erfolgt, mit denen sich nahezu alle Werkzeugbaubetriebe konfrontiert sehen. Hierzu ist zunächst ein hinsichtlich Hersteller, Alter und Maschinensteuerungen heterogener Maschinenpark zu nennen. Der Maschinenpark der WBA umfasst verschiedenen Fräs-, Dreh-, Schleif- und Erodiermaschinen der Hersteller Hermle, DMG, OPS Ingersoll und Georg Fischer[801]. Die Maschinen weisen unterschiedliche Datenerhebungsmethoden und Schnittstellen auf bzw. besitzen teilweise aufgrund ihres Alters gar keine proprietären Erhebungsmethoden. Ferner be-

[800] Vgl. WBA Aachener Werkzeugbau Akademie GmbH (Unikate in Serie), 2021; WBA Aachender Werkzeugbau Akademie GmbH (Jahresabschluss 2019), 2020.

[801] Vgl. Boos et al. (IT-Infrastruktur zur digitalen Vernetzung im Werkzeugbau), 2021, S. 10.

steht keine Möglichkeit des Datenaustauschs oder sonstiger automatisierter Interaktion zwischen den verschiedenen Softwaresystemen entlang der Auftragsabwicklung. Neben verschiedenen CAD- und CAM-Systemen werden IK Office als ERP- und PPS-System verwendet, Tebis ProLeiS als MES-System sowie IntraNav als RTLS.

Diese Heterogenität hat die vollständige Nutzung der vorhandenen Daten stark erschwert und zu einer isolierten Betrachtung der verschiedenen Use Cases geführt, bei der jeweils nur die durch den jeweiligen Use Case erzeugten Daten genutzt worden sind. Um eine maximale Nutzbarmachung vorhandener Daten zu ermöglichen und gleichzeitig den Erhebung- und Erweiterungsaufwand der digitalen Vernetzung des Demonstrationswerkzeugbaus zu befähigen, hat die WBA das Ziel formuliert eine zentrale Plattform zu erzeugen, die die Daten der unterschiedlichen Quellen aggregiert darstellen und verwerten kann. Auf diese Weise sollte ein digitaler Schatten der Auftragsabwicklung des Demonstrationswerkzeugbaus erzeugt werden, der die Grundlage für eine effiziente und effektive Realisierung der Potenziale der digitalen Vernetzung ermöglicht.

6.2.2 Anwendung der Methodik

Für die Realisierung der formulierten Zielsetzungen hat die WBA eine intern entwickelte Lösung angestrebt. Hintergrund dieses Vorgehens war die Sicherstellung einer maximalen Berücksichtigung der werkzeugbauspezifischen Anforderungen im Vergleich zu verfügbarer Standardsoftware sowie die Möglichkeit zur effizienten kontinuierlichen Weiterentwicklung der Lösung bei technischem Fortschritt oder veränderten Rahmenbedingungen. Zusätzlich war das Vorgehen Teil der strategischen Bestrebungen zum weiteren internen Kompetenzaufbau im Themenfeld der digitalen Vernetzung. Davon ausgehend erfolgte die Validierung der gesamten Methodik, deren zentralen Validierungsschritte in Abbildung 6.3 zusammengefasst sind.

Im ersten Schritt zur Operationalisierung des digitalen Schattens im Demonstrationswerkzeugbau der WBA wurde der *Informationsbedarf definiert*. Da es keinen klassischen dezidierten Anwendungsfall gab, sondern die Zielsetzung die Schaffung einer umfassenden Datenbasis für alle aktuellen und zukünftig geplanten Anwendungsfälle war, wurden zunächst die bestehenden Anwendungsfälle analysiert. Als zentrale Stakeholder der digital vernetzten Anwendungsfälle konnte die Arbeitsvorbereitung identifiziert werden. Diese realisierten den Nutzen aus den durch angrenzende Abteilungen entlang der Auftragsabwicklung bereitgestellten Daten. Anwendungsfälle, die reine Digitalisierungs-Lösungen darstellen, wie bspw. auf Augmented Reality basierende Kommunikationslösungen, wurden aufgrund ihrer isolierten Anwendung nicht näher betrachtet. Die dabei zugrundeliegenden Informationsbedarfe umfassten folglich insbesondere den Durchlauf einzelner Bauteile durch die Auftragsabwicklung sowie Informationen zur Optimierung der gewählten Fertigungsprozesse sowie deren Programmierung. Konkret bedeutet dies, dass Informationen über die Fertigungsprozesscharakteristika, die Haupt- und Nebenzeiten, speziell der Rüstzeiten, der Bauteile sowie zur aktuellen Geoposition der Bauteile relevant sind. Zusammenfassend wurden damit die Informationen fokussiert, die aus klassischen BDE-, MDE- und PPS-System entnommen werden können. Grund hierfür war der große Mehrwert, der bereits durch die Integration der entsprechenden Daten realisieren kann, die Relevanz für alle Werkzeugbaubetriebe sowie die Tatsache, dass diese Informationen die Grundlage für eine Vielzahl weiterer Use Cases darstellen. Zusätzlich sind Kontextinformationen wichtig, dies wird durch Temperatur und Luftfeuchtigkeit an der Maschine abgebildet. Abschließend wurde außerdem die Anforderung formuliert, beide Standorte des Demonstrationswerkzeugbaus aggregiert zu betrachten.

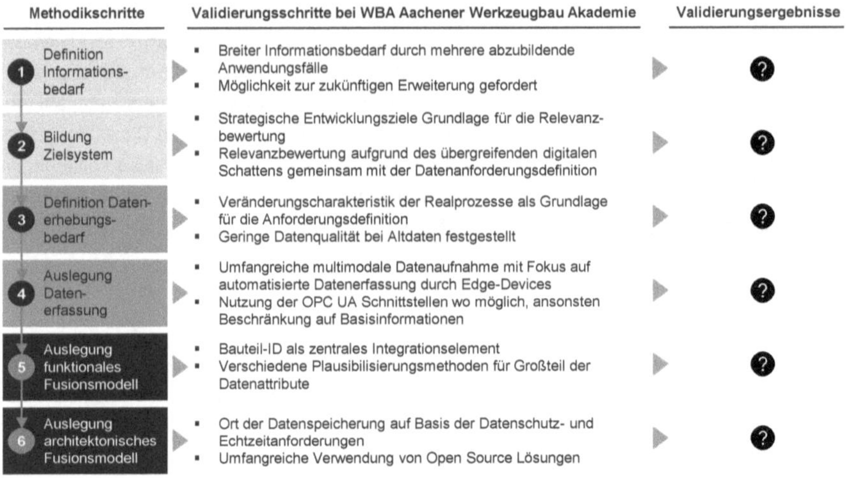

Abbildung 6.3: Validierungsschritte bei der WBA[802]

Die Bildung des Zielsystems erfolgte zunächst durch die *Individualisierung des Datenmodells*. Dabei wurde auf ein bereits in der Vergangenheit erstelltes Datenmodell für die Datenflüsse in der WBA zurückgegriffen. Dieses wurde erweitert um die verschiedenen Attribute zur Aufnahme und Verwertung der Fertigungsprozessdaten. Hierfür wurden die bereits vorhandenen Maschinenentitys um die verschiedenen Datenattribute der Fertigungsprozesse ergänzt. Um die konkreten Datenattribute bestimmen zu können, wurden zum einen die aus der Theorie bekannten charakteristischen Prozessgrößen herangezogen und zum anderen von den Herstellern verfügbare Listen verwendet, auf denen die durch die Maschinensteuerung erfassten Prozessdatenattribute aufgeführt sind. Hierbei wurde zunächst von einer Maximalausprägung der aufzunehmenden Datenattribute ausgegangen, da eine Reduzierung des Datenmodells nach Auswahl der konkreten Erhebungsmethoden ohne negative Auswirkungen möglich wäre. Außerdem wurde den Maschinen das zusätzliche Attribut „aktuell laufender Auftrag" hinzugefügt. Aufgrund der teilweise signifikanten Einflüsse bei nachträglichen Anpassungen des Datenmodells auf die Nutzbarkeit der vorherig aufgenommenen Daten wurden in diesem Schritt außerdem zukünftig zu erwartende Datenbedarfe konzeptionell berücksichtigt. Hierzu wurde ein Abgleich mit den strategischen Zielsetzungen der zukünftigen Entwicklung des Demonstrationswerkzeugbaus und des Gesamtunternehmens durchgeführt. Dort wurde zunächst der übergeordnete Trend Nachhaltigkeit identifiziert. In diesem Zusammenhang strebt die WBA

802 Eigene Darstellung.

eine möglichst automatisierte Erstellung von CO_2-Bilanzen aus Gesamtunternehmens- und Produktperspektive an. Außerdem bestanden bereits konkrete Weiterentwicklungspläne für die Plattform, in der zusätzlich ein Werkzeugkatalog mit Daten aus dem Serieneinsatz der Werkzeuge sowie die Werkzeugprojektkalkulation, inklusive Werkzeuglebenszykluskostenbetrachtung, integriert werden sollen. Die Grobkonzepte der verschiedenen Aspekte wurden auf ihre Umsetzung im Datenmodell hin validiert und es wurde festgehalten, dass keine weiteren vorbereitenden Anpassungen erforderlich sind.

Die *Relevanzbewertung der Datenattribute* wurde aufgrund der unterschiedlichen Charakteristika der verschiedenen Use Cases, die durch den betrachteten Anwendungsfall abgebildet werden sollen, gemeinsam mit der *Aufnahme der Datenanforderungen* durchgeführt. Hierbei wurden nicht die einzelnen Anforderungen der Use Cases in den Mittelpunkt der Betrachtung gestellt, sondern die relevanten Veränderungen der Datenattribute in der Praxis. Die Exaktheit sowie die Auflösung der Fertigungsprozessdaten wurden, im Sinne der Vergleichbarkeit zwischen allen Maschinen, aus den jeweils schlechtesten Ausprägungen der verschiedenen bestehenden Maschinenschnittstellen abgeleitet. Die Fertigungsprozessdaten sollten zum Zeitpunkt der Operationalisierung des digitalen Schattens lediglich im Nachgang der Fertigung für Optimierungsverfahren verwendet werden. Da jedoch zukünftige Entwicklungen auch die echtzeitfähige Adaptabilität des Fertigungsprozesses auf gewonnene Erkenntnisse aus den Fertigungsprozessdaten vorsahen, wurden an die Aktualität der Daten von Beginn an Echtzeitanforderungen gestellt. Die Daten zur Erfassung der Rüstzeit sollten vor dem Hintergrund des typischen Verhältnisses zwischen Bearbeitungs- und Rüstzeit minutengenau aufgelöst sein. An die Aktualität wurden keine spezifischen Anforderungen gestellt. Für die aktuelle Bauteilposition wurde festgelegt, dass die exakte Geoposition zu jedem Zeitpunkt nicht erforderlich ist, sondern die Anwesenheit in definierten und eingegrenzten Bereichen ausreichend ist. Die Aktualität der Information muss jedoch echtzeitnah nach Änderungen der Bauteilposition bezogen auf die definierten Bereiche erfolgen.

Die anschließende *Untersuchung der vorhandenen Daten* hat gezeigt, dass eine Vielzahl der erforderlichen Daten bereits in isolierten Teilsystemen verfügbar war. Einzig charakterisierende Daten der Fertigungsprozesse wurden bisher nicht erfasst. Darüber hinaus wurde festgestellt, dass die Qualität der bisher erhobenen Daten häufig nicht ausreichend war, um nutzbare Informationen zu erzeugen. Insbesondere war die Korrektheit der über das BDE-System erfassten Rüstzeiten sehr gering sowie die Korrektheit und Aktualität der momentanen Bauteilposition, die sich aus den zurückgemeldeten und abgeschlossenen Prozessschritte im PPS-System ergibt, nicht ausreichend. Daraus ergab sich der Datenerhebungsbedarf aus den zusätzlich zu erhebenden Fertigungsprozessdaten sowie den in ihrer Qualität zu steigernden Rüstzeiten und aktuellen Bauteilpositionen.

Für den identifizierten Datenerhebungsbedarf wurden jeweils mögliche *Erhebungskonzepte erarbeitet*. Für die Erhebung der Fertigungsprozessdaten wurden, auch in Abhängigkeit der möglichen konkreten Erhebungsmethoden, verschiedene Erhebungskonzepte als möglich und erforderlich bewertet. Neben der präferierten direkten Erfassung oder Berechnung der Datenattribute wurden auch die Verwendung von modellbasierten Erfassungen als möglich und eventuell notwendig erachtet. Für die zwei relevanten Datenattribute Rüstzeit und Bauteilposition wurde sich für eine multimodale Datenerhebung entschieden. Hiermit wurde im Wesentlichen das Ziel verfolgt, die Datenqualität signifikant zu steigern, indem die Abhängigkeit von manuellen Dateneingaben durch die Mitarbeitenden reduziert wird.

Zur weiteren Detaillierung war die *Gesamtdatenerhebung auszugestalten*. Für die Erfassung der Fertigungsprozessdaten wurden primär die verfügbaren Datenschnittstellen der verschiedenen Maschinen verwendet. Für die Maschinen mit einer Heidenhain-Steuerung wurde deren Schnittstelle Heidenhain DNC verwenden, in anderen Fällen konnte der Zugriff über OPC UA hergestellt werden. Für die Maschinen, für die keine vorhandene Erfassungsinfrastruktur bestand, wurden verschiedene Möglichkeiten zum Aufwand-Nutzen-Optimalen Implementierung von Retrofit-Lösungen untersucht. Final wurde sich für die alleinige Erhebung des Stromverbrauchs der entsprechenden Maschinen entschieden. Auf diese Weise konnten elementare Aussagen über den Betriebszustand der Maschine getroffen sowie Rückschlüsse auf die Bearbeitungsqualität im Bereich der Fräsmaschinen gezogen werden. Für letztere wurden im Anschluss an die Operationalisierung des digitalen Schattens schrittweise künstliche neuronale Netze entwickelt, die auf Basis der Veränderung des Stromverbrauchs ebensolche Rückschlüsse auf die Bauteilqualität erlauben. Für die multimodale Erfassung der Rüstzeit wurde neben der durch die Mitarbeitenden über das BDE-System zurückgemeldeten Zeit zusätzlich eine Logikkette aufgebaut, die zum einen das Stillstehen der Spindel der Fräsmaschine, bzw. der äquivalenten Bauteile der anderen Technologien, fordert und zum anderen optisch überprüft, ob ein Mensch an der Maschine arbeitet. Die optische Anwesenheitsprüfung beruht auf der Anwendung von Computer Vision Algorithmen, die durch künstliche Intelligenz Menschen im Bildbereich der Kamera klassifiziert. Dabei wurde bewusst die Implementierung von Open Source Lösungen fokussiert, um Lock-in Effekte einzelner Anbieter zu verringern und gleichzeitig maximalen Einfluss auf die Datensicherheit zu ermöglichen. Dies gilt nicht nur für die Umsetzung der optischen Anwesenheitsprüfung, sondern auch für die nachfolgenden Schritte im Zusammenhang mit der multimodalen Datenfusion. Für die Aufnahme der Bilder des optischen Erfassungssystems wurden handelsübliche Webcams verwendet, die Ihre Daten an ein dezidiertes KI-Edge-Device senden, auf dem direkt die Verarbeitung der Bildinformationen stattfindet. Zur Sicherstellung der datenschutzrechtlichen Anforderungen werden die Bilder selbst nicht gespeichert, sondern lediglich auf dem KI-Edge-Device verarbeitet. Das Verarbeitungsergebnis wird anschließend gespeichert, die Bilder überschrieben. Für die multimodale Erfassung der Bauteilposition waren keine zusätzlichen Daten zu erheben, da die spätere Fusionierung der vorhandenen Daten aus dem PPS-System sowie dem RTLS aus ausreichend erachtet worden sind.

Für die *Auslegung des funktionalen Fusionsmodells* bedurfte es zunächst der *Integration der Datenquellen*. Als zentrales Element wurde hierfür die Bauteil-ID definiert. Bei allen CNC-Maschinen liegt diese Information in der standardisierten Benennung der CAM-Programme. Für alle übrigen Maschinen wurde diese Information auf Basis des Bauteils dessen Position aktuell im Bearbeitungsraum der Maschine verortet wird bestimmt. Im Anschluss erfolgte die *Gestaltung der Datenfusion*. Für die erhobenen Fertigungsprozessdaten wurde keine Plausibilisierung vorgesehen, da die durch die Maschinenschnittstelle bereitgestellten Daten in allen Datenqualitätskategorien als korrekt angenommen werden können. Für die auf Basis des Stromverbrauchs erhobenen Prozessparameter erfolgt die Plausibilisierung durch eine Fusion mit den Bildern der optischen Erhebungsmethode. Hierfür wurde ein Computer Vision Algorithmus trainiert, der Bewegung und Stillstand der Frässpindel, bzw. der äquivalenten Bauteile der anderen Fertigungstechnologien, klassifizieren kann. Die Status der beiden Datenquellen können anschließend miteinander verglichen und ggf. durch den Maschinenbediener zusätzlich plausibilisiert werden. Die Bestimmung der Rüstzeit erfolgt durch die Ermittlung des Mittelwerts der im BDE-System zurückgemeldeten Zeit sowie einer auf Basis der Kamera- und Maschinendaten ermittelten Zeit. Für die zuletzt genannte Zeitspanne wird der Zeitpunkt des erstmaligen Erscheinens eines Mitarbeitenden nach Stillstand der Spindel als Startzeitpunkt verwendet. Als Endzeitpunkt wird der Wiederstart der Maschine verwendet, für den Fall, dass zum Zeitpunkt des Rüstvorgangs bereits ein weiterer Auftrag für die Maschine eingeplant ist und im Materialbereitstellungsbereich bereit liegt. Alternativ wird kein automatisierter Endzeitpunkt ermittelt, wenn der Mitarbeitende seit mehr als 5min nicht mehr durch die optische Erfassungsmethode detektiert worden ist. Hier soll in Zukunft weitere Entwicklung stattfinden, um die Genauigkeit der automatisierten Zeiterfassung, etwa durch die Möglichkeit zur automatisierten Unterbrechung der Rüstzeit, zu steigern und die Zuverlässigkeit zu erhöhen. Wenn die zwei Werte weniger als 20min vom Mittelwert abweichen, wird der Mittelwert als Rüstzeit gespeichert. Bei größeren Abweichungen wird der Maschinenbediener um Plausibilisierung gebeten. Für die Fusion der Bauteilpositionsdaten wurden zunächst die durch das RTLS erfassten Geodaten automatisiert klassifiziert. Dies erfolgt durch definierte Bereiche der Geokoordinaten, die überschneidungsfrei und eindeutig einzelnen Maschinen zugeordnet werden können. Dabei wurde zusätzlich zwischen den Bereitstellungflächen der Maschinen sowie dem Bearbeitungsraum differenziert. Da die Sender des RTLS nicht direkt in den Bearbeitungsraum der Maschine eingebracht werden können, handelt es sich bei dem als Bearbeitungsraum klassifizierten Bereich, um einen Bereich direkt vor dem Beladungspunkt der Maschine. Die so klassifizierten Daten konnten anschließend mit den im PPS-System zurückgemeldeten Bearbeitungsstand der Bauteile abgeglichen werden. Hierbei wurde zwar die Bedeutung der aus den RTLS-Daten klassifizierten Information als werthaltiger definiert, jedoch wurde dennoch bei Abweichungen zwischen den beiden Datenquellen eine manuelle Bestätigung durch die jeweiligen Maschinenbediener implementiert. Neben der technischen Komponente der Fusion wurde insbesondere die Ausgestaltung der Mitarbeitendeninteraktion fokussiert, um eine maximale Akzeptanz der technischen Lösungen durch die Mitarbeitenden im Unternehmen sicherzustellen. Die Umsetzung erfolgt ebenfalls auf der Plattform. Dort sind die durch die verschiedenen Erhebungsmethoden automatisiert erfassten Daten, also die Rohdaten vor der Fusionierung, jederzeit live für die Mitarbeitenden Maschinenspezifisch einsehbar. Darüber hinaus werden die durch die künstliche Intelligenz durchgeführten Klassifizierungen transparent dargestellt. Dies bedeutet, dass die jeweiligen Fotos, die die Änderung eines Maschinenstatus ausgelöst haben, abgebildet werden und zusätzlich die Wahrscheinlichkeit, mit der die KI einen die Rüsttätigkeit ausführenden Mitarbeitenden identifiziert hat, angezeigt wird.

Basierend auf den verwendeten Erhebungstechnologien wurde für die *Gestaltung der Datenverarbeitung und -speicherung* ein hybrider Ansatz gewählt. Alle datenschutzrelevanten Aspekte sowie die für Echtzeitreaktionen erforderlichen Datenverarbeitungen werden auf dem KI-Device und dem Edge-Device dezentral unter Verwendung der Open Source Lösung Apache Flink durchgeführt. Basierend auf einem zentralen Ansatz werden anschließend noch die Fusionierungen der Daten aus dem RTLS sowie dem PPS- und BDE-System durchgeführt. Die Speicherung der zusätzlich erhobenen Daten erfolgt in einer MySQL-Datenbank. Von der Nutzung einer NoSQL-Datenbank wurde abgesehen, da die zu speichernde Datenmenge sowie das Format der Datenattribute effizient durch eine SQL-Datenbank verwaltet werden können. Die Grundlage dafür bildet die Tatsache, dass die Bilder des optischen Erfassungssystems nicht gespeichert werden. Die Architektur ist grundsätzlich jedoch so gestaltet, dass zu einem späteren Zeitpunkt eine zusätzliche NoSQL-Datenbank hinzugefügt werden kann.

Als letzter Schritt erfolgte die *Auslegung der Middleware*. Hierfür wurde wesentlich Apache Kafka verwendet, eine Open Source Lösung, die in Echtzeit die Daten der unterschiedlichen Erhebungsmethoden empfängt und an beliebige Empfänger weiterleitet. Auf diese Weise ist außerdem eine zukünftige Skalierbarkeit für die Anbindungen weiterer Erhebungsmethoden sowie Datenverarbeiter durch die Integration neuer Use Cases sichergestellt. Das django Web Framework wurde dazu verwendet die zentrale Plattform aufzubauen und die durch Apache Kafka sowie die unterschiedlichen weiteren SQL-Datenbanken bereitgestellten Daten zu aggregieren und auf der Plattform zu visualisieren. Abbildung 6.4 zeigt die Gesamtheit der entstandenen IT-Infrastruktur in der WBA.

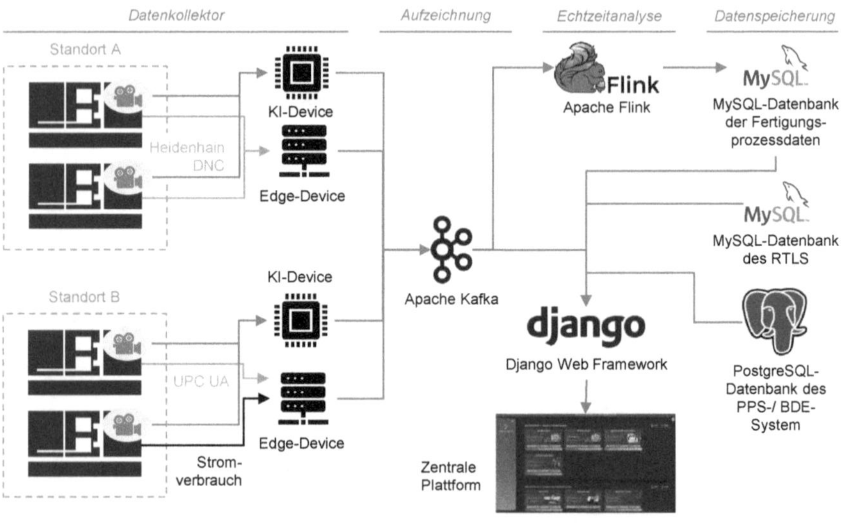

Abbildung 6.4: Darstellung der IT-Infrastruktur des digitalen Schattens der WBA[803]

[803] Vgl. Boos et al. (IT-Infrastruktur zur digitalen Vernetzung im Werkzeugbau), 2021, S. 15.

Hierbei wird insbesondere noch einmal die klare Trennung zwischen Echtzeitverwertung der Daten sowie der nachgelagerten Auswertung deutlich. Außerdem ermöglicht die IT-Struktur die einfache Integration weiterer Erhebungsmethoden sowie Datenverarbeitern. Der vorher bestehenden Herausforderung der Integration verschiedener Softwaresysteme und Datenquellen wurde somit erfolgreich begegnet.

6.2.3 Fazit

Die Operationalisierung des digitalen Schattens bei der WBA folgte dem dreiphasigen Vorgehen der Methodik, indem zunächst das anwendungsfallbezogene Datenmodell gebildet, anschließend die Datenaufnahme unter Berücksichtigung der Potenziale multimodaler Erhebung ausgelegt und abschließend basierend auf den Ergebnissen der ersten beiden Phasen die Datenfusion gestaltet wurde. Der wesentliche Fokus wurde auf die Auswahl der zu erhebenden Daten vor dem Hintergrund einer Aufwand-Nutzen-Optimalen Gestaltung des digitalen Schattens sowie auf eine skalierbare und eigenverantwortliche Erhebungsinfrastruktur gelegt. Abbildung 6.5 fasst die zentralen Validierungsergebnisse zusammen.

Abbildung 6.5: Validierungsergebnisse bei der WBA[804]

Die Ergebnisse der *Definition des Informationsbedarfs* sowie die *Bildung des Zielsystems* zeigen, dass durch die Kombination eines tiefgreifenden Verständnisses der digitalen Vernetzung auf der einen sowie der Auftragsabwicklung und der Fertigungsprozesse des Werkzeugbaus auf der anderen Seite, auf bei Anwendungsfall-übergreifenden digitalen Schatten alle relevanten Datenattribute identifiziert und deren Erhebungsanforderungen bestimmt werden können. Außerdem bildet eine gute Dokumentation der bereits vorhandenen Datenmodelle sowie die

[804] Eigene Darstellung.

Verwendung von Standard-Datenmodellen, wie sie z. B. OPC UA bietet, die Grundlage für eine effiziente und erweiterbare Definition des Datenmodells des digitalen Schattens.

Bei der *Definition des Datenerhebungsbedarfs* sowie der *Auslegung der Datenerfassung* verkürzt die systematische Evaluierung des bestehenden Datenangebots die Zeitdauer der Operationalisierung deutlich, indem ansonsten erforderliche Iterationsschleifen zur Anpassung der Erhebungsmethoden vermieden werden. Ferner bietet die Verwendung verschiedener Technologien signifikante Vorteile bei der Realisierung der Potenziale multimodaler Datenaufnahme. Dies ermöglicht die gezielte und umfangreiche Verwendung der verschiedenen Potenziale der diversen Erhebungsmethoden, um eine ausreichende Datenqualität effizient sicherzustellen. Insbesondere kann auf durch die automatisierte Datenerfassung die Datenqualität im Vergleich zu konventionellen Erhebungsmethoden im Werkzeugbau, wie z. B. BDE-Systeme, signifikant gesteigert werden kann. Die Verwendung kostengünstiger Erhebungsmethoden, wie einfachen Strommesssensoren oder Computer Vision Systemen, bietet außerdem bedeutende Potenziale, um der Herausforderung des typischerweise heterogenen Maschinenparks effizient zu begegnen.

Die Auslegung des *funktionalen und des architektonischen Fusionsmodells* legt den großen Mehrwert dar, der durch die Integration verschiedener, vorher zueinander autarken, Datenquellen realisiert werden kann. Insbesondere kann, teilweise ohne zusätzlichen Erhebungsaufwand, durch automatisierte und teil-automatisierte Plausibilisierung bereits die Datenqualität signifikant gesteigert werden. Abschließend kann festgehalten werden, dass durch den Einsatz, der bisher im Werkzeugbau erst wenig verbreiteten, Edge-Devices und Open Source Softwarelösungen die digitale Vernetzung datenschutzrechtlich solide und gleichzeitig effizient skalierbar werden kann.

6.3 Kritische Reflexion der Praxisanwendung

Die Beschreibungen der Anwendung der Methodik bei der Werkzeugbau A GmbH sowie der WBA Aachener Werkzeugbau Akademie GmbH zeigen, dass die entwickelte Methodik den Anwender in der Praxis erfolgreich zur Operationalisierung eines digitalen Schattens befähigt. Im Rahmen der beiden Fallbeispiele konnten alle Schritte der Methodik mindestens einmal erfolgreich angewendet werden. Folglich kann die Methodik als vollständig validiert bewertet werden. Dies sichert die vollständige Adressierung des in Kapitel 2.4 formulierten Handlungsbedarfs aus der Praxis.

Bei Werkzeugbau A wurde ein digitaler Schatten operationalisiert, der einen eng definierten Bereich der Auftragsabwicklung abbildet. Die Validierung zeigt insbesondere die hohe Bedeutung der initialen Definition der erforderlichen Datenqualität. Durch die Verwendung multimodaler Logikketten und effizienter Plausibilisierungsmethoden wird sichergestellt, dass die formulierten Qualitätsanforderungen durch die Datenaufnahme konstant realisiert werden können. Die Umsetzung des architektonischen Fusionsmodells ergibt zum einen, dass die operative Umsetzung des Datenmodells mit den in vielen Betrieben verbreiteten BI-Anwendungen effizient möglich ist. Zum anderen können die Vorteile des standardisierten OPC UA Protokolls genutzt werden.

In der WBA wurde ein digitaler Schatten operationalisiert, der den Auftragsabwicklungsprozess mit Fokus auf eine Planungs- und Arbeitsvorbereitungsbetrachtung abbildet. Es kann festgestellt werden, dass die durch die unterschiedlichen Datenbedarfe verschiedener Use Cases entstehenden Herausforderungen bei der Entwicklung des Datenmodells durch die Methodik adressiert werden. Die Realisierung der Potenziale multimodaler Datenaufnahme und -fusion ermöglichen, mit nur geringem zusätzlichen Erhebungsaufwand, effizient die Datenqualität signifikant zu steigern. Es zeigt sich, dass durch die Aneignung der bisher im Werkzeugbau wenig verbreiteten Kompetenzen im Bereich Programmierung und Edge-Device-Nutzung eine erfolgreiche digitale Vernetzung selbstständig und effizient umgesetzt werden kann.

Die erfolgreiche Anwendung der entwickelten Methodik in den zwei verschiedenen Werkzeugbaubetrieben validiert ebenfalls die in Kapitel 3.1.2 formulierten Anforderungen an einen Ansatz zur Operationalisierung von digitalen Schatten im Werkzeugbau. Die Relevanz-bezogenen Anforderungen wurden bereits dadurch erfüllt, dass es sich bei den betrachteten Unternehmen um Werkzeugbaubetriebe handelt, die jeweils einen spezifischen digitalen Schatten im Bereich ihres Auftragsabwicklungsprozesses implementiert haben. Die Anwendung der Methodik bei zwei unterschiedlichen Unternehmen, im Hinblick auf u. a. Werkzeugspektrum, Marktzugang und Mitarbeitendenanzahl, stellt außerdem sicher, dass die Methodik, wie gefordert, unabhängig von unternehmensindividuellen Rahmenbedingungen erfolgreich angewendet werden kann.

Die erste Anforderung aus dem Bereich der Anwendbarkeit bezieht sich auf das Datenmodell. Das dort geforderte Vorgehen zur Definition eines anwendungsfallspezifischen Datenmodells sowie der Bewertung der Relevanz der einzelnen Datenattribute konnte durch die Identifizierung der Datenbedarfe der zwei Use Cases, mit deren deutlich voneinander abweichenden Rahmenbedingungen, vollumfänglich erfüllt werden.

Für die Bewertung und Definition der Datenqualität hat sich gezeigt, dass die erarbeiteten Anforderungsdimensionen der hinreichend genauen Definition der erforderlichen Datenqualität genügen. In beiden Anwendungsfällen konnten außerdem die für die Interpretation des digitalen Schattens relevanten Kontextinformationen identifiziert werden.

Die Anforderungen der Dimension Datenaufnahme konnten durch die anforderungsgerechte Gestaltung der Multimodalität mit deren unterschiedlichen Zielsetzungen erfüllt werden. Außerdem ermöglicht die Methodik neben der Nutzung klassischer Hardwaresensoren auch die Potenziale von Softsensoren erfolgreich zu realisieren.

Die Anforderungen zur Realisierung der Potenziale der multimodalen Datenfusion setzt die Methodik durch die Beschreibung der verschiedenen Methoden der Integration von Datenquellen sowie der Fusion und Plausibilisierung erhobener Daten, den anwendungsfallspezifischen Automatisierungsgrad der Maßnahmen sowie die erfolgreiche Integration der Mitarbeitenden erfolgreich um.

Die abschließenden Anforderungen an die Methodik zur Beschreibung der Umsetzung der erforderlichen Infrastruktur konnten ebenfalls vollständig erfüllt werden. Die erforderliche Netzwerkinfrastruktur, die anforderungsgerechten Optionen der Datenspeicherung sowie der zwischen Datenerhebung, -speicherung und -nutzung stattfindende Datentransfer konnten in beiden Anwendungsbeispielen erfolgreich ausgelegt werden.

Zusammengefasst, wurde die Methodik folglich als ganzheitlicher Lösungsansatz zur Operationalisierung eines digitalen Schattens im Werkzeugbau verifiziert. Die unterschiedlichen Rahmenbedingungen der Unternehmen der Validierung stellen sicher, dass die Methodik allgemeingültig entwickelt worden ist und auf alle Unternehmen der deutschen Branche Werkzeugbau anwendbar ist. Somit wird der formulierten übergeordneten Zielsetzung dieser Arbeit entsprochen.

7 Zusammenfassung und Ausblick

Die produzierende Industrie trägt wesentlich zur Bruttowertschöpfung in Deutschland bei. Durch die erfolgreiche Positionierung im Premium- und Hochtechnologiesegment konnten die Unternehmen in den vergangenen Jahren signifikant von der zunehmenden Globalisierung profitieren. Eine Vielzahl der produzierenden Unternehmen benötigt für die Herstellung ihrer Produkte Hohlformwerkzeuge, bspw. Blechumform- oder Spritzgießwerkzeuge. Diese Werkzeuge können jedoch erst final entwickelt und gefertigt werden, wenn das Produkt komplett spezifiziert ist, sodass sich die Werkzeugbaubetriebe häufig auf dem kritischen Pfad der Produktentwicklung befinden. Gleichzeitig hat ein Werkzeug wesentlichen Einfluss auf die Effizienz des Serienproduktionsprozess. Dies führt dazu, dass die Branche Werkzeugbau einen der zentralen Befähiger einer effektiven und effizienten Serienproduktion darstellt.

Die deutschen Unternehmen der Branche Werkzeugbau stehen aktuell jedoch vor signifikanten Herausforderungen. Die Produktkomplexität, die durch die Werkzeuge abgebildet werden muss, wächst stetig. Gleichzeitig sorgt die erhöhte Leistungsfähigkeit der internationalen Wettbewerber für einen steigenden Zeit- und Kostendruck sowie für eine erschwerte Wettbewerbsdifferenzierung. Abschließend gelten auch die grundsätzlich in der Industrie bekannten Herausforderungen der Demografie und des Fachkräftemangels für die Unternehmen der Branche Werkzeugbau. Für die Adressierung dieser Herausforderungen werden durch die Unternehmen in den letzten Jahren verstärkt Anwendungsfälle der Industrie 4.0 diskutiert und mögliche Optimierungspotenziale dieser Anwendungsfälle abgeschätzt. In der Praxis ist bisher jedoch nicht feststellbar, dass die Potenziale von Industrie 4.0 in signifikantem Maße in der Branche realisiert worden sind. Da sowohl in der Praxis als auch in der Theorie eine Vielzahl verschiedener Industrie 4.0-Anwendungsfälle bekannt sind, postuliert diese Arbeit, dass nicht-anforderungsgerechte Datenbasen die Ursache für die ausbleibenden Potenziale darstellt.

In der betrieblichen Praxis und auch der wissenschaftlichen Theorie fehlt es aktuell an einem Ansatz, der den Unternehmen der Branche Werkzeugbau beschreibt, wie sie eine anforderungsgerechte Datenbasis zur erfolgreichen Realisierung der Potenziale bekannter Industrie 4.0-Anwendungsfälle erzeugen können. Bisher erfolgt die Datenverwendung häufig ohne Planung und Überwachung der erforderlichen Datenattribute sowie deren Qualität. Daraus leitet sich die übergeordnete Forschungsfrage ab, wie ein repräsentatives Vorgehen zur Operationalisierung eines branchenspezifischen Datenmodells zu einem anwendungsindividuellen digitalen Schatten zu gestalten ist.

Als Lösung für die formulierte übergeordnete Forschungsfrage wurde im Rahmen der vorliegenden Arbeit eine Methodik entwickelt, die Werkzeugbauunternehmen bei der Erzeugung eines digitalen Schattens als anforderungsgerechte Datenbasis unterstützt. Dabei wird gemäß der Forschungsmethodik nach ULRICH ein repräsentatives Vorgehen entwickelt, dass ausgehend von einem beliebigen Anwendungsfall die Operationalisierung des erforderlichen digitalen Schattens methodisch anleitet.

Der Aufbau der Methodik wurde aus einer strukturierten Literaturrecherche abgeleitet, bei der die drei Phasen der Bildung eines anwendungsfallbezogenen Datenmodells, der Umsetzung einer multimodalen Datenaufnahme sowie abschließend der multimodalen Datenfusion identifiziert werden konnten. Für das anwendungsfallbezogene Datenmodell kann auf dem in der Literatur bereits bestehenden Datenmodell für die Auftragsabwicklung von Werkzeugbaubetrieben nach KELZENBERG aufgebaut werden. Dieses Forschungsergebnis hat den Anspruch alle relevanten Datenattribute der Auftragsabwicklung eines industrialisierten Werkzeugbaubetriebs zu modellieren. Für die Erhebung der im Datenmodell abgebildeten Datenattribute ist in der zweiten Phase die multimodale Datenaufnahme auszugestalten. Die erzeugten Daten werden in der dritten Phase der Methodik, der multimodalen Datenfusion, plausibilisiert und gespeichert, sodass sie in einer aggregierenden Darstellung einem digitalen Schatten entsprechen.

In der Phase der Bildung eines anwendungsfallspezifischen Datenmodells werden die Datenattribute identifiziert, die der digitale Schatten für einen definierten Anwendungsfall abbilden soll. Außerdem wird der zusätzlich zu erhebende Datenbedarf erarbeitet, um die an die Informationsqualität des Anwendungsfalls gestellten Anforderungen vollständig umsetzen zu können. Dies erfolgt durch die zwei Schritte der Definition des Informationsbedarfs und der Bildung des Zielsystems für die Operationalisierung. Dazu werden in den einzelnen Teilaufgaben Methoden, Modelle und Hilfsmittel bereitgestellt, um aus den Anforderungen eines Anwendungsfalls die Implikationen für den Datenbedarf abzuleiten. Insbesondere wird die Bedeutung der einzelnen Datenattribute für die Realisierung des Anwendungsnutzens fokussiert, um die hinreichende Genauigkeit des digitalen Schattens sicherzustellen. Zusammengefasst beantwortet die erste Phase der Methodik somit die formulierte Teilforschungsfrage, wie ein branchenspezifisches Datenmodell für den Werkzeugbau auf individuelle Anwendungsfälle in den Unternehmen angepasst werden kann.

In der zweiten Phase der Methodik wird das aufgestellte Zielsystem genutzt, um die erforderliche Datenaufnahme auszulegen. Zunächst wird dazu der erforderliche Datenbedarf mit den bereits im Unternehmen vorhandenen Daten abgleicht. Darauf aufbauend erfolgt die Auslegung der Datenerfassung, die insbesondere die Potenziale einer multimodalen Datenaufnahme für eine effiziente Erzeugung einer anforderungsgerechten Datenbasis realisieren soll. Die Entwicklung verschiedener Erhebungskonzepte bildet die Basis, um die Potenziale multimodaler Datenerfassung effizient integrieren und bei der Erhebung der einzelnen Datenattribute aus Sicht des Gesamtdatenbedarfs maximale Synergien realisieren zu können. Folglich beantwortet die zweite Phase die Teilforschungsfrage nach effizienten Maßnahmen, um die erforderliche Datenqualität eines digitalen Schattens sicherzustellen.

In der dritten Phase wird zunächst das funktionale Fusionsmodell ausgelegt, in dem die durch die verschiedenen Erhebungsmethoden erfassten Daten integriert und fusioniert werden. Dabei werden zum einen die entstandenen Redundanzen der multimodalen Datenaufnahme reduziert und zum anderen die Plausibilität und Integrität der erhobenen Daten sichergestellt. Mit der Darstellung der erforderlichen Methoden, Modelle und Hilfsmittel zur Realisierung der Potenziale der multimodalen Datenaufnahme in Phase zwei der Methodik sowie der anschließenden Fusion und Plausibilisierung der Daten in Phase drei wird die Teilforschungsfrage nach effizienten Maßnahmen zur Sicherstellung der erforderlichen Datenqualität der aufzunehmenden Daten beantwortet. Außerdem erfolgt in der dritten Phase der Methodik auch die

Auslegung des architektonischen Fusionsmodells. Dabei wird die erforderliche Infrastruktur zur Umsetzung der erarbeiteten multimodalen Datenaufnahme und -fusion gestaltet und die Middleware ausgelegt, die für die aggregierte Darstellung der erhobenen Daten im digitalen Schatten erforderlich ist. Folglich wird somit auch die Teilforschungsfrage zur Auslegung der erforderlichen Systemarchitektur zur Vorverarbeitung, Transferierung und Speicherung der Daten im Werkzeugbau beantwortet.

In ihrer Gesamtheit beantwortet die Methodik außerdem die formulierte Teilforschungsfrage, wie die Umsetzung der Methodik mit einem hohen Aufwand-Nutzen-Verhältnis und ausreichender Praktikabilität sichergestellt werden kann. In allen Teilaufgaben nehmen analysierende Tätigkeiten nur einen geringen Aufwand ein. Gleichzeitig ermöglichen die logisch aufeinander aufbauenden Methodikschritte auch eine teilweise Anwendung der Methodik. Die Praktikabilität hingegen beweist die Methodik in der nachfolgenden Verifizierung.

Im Rahmen der Verifizierung der entwickelten Methodik wurden die Fallbeispiele von zwei Werkzeugbaubetrieben dargestellt, die erfolgreich digitale Schatten in ihren Unternehmen implementiert und dabei die Potenziale multimodaler Datenaufnahme realisiert haben. Die kritische Reflexion dieser Fallbeispiele hat gezeigt, dass die entwickelte Methodik allen in Kapitel 3 formulierten Anforderungen entspricht und insbesondere hinreichend praktikabel ist, um effizient in der Praxis von industrialisierten Werkzeugbaubetrieben eingesetzt werden zu können. Die Unternehmen werden damit befähigt, die erforderliche Datenbasis, die sie für die Umsetzung ihrer Anwendungsfälle zur Realisierung der Potenziale von Industrie 4.0 benötigen, zu erzeugen.

Der wissenschaftliche Beitrag dieser Arbeit besteht in der integrierenden, repräsentativen Betrachtung der Anforderungen eines Anwendungsfalls mit der Umsetzung in einem digitalen Schatten. Das Vorgehen nutzt insbesondere die Potenziale, die durch eine multimodale Datenaufnahme und -fusion für eine effiziente Realisierung der erforderlichen Datenqualität entstehen. Es bildet somit die Grundlage, um eine hochqualitative Datenbasis im Werkzeugbau erzeugen zu können, und befähigt die Unternehmen der deutschen Branche Werkzeugbau dazu, die prognostizierten Potenziale von Industrie 4.0 erfolgreich realisieren zu können.

Weitergehende wissenschaftliche Untersuchungen sollten sich der Prognose der mittels multimodaler Datenaufnahme realisierbaren Datenqualität widmen. Hierzu bedarf es Simulationsumgebungen, die die Auswirkungen zusätzlicher Erhebungsmethoden auf die realisierbare Datenqualität mathematisch formulieren und gleichzeitig den Einfluss des Menschen modellieren. Auf diese Weise kann die Kosten- und Zeiteffizienz der Implementierung multimodaler Datenaufnahme weiter gesteigert werden. Außerdem sollten aufbauend auf den entwickelten Transparenz-Boards die Informationsbedarfe der Mitarbeitenden in Versuchsreihen detaillierter untersucht werden, um die Mitarbeitendenakzeptanz und somit auch den Erfolg der Anwendungsfälle einer zunehmenden digitalen Erfassung der Auftragsabwicklungsprozesse, inklusive auch personenbezogener Daten, sicherzustellen.

8 Anhang

In Kapitel 5 wurden die methodische Vorgehensweise zur Operationalisierung eines digitalen Schattens im Werkzeugbau sowie die dabei erforderlichen Hilfsmittel detailliert beschrieben. Nachfolgend finden sich weitergehende Informationen, die die praktische Anwendung der beschriebenen Inhalte unterstützen sollen.

A.1. Informationsbedarf

Die Identifizierung des Informationsbedarfs, stellt den initialen Schritt der Methodik dar, um den Anwendungsnutzen des digitalen Schattens sicherzustellen. Aufbauend auf den in Kapitel 5.1.1.2 eingeführten Dimensionen zur Identifizierung des Informationsbedarfs, Werkzeug/Bauteil, Projekt-/Bauteilprozess, Fertigungsressourcen, Material/Zukaufteile sowie Artikel/Produktionsprozess, bieten die nachfolgenden Abbildungen dem Anwender eine Zuordnung relevanter Entitys im Werkzeugbau zu den definierten Dimensionen. Zugrunde gelegt wird dabei aufgrund seines Anspruchs auf Vollständigkeit die Arbeit von KELZENBERG. Folglich beschreiben die nachfolgenden Abbildungen die Metazusammenhänge, die zwischen den spezifischen Datenattributen sowie den Informationsbedarfsdimensionen bestehen. Für eine verbesserte Übersichtlichkeit sind die vertikal dargestellten Datenattribute entsprechend ihrer Zuordnung bei KELZENBERG zu den Schritten der Wertschöpfungskette sowie den damit verbundenen Tätigkeiten strukturiert.

			Werkzeug/ Bauteil	Projekt-/Bauteilprozess	Fertigungsressourcen	Material/ Zukaufteile	Artikel/Produktionsprozess
Vertrieb	Kundenanfrage	Anfrage	X	X			X
		CAD-Modell Artikel	X	X			X
		Lieferinformation	X				X
		Projekt	X				X
		Werkzeug	X				X
		Spezifikation	X			X	X
	Kalkulationserstellung	Kalkulation	X	X	X	X	X
		Eigenleistungsposten		X	X		
		Fremdleistungsposten				X	
		Posten		X	X	X	

Abbildung 8.1: Zuordnung relevanter Entitys nach KELZENBERG zu den Dimensionen des objektiven Informationsbedarfs (I/X)[805]

[805] Eigene Darstellung.

Bereich	Phase	Entity	Werkzeug/ Bauteil	Projekt-/Bau- teilprozess	Fertigungs- ressourcen	Material/ Zukaufteile	Artikel/Produk- tionsprozess
Vertrieb	*Angebotserstellung*	Angebot	X	X	X	X	X
		Spezifikation	X	X	X	X	X
		Liefer- information	X				X
		Projektwissen	X	X	X	X	X
		Kalkulation	X	X	X	X	
		Projekt	X	X	X	X	X
		Werkzeug	X				
	Auftragsanlage	Angebot	X	X	X	X	X
		Anfrage	X				X
		Auftrag	X	X	X	X	X
		Projekt	X	X	X	X	X
		Werkzeug	X	X	X	X	X
Engineering	*Konzepterstellung*	Konzept	X	X	X	X	X
		Spezifikation	X			X	X
		Projekt	X	X	X	X	X
		Werkzeug	X				X
		Artikelspezifische Komponente	X			X	X
		Prozessspezifisc he Komponente	X			X	X
		Sonstige Komponente	X			X	X

Abbildung 8.2: Zuordnung relevanter Entitys nach KELZENBERG zu den Dimensionen des objektiven Informationsbedarfs (II/X)[806]

[806] Eigene Darstellung.

Bereich	Phase	Entity	Werkzeug/ Bauteil	Projekt-/Bauteilprozess	Fertigungsressourcen	Material/ Zukaufteile	Artikel/Produktionsprozess
Engineering	Prozesssimulation	Konzept	X			X	X
		Spezifikation	X			X	X
		Simulationsdaten	X				X
		Ressourcendaten	X				X
		Prozessdaten	X				X
		Maschinendaten	X				X
		Materialdaten	X			X	X
		Artikeldaten	X				X
		Zeitdaten	X				X
Konstruktion	3D-Modell-Erstellung	CAD-Modell	X			X	
		Baugruppe	X			X	
		Komponente	X			X	
	Stückliste	Stückliste	X			X	
		Komponente	X			X	
	Fertigungsplanerstellung	Komponente	X				
		Fertigungsplan	X	X	X		
		Bearbeitungsverfahren	X	X	X		
		Fräsbearbeitung	X	X	X		
		Erodierbearbeitung	X	X	X		
		Drehbearbeitung	X	X	X		
		Schleifbearbeitung	X	X	X		
		Ressource			X		
		Mitarbeiter		X	X		
		Betriebsmittel		X	X		

Abbildung 8.3: Zuordnung relevanter Entitys nach KELZENBERG zu den Dimensionen des objektiven Informationsbedarfs (III/X)[807]

[807] Eigene Darstellung.

			Werkzeug/ Bauteil	Projekt-/Bau-teilprozess	Fertigungs-ressourcen	Material/ Zukaufteile	Artikel/Produk-tionsprozess
Arbeitsvorbereitung	Fertigungsplanerstellung	Komponente	X				
		Fertigungsplan	X	X	X		
		Bearbeitungs-verfahren	X	X	X		
		Fräsbearbeitung	X	X	X		
		Erodier-bearbeitung	X	X	X		
		Drehbearbeitung	X	X	X		
		Schleif-bearbeitung	X	X	X		
		Ressource			X		
		Mitarbeiter		X	X		
		Betriebsmittel		X	X		
	Montageplanerstellung	Baugruppe	X	X		X	
		Montageplan	X	X	X	X	
		Montageschritt	X	X	X	X	
		Ressource		X	X		
		Mitarbeiter		X	X		
		Betriebsmittel		X	X		
	Betriebsmittelzuordnung	Betriebsmittel		X	X		
		Werkzeug-maschine		X	X		
		Automationszelle		X	X		
		Handarbeitsplatz		X	X		
		Prüfmittel		X	X		
		Bearbeitungs-verfahren		X	X		
		Status		X	X		

Abbildung 8.4: Zuordnung relevanter Entitys nach KELZENBERG zu den Dimensionen des objektiven Informationsbedarfs (IV/X)[808]

[808] Eigene Darstellung.

Phase	Bereich	Entity	Werkzeug/ Bauteil	Projekt-/Bau- teilprozess	Fertigungs- ressourcen	Material/ Zukaufteile	Artikel/Produk- tionsprozess
Arbeitsvorbereitung	Betriebsmittel- zuordnung	Reparatur		X			
		Instandhaltung		X			
		Betrieb		X			
		Bereitschaft		X			
	CAD-Prog.- Entwicklung	CAD-Modell	X	X			
		Bearbeitungsverfahren	X	X	X		
		Betriebsmittel	X	X	X		
Fertigung		NC-Programm	X	X	X		
	Komponenten- bearbeitung	Komponente	X	X			
		Bearbeitungs- verfahren	X	X	X		
		Fertigungsplan	X	X	X		
		Betriebsmittel			X		
		Zustandsänder- ung Komponente	X	X			
	Komponentenprüfung	Zustands- änderung	X	X			
		Komponente	X	X			
		Spezifikation	X				X
		Fertigungsplan	X	X	X		
		Prüfmittel		X	X		
		Abweichung	X				

Abbildung 8.5: Zuordnung relevanter Entitys nach KELZENBERG zu den Dimensionen des objektiven Informationsbedarfs (V/X)[809]

[809] Eigene Darstellung.

			Werkzeug/ Bauteil	Projekt-/Bauteilprozess	Fertigungsressourcen	Material/ Zukaufteile	Artikel/Produktionsprozess
Arbeitsvorbereitung	Baugruppenvormontage	Montageplan	X	X	X		
		Montageschritt	X	X			
		Komponente	X				
		Arbeitsstation		X	X		
		Baugruppe	X	X	X		
	Werkzeugendmontage	Montageplan	X	X	X		
		Montageschritt	X	X			
		Arbeitsstation		X	X		
		Komponente	X		X		
		Baugruppe	X	X	X		
		Werkzeug	X				
	Funktionsprüfung	Komponente	X				
		Baugruppe	X				
		Wirkprinzip	X				X
		Werkzeug	X				
		Abweichung	X				X
	Demontage	Abweichung	X				X
		Demontage	X				X

Abbildung 8.6: Zuordnung relevanter Entitys nach KELZENBERG zu den Dimensionen des objektiven Informationsbedarfs (VI/X)[810]

[810] Eigene Darstellung.

Qualifizierung	Phase	Entity	Werkzeug/ Bauteil	Projekt-/Bau-teilprozess	Fertigungs-ressourcen	Material/ Zukaufteile	Artikel/Produk-tionsprozess
Qualifizierung	Zyklus-Vorbereitung	Werkzeug	X				X
		Produktions-maschine	X				X
		Erprobungs-maschine	X				X
		Serienmaschine	X				X
		Einstell-parameter	X				X
		Maschinen-parameter	X				X
		Prozess-parameter	X				X
	Werkzeug-Erprobung	Einstell-parameter	X				X
		Betriebsmittel	X				X
		Material					
		Produktions-maschine	X				X
		Werkzeug	X				
		Artikel	X				X
	Artikelqualitätsprüfung	Artikel	X				X
		Merkmal					
		Bewertung					X
		Abweichung					X
		Prüfmittel					X
		CAD-Modell-Artikel					X
		Spezifikation					X

Abbildung 8.7: Zuordnung relevanter Entitys nach KELZENBERG zu den Dimensionen des objektiven Informationsbedarfs (VII/X)[811]

[811] Eigene Darstellung.

			Werkzeug/ Bauteil	Projekt-/Bau- teilprozess	Fertigungs- ressourcen	Material/ Zukaufteile	Artikel/Produk- tionsprozess
Projektmanagement	Kapazitäts- ermittlung	Kapazitäts- angebot			X	X	
		Kapazität- belegung			X		
		Kalkulation	X	X	X	X	X
	Kundenab- stimmung	Liefer- informationen	X		X	X	X
		Status	X	X			
		Ansprechpartner					X
Einkauf	Lieferantenanfrage	Rohmaterial	X			X	
		Werkzeug	X				
		Baugruppe	X				
		Komponente	X				
		Technologie	X		X	X	
		Verbrauchsgut				X	
		Projekt	X	X			X
		Fremdware				X	
		Lieferant				X	
		Geschäftspartner					X
		Ansprechpartner	X				X
		Lastenheft	X				X
		Angebot	X	X	X	X	X
	Bestell- auslösung	Lastenheft	X			X	X
		Angebot	X			X	
		Abweichung	X			X	
		Bestellung	X			X	

Abbildung 8.8: Zuordnung relevanter Entitys nach KELZENBERG zu den Dimensionen des objektiven Informationsbedarfs (VIII/X)[812]

[812] Eigene Darstellung.

			Werkzeug/ Bauteil	Projekt-/Bau-teilprozess	Fertigungs-ressourcen	Material/ Zukaufteile	Artikel/Produk-tionsprozess
Einkauf	Leistungsbewertung	Maßhaltigkeit	X			X	
		Oberflächengüte	X			X	
		Härte	X			X	
		Qualitätstreue	X			X	
		Termintreue	X	X		X	
		Mengentreue	X	X	X	X	
		Kosteneinhaltung	X	X		X	
		Bewertungskriterium	X	X	X	X	
		Leistungsfähigkeit	X	X	X	X	
		Bewertungskennzahl	X	X		X	
		Bestellung	X	X		X	
		Lieferung	X	X		X	
		Abweichung	X			X	
		Soll-Zustand	X			X	
		Ist-Zustand	X			X	
		Fortschritt		X		X	

Abbildung 8.9: Zuordnung relevanter Entitys nach KELZENBERG zu den Dimensionen des objektiven Informationsbedarfs (IX/X)[813]

[813] Eigene Darstellung.

Logistik	Entity	Werkzeug/ Bauteil	Projekt-/Bau-teilprozess	Fertigungs-ressourcen	Material/ Zukaufteile	Artikel/Produk-tionsprozess
Warenkommissionierung	Ware	X	X		X	
	Fremdware	X	X		X	
	Eigenware	X	X	X		
	Lieferung	X	X	X	X	
	Bestellung	X	X	X	X	
Lagerverwaltung	Ware				X	
	Lager	X			X	
	Lagerplatz			X	X	
	Werkzeug	X				
	Projekt	X	X			
Warentransport	Ware				X	
	Platz				X	
	Arbeitsstation	X			X	
	Lagerplatz	X			X	
	Versandstation	X			X	
	Kunde	X				X
	Dienstleister	X			X	
	Geschäftspartner	X			X	X

Abbildung 8.10: Zuordnung relevanter Entitys nach KELZENBERG zu den Dimensionen des objektiven Informationsbedarfs (X/X)[814]

A.2. Bewertung quantitativer Nutzenpotenziale

Die Bewertung der Relevanz einer Tätigkeit für ein quantitatives Nutzenpotenzial wurde in Kapitel 5.1.2.3 dargestellt. Nachfolgend finden sich in Abbildung 8.11 für die bereits eingeführten Kenngrößen konkrete Berechnungsformeln, die den Anwender der Methodik die Bestimmung der Relevanz weiter erleichtern soll. Ein tiefgestelltes T in den Formeln kennzeichnet auf die betrachtete Tätigkeit i bezogene Angaben, ein tiefgestelltes AF Angaben, die den gesamten Anwendungsfall fokussieren.

---

[814] Eigene Darstellung.

Nutzenpotenzial	Kenngröße	Berechnungsformel
Umsatz	Wertschöpfungsanteil	$\frac{\text{Umsatz}_T - \text{Material- \& Fremdleistungskosten}_T}{\text{Umsatz}_{AF} - \text{Material- \& Fremdleistungskosten}_{AF}}$
	Umsatzanteil	$\frac{\text{Umsatz}_T}{\text{Umsatz}_{AF}}$
(Durchlauf-)Zeit	Anteil Tätigkeitsdauer an Gesamtdauer	$\frac{\text{Durchlaufzeit}_T}{\text{Durchlaufzeit}_{AF}}$
	Anteil Liegezeit an Tätigkeitsdurchlaufzeit	$\frac{\text{Liegezeit}_T}{\text{Durchlaufzeit}_T}$
	Anteil Liegezeit an Gesamtdurchlaufzeit	$\frac{\text{Liegezeit}_T}{\text{Durchlaufzeit}_{AF}}$
Kosten	Anteil Tätigkeitskosten an Gesamtkosten	$\frac{\text{Kosten}_T}{\text{Kosten}_{AF}}$
	Anteil Fehlerkosten	$\frac{\text{Fehlerkosten}_T}{\text{Gesamtkosten}_T}$
	Effizienz des Kosteneinsatzes	$\frac{\text{Wertschöpfungsanteil}}{\text{Anteil Tätigkeitskosten an Gesamtkosten}}$
Qualität	Spätere Beinflussbarkeit des Ergebnisses	Qualitativ zu bewerten
	Beitrag zu Differenzierungsmerkmalen	Qualitativ zu bewerten
	Häufigkeit Fehler	$\frac{\text{Häufigkeit fehlerhafter Tätigkeiten}}{\text{Häufigkeit aller Tätigkeiten}}$
	Bedeutung Fehler	$\frac{\text{Fehlerkosten}_T}{\text{Fehlerkosten}_{AF}}$
Termintreue	Kritizität der Tätigkeit	Qualitativ zu bewerten
	Substituierbarkeit der Tätigkeit	$\frac{\sum (\text{Mögliche Ersatztätigkeit} * \text{Ø-Auslastung}_{ET})}{\text{Anzahl möglicher Ersatztätigkeiten}}$
	Termintreue der Tätigkeit	$\frac{\text{Häufigkeit mit ±10 \% Termintreue}}{\text{Gesamthäufigkeit der Tätigkeit}}$

Quantitativ

Abbildung 8.11: Kenngrößen und Berechnungsformeln zur Bestimmung der Tätigkeitsrelevanz für die quantitativen Nutzenpotenziale[815]

A.3. Erarbeitung des Erhebungskonzepts

Die in Kapitel 5.2.2.2 beschriebene Bestimmung der Datenbedarfskomplexität wird durch eine Vielzahl an Einflussgrößen charakterisiert. Insbesondere die in Kapitel 2.3 eingeführten Besonderheiten der Unikatfertigung im Werkzeugbau führen zu Einflussgrößen, die in anderen Branchen nicht bestehen und die folglich durch aus diesen übertragenen Lösungen nicht oder nur begrenzt adressiert werden können. Daher sollen die in Abbildung 5.33 eingeführten Einflussfaktoren sowie deren Auswirkungen auf die Datenbedarfskomplexität im Werkzeugbau nachfolgend detailliert erläutert werden. Für ein einfacheres Verständnis werden die Einflussfaktoren nachfolgend entsprechend ihrer Zuordnung zur Prozesskette der Auftragsabwicklung

[815] Eigene Darstellung.

im Werkzeugbau beschrieben. Darüber hinaus erfolgt die Beschreibung zunächst für die Einflussfaktoren der Dimension Mensch, anschließend der Dimension Technik und zuletzt für die Dimension Organisation.

Auftragsakquise

Verwendung von Erfahrungswerten bei der Kalkulation: Die Expertenkalkulation, wo Mitarbeitende aufgrund ihrer individuellen Erfahrung die Kosten eines Werkzeugs oder einzelner Bauteile kalkulieren, ist im Werkzeugbau immer noch weit verbreitet[816]. Aufgrund der nicht möglichen Systematisierung und Reproduzierbarkeit der dabei entstehenden Werte wird ein Soll-/Ist-Kostenvergleich über unterschiedliche Werkzeugprojekte hinweg deutlich erschwert, da die Vergleichbarkeit der Werte nicht hinreichend gegeben ist.

Nicht-standardisierte Kalkulationsmethode: Die durch die Verwendung von Erfahrungswerten entstehenden Herausforderungen gelten ähnlich auch für die grundsätzliche Kalkulationsmethode. Insbesondere bei einer nicht-standardisierten Struktur der Kostenaufschlüsselung oder der Informationsbeschaffung für die einzelnen Kostenpositionen werden die Kalkulationen untereinander nicht mehr vergleichbar.

Nachkalkulation nicht zuortenbar: Die Durchführung einer Nachkalkulation ist heute in den meisten Werkzeugbaubetrieben etabliert. Häufig erfolgt die Dokumentation jedoch uneinheitlich, außerhalb des ERP-Systems und ohne konkrete Zuordnung gewonnener Erkenntnisse zu Kostenstellen, Bauteilen oder anderen Einflussfaktoren. Dies macht es sehr aufwändig, die gewonnenen Erkenntnisse automatisiert verarbeiten zu können.

Nutzung individueller Excel-Kalkulationsvorlagen: Die Durchführung der Kalkulation erfolgt heute noch häufig in individuellen Excel-Vorlagen. Abhängig vom Standardisierungsgrad der Vorlage sowie der Vollständigkeit der darin zu tätigenden Eingaben, wird die Verwertung der dort hinterlegten Informationen, zusätzlich zum erhöhten Datenakquisitionsaufwand, weiter gesteigert.

Verwendung analytischer Kalkulationssoftware: Die Verwendung analytischer Kalkulationssoftware, wie Siemens Teamcenter, hat im Zusammenhang mit der Industrialisierung der Werkzeugkalkulation zugenommen. Werkzeugbaubetriebe werden hierdurch dazu befähigt ihre Kalkulation, nach einer aufwändigen Initialisierungsphase der Software bei der Einführung, sehr effizient und gleichzeitig auch sehr genau durchführen zu können. Die dabei zugrundeliegenden Ursache-Wirkungsbeziehungen, aus denen die bestimmten Eigenkosten resultieren, sowie die Einflüsse der einzelnen Bauteile sind jedoch nicht immer transparent nachvollziehbar, sodass sich die Schaffung von Kostentransparenz und die Durchführung von Soll-/Ist-Vergleichen auf Bauteilebene herausfordernd darstellt.

Keine Dokumentation von Kundenkontakten und Erfolgen: Ein System für die digitale Abbildung eines Customer Relationship Managements wird aktuell nur in wenigen Werkzeugbaubetrieben genutzt. Aufgrund der Branchenstruktur, des Auftragsabwicklungsprozesses und

[816] Vgl. Boos et al. (Erfolgreich Kalkulieren im Werkzeugbau), 2015, S. 13.

der Organisationsstruktur ist eine solche Software in den meisten Fällen gar nicht notwendig. Relevante Informationen insbesondere zum Angebotserfolg werden aufgrund dessen in vielen Betrieben jedoch ebenfalls nicht erhoben. Eine ganzheitliche Transparenz über die eigene Effizienz, insbesondere im Vergleich zum Wettbewerb, wird daher erschwert.

Kalkulation auf Werkzeugebene: Die Granularität der durchgeführten Werkzeugkalkulationen resultiert aus den individuellen Anforderungen sowie Charakteristika der Unternehmen und der Komplexität der betrachteten Werkzeuge (siehe auch BOOS ET AL.[817]). Eine Kalkulation auf Werkzeugebene erschwert jedoch die Erzeugung von Kostentransparenz und die Identifikation konkreter Kostentreiber, da ein Soll-/Ist-Kostenvergleich nur eingeschränkt, auf Werkzeugebene, möglich ist.

Für alle Gewerke einheitliche Stundensätze: Die Verwendung von Stundensätzen ist für viele Verfahren der Kostenrechnung ein wesentlicher Bestandteil. Die Granularität bei der Bestimmung der Kostensätze variiert jedoch stark zwischen den verschiedenen Werkzeugbaubetrieben. Teilweise berechnen Unternehmen lediglich einen einheitlichen Stundensatz für alle Bereiche, indem alle Kosten eines Jahres durch alle geleisteten Stunden dividiert werden. Teilweise werden maschinenspezifische Kostenstellen gebildet und daraus maschinenspezifische Stundensätze berechnet. Wenn mit dem digitalen Schatten das Ziel der Steigerung der Kostentransparenz verfolgt wird, sinkt der mögliche Erkenntnisgewinn, bzw. steigt der erforderliche Aufwand, wenn die Granularität der Stundensätze zu hoch gewählt ist.

Kunden mit mehreren Standorten werden als ein Kunde verstanden: Viele Kunden der Werkzeugbaubetriebe betreiben an unterschiedlichen Standorten ihre Serienproduktion. Abhängig von der Organisationsstruktur des Kunden kann die Werkzeugbeschaffung sowie die Formulierung der Werkzeuganforderungen an unterschiedlichen Standorten erfolgen. Wenn diese Differenzierung über den tatsächlich das Werkzeug einsetzenden Kundenstandort in den Softwaresystemen des Werkzeugbaubetriebs nicht abgebildet ist, können sowohl in der Bereitstellung von Informationen an den Kunden als auch bei der Verwertung der Kundendaten Schwierigkeiten entstehen.

Werkzeugentwicklung

Unterschiedliche Angabe von Toleranzen: Die Angabe von Toleranzen basiert auf der Annahme eines grundsätzlichen Tolerierungsgrundsatzes. Zu differenzieren ist dabei zwischen dem Hüllprinzip nach DIN 7167 sowie dem Unabhängigkeitsprinzip nach EN ISO 8015. Während ersterer durch verschiedene Hüllbedingungen die unterschiedlichen Toleranzangaben in Beziehung zueinander setzt, betrachtet das Unabhängigkeitsprinzip die Maß-, Form-, Lage- und Oberflächentoleranzen unabhängig voneinander. Dies besitzt insbesondere Bedeutung, wenn Bauteile, die vor 2012, mit Bauteilen, die nach 2012 konstruiert worden sind, verglichen werden sollen. In diesem Jahr wurde die DIN 7167 zugunsten der EN ISO 8015 zurückgezogen.

[817] Vgl. Boos et al. (Erfolgreich Kalkulieren im Werkzeugbau), 2015.

Unterschiedliche Angabe von Materialien: Für die Darstellung der verwendeten Materialarten bestehen in der Literatur und in der Praxis verschiedene Methoden. Insbesondere kann das Material entsprechend EN-Norm mit seiner Werkstoffnummer angegeben werden oder durch Angabe der enthaltenen Legierungselemente und deren Anteile. Die erforderliche Übersetzung der unterschiedlichen Formate erschweren die Verwendung der Materialangaben. Das durch externe Materiallieferanten resultierende Risiko kann dabei nur begrenzt im Vorhinein reduziert werden.

Keine Berücksichtigung von Platz für QR-Codes: Wenn für die Identifizierung von Bauteilen diese mit QR-Codes oder ähnlichem versehen werden sollen, ist es wichtig, dass bereits bei der Werkzeugkonstruktion die entsprechenden Flächen, auf die die Codes aufgebracht werden sollen, vorgesehen werden. Dies ist umso bedeutender, wenn die Codes nicht aufgeklebt, sondern per Laserbeschriftungsanlage aufgebracht werden sollen. Dabei sollte es sich um Flächen handeln, die möglichst im letzten Prozessschritt oder gar nicht bearbeitet werden. Andernfalls würde der Aufwand zur Aufbringung der Markierungen und die Wahrscheinlichkeit fehlender Markierungen bei einzelnen Bauteilen deutlich steigen.

Einsatz unterschiedlicher CAD-Systeme: Durch die vielfältigen Kunden, die insbesondere externe Werkzeugbaubetriebe häufig bedienen, kommen häufig verschiedene CAD-Systeme innerhalb eines Unternehmens zum Einsatz. Werden für den digitalen Schatten Datenattribute aus dem CAD-System benötigt, erhöht dies den Aufwand für die Programmierung der Schnittstellen, da potenziell mehrere Schnittstellen benötigt werden und diese nicht zwingend identisch gestaltet sind.

Keine Verwendung von Farbtoleranzen: Die Darstellung der Toleranzen im 3D-Modell eines Bauteils durch die Verwendung einer Farbsymbolik bildet die Grundlage für eine papierarme Fertigung. Darüber hinaus stellt dies eine einfache Möglichkeit dar, bereits aus den bestehenden Bauteilkonstruktionen, die entsprechenden Toleranzanforderungen über Schnittstellen abzugreifen. Das Fehlen einer Verwendung von Farbtoleranzen führt somit zu einer Erhöhung der Komplexität des Datenbedarfs.

Keine Beplanung der Konstruktion: Die Bereiche der mechanischen Fertigung und der Montage werden in den meisten Werkzeugbaubetrieben mit Tätigkeiten und Vorgabezeiten beplant. Zusammen mit der Rückmeldung tatsächlich geleisteter Stunden ermöglicht dies die Schaffung von Transparenz über den aktuellen Bearbeitungsfortschritt sowie Zeit- und Kosteneinhaltung. In vielen Werkzeugbaubetrieben wird die Konstruktion jedoch als rein kreativer Prozess betrachtet, der nicht beplant wird. Auf diese Weise entsteht ein signifikanter Zeitanteil in der Prozesskette, für den eine datenbasierte Schaffung von Transparenz deutlich erschwert wird.

Fehlende Standardisierung von Werkzeugen und Bauteilbenennungen: Die Herstellung von Werkzeugen ist als Einmal- bzw. Einzel- und Kleinserienfertigung zu bezeichnen. Daher ist es zunächst schwierig Wissen über Werkzeuge und deren Bauteile zu generieren, da diese zunächst nicht vergleichbar sind und keine Wiederholeffekte genutzt werden können. Dies trifft z. B. auf Fertigungszeiten, auftretende Qualitätsmängel oder Prozessfolgen zu. Mit der zunehmenden Standardisierung der Werkzeuge und Werkzeugkomponenten, hat sich die Gleichteilquote in den Werkzeugen in den letzten Jahren signifikant gesteigert. Wichtig ist jedoch, dass nicht nur die Bauteile selbst standardisiert sind, sondern gleichzeitig auch sichergestellt ist, dass die standardisierten Werkzeuge und Bauteile in jedem Fall eine einheitliche Bezeichnung verwenden, um softwaretechnisch auch als gleiche oder zumindest ähnliche Bauteile identifiziert werden zu können.

Fehlende Standardisierung der Fertigungsprozesse und -benennungen: Neben der Standardisierung der Werkzeuge und Bauteile müssen für eine effektive Datennutzung auch die Fertigungsprozesse und ihre jeweilige Benennung standardisiert werden. Nur so ist es möglich, dass Vergangenheitsdaten sinnvoll miteinander verglichen werden können. Eine manuelle, anlassbezogene Bestimmung von Ähnlichkeiten zwischen Prozessschritten oder sonstigen Tätigkeiten verhindert die automatisierte Nutzung der Datenbasis.

Keine Mitarbeitenden-/Werkzeug-Zuordnung aufgrund agiler Teams: In vielen Werkzeugbaubetrieben besteht eine 1:1 Zuordnung zwischen Konstruierendem und Werkzeug. In Zukunft werden sich potenziell jedoch alternative Organisationsformen weiterverbreiten. Bei solchen agilen Teams erfordert die Schaffung von Transparenz über den Abarbeitungsgrad oder die Tätigkeitsverteilung zwischen den Mitarbeitenden deutlich andere Vorgehensweisen (siehe bspw. DE LANGE[818])

Arbeitsplanung

Unterschiedliche CAM-Strategien: Die der Fertigung zugrundeliegenden CAM-Strategien sowie die Fertigungsstrategien hinsichtlich der Differenzierung zwischen Fräsen und Senken oder Drehen und Fräsen haben wesentlichen Einfluss auf die Interpretation von Bauteildaten. Beispielsweise erschwert dies auch die Nutzung von Markern innerhalb der CAM-Programme zur Identifizierung bestimmter Zustände, Positionen und Aktionen.

Unterschiedliche Aufspannungen: Die Aufspannung von Bauteilen in der Fertigung hat wesentlichen Einfluss auf die Nutzbarmachung von Fertigungsprozessdaten. Insbesondere in Betrieben ohne Automatisierungslösungen in der Fertigung, erfolgt die Aufspannung abhängig vom jeweiligen CAM-Programmierer, der genutzten Maschine oder den zur Verfügung stehenden Spannmittel. Dies erschwert die korrekte Interpretation und einheitliche Nutzbarmachung der Fertigungsprozessdaten.

Anpassungen des Fertigungsprozesses werden nicht abgebildet: Die Arbeitsvorbereitung definiert die Fertigungsprozessketten der einzelnen Bauteile eines Werkzeugs. Insbesondere bei hochkomplexen Bauteilen oder im Falle von Bearbeitungsfehlern, kann es jedoch vorkommen, dass die eingangs definierte Fertigungsprozessfolge angepasst oder erweitert werden muss. Je nach Organisation, wird dies jedoch nicht in jedem Fall im Planungssystem abgebildet, sodass die Komplexität des Datenbedarfs steigt. Gleiches gilt für veränderte Soll-Termine einzelner Prozessschritte oder von Projektmeilensteinen.

[818] Vgl. Lange (Werkzeugbau im iterativen Produktentwicklungsprozess), 2020.

Keine Standardisierung von Fräswerkzeugen und Werkzeugwechsler: Fräsen stellt für alle Werkzeugbaubetriebe die relevanteste Kerntechnologie dar. Um valide Aussagen aus erhobenen Daten des Fräsprozesses ableiten zu können, bedarf es zum einen einer Standardisierung der verwendeten Fräser, da andernfalls die große Bandbreite unterschiedlicher Fräswerkzeuge belastbare Aussagen erschwert. Zum anderen bedarf es auch einer Standardisierung der Belegung der Werkzeugmagazine in den betrachteten Fräsmaschinen. Dies bildet die Voraussetzung, um effizient die erhobenen Maschinendaten auf den zum jeweiligen Zeitpunkt verwendeten Fräser beziehen zu können.

Keine Nutzung von Featureerkennung im CAM: Die Nutzung von Featureerkennung im CAM ist heute in vielen Unternehmen verbreitet, während sich der Umfang der Verwendung deutlich unterscheidet. Der umfangreiche Einsatz der Featureerkennung kann insbesondere im Schritt der Integration der Datenquellen den Aufwand zur Synchronisation von Zeitreihen mit anderen Datenquellen deutlich reduzieren.

Härten erfolgt nach Volumen: Die Verrechnung von Härteprozessen sowie deren Zeitplanung basiert im Gegensatz zu allen sonstigen Betrachtungen auf dem Volumen der Bauteile. Da diese Maßeinheit an anderen Stellen des Auftragsabwicklungsprozesses nicht verwendet wird, fehlen häufig wesentliche Angaben, um Transparenz über Fortschritt und Kosten des Härteprozesses zu erzeugen.

Bestandsführung von Stangenmaterial: Die Darstellung der eigenen Materialbestände ist wesentlich, um die erforderliche Materialbeschaffung durchführen zu können. Die Verwaltung der Bestände von Stangenmaterial stellt viele Unternehmen jedoch vor eine große Herausforderung. Viele ERP-Systeme bieten lediglich die Möglichkeit das Gewicht eines Materialtyps oder die verfügbare Gesamtlänge, das noch auf Lager liegt, darzustellen. Bei der Verwendung von Stangenmaterial, wie es bspw. bei der Herstellung rotationssymmetrischer Bauteile eingesetzt wird, ist jedoch die zusammenhängende Länge der einzelnen Stangen entscheidend. Insbesondere die Rückbuchung kleiner Restmengen führt dazu, dass viele einzelne Stangen im System verbucht sind, die von ihrer Menge und ihrer Gesamtlänge ausreichend zur Bedienung eines Materialbedarfs sind, wenn man die tatsächliche zusammenhängende Länge der einzelnen Bauteile betrachtet, jedoch kein anforderungsgerechtes Material verfügbar ist.

Planung nicht auf Bauteil- und Prozessschrittebene: Die Granularität der Feinplanung resultiert aus vielfältigen Einflussgrößen (siehe bspw. BOSS ET AL.[819]). Entsprechend kann es anforderungsgerecht sein, dass die Feinplanung nicht auf Bauteil- und Prozessschrittebene erfolgt. Für die Steigerung der Transparenz durch einen digitalen Schatten kann dies jedoch deutlich herausfordernde Auswirkungen haben.

Externe Prozessschritte nicht explizit eingeplant: Die Integration von externen Wertschöpfungspartnern in die Leistungserstellung ist bei nahezu allen Werkzeugbaubetrieben vorzufinden. Für die Planung stellt dies eine besondere Herausforderung dar, da die Dauer und der genaue Zeitpunkt der externen Prozessschritte teilweise sehr flexibel gehandhabt werden.

[819] Vgl. Boos et al. (Erfolgreich planen und steuern im Werkzeugbau), 2019, S. 14-15.

Auch die Transparenz, ob ein Bauteil bereits das eigene Unternehmen verlassen hat oder der Transport zum Wertschöpfungspartner noch ausstehend ist, ist nicht in jedem Fall gegeben. Dies erschwert ebenfalls in besonderem Maße die Realisierung von Transparenzzielen durch einen digitalen Schatten.

Werkzeugproduktion

Stundenbuchungen nicht zuortenbar/Blockbuchungen: Die Durchführung von Stundenbuchungen ist erst seit der Industrialisierung der Branche Werkzeugbau in Deutschland etabliert. Je nach Struktur der Kostenrechnung erfolgt die Stundenbuchung nicht immer auf konkrete Bauteile bezogen, sondern bspw. nur auf ein Gesamtwerkzeugprojekt oder sogar ohne konkreten Kostenträger. Außerdem führen bei vielen Werkzeugbaubetrieben die Mitarbeitenden die Stundenbuchung am Ende der jeweiligen Schicht durch. Dies führt dazu, dass sogenannte Blockbuchungen entstehen, also einzelne Zeitblöcke des Arbeitstags grob auf die unterschiedlichen Tätigkeiten oder Bauteile verteilt werden. Die so entstehenden Rückmeldedaten verlieren einen wesentlichen Teil ihrer Aussagekraft.

Keine Möglichkeit zur automatischen Zuordnung CAM-Programm/Bauteil: Erfasste Maschinendaten stellen Zeitreihen ohne konkreten Bezug zu einem Fertigungsobjekt dar. Um Maschinendaten objektspezifisch auswerten zu können, bedarf es einer Möglichkeit laufende CAM-Programme den damit bearbeiteten Bauteilen eindeutig zuordnen zu können. Die effizienteste Möglichkeit dazu ist die standardisierte Benennung der CAM-Programme entsprechend der Projekthierarchie, was exemplarisch wie folgt gestaltet sein kann: <<Projektnr.>>_<<Werkzeugnr.>>_<<Modul-/Stufenbezeichnung>>_<<Bauteilbezeichnung>>_ <<Fertigungsprozessschrittbezeichnung>>. Dies kann ebenso weitergehend detailliert werden und eine Zuordnung zwischen Bauteilbereich und Abschnitt im CAM-Programm erfordern.

Weitreichende Priorisierungsbefugnis: Die Auslegung der Fertigungssteuerung ist in den verschiedenen Unternehmen mit unterschiedlichen Priorisierungsbefugnissen für die Mitarbeitenden verbunden. Im Verständnis einer möglichst umfangreichen Eigenverantwortung der Mitarbeitenden besteht in vielen Unternehmen eine weitreichende Priorisierungsbefugnis der Mitarbeitenden, die teilweise einen signifikanten Teil der Feinplanung umfasst. In diesem Fall bestehen häufig lediglich wochengenaue Angaben für die Soll-Termine einzelner Prozessschritte oder Bauteile, sodass eine Steigerung der Transparenz über diese Genauigkeit hinaus nur limitiert möglich ist.

Interferenzen zwischen den Maschinen: Die flächendeckende Verfügbarkeit von Funktechnologien auf dem Shopfloor ist heute in den meisten Werkzeugbaubetrieben noch nicht gegeben. Grund dafür ist, dass aufgrund entstehender Interferenzen durch die Fertigungsmaschinen eine hohe Abdeckung erforderlich ist, um überall eine konstante Übertragungsbandbreite sicherzustellen. Folglich erhöhen insbesondere sehr dicht beieinanderstehende Maschinen das Risiko, dass gewisse Messmethoden nicht verwendet werden können oder erhöhen den Aufwand zur Bereitstellung der erforderlichen Infrastruktur.

Nacharbeiten nicht von normaler Buchung differenzierbar: Wenn nach der Durchführung eines Bearbeitungsschritts eines Bauteils oder bei Montage und Einarbeitung des Gesamtwerkzeugs Abweichungen oder Fehler an einem Bauteil festgestellt werden, müssen diese nachgearbeitet werden. Teilweise ist es üblich die in diesem Zusammenhang anfallenden Bearbeitungsaufwände mit der ursprünglichen Bearbeitungstätigkeit auf das Bauteil zu buchen. Dies führt jedoch dazu, dass im Nachhinein keine Differenzierung zwischen initialem Bearbeitungsaufwand und angefallenem Nacharbeitsaufwand möglich ist. Um eine nachträgliche Stundenbuchung zu ermöglichen, werden außerdem die betreffenden Tätigkeiten der Bauteilbearbeitung nicht im Planungssystem abgeschlossen. Folglich kann nicht systembasiert nachvollzogen werden, ob ein Bauteil einen betrachteten Prozessschritt bereits vollständig durchlaufen hat oder nicht.

Keine Verwendung maschinenlesbarer Bauteilbeschriftung: In einigen Werkzeugbaubetrieben werden heute bereits alle Bauteile mithilfe von Laserbeschriftungsanlagen eindeutig markiert. In vielen industrialisierten Betrieben erfolgt die Beschriftung jedoch noch händisch. In diesem Fall ist eine maschinenbasierte Identifizierung einzelner Bauteile oder Bauteilkisten jedoch nicht möglich.

Breite Varianz möglicher Materialeingänge pro Maschine: In Werkzeugbaubetrieben, die einen geringen Standardisierungsgrad hinsichtlich Werkzeugtyp, Werkzeugart oder Werkzeuggröße besitzen, weisen häufig auch die Bauteilabmessungen eine große Bandbreite auf. Dies erschwert die Gestaltung eines konsistenten Fertigungskonzepts, sodass der Maschinenpark für die Bearbeitung dieser verschiedenen Bauteilabmessungen geeignet sein muss. Daraus resultiert für die Materialeingänge der Maschinen, dass diese sowohl Lagermöglichkeiten für kleine Bauteile und Bauteilkisten, aber auch für Paletten vorsehen müssen. Dies führt dazu, dass die verschiedenen Lagerorte nicht immer klar einer Maschine oder einer Maschinengruppe zugeordnet werden können, da eine Maschine verschiedene Lagerorte als Materialeingang nutzen kann oder dieselben Lagerorte teilweise für unterschiedliche Maschinen oder Maschinengruppen als Materialeingang verwenden.

Zuordnung Bauteil/Kiste: Insbesondere kleinere Bauteile werden häufig nicht einzeln durch die Fertigung transportiert, sondern in Bauteilkisten. Innerhalb dieser Bauteilkisten können sich dann mehrere identische Bauteile, bzw. Rohlinge zur Herstellung der Bauteile, befinden. Außerdem werden teilweise auch leicht unterschiedliche Bauteile innerhalb einer Bauteilkiste transportiert, wie Links-/Rechts-Teile oder kleine Bauteile, die später zu einem Modul montiert werden. Nicht in jedem Fall besteht jedoch eindeutige datenbasierte Transparenz darüber, wie viele und welche Teile sich in einer Bauteilkiste, die bspw. per RTLS verfolgt wird, befinden.

Fotos auf dem Shopfloor verboten: Aufgrund von Betriebsvereinbarungen oder sonstigen Vorgaben kann die Aufnahme von Fotos und Videos auf dem Shopfloor untersagt sein. Wenn diese Vorgaben unverändert zu bestehen haben, limitiert dies potenziell den Umfang möglicher Erhebungsmethoden sowie Messgrößen und erhöht folglich die Komplexität der Datenaufnahme.

9 Literaturverzeichnis

Abts, D.; Mülder, W. (Grundkurs Wirtschaftsinformatik):
Grundkurs Wirtschaftsinformatik. Eine kompakte und praxisorientierte Einführung. 9. Auflage. Wiesbaden: Springer, 2017.

acatech (Cyber-Physical Systems):
Cyber-Physical Systems. Innovationsmotor für Mobilität, Gesundheit, Energie und Produktion. (Reihe: acatech Position, Bd. 11). Berlin, Heidelberg: Springer, 2011.

Ackermann, J. (Kompetenzzellenbasierte Netze):
Modellierung, Planung und Gestaltung der Logistikstrukturen kompetenzzellenbasierter Netze. In: Müller, E.; Spanner-Ulmer, B. (Hrsg.) Wissenschaftliche Schriftenreihe des Instituts für Betriebswissenschaften und Fabriksysteme. 1. Auflage. Chemnitz, 2007.

Adam, W.; Busch, M.; Nickolay, B. (Sensoren für die Produktionstechnik):
Sensoren für die Produktionstechnik. Berlin, Heidelberg: Springer, 1997.

Alexander, I. F. (Scenarios, stories, use cases):
Scenarios, stories, use cases. Through the systems development life-cycle. Chichester: Wiley, 2004.

Alpar, P. (Data Mining):
Einführung zu Data Mining. In: Alpar, P.; Niedereichholz, J. (Hrsg.) Data Mining im praktischen Einsatz. Verfahren und Anwendungsfälle für Marketing, Vertrieb, Controlling und Kundenunterstützung. (Reihe: XBusiness Computing). 1. Auflage. Braunschweig: Vieweg+Teubner, 2000, S. 1-27.

Appius, D.; Probst, R. A.; Tokarski, K. O. (Edge Computing und Industrie 4.0):
Edge Computing und Industrie 4.0. In: Schellinger, J.; Tokarski, K. O.; Kissling-Näf, I. (Hrsg.) Digital Business. Wiesbaden: Springer, 2021, S. 305-334.

Ashton, K. (That 'internet of things' thing):
That 'internet of things' thing. In: RFID Journal. 22. Jg., 2009, Nr. 7, S. 1.

Baldwin, R. (Globalisierung):
Globalisierung. Investment Forum Disruptive Change, 2018. https://www.youtube.com/watch?v=z6K47RBMyeY&ab_channel=BNPParibasAssetManagement, Stand: 25.09.2021

Bandte, H. (Komplexität in Organisationen):
Komplexität in Organisationen. 1. Auflage. Wiesbaden: DUV Deutscher Universitäts-Verlag, 2007.

Bär, D. (Digitale Transformation):
Digitale Transformation und gesellschaftliche Teilhabe. In: Bär, C.; Grädler, T.; Mayr, R. (Hrsg.) Digitalisierung im Spannungsfeld von Politik, Wirtschaft, Wissenschaft und Recht. Berlin, Heidelberg: Springer, 2018, S. 1-10.

Barchard, K. A.; Pace, L. A. (Preventing human error: The impact of data entry methods on data accuracy and statistical results):
Impact of data entry methods. In: Computers in Human Behavior. 27. Jg., 2011, Nr. 5, S. 1834-1839.

Barton, D.; Court, D. (Making Advanced Analytics Work for You):
Making Advanced Analytics Work for You. In: harvard business review. 90. Jg., 2012, Nr. 10, S. 78-83.

Bauer, D.; Maurer, T.; Bauernhansl, T. (Datenbasierte Produktionsoptimierung):
Datenbasierte Produktionsoptimierung. Entwicklungsfelder für produzierende Unternehmen. In: wt Werkstattstechnik online. 108. Jg., 2018, Nr. 3, S. 108-112.

Bauernhansl, T. (Der Weg zu Industrie 4.0):
Die Vierte Industrielle Revolution – Der Weg in ein wertschaffendes Produktionsparadigma. In: Bauernhansl, T.; Hompel, M. ten; Vogel-Heuser, B. (Hrsg.) Industrie 4.0 in Produktion, Automatisierung und Logistik. Anwendung, Technologien, Migration. (Reihe: SpringerLink). Wiesbaden: Springer Vieweg, 2014, S. 5-35.

Bauernhansl, T.; Hartleif, S.; Felix, T. (Der Digitale Schatten):
Der Digitale Schatten. Gestaltung eines Informationssystems für die Informationsversorgung in wertschöpfenden Systemen. In: wt Werkstattstechnik online. 108. Jg., 2018, Nr. 3, S. 132-136.

Bauernhansl, T.; Hartleif, S.; Felix, T. (The Digital Shadow of production – A concept for the effective and efficient information supply in dynamic industrial environments):
The Digital Shadow. In: Procedia CIRP. 72. Jg., 2018, S. 69-74.

Bauernhansl, T.; Krüger, J.; Reinhart, G.; Schuh, G., 2016 **(WGP-Standpunkt Industrie 4.0**. Hg. v. Wissenschaftliche Gesellschaft für Produktionstechnik WGP e. V. Darmstadt

Bauknecht, K.; Zehnder, C. A. (Datenbanken):
Datenbanken. In: Bauknecht, K.; Zehnder, C. A. (Hrsg.) Grundzüge der Datenverarbeitung. Methoden und Konzepte für die Anwendungen. (Reihe: Leitfäden der angewandten Informatik, Bd. 4). Wiesbaden: Vieweg+Teubner, 1989, S. 191-210.

Baun, C.; Kunze, M.; Nimis, J.; Tai, S. (Cloud Computing):
Cloud Computing. Web-basierte dynamische IT-Services. (Reihe: Informatik im Fokus). 2. Auflage. Berlin, Heidelberg: Springer, 2011.

Begovic, A. (Datenbasiertes Wissensmanagement für Smart Services im Werkzeugbau):
Datenbasiertes Wissensmanagement. Dissertation. RWTH Aachen; IIF - Institut für Industriekommunikation und Fachmedien GmbHAachen, 2018.

Bender, B.; Feldhusen, J.; Krause, D.; Beckmann, G.; Paetzold, K.; Hövel, A. (Grundlagen technischer Systeme):

Grundlagen technischer Systeme und des methodischen Vorgehens. In: Bender, B.; Göhlich, D. (Hrsg.) Anwendungen. 26. Auflage. Berlin: Springer Vieweg, 2020, S. 3-63.

Benra, J.; Halang, W. A. (Einführung in Echtzeitsysteme):
Einführung. In: Benra, J. T.; Halang, W. A. (Hrsg.) Software-Entwicklung für Echtzeitsysteme. Berlin, Heidelberg: Springer, 2009, S. 1-8.

Benra, J.; Keller, H. B.; Schiedermeier, G.; Tempelmeier, T. (Synchronisation und Konsistenz in Echtzeitsystemen):
Synchronisation und Konsistenz in Echtzeitsystemen. In: Benra, J. T.; Halang, W. A. (Hrsg.) Software-Entwicklung für Echtzeitsysteme. Berlin, Heidelberg: Springer, 2009, S. 49-66.

Berens, W.; Delfmann, W.; Schmitting, W. (Quantitative Planung):
Quantitative Planung. Grundlagen, Fallstudien, Lösungen. 4. Auflage. Stuttgart: Schäffer-Poeschel, 1994.

Berger, C.; Rumpe, B. (Autonomes Fahren – Erkenntnisse aus der DARPA Urban Challenge):
Autonomes Fahren. Autonomous Driving - Insights from the DARPA Urban Challenge. In: it - Information Technology. 50. Jg., 2008, Nr. 4, S. 258-264.

Bergs, T.; Arntz, K.; Prümmer, M.; Wilms, M. (Individuelle Prozessketten im Werkzeugbau durch daten- und modellbasierte Prognosen):
Individuelle Prozessketten. In: Tagungsband zum Aachener Werkzeugmaschinen-Kolloquium AWK. Aachen, 10.09.2020. Aachen: Fraunhofer-Verlag, 2020, S. 57-79.

Berk, R. A. (Data Mining within a Regression Framework):
Data Mining within a Regression Framework. In: Maimon, O. Z.; Rokach, L. (Hrsg.) Data mining and knowledge discovery handbook. New York: Springer, 2005, S. 231-255.

Berndt, D.; Sauer, S.; Trostmann, E.; Haase, T.; Hauptvogel, M. (Adaptive Produktionsmittel für sich verändernde Bedingungen):
Adaptive Produktionsmittel. In: at - Automatisierungstechnik. 70. Jg., 2022, Nr. 6, S. 569-579.

Bernhard, J.; Hömberg, K.; Jodin, D.; Kuhnt, S.; Schürmann, C.; Wenzel, S., 2007 **(Vorgehensmodell zur Informationsgewinnung – Prozessschritte und Methodennutzung**. Unter Mitarbeit von Technische Universität Dortmund. Hg. v. Technische Universität Dortmund

Berns, K.; Bernd, S.; Trapp, M. (Eingebettete Systeme):
Einleitung. In: Berns, K.; Bernd, S.; Trapp, M. (Hrsg.) Eingebettete Systeme. Systemgrundlagen und Entwicklung eingebetteter Software. Wiesbaden: Vieweg+Teubner, 2010, S. 1-3.

Biesel, H.; Hame, H. (Digitale Welt):
Vertrieb und Marketing in der Digitalen Welt. So schaffen Unternehmen die Business Transformation in der Praxis. Wiesbaden: Gabler, 2018.

Bilsing, A. (Kennzahlengestützte Bewertung im Werkzeugbau):
Kennzahlengestützte Bewertung der technologischen Leistungsfähigkeit der Fertigung im Werkzeug- und Formenbau. Zugl.: Aachen, Techn. Hochsch., Diss., 2006. (Reihe: Berichte aus der Produktionstechnik, Bd. 2007,11). Aachen: Shaker, 2007.

Binder, V. A.; Kantowsky, J. (Technologiepotentiale):
Technologiepotentiale. Neuausrichtung der Gestaltungsfelder des Strategischen Technologiemanagements. Wiesbaden: DUV Deutscher-Universitäts-Verlag, 1996.

Binner, H. F. (Methoden-Baukasten):
Methoden-Baukasten für ganzheitliches Prozessmanagement. Systematische Problemlösungen zur Organisationsentwicklung und -gestaltung. Wiesbaden: Springer Gabler, 2016.

Bittner, K.; Spence, I. (Use case modeling):
Use case modeling. Boston: Addison-Wesley, 2003.

Bittner, P.; Garrel, J. v. (Digitalisierte Produktion):
Die Arbeit in der digitalisierten Produktion – von der Analyse zum zukunftsorientierten Ansatz. In: Garrel, J. von (Hrsg.) Digitalisierung der Produktionsarbeit. Wiesbaden: Springer, 2019, S. 1-7.

Bleiholder, J.; Schmid, J. (Datenintegration und Deduplizierung):
Datenintegration und Deduplizierung. In: Hildebrand, K.; Gebauer, M.; Mielke, M. (Hrsg.) Daten- und Informationsqualität. Wiesbaden: Springer, 2021, S. 123-142.

Blum, M. F. (Digitaler Schatten in der Einzel- und Kleinserie):
Der Digitale Schatten in der Auftragsabwicklung in der Einzel- und Kleinserienfertigung. (Reihe: Schriftenreihe Rationalisierung, Bd. 163). 1. Auflage. Aachen: Apprimus Verlag, 2019.

Bodendorf, F. (Daten- und Wissensmanagement):
Daten- und Wissensmanagement. (Reihe: Springer-Lehrbuch). 2. Auflage. Berlin, Heidelberg: Springer, 2006.

Bogner, E.; Löwen, U.; Franke, J. (Produktion kundenindividueller Produkte in Losgröße 1):
Bedeutung der zukünftigen Produktion kundenindividueller Produkte in Losgröße 1. In: Redlich, T.; Moritz, M.; Wulfsberg, J. P. (Hrsg.) Interdisziplinäre Perspektiven zur Zukunft der Wertschöpfung. (Reihe: Research). Wiesbaden: Springer Gabler, 2018, S. 63-75.

Bonnet, M. (Kunststofftechnik):
Kunststofftechnik. Grundlagen, Verarbeitung, Werkstoffauswahl und Fallbeispiele. 3. Auflage. Wiesbaden: Springer Vieweg, 2016.

Boos, W. (Modulare Werkzeuge):
Methodik zur Gestaltung und Bewertung von modularen Werkzeugen. Zugl.: Aachen, Techn. Hochsch., Diss., 2008. (Reihe: Ergebnisse aus der Produktionstechnik Produktionssystematik, Bd. 2008,1). Aachen: Apprimus Verlag, 2008.

Boos, W., 2021 **(Die Produktionswende.** Turning Date into Sustainability. Hg. v. Werkzeugmaschinenlabor WZL der RWTH Aachen. Aachen

Boos, W. (Szenarien für die Zukunft):
Werkzeugbau 2030. Werkzeugbau 2030. In: FORM+Werkzeug, 2021, Nr. 2, S. 50-51.

Boos, W.; Arntz, K.; Johannsen, L.; Prümmer, M.; Wollbrink, M.; Wilms, M.; Horstkotte, R., 2017 **(Erfolgreich Automatisieren im Werkzeugbau**. 1. Auflage. Hg. v. WBA Aachener Werkzeugbau Akademie und Fraunhofer-Institut für Produktionstechnologie IPT. Aachen

Boos, W.; Hensen, T. (Hrsg.), 2019 **(Forschungsbericht 2019**. 1. Auflage. WBA Aachener Werkzeugbau Akademie. Aachen (Unikate in Serie)

Boos, W.; Kelzenberg, C.; Boshof, J.; Graberg, T. (Der Werkzeugbau der Zukunft - digital vernetzt und nachhaltig):
Der Werkzeugbau der Zukunft. In: Kunststoffe, 2021, Nr. 6, S. 38-41.

Boos, W.; Kelzenberg, C.; Goertz, D.; Boshof, J.; Kessler, N.; Haase, B. (Erfolgreich Layout Gestalten im Werkzeugbau):
Erfolgreich Layout Gestalten im Werkzeugbau. 1. Auflage. Aachen: Selbstverlag, 2020.

Boos, W.; Kelzenberg, C.; Goertz, D.; Schweins, J. (Wettbewerbsfähig durch Industrie 4.0):
Wettbewerbsfähig durch Industrie 4.0. In: Digital Manufacturing, 2020, 02/2020, S. 40-41.

Boos, W.; Kelzenberg, C.; Helbig, J.; Graberg, T. (Auftragsabwicklung 4.0):
Auftragsabwicklung 4.0. Strategien im Werkzeug- und Formenbau. In: FORM+Werkzeug, 2020, Nr. 2, S. 32-33.

Boos, W.; Kelzenberg, C.; Helbig, J.; Graberg, T. (Werkzeugeinkauf in Krisenzeiten):
Werkzeugeinkauf in Krisenzeiten. Risikobewusste Lieferantenauswahl stabilisiert Lieferantennetzwerke. In: Industrieanzeiger. 142. Jg., 2020, Nr. 11.20, S. 24-25.

Boos, W.; Kelzenberg, C.; Wiese, J. (Flexible Strukturen für zukunftsfähige Organisation im Werkzeugbau):
Flexible Organisation im Werkzeugbau. Corporate Tooling. In: werkzeug&formenbau, 2018, 04/2018, S. 100-102.

Boos, W.; Kelzenberg, C.; Wiese, J.; Boshof, J.; Kessler, N.; Haase, B. (IT-Infrastruktur zur digitalen Vernetzung im Werkzeugbau):
IT-Infrastruktur zur digitalen Vernetzung im Werkzeugbau. 1. Auflage. Aachen: Selbstverlag, 2021.

Boos, W.; Kelzenberg, C.; Wiese, J.; Ebbecke, C.; Busch, M.; Bernd, H. (Erfolgreich planen und steuern im Werkzeugbau):
Erfolgreich planen und steuern im Werkzeugbau. 1. Auflage. Aachen: Selbstverlag, 2019.

Boos, W.; Kelzenberg, C.; Wiese, J.; Goertz, D.; Boshof, J.; Busch, M.; Kessler, N. (Digitale Transformation):
Digitale Transformation im Werkzeugbau. 1. Auflage. Aachen: Selbstverlag, 2019.

Boos, W.; Kelzenberg, C.; Wiese, J.; Graberg, T. (Marktintelligenzdemonstrator für die Beschaffung im Werkzeugbau):
Beschaffung im Werkzeugbau. In: Beschaffung aktuell, 2019, Nr. 9, S. 44-45.

Boos, W.; Kelzenberg, C.; Wiese, J.; Stracke, F.; Ebbecke, C.; Graberg, T.; Jakubowski, S.; Lapper, S. (Intelligente Werkzeuge und datenbasierte Geschäftsmodelle):
Intelligente Werkzeuge und datenbasierte Geschäftsmodelle. 1. Auflage. Aachen: Selbstverlag, 2019.

Boos, W.; Pitsch, M.; Salmen, M.; Wiese, J.; Kelzenberg, C.; Lange, J. de (Erfolgreich Kalkulieren im Werkzeugbau):
Erfolgreich Kalkulieren im Werkzeugbau. 1. Auflage. Aachen: Selbstverlag, 2015.

Boos, W.; Salmen, M.; Begovic, A.; Kelzenberg, C.; Stracke, F. (Smart Tooling):
Smart Tooling. Aachen: Selbstverlag, 2016.

Boos, W.; Salmen, M.; Kelzenberg, C.; Stark, M.; Schultes, T.; Graberg, T. (World of Tooling):
World of Tooling 2018. 2. Auflage. Aachen: Selbstverlag, 2018.

Boos, W.; Salmen, M.; Stark, M.; Wiese, J.; Rittstieg, F.; Schultes, T.; Busch, M. (Flexible Tooling Organization):
Corporate Tooling. Flexible Tooling Organization. 1. Auflage. Aachen: Selbstverlag, 2018.

Bosch Connected Devices and Solutions (Cross Domain Development Kit):
Cross Domain Development Kit, 2021. https://www.bosch-connectivity.com/de/produkte/cross-domain/cross-domain-developement-kit/kaufen/, Stand: 20.06.2021

Boshof, J. (Datenbasierte Dienstleistungen im Werkzeugbau):
Definition und Auslegung von datenbasierten Dienstleistungen im Werkzeugbau. (Reihe: Ergebnisse aus der Produktionstechnik, Bd. 1/2022). 1. Auflage. Aachen: Apprimus Verlag, 2022.

Brecher, C.; Brockmann, M. (Vernetzte Produktion durch Digitale Schatten):
Vernetzte Produktion durch Digitale Schatten – Werkzeugmaschine 4.0. In: Frenz, W. (Hrsg.) Recht und Technik - Handbuch Industrie 4.0. Berlin: Springer, 2019, S. 543-552.

Brecher, C.; Buchsbaum, M.; Blanke, P.; Hoffmann, N.; Stroms, S.; Schilling, K. (Holistic Automation - Wertschöpfungspotenziale einer integrierten durchgängigen Vernetzung):

Holistic Automation. In: Tagungsband zum Aachener Werkzeugmaschinen-Kolloquium AWK. Aachen, 10.09.2020. Aachen: Fraunhofer-Verlag, 2020, 21-35.

Brecher, C.; Obdenbusch, M.; Buchsbaum, M.; Buchner, T.; Waltl, J. (Edge Computing und digitaler Schatten):
Edge Computing und digitaler Schatten. Schlüsseltechnologien für die Automatisierung der Zukunft. In: wt Werkstattstechnik online. 108. Jg., 2018, Nr. 5, S. 313-318.

Brewer, E. A. (Towards robust distributed systems):
Towards robust distributed systems. Nineteenth Annual ACM Symposium on Principles of Distributed Computing. Portland, 2020

Brown, J. (Measures to Improve):
Measures to Improve. Create Actionable Analysis Using Real-time Production Monitoring, 2020.

Broy, M. (Cyber-Physical Systems):
Cyber-Physical Systems — Wissenschaftliche Herausforderungen bei der Entwicklung. In: Broy, M. (Hrsg.) Cyber-Physical Systems. Innovation Durch Software-Intensive Eingebettete Systeme. (Reihe: acatech DISKUTIERT). Berlin, Heidelberg: Springer, 2010, S. 17-31.

Brügge, B.; Dutoit, A. H. (Object-oriented software engineering):
Object-oriented software engineering. Using UML, patterns, and Java. (Reihe: Always learning). 3. Auflage. Essex: Pearson, 2014.

Brunhuber, E. (Druckgussfertigung):
Praxis der Druckgußfertigung. 4. Auflage. Berlin: Schiele & Schön, 1991.

Bruns, M. (Systemtechnik):
Systemtechnik. Ingenieurwissenschaftliche Methodik zur interdisziplinären Systementwicklung. Berlin, Heidelberg: Springer, 1991.

Buchholz, M. (Theorie der Variantenvielfalt):
Theorie der Variantenvielfalt. Wiesbaden: Gabler, 2012.

Bühler, P.; Schlaich, P.; Sinner, D. (Internet):
Technik. In: Bühler, P.; Schlaich, P.; Sinner, D. (Hrsg.) Internet. Technik - Nutzung - Social Media. (Reihe: Bibliothek der Mediengestaltung). Berlin, Heidelberg: Springer, 2019, S. 2-19.

Bundesministerium für Wirtschaft und Energie (BMWi) **(Datenschutzgrundverordnung.**
DSGVO. Fundstelle: Art. 32 Abs. 1

Bundesministerium für Wirtschaft und Energie (BMWi) **(Datenschutzgrundverordnung.**
DSGVO. Fundstelle: Art. 35

Catalá Prat, Á. (Sensordatenfusion):
Sensordatenfusion und Bildverarbeitung zur Objekt- und Gefahrenerkennung. (Reihe: Berichte aus dem DLR-Institut für Verkehrssystemtechnik, Bd. 12). Braunschweig, 2011.

Chellappa, R. K. (Intermediaries in Cloud-Computing: A New Computing Paradigm):
Intermediaries in Cloud-Computing. INFORMS Anual Meeting. Dallas, 1997

Chen, Y. L.; Jahanshahi, M. R.; Manjunatha, P.; Gan, W.; Abdelbarr, M.; Masri, S. F.; Becerik-Gerber, B.; Caffrey, J. P. (Inexpensive Multimodal Sensor Fusion System for Autonomous Data Acquisition of Road Surface Conditions):
Multimodal Sensor Acquisition of Road Surface Conditions. In: IEEE Sensors Journal. 16. Jg., 2016, Nr. 21, S. 7731-7743.

Chung, S.; Lim, J.; Noh, K. J.; Kim, G.; Jeong, H. (Sensor Data Acquisition and Multimodal Sensor Fusion for Human Activity Recognition Using Deep Learning):
Multimodal Sensor Fusion for Human Recognition. In: Sensors. 19. Jg., 2019, Nr. 7, S. 1716.

Cichy, C.; Rass, S. (An Overview of Data Quality Frameworks):
Data Quality Frameworks. In: IEEE Access. 7. Jg., 2019, S. 24634-24648.

Colangelo, E.; Hartleif, S.; Fulga-Beising, S. (Informationsmanagement in der Smart Factory):
Informationsmanagement in der Smart Factory. Die Entstehung und Anwendung eines Digitalen Schattens. In: wt Werkstattstechnik online. 109. Jg., 2019, Nr. 3, S. 148-152.

Connolly, T. M.; Begg, C. E. (Database systems):
Database systems. A practical approach to design, implementation, and management. (Reihe: Always learning). 6. Auflage. Boston: Pearson, 2015.

Conrad, S. (Föderierte Datenbanksysteme):
Föderierte Datenbanksysteme. Konzepte der Datenintegration. Berlin, Heidelberg: Springer, 1997.

Constantine, L.; Lockwood, L. (Usage-centered engineering for Web applications):
Usage-centered engineering. In: IEEE Software. 19. Jg., 2002, Nr. 2, S. 42-50.

Corsten, H. (Betriebswirtschaftslehre):
Lexikon der Betriebswirtschaftslehre. (Reihe: Lehr- und Handbücher der Betriebswirtschaftslehre). 4. Auflage. München: Oldenbourg, 2000.

Cox, M.; Ellsworth, D. (Managing big data for scientific visualization):
Managing big data. In: SIGGRAPH 1997, 1997, 5-1-5-17.

Czichos, H. (Cyber-physische Systeme):
Cyber-physische Systeme. In: Czichos, H. (Hrsg.) Mechatronik. Grundlagen und Anwendungen technischer Systeme. (Reihe: Lehrbuch). 4. Auflage. Wiesbaden: Springer Vieweg, 2019, S. 333-344.

Czichos, H.; Daum, W. (Messgrößen und Messverfahren):
Messgrößen und Messverfahren. In: Bender, B.; Göhlich, D. (Hrsg.) Anwendungen. 26. Auflage. Berlin: Springer Vieweg, 2020, S. 693-732.

Dais, S. (Industrie 4.0):
Industrie 4.0 – Anstoß, Vision, Vorgehen. In: Vogel-Heuser, B.; Bauernhansl, T.; Hompel, M. ten (Hrsg.) Handbuch Industrie 4.0 Bd.4. Berlin, Heidelberg: Springer, 2017, S. 261-277.

Darms, M. (Sensordatenfusion):
Eine Basis-Systemarchitektur zur Sensordatenfusion von Umfeldsensoren für Fahrerassistenzsysteme. Darmstadt, 2007.

Darms, M. (Fusion umfelderfassender Sensoren):
Fusion umfelderfassender Sensoren. In: Winner, H.; Hakuli, S.; Lotz, F.; Singer, C. (Hrsg.) Handbuch Fahrerassistenzsysteme. Wiesbaden: Springer, 2015, S. 439-451.

Daum, F. (Multitarget-Multisensor Tracking: Principles and Techniques [Book Review]):
Multitarget-Multisensor Tracking. In: IEEE Aerospace and Electronic Systems Magazine. 11. Jg., 1996, Nr. 2, S. 41.

Dawes, J. (Data Characteristics):
Do data characteristics change accourding to the number of scale points used? An experiment using 5-point, 7-point and 10-point scales. In: International Journal of Market Research, 2008, S. 61-77.

Deisenroth, R.; Diesner, M.; Kletti, J.; Kletti, W.; Lübbert, J.-P.; Schumacher, J.; Strebel, T. (MES-Aufgaben):
MES-Aufgaben. In: Kletti, J. (Hrsg.) MES - Manufacturing Execution System. Moderne Informationstechnologie unterstützt die Wertschöpfung. 2. Auflage. Berlin, Heidelberg: Springer Vieweg, 2015, S. 67-172.

Demchenko, Y.; Laat, C. de; **Membrey, P. (Defining architecture components of the Big Data Ecosystem):**
Big Data Ecosystem. In: Proceedings of 2014 International Conference on Collaboration Technologies and Systems (CTS). Minneapolis, MN, USA, 5/19/2014 - 5/23/2014. Piscataway: IEEE - Institute of Electrical and Electronics Engineers, 2014, S. 104-112.

Derr, R. L. (A conceptual analysis of information need):
A conceptual analysis of information need. In: Information Processing & Management. 19. Jg., 1983, Nr. 5, S. 273-278.

Deuse, J.; Weisner, K.; Hengstebeck, A.; Busch, F. (Produktionssysteme im Kontext von Industrie 4.0):
Gestaltung von Produktionssystemen im Kontext von Industrie 4.0. In: Botthof, A.; Hartmann, E. A. (Hrsg.) Zukunft der Arbeit in Industrie 4.0. Berlin, Heidelberg: Springer, 2015, S. 99-109.

Deutskens, C. (Wertschöpfungskonfiguration):
Konfiguration der Wertschöpfung bei disruptiven Innovationen am Beispiel der Elektromobilität. Zugl.: Aachen, Techn. Hochsch., Diss., 2014. (Reihe: Edition Wissenschaft - Apprimus, Bd. 1). 1. Auflage. Aachen: Apprimus Verlag, 2014.

Dey, A. K.; Abowd, G. (Towards a Better Understanding of Context and Context-Awareness):
Context and Context-Awareness. In: Tagungsband zum CHI 2000 Conference on Human Factors in Computing Systems, 1.-6. April 2000, 2000, S. 1-12.

Dieckhoff, Patrick, Möhlmann, Roman, van Ackeren, Janine, 2018 **(Biologische Transformation und Bioökonomie**. Hg. v. Fraunhofer-Gesellschaft. München

Dijkstra, E. W. (Co-operating sequential processes):
Co-operating sequential processes. In: Genuys, F. (Hrsg.) Programming languages. NATO Advanced Study Institute. 3. Auflage. London: Academic Press, 1968, S. 42-112.

DIN Deutsches Institut für Normung e. V. (DIN 44300-9: 1988):
DIN 44300-9: 1988. Informationsverarbeitung - Begriffe - Verarbeitungsabläufe: Beuth Verlag GmbH, 1988.

DIN Deutsches Institut für Normung e. V. (DIN 1319):
Grundlagen der Messtechnik. Teil 1: Grundbegriffe. (Bd. ICS 17.020; 01.040.17). Berlin: Beuth Verlag GmbH, 1995.

DIN Deutsches Institut für Normung e. V. (DIN 1319-1: 1995):
Grundlagen der Messtechnik. Teil 1: Grundbegriffe. (Bd. ICS 17.020; 01.040.17). Berlin: Beuth Verlag GmbH, 1995.

DIN Deutsches Institut für Normung e. V. (RAMI4.0):
Referenzarchitekturmodell Industrie 4.0: Beuth Verlag GmbH, 2016.

diribo Sensors Market (Sensorikauswahl):
Sensorikauswahl, 2021. https://www.diribo.com/de/kategorie/sensorik, Stand: 20.06.2021

DMG Mori (Durchgängige und prozess-übergreifende Digitalisierung):
Durchgängige und prozess-übergreifende Digitalisierung, 2019. https://mav.industrie.de/fertigung/maschinen/durchgaengige-und-prozess-uebergreifende-digitalisierung/, Stand: 05.11.2021

Doege, E.; Behrens, B.-A. (Handbuch Umformtechnik):
Handbuch Umformtechnik. Grundlagen, Technologien, Maschinen. (Reihe: VDI-Buch). 3. Auflage. Berlin: Springer Vieweg, 2018.

Doerken, W. (Arbeitsstudium):
Arbeitsstudium — Bedeutung und Zukunft. In: Jungbluth, A.; Lück, G.; Schweres, M. (Hrsg.) Arbeitswirtschaft. Wiesbaden: Gabler, 1990, S. 37-57.

Drossel, W.-G.; Ihlenfeldt, S.; Langer, T.; Dumitrescu, R. (Cyber-Physische Systeme):
Cyber-Physische Systeme. In: Neugebauer, R. (Hrsg.) Digitalisierung. Schlüsseltechnologien für Wirtschaft und Gesellschaft. (Reihe: Fraunhofer-Forschungsfokus). 1. Auflage. Berlin, Heidelberg: Springer Vieweg, 2018, S. 197-222.

Dudenredaktion ("Daten" auf Duden online):
"Daten" auf Duden online, o. J., Stand: 07.07.2020

Dudenredaktion ("Methodik" auf Duden online):
"Methodik" auf Duden online, o.J., Stand: 16.05.2020

Dumbill, E. (Planning for Big Data):
Planning for Big Data. A CIO's Handbook to the Changing Data Landscape. 1. Auflage. Sebastopol Cal.: O'Reilly, 2012.

Ebert, C.; Duarte, C. H. C. (Digital Transformation):
Digital Transformation. In: IEEE Software. 35. Jg., 2018, Nr. 4, S. 16-21.

Ehrlenspiel, K.; Meerkamm, H. (Integrierte Produktentwicklung):
Integrierte Produktentwicklung. Denkabläufe, Methodeneinsatz, Zusammenarbeit. 4. Auflage. München: Hanser, 2009.

Ertel, W. (Maschinelles Lernen):
Maschinelles Lernen und Data Mining. In: Ertel, W. (Hrsg.) Grundkurs Künstliche Intelligenz. Eine praxisorientierte Einführung. (Reihe: Computational intelligence). 4. Auflage. Wiesbaden: Springer Vieweg, 2016, S. 191-264.

Eversheim, W. (Konstruktionsprozesse):
Konstruktionsprozesse. In: Eversheim, W. (Hrsg.) Organisation in der Produktionstechnik. (Reihe: Studium und Praxis). 3. Auflage. Berlin, Heidelberg: Springer, 1998, S. 61-192.

Eversheim, W.; Klocke, F. (Werkzeugbau mit Zukunft):
Werkzeugbau mit Zukunft. Strategie und Technologie. (Reihe: VDI-Buch). Berlin: Springer, 1998.

Eversheim, W.; Schuh, G. (Produktion und Management 3):
Produktion und Management 3. Gestaltung von Produktionssystemen. (Reihe: Hütte). Berlin, Heidelberg: Springer, 1999.

Fangzheng Tool (Unternehmensstandorte):
Unternehmensstandorte, 2021. http://www.fzmould.com/en/about/fa-zhan-bu-ju.htm, Stand: 25.09.2021

Farkisch, K. (Data Mining):
Data Mining. In: Farkisch, K. (Hrsg.) Data-Warehouse-Systeme kompakt. Aufbau, Architektur, Grundfunktionen. (Reihe: Xpert.press). Berlin, Heidelberg: Springer, 2011, S. 97-114.

Federowski, R.; Pflanz, C., 2017 **(Zwischen Hochtechnologie und Handwerkskunst.** Deutschlands High-End-Industrie auf Rekordkurs. 1. Auflage. Hg. v. Roland Berger GmbH. München (Branchenmonitor)

Fleischer, J.; Klee, B.; Spohrer, A.; Merz, S., 2018 **(Leitfaden Sensorik für Industrie 4.0.** Wege zu kostengünstigen Sensorsystemen. Hg. v. VDMA-Forum Industrie 4.0. Frankfurt a.M

Foster, R. N. (Innovation):
Innovation. Die technologische Offensive. Wiesbaden: Gabler, 1986.

Fouad, M. M.; Oweis, N. E.; Gaber, T.; Ahmed, M.; Snasel, V. (Data Mining and Fusion Techniques for WSNs as a Source of the Big Data):
Data Mining and Big Data. In: Procedia Computer Science. 65. Jg., 2015, S. 778-786.

Franken, R.; Franken, S. (Innovationsmanagement):
Innovationsmanagement. In: Franken, R.; Franken, S. (Hrsg.) Integriertes Wissens- und Innovationsmanagement. Mit Fallstudien und Beispielen aus der Unternehmenspraxis. 1. Auflage. Wiesbaden: Gabler, 2011, S. 192-298.

Frey, C. B.; Osborne, M., 2013 **(The Future of Employment.** How Susceptible are Jobs to Computerization? Hg. v. Oxford Martin Programme on TEchnology and Employment. Oxford

Frick, L. (Geschäftsmodelle):
Erfolgreiche Geschäftsmodelle im Werkzeugbau. Zugl.: Aachen, Techn. Hochsch., Diss., 2005. (Reihe: Berichte aus der Produktionstechnik, Bd. 2006,5). Aachen: Shaker, 2006.

Fricke, K. (Digitaltechnik):
Digitaltechnik. Lehr- und Übungsbuch für Elektrotechniker und Informatiker. 7. Auflage. Wiesbaden: Springer Vieweg, 2014.

Fricker, I. C. (Strategische Stringenz im Werkzeugbau):
Strategische Stringenz im Werkzeug- und Formenbau. Zugl.: Aachen, Techn. Hochsch., Diss., 2005. (Reihe: Berichte aus der Produktionstechnik, Bd. 2005,16). Aachen: Shaker, 2005.

Friesen, A.; Flatt, H.; Jasperneite, J.; Kraus, T., 2020 **(Leitfaden Retrofit für Industrie 4.0.** Neuer Nutzen mit vorhandenen Maschinen. Hg. v. VDMA-Forum Industrie 4.0 und Fraunhofer-IOSB-INA. Frankfurt a.M

Fritz, A. H.; Schmütz, J.; Wieneke-Toutaoui, B. (Urformen):
Urformen. In: Fritz, A. H.; Schulze, G. (Hrsg.) Fertigungstechnik. (Reihe: Springer-Lehrbuch). 11. Auflage. Berlin, Heidelberg: Springer Vieweg, 2015, S. 7-123.

Fritz Studer AG (Digital Interfaces):
Digital Interfaces, 2021. https://www.studer.com/de/digitalisierung/digital-interfaces/, Stand: 05.11.2021

Gadatsch, A. (Geschäftsprozess-Management):
Grundkurs Geschäftsprozess-Management. Analyse, Modellierung, Optimierung und Controlling von Prozessen. 8. Auflage. Wiesbaden: Springer Vieweg, 2017.

Ganz, C. (Das Internet der Dinge, Dienste und Menschen):
Das Internet der Dinge, Dienste und Menschen. In: Sendler, U. (Hrsg.) Industrie 4.0 grenzenlos. (Reihe: Xpert.press). Berlin, Heidelberg: Springer, 2016, S. 187-200.

Gartner (Magic Quadrant for Enterprise Integration Platform as a Service):
Magic Quadrant for Enterprise Integration Platform as a Service, 2021. https://www.informatica.com/de/ipaas-magic-quadrant.html, Stand: 09.11.2021

Geisberger, E.; Broy, M. (agendaCPS):
Einführung. In: Geisberger, E.; Broy, M. (Hrsg.) agendaCPS. Integrierte Forschungsagenda Cyber-Physical Systems. (Reihe: acatech STUDIE, März 2012, Bd. 1). Berlin, Heidelberg: Springer, 2012, S. 17-28.

GF Machining Solutions (Konnektivität):
Konnektivität, 2021. https://www.gfms.com/de-ch/solutions/software-industry-4-0/connectivity.html, Stand: 05.11.2021

Giehler, F. (Planungsproduktivität):
Erhöhung der Planungsproduktivität am Beispiel der Auftragsabwicklung im Werkzeugbau. Zugl.: Aachen, Techn. Hochsch., Diss., 2010. (Reihe: Ergebnisse aus der Produktionstechnik Produktionssystematik, Bd. 2010,16). 1. Auflage. Aachen: Apprimus Verlag, 2010.

Giloi, W.; Lauber, R. (Normierung und Maßstabsfaktoren):
Analogrechnen. Programmierung, Arbeitsweise und Anwendung des elektronischen Analogrechners. Berlin, Heidelberg: Springer, 1963.

Gluchowski, P. (Business Analytics – Grundlagen, Methoden und Einsatzpotenziale):
Business Analytics. In: HMD Praxis der Wirtschaftsinformatik. 53. Jg., 2016, Nr. 3, S. 273-286.

Gölzer, P. (Big Data in Industrie 4.0):
Big Data in Industrie 4.0. Eine strukturierte Aufarbeitung von Anforderungen, Anwendungsfällen und deren Umsetzung. Nürnberg: Selbstverlag, 2017.

Göthlich, S. E. (Umgang mit fehlenden Daten):
Zum Umgang mit fehlenden Daten in großzahligen empirischen Erhebungen. In: Albers, S.; Klapper, D.; Konradt, U.; Walter, A.; Wolf, J. (Hrsg.) Methodik der empirischen Forschung. Wiesbaden: Gabler, 2007, S. 119-134.

Gravina, R.; Alinia, P.; Ghasemzadeh, H.; Fortino, G. (Multi-sensor fusion in body sensor networks: State-of-the-art and research challenges):
Multi-sensor fusion. In: Information Fusion. 35. Jg., 2017, S. 68-80.

Grolinger, K.; Higashino, W. A.; Tiwari, A.; Capretz, M. am **(Data management in cloud environments: NoSQL and NewSQL data stores):**
NoSQL and NewSQL data stores. In: Journal of Cloud Computing: Advances, Systems and Application. 2. Jg., 2013, Nr. 1, S. 1-22.

Haberfellner, R.; Weck, O. de; **Fricke, E.; Vössner, S. (Process Models):**
Process Models: Systems Engineering and Others. In: Haberfellner, R.; Weck, O. de; Fricke, E.; Vössner, S. (Hrsg.) Systems Engineering. Cham: Springer International Publishing, 2019, S. 27-98.

Haberfellner, R.; Weck, O. de; **Fricke, E.; Vössner, S. (Systems Thinking):**
Systems Thinking. In: Haberfellner, R.; Weck, O. de; Fricke, E.; Vössner, S. (Hrsg.) Systems Engineering. Cham: Springer International Publishing, 2019, S. 3-26.

Haberjahn, M. (Multilevel Datenfusion konkurrierender Sensoren in der Fahrzeugumfelderfassung):
Multilevel Datenfusion. Dissertation. Humboldt-Universität Zu BerlinBerlin, 2013.

Hackett, J. K.; Shah, M. (Multi-sensor fusion: a perspective):
Multi-sensor fusion. In: Proceedings of IEEE International Conference on Robotics and Automation. Cincinnati, OH, USA, 13-18 May 1990. Los Alamitos: IEEE - Institute of Electrical and Electronics Engineers, 1990, S. 1324-1330.

Hadi, M. S.; Lawey, A. Q.; El-Gorashi, T. E.; Elmirghani, J. M. (Big data analytics for wireless and wired network design: A survey):
Big data analytics survey. In: Computer Networks. 132. Jg., 2018, S. 180-199.

Hall, D. L.; Llinas, J. (An introduction to multisensor data fusion):
Introduction to multisensor data fusion. In: Proceedings of the IEEE. 85. Jg., 1997, Nr. 1, S. 6-23.

Hamidian, K.; Kraijo, C. (Digitalisierung):
DigITalisierung – Status quo. In: Keuper, F.; Hamidian, K.; Verwaayen, E.; Kalinowski, T.; Kraijo, C. (Hrsg.) Digitalisierung und Innovation. Wiesbaden: Springer, 2013, S. 1-23.

Härder, T.; Rahm, E. (Datenbanksysteme):
Datenbanksysteme. Konzepte und Techniken der Implementierung. 2. Auflage. Berlin, Heidelberg: Springer, 2001.

Harland, T. (Digitaler Schatten für die Instandhaltung):
Gestaltung des Digitalen Schattens für Instandhaltungsdienstleistungen im Maschinen- und Anlagenbau. (Reihe: Schriftenreihe Rationalisierung). 1. Auflage, 2019.

Hartz, S.; Meisel, K. (Qualitätsmanagement):
Qualitätsmanagement. 3. Auflage. Bielefeld: Bertelsmann, 2011.

Harwardt, M. (Digitale Transformation):
Management der digitalen Transformation. Eine praxisorientierte Einführung. Wiesbaden: Gabler, 2019.

Headrick, D. R. (Technology):
Technology. A world history. (Reihe: The new Oxford world history). Oxford, New York: Oxford University Press, 2009.

Hecht, R. (Konzeptuelle und Methodische Aufarbeitung von NoSQL-Datenbanksystemen):
NoSQL-Datenbanksysteme. Dissertation. Universität BayreuthBayreuth, 2014.

Heeschen, D. (Fertigungstechnologien im Werkzeugbau):
Kennzahlenbasierte Auswahl der Fertigungstechnologien und -ressourcen im industriellen Werkzeugbau. Zugl.: Aachen, Techn. Hochsch., Diss., 2015. (Reihe: Edition Wissenschaft Apprimus, Bd. 2015,18). 1. Auflage. Aachen: Apprimus Verlag, 2015.

Helbing, K. W.; Mund, H.; Reichel, M. (Fabrikprojektierung):
Handbuch Fabrikprojektierung. 2. Auflage. Berlin: Springer Vieweg, 2018.

Heller, B.; Chatti, S.; Schikorra, M.; Tekkaya, A. E.; Kleiner, M. (Blechbiegen):
Blechbiegen. In: Siegert, K. (Hrsg.) Blechumformung. Verfahren, Werkzeuge und Maschinen. (Reihe: VDI-Buch). Berlin: Springer Vieweg, 2015, S. 141-221.

Hennes, M.; Wursthorn, S. U., 2015 **(Zur Synchronisierung von Multi-Sensor-Systemen – Grundlagen und Realisierungen):**

Hensen, T. (Strategische Auslegung industrieller Werkzeugbaubetriebe):
Strategische Auslegung. Dissertation. RWTH Aachen; IIF - Institut für Industriekommunikation und Fachmedien GmbHAachen, 2017.

Hentschel, R.; Leyh, C. (Cloud Computing):
Cloud Computing: Status quo, aktuelle Entwicklungen und Herausforderungen. In: Reinheimer, S. (Hrsg.) Cloud Computing. Die Infrastruktur der Digitalisierung. (Reihe: SpringerLink Bücher). Wiesbaden: Springer Vieweg, 2018, S. 3-20.

Hering, E. (Sensoren):
Sensoren. In: Hering, E.; Bressler, K.; Gutekunst, J. (Hrsg.) Elektronik für Ingenieure und Naturwissenschaftler. 7. Auflage. Berlin: Springer Vieweg, 2017, S. 381-404.

Hering, E.; Hermann, A.; Kronmüller, E. (Vorgehensweise zur Modellbildung):
Prinzipielle Vorgehensweise zur Modellbildung. In: Hering, E.; Hermann, A.; Kronmüller, E. (Hrsg.) Unternehmenssimulation mit dem PC. Wiesbaden: Vieweg+Teubner, 1989, S. 183-185.

Hermans, J. (Ontologiebasierte Information):
Ontologiebasiertes Information Retrieval für das Wissensmanagement. Zugl.: Münster (Westfalen), Univ., Diss., 2008. (Reihe: Advances in information systems and management science, Bd. 39). Berlin: Logos-Verlag, 2008.

Hermle (Umati - Zur Vereinfachung der Konnektivität):
Umati, 2019. https://www.hermle.de/de/media/fachpresse/getPrm/entry/10_09_2019_umati_zur_vereinfachung_der_konnektivitaet/, Stand: 05.11.2021

Herzwurm, G.; Henzel, R. (Cloud-Computing):
Cloud-Computing – gekommen um zu bleiben. In: Kollmann, T. (Hrsg.) Handbuch Digitale Wirtschaft. (Reihe: Springer Reference Wirtschaft). Wiesbaden: Springer, 2020, S. 1-34.

Heuberger-Götsch, O. (Der Wert von Daten):
Der Wert von Daten aus juristischer Sicht am Beispiel des Profiling. In: Fasel, D.; Meier, A. (Hrsg.) Big Data. Grundlagen, Systeme und Nutzungspotenziale. (Reihe: Edition HMD). Wiesbaden: Springer Vieweg, 2016, S. 83-105.

Heuser, L.; Wahlster, W. (Internet der Dienste):
Einleitung. In: Heuser, L.; Wahlster, W. (Hrsg.) Internet der Dienste. Berlin, Heidelberg: Springer, 2011, S. 15-16.

Holmes, J.; Rutherford, T.; Fitzgibbon, S. (Innovation in the Automotive Tool, Die and Mould Industry):
Innovation in the Automotive Tool Industry. A Case Study of the Windsor-Essex Region. In: Tagungsband zum 6th Annual National Conference of the Inovation System Research Network. Vancouver, 13. - 15. Mai 2004, 2004

IMD (World Competitiveness Ranking):
World Competitiveness Ranking. IMD Business School, 2021. https://www.imd.org/centers/world-competitiveness-center/rankings/world-competitiveness/#_overall-competitiveness-and-factor-rankings---323681, Stand: 09.11.2021

Index (iX4.0 - die IoT-Plattform):
iX4.0 - die IoT-Plattform. Bestens gerüstet für die Digitalisierung Ihrer Produktion, 2020.

Industrie- und Handelskammer Stuttgart (Datenschutzfolgeabschätzung):
Datenschutzfolgeabschätzung, 2021. https://www.stuttgart.ihk24.de/fuer-unternehmen/recht-und-steuern/datenschutzrecht/datenschutzfolgeabschaetzung-3936926, Stand: 24.10.2021

International Labour Organization, 2020 **(Global Wage Report 2020-21.** Wages and minimum wages in the time of COVID-19. Genua

Jacobson, I. (Object-oriented software engineering):
Object-oriented software engineering. A use case driven approach. Harlow: Addison-Wesley, 1992.

Jacobson, I.; Spence, I.; Bittner Kurt, 2011 **(Use-Case 2.0.** The Guide to Succeeding with Use Cases. Hg. v. Ivar Jacobson International SA. London

Jadhav, P. (Big Data Analytics):
Big Data Analytics. A Survey. In: Open Access International Journal of Science & Engineering. 3. Jg., 2018, Nr. 1, S. 8-13.

Jakoby, W. (Projektmanagement für Ingenieure):
Projektmanagement für Ingenieure. Ein praxisnahes Lehrbuch für den systematischen Projekterfolg. 4. Auflage. Wiesbaden: Springer, 2019.

Janßen, J.; Schröer, T.; Wagner, T., 2021 **(Anwendung der Datenfusion bei der Erfassung und Speicherung betrieblicher Rückmeldedaten.** Leitfaden. 1. Auflage. Hg. v. FIR e.V. an der RWTH Aachen. Aachen

Jarke, M.; van der Aalst, W.; Brecher, C.; Brockmann, M.; Koren, I.; Lakemeyer, G.; Rumpe, B.; Schuh, G.; Wehrle, K.; Ziefle, M., 2021 **(Mit "Digitalen Schatten" Daten verdichten und darstellen**. Hg. v. RWTH Aachen University. Aachen

Jasperneite, J. (Internet und Automation):
Internet und Automation. Was hinter Begriffen wie Industrie 4.0 steckt. Fraunhofer IOSB, 2012. http://www.computer-automation.de/steuerungsebene/steuern-regeln/artikel/93559/0/, Stand: 15.06.2020

Kagermann, H. (Chancen von Industrie 4.0):
Chancen von Industrie 4.0 nutzen. In: Vogel-Heuser, B.; Bauernhansl, T.; Hompel, M. ten (Hrsg.) Handbuch Industrie 4.0 Bd.4. Berlin, Heidelberg: Springer, 2017, S. 235-246.

Kagermann, H.; Lukas, W.-D.; Wahlster, W., 2011 **(Industrie 4.0.** Mit dem Internet der Dinge auf dem Weg zur 4. industriellen Revolution. In: VDI Nachrichten, 2011, Nr. 13

Kagermann, H.; Wahlster, W. (Ten Years of Industrie 4.0):
Ten Years of Industrie 4.0. Review. In: Sci. 4. Jg., 2022, Nr. 26, S. 1-10.

Kagermann, H.; Wahlster, W.; Helbig, J. (Zukunftsprojekt Industrie 4.0):
Umsetzungsempfehlungen für das Zukunftsprojekt Industrie 4.0. Abschlussbericht des Arbeitskreises Industrie 4.0. Frankfurt a.M: acatech - Deutsche Akademie der Technikwissenschaften e.V., 2013.

Kauffeld, S. (Arbeits-, Organisations- und Personalpsychologie):
Arbeits-, Organisations- und Personalpsychologie. Für Bachelor. (Reihe: Springer-Lehrbuch). Berlin, Heidelberg: Springer, 2011.

Kautz, K.; Mahnke, V. (Value Creation through IT-supported Knowledge Management? The Utilisation of a Knowledge Management System in a Global Consulting Company):
Value Creation through Knowledge Management. In: Journal of Informing Science. 6. Jg., 2003, Nr. 1, S. 75-88.

Kelzenberg, C. (Datenstrukturmodell):
Datenstrukturmodell für den digitalen Schatten der Auftragsabwicklung von Werkzeugbaubetrieben. (Reihe: Ergebnisse aus der Produktionstechnik). 1. Auflage. Aachen: Apprimus Verlag, 2020.

Kempermann, H.; Lichtblau, K., 2014 **(Dienstleistungspotenziale im Rahmen von Industrie 4.0**. Hg. v. vwb Vereinigung der Bayerischen Wirtschaft e. V. München

Kett, I. W.; Schewe, G. (Management Skills):
Management Skills. Beziehungen nutzen, Probleme lösen, effektiv kommunizieren. 1. Auflage. Wiesbaden: Gabler, 2010.

Klaus, F. (Einführung in Techniken und Methoden der Multisensor-Datenfusion):
Einführung in die Multisensor-Datenfusion. Habilitation. Universität SiegenSiegen, 2006.

Kleemann, F. C.; Glas, A. H. (Elemente des Einkaufs 4.0):
Elemente des Einkaufs 4.0. In: Kleemann, F. C.; Glas, A. (Hrsg.) Einkauf 4.0. Digitale Transformation der Beschaffung. (Reihe: Essentials). Wiesbaden: Springer Gabler, 2017, S. 13-26.

Klein, A.; Wolters, F.; Dederichs, S.; Karl, F. (Welcher Kommunikationsstandard für künftige Industrie 4.0-Fabriken):
Kommunikationsstandard für künftige Industrie 4.0-Fabriken, 2016. https://www.ingenieur.de/fachmedien/vdi-z/industrie-4-0/welcher-kommunikationsstandard-fuer-kuenftige-industrie-4-0-fabriken/, Stand: 05.11.2021

Klein, L. A. (Sensor and data fusion concepts and applications):
Sensor and data fusion concepts and applications. (Reihe: Tutorial texts in optical engineering TT, Bd. 35). 2. Auflage. Bellingham, Wash.: SPIE, 1999.

Kleinemeier, M. (Automatisierungspyramide):
Von der Automatisierungspyramide zu Unternehmenssteuerungs-Netzwerken. In: Vogel-Heuser, B.; Bauernhansl, T.; Hompel, M. ten (Hrsg.) Handbuch Industrie 4.0 Bd.1. Berlin, Heidelberg: Springer, 2017, S. 219-226.

Klocke, F. (Zukunftsstudie Werkzeugbau):
Zukunftsstudie Werkzeug- und Formenbau. Aachen: Werkzeugmaschinenlabor der Rheinisch-Westfälischen Technischen Hochschule Aachen, 2005.

Klocke, F. (Zerspanung mit geometrisch bestimmter Schneide):
Zerspanung mit geometrisch bestimmter Schneide. (Reihe: VDI-Buch). 9. Auflage. Berlin: Springer Vieweg, 2018.

Klocke, F.; Arntz, K. (Technologien für den Werkzeugbau von morgen):
Technologien für den Werkzeug- und Formenbau von morgen. Technologische Leistungs- und Wandlungsfähigkeit als Schlüsselfaktor. In: Werkzeugmaschinenlabor WZL der RWTH Aachen; Fraunhofer-Institut für Produktionstechnologie IPT (Hrsg.) Kolloquium Werkzeugbau mit Zukunft 2004, 10-1 - 10-26.

Klotzbach, C. (Industrieller Werkzeugbau):
Gestaltungsmodell für den industriellen Werkzeugbau. Zugl.: Aachen, Techn. Hochsch., Diss., 2006. (Reihe: Berichte aus der Produktionstechnik, Bd. 2007,1). Aachen: Shaker, 2007.

Knirsch, A.; Vergata, S.; Wietzke, J. (Strukturierung von Systemen):
Strukturierung von Multimediasystemen für Fahrzeuge. In: Halang, W. A. (Hrsg.) Kommunikation unter Echtzeitbedingungen. (Reihe: Informatik aktuell). Berlin, Heidelberg: Springer, 2013, S. 69-78.

Komorek, N. J. (Kollaborative Wertschöpfung):
Gestaltungsmodell für kollaborative Wertschöpfung im industriellen Werkzeugbau. Zugl.: Aachen, Techn. Hochsch., Diss., 2014. (Reihe: Produktionssystematik, Bd. 2014,31). 1. Auflage. Aachen: Apprimus Verlag, 2014.

Korpipaa, P.; Mantyjarvi, J.; Kela, J.; Keranen, H.; Malm, E.-J. (Managing context information in mobile devices):
Managing context information. In: IEEE Pervasive Computing. 2. Jg., 2003, Nr. 3, S. 42-51.

Koß, D. (Dynamische Betriebsmittelverwaltung in Echtzeitsystemen):
Vermeidung dynamischer Betriebsmittelverwaltung in sicherheitsgerichteten Echtzeitystemen. In: Halang, W. A. (Hrsg.) Logistik und Echtzeit. (Reihe: Informatik aktuell). Berlin, Heidelberg: Springer, 2017, S. 119-128.

Kotelnikow, W. A. (On the transmission capacity of "ether" and wire in electrocommunications):
Transmission capacity in electrocommunication. In: Tagungsband zum. Moskau, 1933

Koushanfar, F.; Slijepcevic, S.; Potkonjak, M.; Sangiovanni-Vincentelli, A. (Error-Tolerant Multi-Modal Sensor Fusion):
Error-Tolerant Multi-Modal Sensor Fusion. In: Tagungsband zum IEEE CAS Workshop on Wireless Communications and Networking. Pasadena, 05.09.2002, 2002, S. 1-4.

Kozielski, S. A. (Kennzahlensystem für den Werkzeugbau):
Integratives Kennzahlensystem für den Werkzeugbau. Aachen: Apprimus Verlag, 2013.

Krcmar, H. (Informationsmanagement):
Informationsmanagement. 6. Auflage. Wiesbaden: Springer Gabler, 2015.

Kreutzer, R. T.; Sirrenberg, M. (Künstliche Intelligenz):
Was versteht man unter Künstlicher Intelligenz und wie kann man sie nutzen? In: Kreutzer, R. T.; Sirrenberg, M. (Hrsg.) Künstliche Intelligenz verstehen. Grundlagen, Use-Cases, unternehmenseigene KI-Journey. Wiesbaden: Springer, 2019, S. 1-71.

Kröhling, A. (Digitalisierung):
Digitalisierung – Technik für eine nachhaltige Gesellschaft? In: Hildebrandt, A.; Landhäußer, W. (Hrsg.) CSR und Digitalisierung. (Reihe: Management-Reihe Corporate Social Responsibility). Berlin, Heidelberg: Springer, 2017, S. 23-49.

Krüger, J.; Vick, A.; Chemnitz, M.; Rosenstrauch, M.; Hügle, J.; Fechteler, M.; Blankenburg, M. (Daten, Information und Wissen in Industrie 4.0):

Daten, Information und Wissen in Industrie 4.0. In: Reinhart, G. (Hrsg.) Handbuch Industrie 4.0. Geschäftsmodelle, Prozesse, Technik. München: Hanser, 2017, S. 89-110.

Kubicek, H. (Heuristische Bezugsrahmen):
Heuristische Bezugsrahmen und heuristisch angelegte Forschungsdesigns als Elemente einer Konstruktionsstrategie empirischer Forschung. In: Köhler, R. (Hrsg.) Empirische und handlungstheoretische Forschungskonzeptionen in der Betriebswirtschaftslehre. (Reihe: Kommission Wissenschaftshteorie im Verband der Hochschullehrer für Betriebswirtschaft). Stuttgart: C. E. Poeschel Verlag, 1977, S. 3-36.

Kuhlmann, K. K. (Geschäftsprozesse im Werkzeugbau):
Methodik zur Gestaltung von Geschäftsprozessen im industriellen Werkzeugbau. 1. Auflage. Aachen: Apprimus Verlag, 2013.

Kuhlmann, T. B. (Corporate Tooling):
Corporate Tooling. Dissertation. RWTH Aachen; IIF - Institut für Industriekommunikation und Fachmedien GmbHAachen, 2016.

Kühn, T. (Lebenszyklusorientierte Leistungssysteme im Werkzeugbau):
Leistungssysteme im Werkzeugbau. Dissertation. RWTH Aachen; IIF - Institut für Industriekommunikation und Fachmedien GmbHAachen, 2016.

Kwok, A.; Norrie, D. (Intelligent agent systems for manufacturing applications):
Intelligent agent systems. In: Journal of Intelligent Manufacturing. 4. Jg., 1993, Nr. 4, S. 285-293.

Lahat, D.; Adali, T.; Jutten, C. (Multimodal Data Fusion: An Overview of Methods, Challenges, and Prospects):
Multimodal Data Fusion. In: Proceedings of the IEEE. 103. Jg., 2015, Nr. 9, S. 1449-1477.

Landesbeauftragte für Datenschutz und Informationsfreiheit Nordrhein-Westfalen (DSFA-relevante Verarbeitungsvorgänge):
Liste von Verarbeitungsvorgängen nach Art. 35 Abs. 4 DS-GVO. für die gemäß Art. 35 Abs. 1 DS-GVO eine Datenschutzfolgeabschätzung von Verantwortlichen im öffentlichen Bereich durchzuführen ist. Düsseldorf, 2018.

Lang, K. (Auflösung ist nicht gleich Genauigkeit):
Auflösung ist nicht gleich Genauigkeit. In: Elektronik Industrie, 2002, Nr. 1, S. 73-75.

Lange, J. de **(Prozessmodell für den Werkzeugbau im iterativen Produktentwicklungsprozess):**
Werkzeugbau im iterativen ProduktentwicklungsprozessErgebnisse aus der Produktionstechnik. Dissertation. RWTH Aachen; IIF - Institut für Industriekommunikation und Fachmedien GmbHAachen, 2020.

Laufenberg, L. (Integrierte Projektgestaltung):
Methodik zur integrierten Projektgestaltung für die situative Umsetzung des simultaneous

engineering. Zugl.: Aachen, Techn. Hochsch., Diss., 1995. (Reihe: Berichte aus der Produktionstechnik, Bd. 96). 1. Auflage. Aachen: Shaker, 1996.

Lehner, F.; Wildner, S.; Scholz, M. (Wirtschaftsinformatik):
Wirtschaftsinformatik. Eine Einführung. 2. Auflage. München: Hanser, 2008.

Lisowski, R. (Das asiatische Jahrhundert):
Das asiatische Jahrhundert. Dreht sich die Welt falsch? Eine Antwort auf Kishore Mahbubani. Berlin: LIT Verlag, 2019.

Lissen, N.; Brünger, C.; Damhorst, S. (IT-Services in der Cloud):
IT-Services in der Cloud und ISAE 3402: Ein praxisorientierter Leitfaden für eine erfolgreiche Auditierung. Place of publication not identified: Springer Science and Business Media, 2014.

Liu, L.; Frey, G. (Effiziente Modellierung und Simulation):
Effiziente Modellierung und Simulation von Kommunikationsnetzen in Modelica. In: Halang, W. A. (Hrsg.) Kommunikation unter Echtzeitbedingungen. (Reihe: Informatik aktuell). Berlin, Heidelberg: Springer, 2013, S. 89-98.

Loos, P. (Grunddatenverwaltung):
Grunddatenverwaltung und Betriebsdatenerfassung als Basis der Produktionsplanung und -steuerung. In: Corsten, H.; Friedl, B. (Hrsg.) Einführung in das Produktionscontrolling. (Reihe: Controlling). München: Vahlen, 1999, S. 227-252.

Lucke, D. M. (Ad hoc Informationsbeschaffung):
Ad hoc Informationsbeschaffung unter Einsatz kontextbezogener Systeme in der variantenreichen Serienfertigung. Zugl.: Stuttgart, Univ., Diss., 2013. (Reihe: Stuttgarter Beiträge zur Produktionsforschung, Bd. 25). Stuttgart: Fraunhofer-Verlag, 2014.

Ludewig, J.; Lichter, H. (Software Engineering Modelle):
Software Engineering. Grundlagen, Menschen, Prozesse, Techniken. 3. Auflage. Heidelberg: dpunkt.verl., 2013.

Luengo, J. et al. (Big data preprocessing):
Big data preprocessing. Enabling smart data. Cham: Springer, 2020.

Luo, R. C.; Yih, C.-C.; Su, K. L. (Multisensor fusion and integration: approaches, applications, and future research directions):
Multisensor fusion and integration. In: IEEE Sensors Journal. 2. Jg., 2002, Nr. 2, S. 107-119.

Mainzer, K. (Künstliche Intelligenz):
Einführung: Was ist KI? In: Mainzer, K. (Hrsg.) Künstliche Intelligenz - Wann übernehmen die Maschinen? (Reihe: Technik im Fokus). Berlin, Heidelberg: Springer, 2016, S. 1-6.

McCarthy, J.; Minsky, M. L.; Rochester, N.; Shannon, C. E., 1955 **(A Proposal for the Dartmouth Summer Research Project on Artificial Intelligence**. Dartmouth College. Hanover

McGilvray, D. (Data quality projects):
Executing data quality projects. Ten steps to quality data and trusted information. Amsterdam: Morgan Kaufmann/Elsevier, 2008.

Meier, A.; Kaufmann, M. (Datenmanagement):
Datenmanagement. In: Meier, A.; Kaufmann, M. (Hrsg.) SQL- & NoSQL-Datenbanken. (Reihe: eXamen.press). Berlin, Heidelberg: Springer, 2016, S. 1-24.

Meier, A.; Kaufmann, M. (Konsistenzsicherung):
Konsistenzsicherung. In: Meier, A.; Kaufmann, M. (Hrsg.) SQL- & NoSQL-Datenbanken. (Reihe: eXamen.press). Berlin, Heidelberg: Springer, 2016, S. 135-156.

Meier, A.; Kaufmann, M. (Systemarchitektur):
Systemarchitektur. In: Meier, A.; Kaufmann, M. (Hrsg.) SQL- & NoSQL-Datenbanken. (Reihe: eXamen.press). Berlin, Heidelberg: Springer, 2016, S. 157-185.

Menges, G.; Michaeli, W.; Mohren, P. (Spritzgießwerkzeuge):
Spritzgießwerkzeuge. Auslegung, Bau, Anwendung. 6. Auflage. München: Hanser, 2007.

Meudt, T.; Pohl, M.; Metternich, J., 2017 **(Die Automatisierungspyramide.** Ein Literaturüberblick. Hg. v. TU Darmstadt. Darmstadt

Meyer, T.; Popplow, M. (Technik, Arbeit und Umwelt):
Technik, Arbeit und Umwelt in der Geschichte. Festschrift zum 60. Geburtstag von Günter Bayerl. Münster: Waxmann, 2006.

Michl, T. (Die User Story):
Die User Story- eine agile Form der Aufgabendefinition. In: Bartonitz, M.; Lévesque, V.; Michl, T.; Steinbrecher, W.; Vonhof, C.; Wagner, L. (Hrsg.) Agile Verwaltung. Berlin, Heidelberg: Springer, 2018, S. 137-142.

Microsoft Corporation (Hrsg.), 2019 **(Azure Integration Services):**

Minguez, J. (Der Manufacturing Service Bus):
Der Manufacturing Service Bus. In: Westkämper, E.; Spath, D.; Constantinescu, C.; Lentes, J. (Hrsg.) Digitale Produktion. Berlin, Heidelberg: Springer, 2013, S. 271-289.

Mitchell, T. M. (Machine learning):
Machine learning. (Reihe: McGraw-Hill series in computer science). New York: McGraw-Hill, 2010.

Möhrke, P.; Runge, B.-U. (Modelle):
Modelle. In: Möhrke, P.; Runge, B.-U. (Hrsg.) Arbeiten mit Messdaten. Berlin, Heidelberg: Springer, 2020, S. 57-69.

Monostori, L.; Kádár, B.; Bauernhansl, T.; Kondoh, S.; Kumara, S.; Reinhart, G.; Sauer, O.; Schuh, G.; Sihn, W.; Ueda, K. (Cyber-physical systems in manufacturing):
Cyber-physical systems. In: CIRP Annals. 65. Jg., 2016, Nr. 2, S. 621-641.

Moore, G. E. (Cramming more components onto integrated circuits):
Integrated circuits. In: Eletronics. 38. Jg., 1965, Nr. 8, S. 114-117.

Müller, N. (Computerisierung):
Innovativität im Prozess der Computerisierung. In: John, R.; Aderhold, J.; Bormann, I.; Braun-Thürmann, H.; Bormann, I.; John, R.; Aderhold, J. (Hrsg.) Indikatoren des Neuen. (Reihe: Innovation und Gesellschaft). Wiesbaden: VS Verlag für Sozialwissenschaften, 2012, S. 251-267.

Müller-Stewens, G.; Lechner, C. (Strategisches Management):
Strategisches Management. Wie strategische Initiativen zum Wandel führen. 4. Auflage. Stuttgart: Schäffer-Poeschel, 2011.

Muskat, B. (Total Quality Management):
Total Quality Management im Tourismus. 1. Auflage. s.l.: DUV Deutscher Universitäts-Verlag, 2007.

Neemann, C. W. (Schutz gegen Produktimitationen):
Methodik zum Schutz gegen Produktimitationen. Zugl.: Aachen, Techn. Hochsch., Diss., 2007. (Reihe: Berichte aus der Produktionstechnik, Bd. 2007,13). Aachen: Shaker, 2007.

Oertwig, N.; Rimmelspacher, S. O.; Vladova, G.; Ullrich, A.; Gronau, N.; Geleç, E. (Werkzeuge der intelligenten und vernetzten Fabrik):
Werkzeuge. In: Weinert, N.; Plank, M.; Ullrich, A. (Hrsg.) Metamorphose zur intelligenten und vernetzten Fabrik. Ergebnisse des Verbundforschungsprojekts MetamoFAB. Berlin: Springer Vieweg, 2017, S. 121-160.

O'Leary, D. E. (Artificial Intelligence and Big Data):
Artificial Intelligence and Big Data. In: IEEE Intelligent Systems. 28. Jg., 2013, Nr. 2, S. 96-99.

OPC Foundation (Hrsg.), 2017 **(OPC Unified Architecture.** Interoperabilität für Industrie 4.0 und das Internet der Dinge

O'Reilly, C. A. (Variations in Decision Makers' Use of Information Sources: The Impact of Quality and Accessibility of Information):
Impact of Quality of Information. In: Academy of Management Journal. 25. Jg., 1982, Nr. 4, S. 756-771.

Osterwalder, A.; Pigneur, Y. (Business model generation):
Business model generation. A handbook for visionaries, game changers, and challengers. New York: Wiley, 2013.

Otto, B.; Kokemüller, J.; Weisbecker, A.; Gizanis, D. (Stammdatenmanagement: Datenqualität für Geschäftsprozesse):
Stammdatenmanagement. In: HMD Praxis der Wirtschaftsinformatik. 48. Jg., 2011, Nr. 3, S. 5-16.

Pahl, G.; Beitz, W.; Blessing, L.; Feldhusen, J.; Grote, K.-H.; Wallace, K. (Engineering Design):
Engineering Design. A Systematic Approach. 3. Auflage. London: Springer, 2007.

Parthier, R. (Messtechnik):
Messtechnik. Grundlagen und Anwendungen der elektrischen Messtechnik. 8. Auflage. Wiesbaden: Springer Vieweg, 2016.

Patel, N. (Wi-Fi 6 vs. 5G: Die wichtigsten Vorteile für Unternehmen):
Wi-Fi 6 vs. 5G, 2020. https://eu.dlink.com/de/de/resource-centre/blog/wifi-6-vs-5g-key-advantages-for-businesses, Stand: 19.10.2021

Patzak, G. (Systemtechnik):
Systemtechnik - Planung komplexer innovativer Systeme. Grundlagen, Methoden, Techniken. Berlin, Heidelberg: Springer, 1982.

Paul, H. (Industrie 4.0 - Annäherung an ein Konzept):
Industrie 4.0. In: Forschung aktuell, 2016, Nr. 5, S. 1-22.

Paulukuhn, L. (Typologisierung von Entwicklungsprojekten):
Typologisierung von Entwicklungsprojekten im Maschinenbau. Zugl.: Aachen, Techn. Hochsch., Diss., 2004. (Reihe: Berichte aus der Produktionstechnik, Bd. 2005,1). Aachen: Shaker, 2005.

Petrlic, R.; Sorge, C. (Datenschutz):
Datenschutz. Einführung in technischen Datenschutz, Datenschutzrecht und angewandte Kryptographie. Wiesbaden: Springer Vieweg, 2017.

Picot, A. (Die Planung der Unternehmensressource "Information"):
Unternehmensressource Information. In: Tagungsband zum 2. Internationales Management Symposium. Frankfurt a.M., 20.-21.01.1988. Düsseldorf: Universitätsbibliothek der Ludwig-Maximilians-Universität München, 1988, S. 223-250.

Picot, A.; Reichwald, R.; Wigand, R. T. (Grenzenlose Unternehmung):
Die grenzenlose Unternehmung. Information, Organisation und Management ; Lehrbuch zur Unternehmensführung im Informationszeitalter. 4. Auflage. Wiesbaden: Gabler, 2001.

Picot, A.; Reichwald, R.; Wigand, R. T. (Informations- und Kommunikationsverhalten):
Grundmodelle menschlichen Informations- und Kommunikationsverhaltens. In: Picot, A.; Reichwald, R.; Wigand, R. T. (Hrsg.) Die grenzenlose Unternehmung. Wiesbaden: Gabler, 2001, S. 77-140.

Pitsch, M. (Vernetzung von Werkzeugbaustandorten):
Kompetenzfeldbasierte Vernetzung von Werkzeugbaustandorten. Zugl.: Aachen, Techn. Hochsch., Diss., 2014. (Reihe: Edition Wissenschaft Apprimus, Bd. 2014,14). 1. Auflage. Aachen: Apprimus Verlag, 2014.

Plattform Industrie 4.0, 2017 **(Sichere Kommunikation für Industrie 4.0.** Diskussionspapier. Unter Mitarbeit von Arbeitsgruppe Sicherheit vernetzter Systeme und Arbeitsgruppe

Referenzarchitekturen, Standards und Normung. Hg. v. Bundesministerium für Wirtschaft und Energie (BMWi). Berlin

Popper, K. (Die Logik der Sozialwissenschaften):
Logik der Sozialwissenschaften. In: Kölner Zeitschrift für Soziologie und Sozial-Psychologie. 14. Jg., 1962, S. 233-248.

Probst, G.; Raub, S.; Romhardt, K. (Wissen managen):
Wissen managen. Wie Unternehmen ihre wertvollste Ressource optimal nutzen. 6. Auflage. Wiesbaden: Gabler, 2010.

Prümmer, M. (Leistungsfähigkeit verketteter Fertigungssysteme):
Kennzahlenbasiertes Bewertungssystem der Leistungsfähigkeit verketteter Fertigungssysteme in der mechanischen Fertigung des Werkzeugbaus. (Reihe: Ergebnisse aus der Produktionstechnik, Bd. 25). Aachen: Apprimus Verlag, 2020.

Rabe, M.; Spiekermann, S.; Wenzel, S. (Simulation in der Produktion):
Verifikation und Validierung für die Simulation in Produktion und Logistik. Vorgehensmodelle und Techniken. (Reihe: VDI-Buch). Berlin, Heidelberg: Springer, 2008.

Rahm, E.; Saake, G.; Sattler, K.-U. (Verteiltes und paralleles Datenmanagement):
Verteiltes und paralleles Datenmanagement. Von verteilten Datenbanken zu Big Data und Cloud. (Reihe: eXamen.press). Berlin: Springer Vieweg, 2015.

Redlich, T.; Wulfsberg, J. (Wertschöpfung):
Wertschöpfung in der Bottom-up-Ökonomie. (Reihe: VDI-Buch). Berlin, Heidelberg: Springer, 2011.

REFA (Durchlaufzeit):
Durchlaufzeit, 2020. https://refa.de/service/refa-lexikon/durchlaufzeit

Reichertz, J. (Qualitative und interpretative Sozialforschung):
Qualitative und interpretative Sozialforschung. Wiesbaden: Springer, 2016.

Reinhart, G. (Handbuch Industrie 4.0):
Handbuch Industrie 4.0. Geschäftsmodelle, Prozesse, Technik. München: Hanser, 2017.

Reuter, C. (Sicherheitskritische Mensch-Computer-Interaktion):
Sicherheitskritische Mensch-Computer-Interaktion. Interaktive Technologien. [Place of publication not identified]: Morgan Kaufmann, 2018.

Riesener, M.; Schuh, G.; Dölle, C.; Tönnes, C. (The Digital Shadow as Enabler for Data Analytics in Product Life Cycle Management):
Digital Shadow as Enabler for Data Analytics. In: Procedia CIRP. 80. Jg., 2019, S. 729-734.

Rinza, P. (Projektmanagement):
Projektmanagement. Planung, Überwachung und Steuerung von technischen und nichttechnischen Vorhaben. 4. Auflage. Berlin, Heidelberg: Springer, 1998.

Rittstieg, F. (Ambidextre Organisation im Werkzeugbau):
Ambidextre Organisationsarchitekturen im industriellen Werkzeugbau. Zugl.: Aachen, Techn. Hochsch., Diss., 2020. (Reihe: Ergebnisse auf der Produktionstechnik). 1. Auflage. Aachen: Apprimus Verlag, 2020.

Rittstieg, M. (Prozesssynchronisierung im Werkzeugbau):
Methodik zur Prozesssynchronisierung in der Auftragsabwicklung des industriellen Werkzeugbaus. Zugl.: Aachen, Techn. Hochsch., Diss., 2012. (Reihe: Edition Wissenschaft Apprimus, Bd. 2012,18). 1. Auflage. Aachen: Apprimus Verlag, 2012.

Röders TEC (Job- oder Zellenmanagement RMSMAIN):
Job- oder Zellenmanagement RMSMAIN, 2021. https://roeders.de/maschinen/technologie-automation/jobmanagement/

Rohweder, J. P.; Kasten, G.; Malzahn, D.; Piro, A.; Schmid, J. (Informationsqualität):
Informationsqualität – Definitionen, Dimensionen und Begriffe. In: Hildebrand, K.; Gebauer, M.; Mielke, M. (Hrsg.) Daten- und Informationsqualität. Wiesbaden: Springer, 2021, S. 23-43.

Romeike, F. (Risikomanagement):
Risikomanagement. (Reihe: Studienwissen kompakt). Wiesbaden: Springer Gabler, 2018.

Ropohl, G. (Systemtheorie):
Allgemeine Technologie : eine Systemtheorie der Technik. s.l.: KIT Scientific Publishing, 2009.

Rowley, J. (The wisdom hierarchy: representations of the DIKW hierarchy):
DIKW hierarchy. In: Journal of Information Science. 33. Jg., 2007, Nr. 2, S. 163-180.

Rürup, B.; Jung, S. (Digitalisierung):
Digitalisierung: Chancen auf neues Wachstum. In: Hildebrandt, A.; Landhäußer, W. (Hrsg.) CSR und Digitalisierung. (Reihe: Management-Reihe Corporate Social Responsibility). Berlin, Heidelberg: Springer, 2017, S. 3-21.

Russell, S. J.; Norvig, P. (Artificial intelligence):
Artificial intelligence. A modern approach. (Reihe: Always learning). 3. Auflage. Boston, Columbus, Indianapolis: Pearson, 2016.

Russell-Walling, E. (Das 80/20-Prinzip):
Das 80/20-Prinzip. In: Russell-Walling, E. (Hrsg.) 50 Schlüsselideen Management. Heidelberg: Spektrum Akademischer Verlag, 2011, S. 68-71.

Salmen, M. (Digital vernetzter Shopfloor):
Gestaltungsmodell für den digital vernetzten Shopfloor im Werkzeugbau. Dissertation. (Reihe: Edition Wissenschaft Apprimus, Bd. 2016, 39). 1. Auflage, 2016.

Schach, E. (Nutzung von Sekundärdaten):
Nutzung von Sekundärdaten durch die Forschung. In: Brennecke, R.; Paul, H. A.; Greiser,

E.; Schach, E. (Hrsg.) Datenquellen für Sozialmedizin und Epidemiologie. (Reihe: Medizinische Informatik und Statistik, Bd. 29). Berlin, Heidelberg: Springer, 1981, S. 29-36.

Schäkel, M.; McNab, J.; Dodds, N.; Peters, T.; Janssen, H.; Brecher, C. (Data Collection and Analysis for the Creation of a Digital Shadow During the Production of Thermoplastic Composite Layers in Unbonded Flexible Pipes):
Digital Shadow of Thermoplastic Composite Layers. In: Tagungsband zum ASME 2018 37th International Conference on Ocean, Offshore and Arctic Engineering. Madrid, Spain, 17.06.2018 - 22.06.2018: American Society of Mechanical Engineers, 2018

Schanz, G. (Führungsforschung):
Wissenschaftstheoretische Grundfragen der Führungsforschung. In: Kieser, A.; Reber, G.; Wunderer, R. (Hrsg.) Handwörterbuch der Führung. (Reihe: Enzyklopädie der Betriebswirtschaftslehre, Bd. 10). 1. Auflage. Stuttgart: Schäffer-Poeschel, 1987, S. 2039-2047.

Schaper, N. (Arbeitsanalyse und -bewertung):
Arbeitsanalyse und -bewertung. In: Nerdinger, F. W.; Blickle, G.; Schaper, N. (Hrsg.) Arbeits- und Organisationspsychologie. (Reihe: Springer-Lehrbuch). Berlin, Heidelberg: Springer, 2019, S. 385-410.

Scheer, A.-W. (Informationssysteme im Industriebetrieb):
Wirtschaftsinformatik. Informationssysteme im Industriebetrieb. 3. Auflage. Berlin, Heidelberg: Springer, 1990.

Schel, D.; Henkel, C.; Stock, D.; Meyer, O.; Rauhöft, G.; Einberger, P.; Stöhr, M.; Daxer, M. A.; Seidelmann, J. (Manufacturing Service Bus: An Implementation):
Manufacturing Service Bus. In: Procedia CIRP. 67. Jg., 2018, S. 179-184.

Schewe, G.; Nienaber, A.-M. (Explikation von implizitem Wissen: Stand der Forschung zu Barrieren und Lösungsansätzen):
Explikation von implizitem Wissen. In: Journal für Betriebswirtschaft. 61. Jg., 2011, Nr. 1, S. 37-84.

Schleyer, C. (Kooperationsmanagement im Werkzeugbau):
Erfolgreiches Kooperationsmanagement im Werkzeugbau. Zugl.: Aachen, Techn. Hochsch., Diss., 2007. (Reihe: Berichte aus der Produktionstechnik, Bd. 26/2006). Aachen: Shaker, 2007.

Schlicher, K. D.; Paruzel, A.; Steinmann, B.; Maier, G. W. (Digitale Arbeitswelten):
Change Management für die Einführung digitaler Arbeitswelten. In: Maier, G. W.; Engels, G.; Steffen, E. (Hrsg.) Handbuch Gestaltung digitaler und vernetzter Arbeitswelten. (Reihe: Springer Reference Psychologie). Berlin, Heidelberg: Springer, 2017, S. 1-36.

Schlick, J.; Stephan, P.; Loskyll, M.; Lappe, D. (Industrie 4.0 in der praktischen Anwendung):
Industrie 4.0 in der praktischen Anwendung. In: Bauernhansl, T.; Hompel, M. ten; Vogel-Heuser, B. (Hrsg.) Industrie 4.0 in Produktion, Automatisierung und Logistik. Anwendung,

Technologien, Migration. (Reihe: SpringerLink). Wiesbaden: Springer Vieweg, 2014, S. 57-84.

Schmidt-Schauß, M.; Sabel, D. (Einführung in die Methoden der Künstlichen Intelligenz):
Einführung in die Künstliche Intelligenz. Johann Wolfgang Goethe-UniversitätFrankfurt a.M, 2013.

Schmitt, R.; König, N.; Jung, S.; Peterek, M. (Architektur einer vernetzten, adaptiven Produktion):
Architektur einer vernetzten, adaptiven Produktion. In: Tagungsband zum Aachener Werkzeugmaschinen-Kolloquium AWK. Aachen, 10.09.2020. Aachen: Fraunhofer-Verlag, 2020, S. 4-20.

Schmolling, J. R. (Betriebsdaten in der Einzel- und Kleinserie):
Betriebsdatengestütztes PPS-Controlling für die durchlaufzeitorientierte Grobplanung bei Einzel- und Kleinserienfertigung. Zugl.: Aachen, Techn. Hochsch., Diss., 1997. (Reihe: Berichte des Forschungsinstituts für Rationalisierung und des Instituts für Arbeitswissenschaft Aachen, Bd. 3). 1. Auflage. Aachen: Shaker, 1997.

Schröter, R. (Allgemeine Meßtechnik):
Allgemeine Meßtechnik. In: Arbeitskreis der Dozenten für Regelungstechnik (Hrsg.) Meßtechnik in der Versorgungstechnik. Berlin, Heidelberg: Springer, 1997, S. 3-32.

Schuh, G.; Anderl, R.; Gausemeier, J.; Hompel, M. ten; Wahlster, W. (Industrie 4.0 Maturity Index):
Industrie 4.0 Maturity Index. Die digitale Transformation von Unternehmen gestalten. (Reihe: acatech Studie), 2016.

Schuh, G.; Blum, M. F.; Reschke, J.; Birkmeier, M. (Der Digitale Schatten in der Auftragsabwicklung):
Der Digitale Schatten in der Auftragsabwicklung. In: ZWF Zeitschrift für wirtschaftlichen Fabrikbetrieb. 111. Jg., 2016, 1-2, S. 48-51.

Schuh, G.; Boos, W.; Kelzenberg, C.; Lange, J. de; Stracke, F.; Helbig, J.; Boshof, J.; Ebbecke, C. (Industrie 4.0: Implement it!):
Industrie 4.0: Implement it! Ein Leitfaden zur erfolgreichen Implementierung von Industrie 4.0-Lösungen. 1. Auflage. Aachen: Werkzeugmaschinenlabor der Rheinisch-Westfälischen Technischen Hochschule Aachen, 2018.

Schuh, G.; Boos, W.; Kuhlmann, K. K.; Rittstieg, M. (Operative Exzellenz):
Operative Exzellenz im Werkzeug- und Formenbau. 1. Auflage. Aachen: Apprimus Verlag, 2010.

Schuh, G.; Breit, S.; Echterfeld, J.; Graberg, T.; Kreutzer, R.; Manz, S.; Michaelis, M.; Patzwald, M.; Pieper, T.; Schön, N.; Volm, M. (Value Capture - Datengetriebene Geschäftsmodelle erfolgreich in produzierenden Unternehmen implementieren):

Value Capture. In: Tagungsband zum Aachener Werkzeugmaschinen-Kolloquium AWK. Aachen, 10.09.2020. Aachen: Fraunhofer-Verlag, 2020, S. 36-56.

Schuh, G.; Brosze, T.; Brandenburg, U.; Cuber, S.; Schenk, M.; Quick, J.; Schmidt, C.; Helmig, J.; Schürmeyer, M.; Hering, N. (Grundlagen der Produktionsplanung und -steuerung):
Grundlagen der Produktionsplanung und -steuerung. In: Schuh, G.; Stich, V. (Hrsg.) Produktionsplanung und -steuerung. (Reihe: VDI-Buch). 4. Auflage. Berlin, Heidelberg: Springer Vieweg, 2012, S. 9-293.

Schuh, G.; Dölle, C.; Tönnes, C. (Methodology for the derivation of a digital shadow for engineering management):
Digital Shadow for Engineering. In: Tagungsband zum 2018 IEEE Technology and Engineering Management Conference (TEMSCON). Evanston, IL, 28.06.2018 - 01.07.2018: IEEE - Institute of Electrical and Electronics Engineers, 2018, S. 1-6.

Schuh, G.; Häfner, C.; Hopmann, C.; Rumpe, B.; Brockmann, M.; Wortmann, A.; Maibaum, J.; Dalibor, M.; Bibow, P.; Sapel, P.; Kröger, M. (Effizientere Produktion mit Digitalen Schatten):
Effizientere Produktion mit Digitalen Schatten. In: ZWF Zeitschrift für wirtschaftlichen Fabrikbetrieb. 115. Jg., 2020, special, S. 105-107.

Schuh, G.; Kelzenberg, C.; Boshof, J.; Graberg, T.; Ochel, T. (Strategien der Datenmonetarisierung):
Strategien der Datenmonetarisierung in produzierenden Unternehmen. In: Bergs, T.; Prinz, W.; Trauth, D. (Hrsg.) Monetarisierung von technischen Daten. 1. Auflage. Wiesbaden: Springer, 2021.

Schuh, G.; Kelzenberg, C.; Helbig, J.; Graberg, T. (Kompetenzprofile in einer digital vernetzten Produktion):
Kompetenzprofile in einer digital vernetzten Produktion. Veränderungen in Kompetenzanforderungen und Handlungsempfehlungen für eine anforderunsgerechte Weiterbildung in der metallverarbeitenden Industrie. (Reihe: Forschungsförderung Working Paper, Bd. 198). Düsseldorf: Hans-Böckler-Stiftung, 2020.

Schuh, G.; Kelzenberg, C.; Lange, J. de; **Busch, M.; Stracke, F.; Frey, C.,** 2020 **(Predictive Maintenance.** Entwicklung vorausschauender Wartungssysteme für Werkzeugbaubetriebe und Serienproduzenten. Abschlussbericht des BMBF geförderten Forschungsprojekts "WerkPrima" (Förderkennzeichen 02K16C120 ff.). 1. Auflage. Hg. v. Werkzeugmaschinenlabor WZL der RWTH Aachen. Aachen

Schuh, G.; Kuhlmann, K. K.; Pitsch, M.; Schippers, M. (Der ideale Werkzeugbau: Vernetzung statt statischer Positionierung):
Der ideale Werkzeugbau. In: FORM+Werkzeug. 21. Jg., 2013, Nr. 1, S. 14-15.

Schuh, G.; Potente, T.; Thomas, C.; Hauptvogel, A. (Cyber-physische Systeme):
Steigerung der Kollaborationsproduktivität durch cyber-physische Systeme. In: Bauernhansl, T.; Hompel, M. ten; Vogel-Heuser, B. (Hrsg.) Industrie 4.0 in Produktion, Automatisierung und Logistik. Anwendung, Technologien, Migration. (Reihe: SpringerLink). Wiesbaden: Springer Vieweg, 2014, S. 277-295.

Schuh, G.; Prote, J.-P.; Dany, S. (Internet of Production):
Internet of Production. In: Schuh, G.; Brecher, C.; Klocke, F.; Schmitt, R. (Hrsg.) Engineering Valley - Internet of Production auf dem RWTH Aachen Campus. Festschrift für Univ-Prof. em. Dr.-Ing. Dipl.-Wirt. Ing Dr. h.c. mult. Walter Eversheim. 1. Auflage. Aachen: Apprimus Verlag, 2017, S. 3-11.

Schuh, G.; Rebentisch, E.; Riesener, M.; Ipers, T.; Tönnes, C.; Jank, M.-H. (Data quality program management for digital shadows of products):
Data quality for digital shadows. In: Procedia CIRP. 86. Jg., 2019, S. 43-48.

Schuh, G.; Salmen, M.; Jussen, P.; Riesener, M.; Zeller, V.; Hensen, T.; Begovic, A.; Birkmeier, M.; Hocken, C.; Jordan, F.; Kantelberg, J.; Kelzenberg, C.; Kolz, D.; Maasem, C.; Siegers, J.; Stark, M.; Tönnes, C. (Geschäftsmodell-Innovation):
Geschäftsmodell-Innovation. In: Reinhart, G. (Hrsg.) Handbuch Industrie 4.0. Geschäftsmodelle, Prozesse, Technik. München: Hanser, 2017, S. 3-29.

Schuh, G.; Salmen, M.; Kelzenberg, C.; Lange, J. de **(Integration of Tool Making into Agile Product Development using Industry 4.0 Technologies and Additive Manufacturing Technologies):**
Agile Product Development. In: Proceedings of 2018 Portland International Conference on Management of Engineering and Technology (PICMET). Honolulu, HI, 8/19/2018 - 8/23/2018. Piscataway: IEEE - Institute of Electrical and Electronics Engineers, 2018, S. 1-9.

Schuh, G.; Stich, V. (Produktionsplanung und -steuerung):
Produktionsplanung und -steuerung. (Reihe: VDI-Buch). 4. Auflage. Berlin, Heidelberg: Springer Vieweg, 2012.

Schuh, G.; Stich, V.; Basse, F.; Franzkoch, B.; Harzenetter, F.; Luckert, M.; Prote, J.-P.; Reschke, J.; Schmitz, S.; Tücks, G.; Weißkopf, J. (Change Request im Produktionsbetrieb):
Change Request im Produktionsbetrieb. In: Brecher, C.; Schuh, G.; Klocke, F.; Schmitt, R. (Hrsg.) AWK Aachener Werkzeugmaschinen Kolloquium 2017: Internet of Production für agile Unternehmen. (Reihe: AWK Aachener Werkzeugmaschinen Kolloquium). Aachen: Apprimus Verlag, 2017, S. 109-131.

Schuh, G.; Varnhagen, V.; Kuhlmann, K. K.; Bechthold, J.; Pitsch, M.; Stich, C.; Komorek, N. J.; Lauenstein, C. (Fokus Automobilindustrie):
Fokus Automobilindustrie. Digitale Wertschöpfungsnetzwerke im Werkzeugbau. Aachen: Apprimus Verlag, 2013.

Schuh, G.; Walendzik, P.; Luckert, M.; Birkmeier, M.; Weber, A.; Blum, M. F. (Kein Industrie 4.0 ohne den Digitalen Schatten):
Kein Industrie 4.0 ohne den Digitalen Schatten. Wie Unternehmen die notwendige Datenbasis schaffen. In: wt Werkstattstechnik online. 111. Jg., 2016, Nr. 11, S. 745-748.

Schuler GmbH (Handbuch der Umformtechnik):
Handbuch der Umformtechnik. Berlin, Heidelberg: Springer, 1996.

Schultes, T. K. (Digitale Lieferantenvernetzung im Werkzeugbau):
Gestaltungsmodell zur digitalen Vernetzung von Werkzeugbaubetrieben mit Lieferanten. (Reihe: Ergebnisse aus der Produktionstechnik). 1. Auflage. Aachen: Apprimus Verlag, 2020.

Seemann, J.; Gudenberg, J. W. von (Das Use-Case-Diagramm):
Software-Entwurf mit UML 2. Objektorientierte Modellierung mit Beispielen in Java. (Reihe: Xpert.press). 2. Auflage. Berlin, Heidelberg: Springer, 2006.

Seidl, M.; Scholz, M.; Huemer, C.; Kappel, G. (The Use Case Diagram):
UML @ classroom. An introduction to object-oriented modeling. (Reihe: Undergraduate topics in computer science). Cham, Heidelberg, New York, Dordrecht, London: Springer, 2015.

Sekatzek, E. P.; Krcmar, H. (Messung der Standardnähe von betrieblicher Standardsoftware):
Betriebliche Standardsoftware. In: Wirtschaftsinformatik. 51. Jg., 2009, Nr. 3, S. 273-283.

Sethi, A. K.; Sethi, S. P. (Flexibility in manufacturing: A survey):
Flexibility in manufacturing. In: International Journal of Flexible Manufacturing Systems. 2. Jg., 1990, Nr. 4

Seul, T.; Diehr, F. (Digitalisierung im Werkzeug- und Formenbau):
Digitalisierung im Werkzeug- und Formenbau als neue Wunderwaffe bei der Herstellung von Produkten!/?/! In: Hartmann, E. A. (Hrsg.) Digitalisierung souverän gestalten II. Berlin, Heidelberg: Springer Berlin Heidelberg, 2022, S. 25-37.

Sharp, R. (Principles of Protocol Design):
Principles of Protocol Design. Berlin: Springer, 2008.

Shi, W.; Cao, J.; Zhang, Q.; Li, Y.; Xu, L. (Edge Computing: Vision and Challenges):
Edge Computing: Vision and Challenges. In: IEEE Internet of Things Journal. 3. Jg., 2016, Nr. 5, S. 637-646.

Siepmann, D.; Graef, N. (Industrie 4.0):
Industrie 4.0 – Grundlagen und Gesamtzusammenhang. In: Roth, A. (Hrsg.) Einführung und Umsetzung von Industrie 4.0. Grundlagen, Vorgehensmodell und Use Cases aus der Praxis. Berlin, Heidelberg: Springer Gabler, 2016, S. 17-82.

Simus Systems (classmate CAD):
classmade CAD, 2021. https://www.simus-systems.com/produkte/classmate-cad/, Stand: 03.10.2021

Sivarajah, U.; Kamal, M. M.; Irani, Z.; Weerakkody, V. (Critical analysis of Big Data challenges and analytical methods):
Big Data challenges and analytical methods. In: Journal of Business Research. 70. Jg., 2017, S. 263-286.

Spennemann, F. (Organisationsstrukturen im Werkzeugbau):
Gestaltung von Organisationsstrukturen im Werkzeugbau. Zugl.: Aachen, Techn. Hochsch., Diss, 2001. (Reihe: Berichte aus der Produktionstechnik, Bd. 2001,14). Aachen: Shaker, 2001.

Spieckermann, M. (Chancen und Herausforderungen in der Datenökonomie):
Datenökonomie. bpb - Bundeszentrale für politische Bildung, 2019. https://www.bpb.de/apuz/292341/chancen-und-herausforderungen-in-der-datenoekonomie?p=all, Stand: 25.09.2021

Springer Gabler Verlag (Gabler Wirtschaftslexikon - Stichwort: Vernetzung):
Gabler Wirtschaftslexikon - Stichwort: Vernetzung, 2021. https://wirtschaftslexikon.gabler.de/definition/vernetzung-47008/version-270280, Stand: 31.01.2021

Stachowiak, H. (Modelltheorie):
Allgemeine Modelltheorie. 1. Auflage. Wien: Springer, 1973.

Stary, C. (Informationsarten):
Informationsarten und Ein / Ausgabe. In: Stary, C. (Hrsg.) Interaktive Systeme. Wiesbaden: Vieweg+Teubner, 1996, S. 65-82.

Statistisches Bundesamt (Ausbildungsverträge in Mängelberufen):
Neu abgeschlossene Ausbildungsverträge in Mängelberufen, 2020.

Statistisches Bundesamt (Kennzahlen zur Außenwirtschaft):
Kennzahlen zur Außenwirtschaft. Globalisierungsindikatoren, 2021. https://www.destatis.de/DE/Themen/Wirtschaft/Globalisierungsindikatoren/Tabellen/01_02_03_AH.html, Stand: 31.07.2021

Statistisches Bundesamt (Ergebnisse zur Wirtschaftsleistung):
Ausführliche Ergebnisse zur Wirtschaftsleistung im 4. Quartal 2020, 2021.

Stopper, S.; Garrel, J. von; **Bittner, P.; Mühlfelder, M. (Digitalisierung in der Produktion):**
Digitalisierung in der Produktion. In: Fernhochschule, S. R. (Hrsg.) Digitalisierung in Wirtschaft und Wissenschaft. (Reihe: Weiterbildung und Forschung der SRH Fernhochschule - The Mobile University). Wiesbaden: Springer, 2017, S. 27-36.

Stracke, F. (Vernetzter und synchronisierter Serienanlauf):
Gestaltungsmodell für den vernetzten und synchronisierten Serienanlauf von Werkzeugen. (Reihe: Ergebnisse aus der Produktionstechnik). 1. Auflage. Aachen: Apprimus Verlag, 2021.

Strongin, S.; Hindlian, A.; Lawson, S.; Banerjee, S., 2019 **(The Competitive Value of Data**. Hg. v. Global Markets Institute Goldman Sachs

Stuckenschmidt, H. (Datenintegration):
Datenintegration. In: Stuckenschmidt, H. (Hrsg.) Ontologien. (Reihe: Informatik im Fokus). Berlin, Heidelberg: Springer, 2011, S. 211-232.

Texas Instruments (Sensors to accurately measure the real world):
Guidline sensor selection, 2021. https://www.ti.com/sensors/overview.html, Stand: 20.06.2021

Thesmann, S. (Interface Design):
Interface Design. Usability, User Experience und Accessibility im Web gestalten. 2. Auflage. Wiesbaden: Springer, 2016.

Thomsen, S., 2018 **(Die Rolle der Computerisierung und Digitalisierung für Beschäftigung und Einkommen**. Leibniz Universität Hannover. Siegen (38. Tagung des Ausschusses für die Geschichte der Wirtschaftswissenschaften)

Tomczak, T. (Forschungsmethoden in der Marketingwissenschaft. Ein Plädoyer für den qualitativen Forschungsansatz):
Forschungsmethoden. In: Marketing ZFP. 14. Jg., 1992, Nr. 2, S. 77-87.

Trauth, D.; Bergs, T.; Gülpen, C.; Maaß, W.; Mayer, J.; Musa, H.; Niemietz, P.; Rohnfelder, A.; Schaltegger, M.; Seutter, S.; Starke, J.; Szych, E.; Unterberg, M. (Monetarisierung von Fertigungsdaten):
Monetarisierung von Fertigungsdaten. In: Tagungsband zum Aachener Werkzeugmaschinen-Kolloquium AWK. Aachen, 10.09.2020. Aachen: Fraunhofer-Verlag, 2020, S. 340-364.

Treuling, W. (PPS / CAQ-Kopplung):
PPS / CAQ-Kopplung in der Investitionsgüterindustrie. (Reihe: Fir+iaw Forschung für die Praxis, Berichte aus dem Forschungsinstitut für Rationalisierung (FIR) und dem Lehrstuhl und Institut für Arbeitswissenschaft (IAW) der Rheinisch-Westfälischen Technischen Hochschule Aachen, Bd. 49). Berlin, Heidelberg: Springer Berlin Heidelberg, 1992.

Uhlemann, T. H.-J.; Lehmann, C.; Steinhilper, R. (The Digital Twin: Realizing the Cyber-Physical Production System for Industry 4.0):
Digital Twin in SMEs. In: Procedia CIRP. 61. Jg., 2017, S. 335-340.

Ulrich, H. (Management):
Management. (Reihe: Schriftenreihe Unternehmung und Unternehmungsführung, Bd. 13). Bern, Stuttgart: Haupt, 1984.

Ulrich, P.; Hill, W. (Wissenschaftstheoretische Grundlagen der Betriebswirtschaftslehre (Teil I)):
Wissenschaftstheoretische Grundlagen. In: WiSt Wirtschaftswissenschaftliches Studium. 5. Jg., 1976, Nr. 8, S. 304-309.

United Nations Statistic Division (UN Comtrade Database):
Comtrade-Datenbank. International Merchandise Trade Statistics, 2021. http://comtrade.un.org/

van Alstyne, M.; Brynjolfsson, E.; Madnick, S. (Why not one big database? Principles for data ownership):
Principles for data ownership. In: Decision Support Systems. 15. Jg., 1995, Nr. 4, S. 267-284.

van der Aalst, W. (Process mining):
Process mining. Data science in action. 2. Auflage. Heidelberg: Springer, 2016.

VDI (VDI-Richtlinie 2815):
Zusammenarbeit zwischen Konstruktion und Arbeitsvorbereitung. Elektronische Datenverarbeitung bei der Produktionsplanung und -steuerung. (Reihe: VDI-Taschenbücher, Bd. 81). 1. Auflage. Düsseldorf: VDI-Verlag, 1978.

VDI/VDE, 2013 **(Cyber-Physical Systems.** Chancen und Nutzen aus Sicht der Automation. Thesen und Handlungsfelder

VDMA; GvW Graf von Westphalen, 2016 **(Datenschutz & Industrie 4.0.** Ein Leitfaden für den Umgang mit personenbezogenen Daten im Unternehmen. Hg. v. VDMA. Frankfurt a.M

Verl, A.; Lechler, A. (Steuerung aus der Cloud):
Steuerung aus der Cloud. In: Bauernhansl, T.; Hompel, M. ten; Vogel-Heuser, B. (Hrsg.) Industrie 4.0 in Produktion, Automatisierung und Logistik. Anwendung, Technologien, Migration. (Reihe: SpringerLink). Wiesbaden: Springer Vieweg, 2014, S. 235-247.

Vogelsang, M. (Digitalization):
Digitalization in Open Economies. Heidelberg: Physica-Verlag HD, 2010.

Voß, S.; Gutenschwager, K. (Informationsmanagement):
Informationsmanagement. Berlin, Heidelberg: Springer, 2001.

Wahlster, W. (Industrie 4.0):
Industrie 4.0. Das Internet der Dinge kommt in die Fabriken. Zukunft der Industrie. Deutsches Forschungszentrum für Künstliche Intelligenz. IHK Darmstadt Rhein Main Neckar. Darmstadt, 22. Januar 2015

Wang, R. Y.; Reddy, M. P.; Kon, H. B. (Toward quality data):
Toward quality data. An attribute-based approach. In: Decision Support Systems. 13. Jg., 1995, 3-4, S. 349-372.

Wang, R. Y.; Strong, D. M. (Beyond Accuracy: What Data Quality Means to Data Consumers):
Data Quality. In: Journal of Management Information Systems. 12. Jg., 1996, Nr. 4, S. 5-33.

Warnecke, H.-J.; Hüser, M. (Fraktale Fabrik):
Die Fraktale Fabrik. Revolution der Unternehmenskultur. (Reihe: rororo science, Bd. 9708). Reinbek: Rowohlt, 1996.

Waser, N. H.; Stuecka, R. (Mit Big Data zu neuen Einsichten):
Mit Big Data & Analytics und kognitiven Systemen zu neuen Einsichten. In: Manzei, C.; Schleupner, L.; Heinze, R. (Hrsg.) Industrie 4.0 im internationalen Kontext. Kernkonzepte, Ergebnisse, Trends. (Reihe: Beuth Innovation). Berlin, Offenbach, Wien, Zürich: VDE-Verlag, 2016, S. 50-53.

Waszkowski, R. (Low-code platform for automating business processes in manufacturing):
Low-code in manufacturing. In: IFAC-PapersOnLine. 52. Jg., 2019, Nr. 10, S. 376-381.

Watson, H. J. (Update Tutorial: Big Data Analytics: Concepts, Technology, and Applications):
Big Data Analytics. In: CAIS, 2019, S. 364-379.

WBA (Datenbasierte Performancesteigerung):
WBA Projekt 2020: Praktische Befähigung zur datenbasierten Performancesteigerung. Industriearbeitskreis der WBA Aachener Werkzeugbauakademie GmbH mit n=5 Unternehmen. Aachen, 2020.

WBA Aachender Werkzeugbau Akademie GmbH, 2020 **(Jahresabschluss zum Geschäftsjahr vom 01.01.2019 bis zum 31.12.2019**. Hg. v. Bundesanzeiger Verlag

WBA Aachener Werkzeugbau Akademie GmbH (Unikate in Serie):
Unikate in Serie, 2021. www.werkzeugbau-akademie.de, Stand: 06.11.2021

Weber, K.; Otto, B.; Lis, D. (Data Governance):
Data Governance. In: Hildebrand, K.; Gebauer, M.; Mielke, M. (Hrsg.) Daten- und Informationsqualität. Wiesbaden: Springer, 2021, S. 271-291.

Weiser, M. (The Computer for the 21st Century):
The Computer for the 21st Century. In: Scientific American. 265. Jg., 1991, Nr. 3, S. 94-104.

Welter, F.; Kay, R. (KMU-Definition):
KMU-Definition, 2016. https://www.ifm-bonn.org/definitionen/kmu-definition-des-ifm-bonn/, Stand: 20.05.2020

Westkämper, E.; Decker, M.; Jendoubi, L. (Organisation der Produktion):
Einführung in die Organisation der Produktion. (Reihe: Springer-Lehrbuch). Berlin, Heidelberg: Springer, 2006.

Westkämper, E.; Löffler, C. (Strategien der Produktion):
Visionen und strategische Konzepte für das System Produktion. In: Westkämper, E.; Löffler, C. (Hrsg.) Strategien der Produktion. Berlin, Heidelberg: Springer, 2016, S. 71-237.

Westkämper, E.; Warnecke, H.-J. (Fertigungsverfahren):
Fertigungsverfahren am Beispiel metallischer Werkstoffe. In: Westkämper, E.; Warnecke, H.-J.; Dinkelmann, M.; Haag, H. (Hrsg.) Einführung in die Fertigungstechnik. (Reihe: Fertigung). 8. Auflage. Wiesbaden: Vieweg+Teubner, 2011, S. 78-211.

Wierse, A.; Beigl, M. (Praktische Anwendungen der Smart Data Analytics):
Smart Data Analytics. In: Informatik Spektrum. 42. Jg., 2020, Nr. 6, S. 401-408.

Winzer, P. (Generic Systems Engineering):
Generic Systems Engineering. Ein methodischer Ansatz zur Komplexitätsbewältigung. 2. Auflage. Berlin, Heidelberg: Springer Vieweg, 2016.

Wissenschaftliche Dienste des Deutschen Bundestags, 2006 **(Demografische Entwicklung und Fachkräftemangel in Deutschland, insbesondere Ostdeutschland und Sachsen**. Berlin

Witt, B. C. (Datenschutz):
Datenschutz kompakt und verständlich. Eine praxisorientierte Einführung. (Reihe: Edition). 2. Auflage. Wiesbaden: Vieweg, 2010.

Wöhe, G.; Döring, U. (Betriebswirtschaftslehre):
Einführung in die allgemeine Betriebswirtschaftslehre. (Reihe: Vahlens Handbücher der Wirtschafts- und Sozialwissenschaften). 23. Auflage. München: Vahlen, 2008.

Woitowitz, R.; Urbanski, K.; Gehrke, W. (Digitaltechnik):
Digitaltechnik. Ein Lehr- und Übungsbuch. (Reihe: Springer-Lehrbuch). 6. Auflage. Berlin: Springer, 2012.

Wölfl, S.; Leischnig, A.; Ivens, B.; Hein, D. (From Big Data to Smart Data):
From Big Data to Smart Data – Problemfelder der systematischen Nutzung von Daten in Unternehmen. In: Becker, W.; Eierle, B.; Fliaster, A.; Ivens, B. S.; Leischnig, A.; Pflaum, A.; Sucky, E. (Hrsg.) Geschäftsmodelle in der digitalen Welt. Strategien, Prozesse und Praxiserfahrungen. Wiesbaden: Springer Gabler, 2019, S. 213-231.

Wu, J.; Guo, S.; Li, J.; Zeng, D. (Big Data Meet Green Challenges: Greening Big Data):
Greening Big Data. In: IEEE Systems Journal. 10. Jg., 2016, Nr. 3, S. 873-887.

WZL/IPT (Benchmarkingdatenbank):
Benchmarkingdatenbank. Aachen, 2020.

Zhuang, C.; Liu, J.; Xiong, H. (Digital twin-based smart production management and control framework for the complex product assembly shop-floor):
Digital twin in assembly. In: The International Journal of Advanced Manufacturing Technology. 96. Jg., 2018, 1-4, S. 1149-1163.

Ziskoven, H. (Taktung im Werkzeugbau):
Methodik zur Gestaltung und Auftragseinplanung einer getakteten Fertigung im Werkzeugbau. Zugl.: Aachen, Techn. Hochsch., Diss., 2013. (Reihe: Edition Wissenschaft Apprimus, Bd. 2013,17). 1. Auflage. Aachen: Apprimus Verlag, 2013.

Zurbriggen, I.; Schellinger, J. (Im Wandel der Digitalisierung):
Human Resource Management im Wandel der Digitalisierung. In: Schellinger, J.; Tokarski, K. O.; Kissling-Näf, I. (Hrsg.) Digital Business. Wiesbaden: Springer, 2021, S. 217-243.

Zwattendorfer, B.; Suzic, B.; Teufl, P.; Derler Andreas (Sicheres Speichern in der Cloud):
Sicheres Speichern in der Public Cloud mittels Smart Cards. In: Schartner, P.; Trommler, P. (Hrsg.) D-A-CH Security 2013. Bestandsaufnahme - Konzepte - Anwendungen - Perspektiven ; [Arbeitskonferenz ; Nürnberg, 17. und 18. September 2013. (Reihe: IT security & IT management). Frechen: Syssec, 2013, S. 120-132.

Zwicker, R. (Einbindung des internen Werkzeugbaus in die Vorserie):
Interner Werkzeugbau. In: Der Schnitt- & Stanzwerkzeugbau, 2009, Nr. 02, S. 12-14.

Zwirner, M. (Datenbereinigung):
Datenbereinigung zielgerichtet eingesetzt zur permanenten Datenqualitätssteigerung. In: Hildebrand, K.; Gebauer, M.; Mielke, M. (Hrsg.) Daten- und Informationsqualität. Wiesbaden: Springer, 2021, S. 101-121.

In der Reihe **Ergebnisse aus der Produktionstechnik** zuletzt erschienen:

Müller, Tobias:
Modellbildung mittels Symbolischer Regression zur Messunsicherheitsbestimmung komplexer Messprozesse
ISBN: 978-3-98555-146-0
Erscheinungsdatum: 30.01.2023

Kreß, Julian Maximilian:
Erbringung hybrider Leistungsangebote in Wertschöpfungsnetzwerken
ISBN: 978-3-98555-128-6
Erscheinungsdatum: 24.01.2023

Bickendorf, Philipp:
Tribologische und geometrische Auslegung von additiv hergestellten Werkzeug-einsätzen zur Feinblechumformung
ISBN: 978-3-98555-133-0
Erscheinungsdatum: 24.01.2023

Wenning, Marius:
Kontextabhängige Anomaliedetektion zur visuellen Hinderniserkennung für automatisierte PKW im End-of-Line-Bereich
ISBN: 978-3-98555-121-7
Erscheinungsdatum: 19.12.2022

Schlegel, Peter:
Bewertung und Optimierung der Vollständigkeit von Betriebsdaten im Kontext der Fehlerprädiktion
ISBN: 978-3-98555-120-0
Erscheinungsdatum: 18.11.2022

Nienheysen, Philipp:
Werkstattgerechte Schadensanalyse in CFK-Strukturbauteilen mit optisch georteter Ultraschallmesstechnik
ISBN: 978-3-98555-136-1
Erscheinungsdatum: 30.01.2023

Behrens, Jan:
Selbstkalibrierung von 5-Achs-Bearbeitungszentren mit Dreh-/Schwenktisch
ISBN: 978-3-98555-124-8
Erscheinungsdatum: 24.01.2023

Vierschillung, Sebastian Patrick:
Automatisierung der Standortauswahl in der Fabrikplanung
ISBN: 978-3-98555-134-7
Erscheinungsdatum: 09.01.2023

Helbig, Jens:
Typisierung und Auswahl von Referenzstrategien für den Werkzeugeinkauf
ISBN: 978-3-98555-122-4
Erscheinungsdatum: 19.12.2022

Kukla, Christian:
Prozesstemperaturregelung in der laserunterstützten Verarbeitung von faserverstärkten thermoplastischen Verbundkunststoffen
ISBN: 978-3-98555-116-3
Erscheinungsdatum: 19.10.2022

Edition Wissenschaft
Apprimus

Kiesel, Raphael:
Techno-Economic Evaluation of 5G Technology for Latency-Critical Applications in Production
ISBN: 978-3-98555-115-6
Erscheinungsdatum: 19.10.2022

Hahn, Viviane:
Bewertung der Wandlungsfähigkeit in der automatisierten Fabrikplanung
ISBN: 978-3-98555-102-6
Erscheinungsdatum: 10.10.2022

Schäkel, Martin:
Adaptiver laserunterstützter Tapewickelprozess für die Herstellung von Druckbehältern aus endlosfaserverstärkten Thermoplasten
ISBN: 978-3-98555-107-1
Erscheinungsdatum: 12.08.2022

Solf, Mareike:
Modellierung der Schleifkraft beim Kegelradschleifen
ISBN: 978-3-98555-106-4
Erscheinungsdatum: 12.08.2022

Elser, Hannes:
Fähigkeit von Bluetooth Low Energy zur signalstärkebasierten Rückverfolgung von Bauteilen in der Einzel- und Kleinserienfertigung
ISBN: 978-3-98555-099-9
Erscheinungsdatum: 12.08.2022

Henkel, Jérôme
Strategien zur Steigerung der Flächeneffizienz von Fabriken im urbanen Umfeld ISBN
ISBN: 978-3-98555-098-2
Erscheinungsdatum: 27.07.2022

Busch, Max:
Intelligente Produktionsplanungsprozesse im Werkzeugbau
ISBN: 978-3-98555-095-1
Erscheinungsdatum: 14.07.2022

Eßer, Bastian:
Analyse des Betriebsverhaltens von Kugelgewindetrieben unter statischen axialen Betriebslasten
ISBN: 978-3-98555-065-4
Erscheinungsdatum: 11.07.2022

Fölling, Carsten:
Komplexitätsbeherrschung durch hybride Montageplanung
ISBN: 978-3-98555-090-6
Erscheinungsdatum: 30.06.2022

Schulz, Martin:
Optimierung des Temperaturfeldes beim Laserstrahlhärten
ISBN: 978-3-98555-078-4
Erscheinungsdatum: 23.06.2022

Ays, Johanna:
Kontextbasierte Integration agiler und plangetriebener Entwicklungsprozesse
ISBN: 978-3-98555-087-6
Erscheinungsdatum: 23.06.2022

Ebade Esfahani, Matthias:
Ontologie der Fabrikplanung mit Hilfe von Building Information Modeling (BIM)
ISBN: 978-3-98555-084-5
Erscheinungsdatum: 07.06.2022

Edition Wissenschaft
Apprimus

FSC
www.fsc.org
MIX
Papier | Fördert
gute Waldnutzung
FSC® C083411

Zeitfracht Medien GmbH
Ferdinand-Jühlke-Straße 7
99095 Erfurt, Deutschland
produktsicherheit@kolibri360.de